버섯종균

기능사 필기

시대에듀

합격에 윙크[Win-Q]하다

Win-Q

[버섯종균기능사] 필기

Always with you

사람이 길에서 우연하게 만나거나 함께 살아가는 것만이 인연은 아니라고 생각합니다.
책을 펴내는 출판사와 그 책을 읽는 독자의 만남도 소중한 인연입니다.
시대에듀는 항상 독자의 마음을 헤아리기 위해 노력하고 있습니다.
늘 독자와 함께하겠습니다.

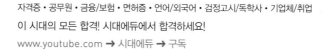

버섯종균 분야의 전문가를 향한 첫 발걸음!

'시간을 덜 들이면서도 시험을 좀 더 효율적으로 대비하는 방법은 없을까?'

'짧은 시간 안에 시험을 준비할 수 있는 방법은 없을까?'

자격증 시험을 앞둔 수험생들이라면 누구나 한 번쯤 들었을 법한 생각이다. 실제로도 많은 자격증 관련 카페에서도 빈번하게 올라오는 질문이기도 하다. 이런 질문들에 대해 대체적으로 기출문제 분석 → 출제경향 파악 → 핵심이론 요약 → 관련 문제 반복 숙지의 과정을 거쳐 시험을 대비하라는 답변이 꾸준히 올라오고 있다.

윙크(Win-Q) 시리즈는 위와 같은 질문과 답변을 바탕으로 기획되어 발간된 도서이다.

그중에서도 윙크(Win-Q) 버섯종균기능사는 PART 01 핵심이론과 PART 02 과년도+최근 기출복원문제로 구성되었다. PART 01은 과거에 치러 왔던 기출문제의 Keyword를 철저하게 분석하고 반복출제되는 문제를 추려낸 뒤, 그에 따른 10년간 자주 출제된 문제를 수록하여 빈번하게 출제되는 문제는 반드시 맞힐 수 있게 하였고, PART 02에서는 과년도 기출문제와 기출복원문제 및 최근 기출복원문제를 수록하여 최근에 출제되고 있는 새로운 유형의 문제에 대비할 수 있게 하였다.

윙크(Win-Q) 시리즈는 필기 고득점 합격자와 평균 60점 이상 합격자 모두를 위한 훌륭한 지침서이다. 무엇보다 효과적인 자격증 대비서로서 기존의 부담스러웠던 수험서에서 필요 없는 부분을 제거하고 꼭 필요한 내용들을 중심으로 수록된 윙크(Win-Q) 시리즈가 수험생들에게 "합격비법노트"로서 함께하는 수험서로 자리 잡길 바란다. 수험생 여러분들의 건승을 기원한다.

편저자 씀

시험안내

개요

버섯을 재배하기 위해서는 원균을 배양 · 증식시켜 접종원을 만들고, 그 접종원을 배지에 배양하여 종균을 만드는 복잡한 과정을 거치기 때문에 전문적인 지식을 필요로 한다. 우량 버섯종균의 생산과 버섯 재배기술을 개발 · 보급하여 농가부업과 소득증대에 이바지할 수 있는 지능인력을 양성하기 위해 자격이 제정되었다.

수행직무

버섯종균에 관한 숙련기능을 가지고 버섯원균을 증식시켜 접종원을 만들며, 톱밥 · 볏짚 등에 접종원을 투입하여 순수하게 배양 · 증식시켜 버섯 재배농가에서 필요로 하는 우량한 버섯종균을 제조하는 직무를 수행한다.

진로 및 전망

매년 버섯 생산과 소비량이 증가하고 있어 앞으로의 발전 가능성이 높으며 자영업에 종사하거나, 버섯재배업체, 버섯종균업체에 진출할 수 있다.

시험일정

구분	필기원서접수 (인터넷)	필기시험	필기합격 (예정자)발표	실기원서접수	실기시험	최종 합격자 발표일
제1회	1월 초순	1월 하순	1월 하순	2월 초순	3월 중순	4월 초순
제2회	3월 중순	3월 하순	4월 중순	4월 하순	6월 초순	6월 하순
제3회	5월 하순	6월 중순	6월 하순	7월 중순	8월 중순	9월 중순
제4회	8월 중순	9월 초순	9월 하순	9월 하순	11월 초순	12월 초순

※ 상기 시험일정은 시행처의 사정에 따라 변경될 수 있으니, www.q-net.or.kr에서 확인하시기 바랍니다.

시험요강

❶ 시행처 : 한국산업인력공단
❷ 시험과목
　　㉠ 필기 : 종균 제조, 버섯 재배
　　㉡ 실기 : 버섯종균 실무
❸ 검정방법
　　㉠ 필기 : 객관식 4지 택일형, 60문항(1시간)
　　㉡ 실기 : 작업형(3시간 정도)
❹ 합격기준(필기 · 실기) : 100점 만점에 60점 이상 득점자

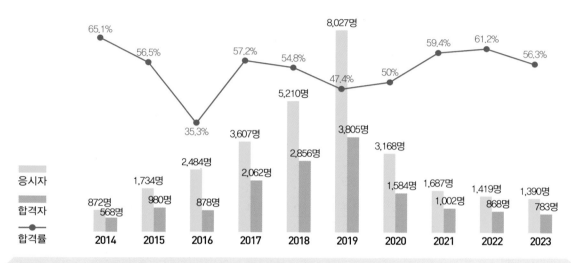

검정현황

필기시험

응시자
합격자
합격률

	2014	2015	2016	2017	2018	2019	2020	2021	2022	2023
응시자	872명	1,734명	2,484명	3,607명	5,210명	8,027명	3,168명	1,687명	1,419명	1,390명
합격자	568명	980명	878명	2,062명	2,856명	3,805명	1,584명	1,002명	868명	783명
합격률	65.1%	56.5%	35.3%	57.2%	54.8%	47.4%	50%	59.4%	61.2%	56.3%

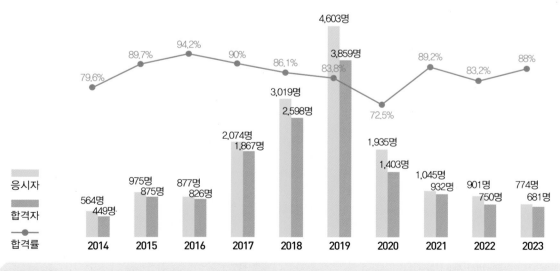

실기시험

응시자
합격자
합격률

	2014	2015	2016	2017	2018	2019	2020	2021	2022	2023
응시자	564명	975명	877명	2,074명	3,019명	4,603명	1,935명	1,045명	901명	774명
합격자	449명	875명	826명	1,867명	2,598명	3,859명	1,403명	932명	750명	681명
합격률	79.6%	89.7%	94.2%	90%	86.1%	83.8%	72.5%	89.2%	83.2%	88%

시험안내

출제기준(필기)

필기과목명	주요항목	세부항목	세세항목	
종균 제조, 버섯 재배	버섯 분류의 이해	버섯 분류	• 분류학적 위치 • 생태 및 생리	• 종류 및 특성
	버섯균주관리	버섯균의 관리 및 증식	• 원원균의 적정 보존법 • 원균 배양 최적 환경 조건 • 균주의 분리 방법(포자, 균사체, 자실체) • 현미경 검경기술	• 배지의 종류 및 제조 방법 • 이식배양기술
	버섯종균관리	종균 제조	• 종균의 특성 및 관리 방법 • 우량종균의 기준 및 선별	• 종균별 제조 방법
		종균 배양	• 종균별 배양적 특성	• 종균 배양 환경
	버섯배지 조제	배지 재료 선택	• 배지 재료	• 배지 품질상태 확인
		재료 혼합	• 배지 조성 및 혼합 방법	
		발효	• 야외발효 방법	• 후발효 방법
		배지 충진	• 균상재배 입상 방법 • 봉지재배 입봉 방법	• 병재배 입병 방법
	버섯배지 살균	살균 및 살균 후 관리	• 재배방식별 살균 방법	• 배지 살균 후 관리
	버섯종균 접종	무균관리	• 접종실 환경관리 방법 • 접종기계 및 기구의 종류 및 활용법 • 작업안전도구의 종류 및 활용법	• 무균관리 원리 및 방법
		접종	• 종균 접종량	• 재배방식별 접종법
	버섯균 배양관리	배양환경관리	• 버섯 종류별 배양환경	• 배양단계별 배양환경
	버섯 생육환경 관리	발생관리	• 버섯 발생 원리 • 종류별 발이 환경	• 버섯 발생 유도기술
		생육환경관리	• 적정 생육환경	• 생육 주기별 관리
		수확	• 수확적기 및 수확요령	
	버섯 수확 후 관리	예랭 및 저장	• 예랭의 개념 및 방법 • 신선도 기준 및 조건	• 저장 원리 및 방법
		선별	• 버섯 등급 및 선별 방법	
		포장	• 위생관리 방법	• 포장 원리 및 방법
		출하관리	• 선도 기준 및 특성	• 이력 및 출하관리
	버섯 수확 후 배지관리	수확 후 배지관리	• 폐기물관리법, 사료법 등 관련 법령 • 수확 후 배지 재활용 방법	
	버섯 병해충관리	병해관리	• 주요 병해 종류 및 특성 • 병해 예방을 위한 환경조건 및 방법	• 병해 발생원인 및 방제 방법
		충해관리	• 주요 해충의 종류 및 특성 • 충해 예방을 위한 환경조건 및 방법	• 충해 발생원인 및 방제 방법
	버섯 재배시설 장비관리	재배사관리	• 재배사 구조 및 특성 • 위생 및 청결관리 방법	• 재배사 시설 및 주변 환경관리
		기계시설장비관리	• 기계 · 장비관리	• 설비관리
		안전관리	• 기계 및 설비 운영 안전관리	• 작업자 및 작업장 안전관리

출제기준(실기)

- **직무내용** : 버섯을 안정적으로 생산하기 위해 필요한 균주관리, 종균 제조, 배양 및 생육을 수행한다.
- **수행준거**
  - 각종 버섯의 균사 생장에 적합한 배지를 선발 조제하고 버섯균주를 접종, 증식, 배양, 보존할 수 있다.
  - 버섯 재배에 적합한 종균을 조제 및 관리하는 것으로 버섯 품목에 알맞은 여러 가지 종균을 조제하고 배양할 수 있다.
  - 종균 및 재배용 배지로 적합한 재료를 선택하여 혼합하며, 필요한 경우 발효를 한 후 버섯 재배 방식에 적합한 용기에 충진할 수 있다.
  - 종균을 접종하기 전 배지의 적정 위생 상태를 확보하기 위해 살균 처리를 하는 것으로 살균작업에 필요한 사전 준비, 살균작업 및 살균 후 배지를 관리할 수 있다.
  - 살균된 버섯 재배용 배지에 이식할 종균을 준비하고, 접종실, 재료 및 각종 장비를 무균 상태로 관리하여 접종할 수 있다.
  - 종균을 접종한 배지를 배양실로 옮겨 균 배양에 적합한 환경 및 배양 상태를 관리하며, 유해균이 발생하지 않도록 위생 · 청결관리할 수 있다.

실기과목명	주요항목	세부항목
버섯종균 실무	버섯균주관리	• 균주관리하기 • 원균 증식하기
	버섯종균관리	• 종균 제조하기 • 종균 배양하기
	버섯배지 조제	• 배지 재료 선택하기 • 재료 혼합하기 • 발효하기 • 배지 충진하기
	버섯배지 살균	• 살균 준비하기 • 살균하기 • 살균 후 관리하기
	버섯종균 접종	• 종균 준비하기 • 무균관리하기 • 접종하기
	버섯균 배양관리	• 배양환경 관리하기 • 단계별 배양 상태 관리하기 • 위생 · 청결관리하기

CBT 응시 요령

기능사 종목 전면 CBT 시행에 따른

CBT 완전 정복!

"CBT 가상 체험 서비스 제공"

한국산업인력공단

(http://www.q-net.or.kr) 참고

01 수험자 정보 확인

시험장 감독위원이 컴퓨터에 나온 수험자 정보와 신분증이 일치하는지를 확인하는 단계입니다. 수험번호, 성명, 생년월일, 응시종목, 좌석번호를 확인합니다.

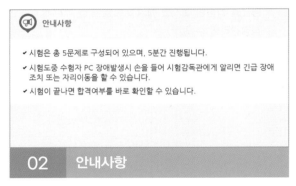

02 안내사항

시험에 관한 안내사항을 확인합니다.

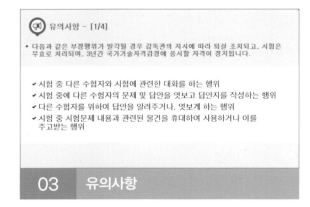

03 유의사항

부정행위에 관한 유의사항이므로 꼼꼼히 확인합니다.

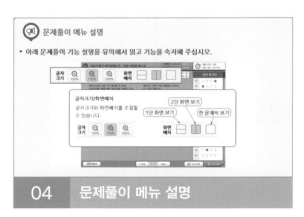

04 문제풀이 메뉴 설명

문제풀이 메뉴의 기능에 관한 설명을 유의해서 읽고 기능을 숙지해 주세요.

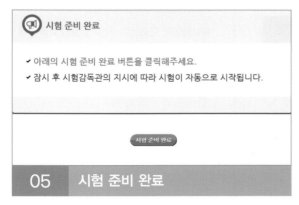

05 시험 준비 완료

시험 안내사항 및 문제풀이 연습까지 모두 마친 수험자는 시험 준비 완료 버튼을 클릭한 후 잠시 대기합니다.

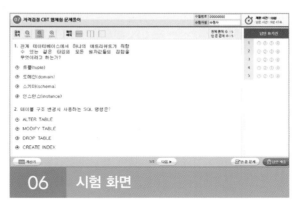

06 시험 화면

시험 화면이 뜨면 수험번호와 수험자명을 확인하고, 글자크기 및 화면배치를 조절한 후 시험을 시작합니다.

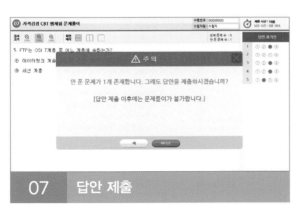

07 답안 제출

[답안 제출] 버튼을 클릭하면 답안 제출 승인 알림창이 나옵니다. 시험을 마치려면 [예] 버튼을 클릭하고 시험을 계속 진행하려면 [아니오] 버튼을 클릭하면 됩니다. 답안 제출은 실수 방지를 위해 두 번의 확인 과정을 거칩니다. [예] 버튼을 누르면 답안 제출이 완료되며 득점 및 합격여부 등을 확인할 수 있습니다.

CBT 완전 정복 Tip

내 시험에만 집중할 것
CBT 시험은 같은 고사장이라도 각기 다른 시험이 진행되고 있으니 자신의 시험에만 집중하면 됩니다.

이상이 있을 경우 조용히 손을 들 것
컴퓨터로 진행되는 시험이기 때문에 프로그램상의 문제가 있을 수 있습니다. 이때 조용히 손을 들어 감독관에게 문제점을 알리며, 큰 소리를 내는 등 다른 사람에게 피해를 주는 일이 없도록 합니다.

연습 용지를 요청할 것
응시자의 요청에 한해 연습 용지를 제공하고 있습니다. 필요시 연습 용지를 요청하며 미리 시험에 관련된 내용을 적어놓지 않도록 합니다. 연습 용지는 시험이 종료되면 회수되므로 들고 나가지 않도록 유의합니다.

답안 제출은 신중하게 할 것
답안은 제한 시간 내에 언제든 제출할 수 있지만 한 번 제출하게 되면 더 이상의 문제풀이가 불가합니다. 안 푼 문제가 있는지 또는 맞게 표기하였는지 다시 한 번 확인합니다.

구성 및 특징

01 종균 제조

제1절 버섯 분류의 이해

핵심이론 01 분류학적 위치

① 버섯의 개념
　㉠ 버섯의 구조

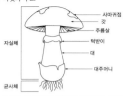

　　사마귀점
　　갓
　　주름살
　자실체
　　턱받이
　　대
　　　대주머니
　균사체

㉡ 버섯은 유성포자를 형성하는 자실체가 육안으로 확실히 식별할 수 있을 정도의 크기를 가지고 있는 것을 말한다.
㉢ 자실체는 갓과 대 부분에 해당하며, 버섯의 균사체에서 번식기관으로 발달한 부분을 말한다.
㉣ 포자는 대부분 갓의 뒷부분에 부착되어 있다.
㉤ 우리나라에서 인공 재배하여 식용이나 약용으로 사용한다.

식용버섯	양송이, 느타리, 큰느타리(새송이버섯), 팽이버섯(팽나무버섯), 표고, 목이 등
약용버섯	영지, 목질진흙버섯(상황), 동충하초, 복령 등

② 버섯의 분류학적 위치
　㉠ 자연적 유연관계를 바탕으로 생물계를 계-문(門)-강(綱)-목(目)-과(科)-속(屬)-종(種)의 단계로 분류한다.

[국제식물명명규약에 따른 분류단계]

분류단계	어미
계(Kingdom)	-
문(Phylum)	-mycota
강(Class)	-mycetes
목(Order)	-ales
과(Family)	-aceae
속(Genus)	규정 없음
종(Species)	규정 없음

㉡ 버섯은 생[...]
한다.
㉢ 포자의 생[...]
낭균류로[...]
㉣ 대부분의[...]

별[...]

이[...]

2 ■ PART 01 핵심이론

10년간 자주 출제된 문제

1-1. 대부분의 식용버섯은 분류학적으로 어디에 속하는가?

① 조균류
② 접합균류
③ 담자균류
④ 불완전균류

1-2. 주름버섯목(目)으로만 이루어진 것은?

① 양송이, 느타리, 목이
② 영지, 표고, 복령
③ 영지, 구름송편버섯, 표고
④ 느타리, 표고, 팽이버섯

|해설|

1-1
느타리, 표고, 양송이, 팽이버섯 등의 대부분의 식용버섯은 담자균류에 속하고, 자낭균류에 속하는 버섯은 동충하초, 곰보버섯, 안장버섯 등이 있다.

1-2
• 주름버섯목 : 느타리, 표고, 양송이, 팽이버섯
• 목이목 : 목이
• 구멍장이버섯목 : 구름송편버섯, 복령, 영지

정답 1-1 ③ 1-2 ④

핵심이론 02 종류 및 특성(1)

① 양송이(*Agaricus bisporus*)
㉠ 주름버섯목에 속하며, 균사는 격막이 있고, 꺽쇠연결체가 없다.
㉡ 주름살의 색은 담홍색(갓이 열리기 전)으로 갓이 열리면서부터 갈색에서 암갈색으로 변한다.
㉢ 대와 갓이 연결되는 부분에 생장점이 있다.
㉣ 염색체는 다소 차이가 있으나 n=9개이다.
② 느타리(*Pleurotus ostreatus*)
㉠ 주름버섯목 느타리속에 속하며, 주름살은 대개 내림주름살이고 대에 턱받이가 없다.
㉡ 포자는 타원형, 흰색이다.
㉢ 가을철 활엽수 그루터기나 죽은 나무에서 발생한다.
③ 큰느타리(새송이버섯, *Pleurotus eryngii*)
㉠ 주름버섯목 느타리속에 속한다.
㉡ 떡갈나무와 벗나무의 그루터기에서 자생하는 사물기생균이다.
④ 팽이버섯(팽나무버섯, *Flammulina velutipes*)
㉠ 주름버섯목으로 포자는 흰색이다.
㉡ 갓과 대의 색깔은 짙은 황갈색 또는 흑갈색으로 표면에는 끈끈한 점성이 있다.
㉢ 생장 중에 이핵균사가 분열자를 형성하여 탈이핵화 현상을 나타내어 전형적인 버섯류의 생활사와 다소 차이가 있다.
⑤ 표고버섯(*Lentinula edodes*)
㉠ 주름버섯과에 속하며 자실체는 갓, 주름살, 대로 구성되어 있다.
㉡ 주름살은 톱니형이고, 포자와 주름살 색깔은 백색이다.
㉢ 대 또는 갓 표면에 사마귀점(인편)이 있다.
㉣ 주로 참나무에서 발생하여 원목재배에 가장 적당하다.

핵심이론

필수적으로 학습해야 하는 중요한 이론들을 각 과목별로 분류하여 수록하였습니다.
시험과 관계없는 두꺼운 기본서의 복잡한 이론은 이제 그만! 시험에 꼭 나오는 이론을 중심으로 효과적으로 공부하십시오.

10년간 자주 출제된 문제

출제기준을 중심으로 출제 빈도가 높은 기출문제와 필수적으로 풀어보아야 할 문제를 핵심이론당 1~2문제씩 선정했습니다. 각 문제마다 핵심을 찌르는 명쾌한 해설이 수록되어 있습니다.

과년도 기출문제

지금까지 출제된 과년도 기출문제를 수록하였습니다. 각 문제에는 자세한 해설이 추가되어 핵심이론만으로는 아쉬운 내용을 보충 학습하고 출제경향의 변화를 확인할 수 있습니다.

2011년 과년도 기출문제

01 버섯의 균사를 새로운 배지에 이식할 때 사용하는 백금구의 살균방법으로 적당한 것은?

① 알코올소독　　② 고압살균
③ 화염살균　　　④ 자외선살균

해설
③ 화염살균 : 접종구나 백금선, 판넷, 조직분리용 칼 등 시험기구의 살균
① 알코올소독 : 작업자의 손, 무균상 내부와 주변 등의 소독
② 고압살균 : 고체배지, 액체배지, 작업기구 등의 살균
④ 자외선살균 : 무균상, 무균실의 살균

03 양송이는 일반적으로 담자기에 몇 개의 포자가 착생하는가?

① 1개　　　　② 2개
③ 4개　　　　④ 8개

해설
담자기에는 보통 4개의 포자가 있는데, 양송이버섯은 2개의 포자를 갖는다.

04 느타리버섯 자실체를 생성해지……면 무엇……

① 갓
② 균사체

해설
자실체의 주……성형된다. 각……1차 균사체가……된다.

02 식용버섯 신품종 육성방법 중 돌연변이 유발방법으로 거리가 먼 것은?

① α, β, γ선의 방사선 조사
② 우라늄, 라듐 등의 방사성 동위원소 이용
③ 초음파, 온도처리 등의 물리적 자극
④ 자실체로부터 조직분리 또는 포자받이

해설
조직분리 또는 포자받이는 균사를 배양 및 이식하는 방법이다.
※ 버섯 돌연변이육종법은 방사선, 방사능물질, 화학약품 등으로 인위적인 유전자의 변화를 유발하여 목적에 부합되는 균주를 육성하는 것이다.

05 표고 및 느……한 수분함……

① 55%
③ 75%

해설
표고 및 느타……적당하다.

70 ■ PART 02 과년도 + 최근 기출복원문제

2024년 제1회 최근 기출복원문제

01 버섯종균을 생산하기 위하여 종자업 등록을 할 경우 1회 살균 기준 살균기의 최소용량은?

① 1,500병 이상
② 1,000병 이상
③ 600병 이상
④ 2,000병 이상

해설
종자업의 시설기준 - 버섯 장비(종자산업법 시행령 [별표 5])
1) 실험실 : 현미경(1,000배 이상) 1대, 냉장고(200L 이상) 1대, 소형고압살균기 1대, 항온기 2대, 건열살균기 1대 이상일 것
2) 준비실 : 입병기 1대, 배합기 1대, 자숙솥 1대(양송이 생산자만 해당)
3) 살균실 : 고압살균기[압력 : 15~20LPS, 규모 : 1회 600병 이상일 것), 보일러(0.4톤 이상일 것)

04 팽이버섯 재배사 신축 시 재배면적 규모 결정에 가장 중요하게 고려해야 하는 사항은?

① 1일 입병량
② 재배품종
③ 재배인력
④ 냉난방 능력

해설
팽이버섯 재배사 신축 시 재배면적 규모 결정에 가장 중요하게 고려해야하는 사항은 1일 입병량이다.
• 병재배의 경우 규모를 측정할 때 1일 입병량으로 계산한다.
• 팽이버섯을 매일 800병(800mL 기준)씩 생산하려면 최소 $150m^2$의 재배시설 면적이 필요하다.

02 큰느타리버섯의 대가 충분히 성장한 후 수확시기를 결정하는 기준으로 가장 중요한 것은?

① 갓의 형태와 갓의 크기
② 갓의 형태와 갓의 색깔
③ 갓의 크기와 갓의 색깔
④ 대의 크기와 대의 색깔

05 감자한천배지 1L 제조에 필요한 한천의 적절한 무게는?

① 5g　　　　② 10g
③ 20g　　　④ 30g

해설
감자한천배지(PDA)
물 1L에 감자 200g, 포도당 20g, 한천 20g을 넣는다.

03 느타리 원균은 무슨 배지에서 일반적으로 배양하는가?

① YM 배지　　　② 감자배지
③ 맥아배지　　　④ 하마다배지

해설
느타리의 원균 증식배지는 감자배지가 가장 적당하다.

06 표고버섯의 자실체 발육에 가장 적합한 공중습도는?

① 15~30%
② 40~60%
③ 70~90%
④ 100% 이상

해설
표고의 병재배와 봉지재배에서 배양실의 습도는 균사생장 시 65~75%, 자실체 생장 시 80~90% 정도이다.

294 ■ PART 02 과년도 + 최근 기출복원문제

1 ③　2 ①　3 ②　4 ①　5 ③　6 ③　**정답**

최근 기출복원문제

최근에 출제된 기출문제를 복원하여 가장 최신의 출제경향을 파악하고 새롭게 출제된 문제의 유형을 익혀 처음 보는 문제들도 모두 맞힐 수 있도록 하였습니다.

이 책의 목차

빨리보는 간단한 키워드

빨간키

#합격비법 핵심 요약집　　　　#최다 빈출키워드　　　　#시험장 필수 아이템

CHAPTER 01 종균 제조

▌ **버섯의 분류학적 위치**
- 버섯은 균계, 대부분의 식용버섯은 담자균류
- 주름버섯목 : 양송이, 느타리, 팽이버섯, 표고버섯
- 민주름버섯목 : 영지버섯, 구름버섯, 상황버섯

▌ **양송이**(*Agaricus bisporus*) : 균사는 격막이 있고, 꺽쇠연결체가 없음

▌ **느타리**(*Pleurotus ostreatus*) : 대에 턱받이가 없고 포자는 타원형, 흰색

▌ **팽이**(팽나무버섯, *Flammulina velutipes*) : 갓과 대의 색깔은 짙은 황갈색 또는 흑갈색

▌ **표고**(*Lentinula edodes*) : 주름살은 톱니형이고, 포자와 주름살 색깔은 백색

▌ **영지**(*Ganoderma lucidum*) : 민주름버섯목 불로초과

▌ **천마** : 뽕나무버섯균과 서로 공생하여 생육하는 난과 식물

▌ **노루궁뎅이버섯**(*Hericium erinaceum*)
참나무, 호두나무, 너도밤나무, 단풍나무, 버드나무 등 활엽수의 수간부 또는 고사목에 발생하는 목재부후균

▌ **동충하초**(冬蟲夏草)
면역증강, 항피로, 항암효과가 있는 코르디세핀(cordycepin), 밀리타린(militarin)을 포함

생태학적 서식지에 따른 구분

- 활물공생버섯 : 살아있는 나무, 풀 등에서 공생한다.
  예) 뽕나무, 송이, 능이 등
- 사물기생버섯 : 죽은 유기물에 기생해서 자란다.
  - 죽은 나무 : 느타리, 팽이, 표고, 영지 등
  - 초본류 : 풀버섯 등
  - 식질이나 땅속의 유기물(부생균) : 양송이, 신령버섯, 먹물버섯 등
  - 곤충, 거미 등 : 동충하초

균주 보존 방법

- 단기보존 : 계대배양보존법
- 장기보존 : 유동파라핀봉입법(산소공급의 제한), 동결건조법(초저온 냉동고, 액체질소), 현탁보존법(물보존법), 영양원 억제 등

버섯균주를 보존하는 데 일반적으로 균사체를 보존함

원균 증식용 배지

- 느타리, 표고 : 감자추출배지
- 양송이 : 퇴비추출배지

배지 제조 방법

- 감자추출배지(PDA) : 감자 200g, 한천 20g, 포도당 20g, 물 1L
- 퇴비추출배지(CDA) : 건조 퇴비 40g, 맥아추출물 7g, 한천 20g, 포도당 10g, 물 1L

원균배양에 사용하는 배양기구(시험기구)

시험관, 샬레, 무균상, 이식기구(백금선, 백금구, 백금이), 건열살균기, 고압습열살균기, 교반기, 진탕기, 균질기, 산도조절기, 피펫 등

배지 수분함량 조절

- 일반적인 톱밥 종균 제조 시 : 60~65%
- 느타리, 표고의 톱밥 종균 제조 시 : 65~70%
- 팽이버섯의 톱밥 종균 제조 시 : 65% 내외

▎ 포자 발아
- 자실체의 갓이 펼쳐지기 직전의 버섯을 골라 포자를 발아시켜 균주를 얻음
- 버섯의 대를 절단해 빈 샬레 또는 색깔 있는 포자는 흰 종이에, 흰 포자는 검은 종이에 주름살이 밑으로 향하게 하여 포자를 낙하
- 버섯을 넣은 샬레의 온도는 15~20℃가 적당하고, 6~15시간 동안 포자를 받은 후 버섯은 버리고 4℃ 냉장고에 보관하면서 사용

▎ 자실체 분리
버섯류는 대부분 자실체의 조직 일부를 이식하면 자실체와 동일한 균사를 얻을 수 있음

▎ 종균의 구분
- 톱밥종균 : 느타리, 큰느타리, 팽이, 표고, 영지 등 균상재배, 원목재배, 병재배, 봉지재배
- 곡립종균 : 양송이, 느타리 균상재배, 표고 봉지재배
- 액체종균 : 큰느타리, 팽이, 버들송이, 잎새버섯 등 병재배 버섯
- 퇴비종균 : 풀버섯
- 종목종균 : 주로 표고 원목재배용 종균

▎ 우량종균의 선별기준
- 종균을 배양한 후 가능한 한 저장기간이 짧은 것
- 배지 전체에 백색의 가는 버섯균사가 완전하게 덮여 있으며 광택이 있어 보이는 것
- 종균에 초록색, 흑색, 붉은색 등의 잡균에 의한 반점이 없는 것
- 버섯 특유의 향내가 진한 것
- 허가된 종균배양소에서 구입한 것
- 종균병에 얼룩진 띠가 없는 것
- 균덩이나 유리수분이 형성되지 않은 것

▎ 톱밥종균의 배양관리
- 흔들기 작업을 할 수 없으므로 적온 유지
- 종균배양실의 온도는 25℃ 정도 유지
- 실내습도는 70% 정도로 하여 잡균발생을 줄임
- 수분함량 63~65%가 되도록 함

▌곡립종균

균덩이 형성 원인	균덩이 형성 방지대책
• 퇴화된 원균 또는 접종원을 사용하였을 때 • 균덩이가 형성된 접종원을 사용하였을 때 • 곡립배지의 수분함량이 높을 때 • 흔들기 작업의 지연 때 • 배지의 산도가 높을 때	• 원균의 선별 사용 • 흔들기를 자주 하되 과도하게 하지 말 것 • 고온·장기저장을 피할 것 • 호밀은 박피할 것(도정하지 말 것) • 탄산석회(석고)의 사용량 조절로 배지의 수분 조절

▌유리수분이 생기는 원인

• 곡립배지의 수분함량이 높을 때

• 배양기간 중 변온이 심할 때

• 에어컨 또는 외부의 찬 공기가 유입될 때

• 장기간의 고온저장

• 배양 후 저장실로 바로 옮길 때

▌주요 버섯종균의 저장온도

구분	종균의 저장온도
팽이, 맛버섯	1~4℃
양송이, 느타리, 표고, 잎새버섯, 만가닥버섯	5~10℃
털목이버섯, 뽕나무버섯, 영지	10℃

▌재배 형태별 배지 재료

재배 형태	배지 재료
균상재배	볏짚, 폐면, 밀짚 등
병재배	• 톱밥, 콘코브, 비트펄프, 면실피, 미강, 밀기울, 건비지, 면실박, 탄산칼슘분말, 패화석분말 등 • 느타리 : 톱밥 80＋미강 20
봉지재배	• 큰느타리 : 미송 75＋밀기울(소맥피) 20＋건비지 5 • 표고 : 참나무 톱밥 85~90＋미강 10~15
원목재배	참나무류, 미루나무류 등

▌퇴비배지 야외발효

• 가퇴적 : 주재료를 150cm 정도의 높이로 쌓아 수분함량을 70% 정도로 조절

• 본퇴적 : 건조한 부분에 충분한 물을 뿌리고, 유기태 급원 및 요소를 섞어 적당한 크기의 퇴비를 만듦

• 뒤집기 : 퇴적한 더미 내부에 55~60℃로 발열이 진행되면 뒤집기 작업을 하며 수분함량은 75% 내외로 유지

▪ 양송이 퇴비 후발효 목적

- 퇴비의 영양분 합성 및 조절
- 암모니아태 질소 제거
- 퇴비의 유해물질(병해충 사멸) 제거
- 퇴비의 물리성 개선 등

▪ 느타리 균상재배 입상 방법

- 재배사 내의 각 균상 마다 두께 0.05~0.1mm 정도의 균상 비닐을 깐다.
- 야외발효가 끝난 폐면배지를 성글게 쌓는다.
- 배지의 표면을 고르게 정리한다.
- 살균과 후발효 작업 시 배지 표면의 수분 증발이나 과습을 방지하기 위해 비닐을 펴서 배지의 윗면에서 옆면으로 감싸 덮는다.

▪ 배지 입병량 : 일반적으로 병 부피 100mL당 60g 내외를 기준으로 함

▪ 표고 봉지재배용 배지 입봉 시 유의사항

톱밥을 넣을 때 너무 허술하게 넣으면 배지량이 적어 버섯수확량이 적어지고, 너무 단단하게 다지면 균사의 생장이 늦어지므로 접종구멍이 무너지지 않을 정도로 알맞게 다져줌

▪ 고압증기살균기(autoclave)

- 살균원리 : 살균솥의 내부에서 수증기를 발생시키거나 외부에서 주입해 압력을 가하여 온도를 121℃까지 상승시켜서 살균
- 감자추출배지, 톱밥배지의 살균에 이용
- 살균시간 : 대체로 원균배양기는 15~20분간, 종균배양기는 60~90분간
  - 톱밥종균배지 : 121℃, 60~90분
  - 곡립종균배지 : 121℃, 90분
  - 액체배지(250~300mL) : 121℃, 20분

▪ 용도에 따른 살균 방법

가열살균	고압습열살균		고체배지, 액체배지, 작업기구 등
	건열살균		유리로 만든 초자기구나 금속기구
	화염살균		접종구나 백금선, 핀셋, 조직분리용 칼 등 시험기구
여과살균			열에 약한 용액, 조직배양배지, 비타민, 항생물질 살균
자외선살균			무균상, 무균실의 살균
에탄올 70%			작업자의 손, 무균상 내부와 주변

▌ 배지 살균 후 관리

- 예랭하기 : 압력이 떨어진 것을 확인하고 압력차에 의해 병 밑부위가 깨지지 않도록 유의
- 냉각하기 : 접종이 가능한 배지의 온도 20℃ 정도까지 냉각
- 면전하기 : 좋은 솜을 사용하고, 빠지지 않게 단단히 함

▌ 접종실 환경 : 온도 20℃ 내외, 상대습도 60~70% 범위로 연중 유지, 무균실은 필수

▌ 무균관리

자외선등(파장 265nm), 에탄올 70%, 염소계화합물(차아염소산소다, 차아염소산칼륨 등), 염화벤잘코늄액

▌ 원목(장목)재배 종균 접종

- 종균 접종 적기는 3~4월이 적당
- 접종용 종균은 직사광선을 피하고 천공 직후 즉시 접종
- 바람이 없고 직사광선을 피할 수 있는 서늘한 곳이나 실내에서 접종
- 가장 적합한 원목의 수분함량은 35~40%
- 구멍 속에 종균을 덩어리로 떼어 원목의 형성층까지 넣음

▌ 느타리 균상재배 시 종균을 가장 많이 심어야 할 부분은 표면

▌ 양송이 균상재배 종균 접종

- 퇴비의 수분함량은 70~75% 정도가 되도록 조절
- 퇴비의 온도가 23~25℃일 때 실시
- 곡립종균은 소독한 그릇에 쏟아 잘 섞어서 심음
- 계통이 다른 종균을 혼종해서는 안 됨(수량감소)

▌ 종류별 배양환경

- 양송이 : 균상의 온도는 퇴비 온도 적온인 23~25℃, 수분함량 68~70%
- 느타리 : 균사 배양온도 25~30℃
- 큰느타리 : 적정 배양온도 25℃ 내외, 상대습도 65~68%
- 표고 : 원목재배 20℃ 정도, 습도 70% 유지, 봉지재배 20~25℃, 습도 65~70% 정도
- 팽이 : 배양온도 18~20℃, 실내 습도 65~70℃

▌ 양송이 복토의 목적

- 자실체 발생유도와 자실체 지탱(지지)
- 퇴비수분공급 및 건조방지
- 자실체가 퇴비의 양분흡수에 도움을 줌

▌ 양송이 복토 재료

- 식양토를 주로 사용하며 부식질로 토탄, 흑니, 부식토 등을 사용
- 공극률이 75~80% 이상으로, 공기의 유통이 좋으며 보수력이 양호한 것
- 유기물(부식) 함량이 4~9%, pH 7.5인 것
- 토양 중에는 많은 미생물과 곤충의 알 등이 서식하고 있기 때문에 80℃ 이상에서 소독 후 사용

▌ 표고버섯 원목재배 가눕히기 목적 : 종균 접종 후 원목에 균사 활착과 만연

▌ 자실체 발생에 영향을 미치는 것 : 온도, 습도, 환기, 광 조건 등

▌ 버섯 발생 유도기술 : 균긁기, 살수 및 침수, 타목 및 충격, 변온

▌ 버섯 생육 단계별 온도

구분	균사 생장온도(℃)	균사 생장적온(℃)	버섯 발생온도(℃)	자실체 생장온도(℃)
양송이	8~27	23~25	8~18	15~18
느타리	5~32	25~30	5~25	15~18
팽이	3~34	20~25	5~18	6~8
표고	5~32	22~26	10~25	15~28
목이	15~35	25~33	18~30	15~30
영지	10~38	25~32	28~32	24~32
목질열대구멍버섯	15~35	28~30	25~32	25~30
노루궁뎅이버섯	6~30	22~25	12~24	15~22
풀버섯	23~38	35	15~30	22~28
신령버섯	15~40	25~30	22~28	25~30

▌ 버섯균의 생장 및 생육기의 환경요인

구분			영양생장	생식생장	
				자실체 유도	자실체 생육
온도	실내온도	고온성	25~30℃	=	=
		중온성		-5	=
		저온성		-10	+2~3
	배지온도		35℃ 미만	-	-
물	상대습도(RH)		50~60%	90~95%	80~90%
	배지수분함량		45~70%	+10	+10
공기	이산화탄소 농도		5,000ppm 미만	3,000ppm	1,000ppm
	광		dark	blue	blue

▌ 수확적기

- 양송이 : 갓 끝이 대에 붙어 있거나 주름살이 약간 보이는 정도일 때 수확
- 느타리 : 갓의 주름살에서 포자가 비산하기 직전(갓의 크기 균상재배 5cm 내외, 병재배 2~3cm)조직이 치밀하여 저장성이 좋음
- 큰느타리 : 갓 중심이 볼록한 형태를 유지하고 갓 끝이 완전히 전개되지 않을 때
- 팽이버섯 : 자실체 길이가 12~14cm이고 갓이 전개되기 전 수확
- 표고버섯 : 갓이 전개되어 포자가 비산하기 전(갓이 60~70% 벌어졌을 때)
- 영지버섯 : 갓 위에 포자가 비산해서 쌓이고 갓 주연부가 완전히 갈색이며 자실층 색이 노란색을 띨 때

▌ 예랭 방법

- 양송이 : 1차 예랭은 1℃의 온도로 1시간, 2차 예랭은 0℃의 저장고에서 2~4시간
- 느타리, 큰느타리 : 2~4℃
- 팽이버섯 : 포장 전 2~4℃ 예랭 후 포장, 수확 즉시 포장 후 예랭할 경우 -1~-1.5℃

▌ 저장 방법

- 생버섯에 알맞은 저장환경은 온도 2~4℃, 습도 85~90%, 이산화탄소 5~10%, 산소 1% 이하
- 저온저장(냉장) : 냉각저장은 0~17℃의 냉각 상태로, 냉동저장은 -25~-15℃의 동결 상태
- CA 저장 : 냉장실의 온도를 제어함과 동시에 탄산가스 농도는 높이고, 산소 농도를 낮춤으로써 버섯의 호흡작용에 변화를 가져와 저온저장의 효과를 극대화
- MA 저장 : 각종 필름이나 피막제를 이용하여 외부 공기와 차단하고 품질 변화를 억제
- 알맞은 저장온도는 2~4℃이며, 습도는 85~90%, 이산화탄소는 5~10%, 산소는 1% 이하
- 건조저장 : 열풍건조, 일광건조, 동결건조 등

▌ 양송이버섯 '특' 등급 규격

- 낱개의 고르기 : 별도로 정하는 크기 구분표에서 크기가 다른 것이 5% 이하인 것. 다만, 크기 구분표의 해당 크기에서 1단계를 초과할 수 없음
- 갓의 모양 : 버섯 갓과 자루 사이의 피막이 떨어지지 아니하고 육질이 두껍고 단단하며 색택이 뛰어난 것
- 신선도 : 버섯 갓이 펴지지 않고 탄력이 있는 것
- 자루길이 : 1.0cm 이하로 절단된 것
- 이물, 중결점 : 없는 것
- 경결점 : 3% 이하인 것

▌ 느타리버섯 '특' 등급 규격

- 낱개의 고르기 : 별도로 정하는 크기 구분표에서 크기가 다른 것이 20% 이하인 것
- 갓의 모양 : 품종의 고유 형태와 색깔로 윤기가 있는 것
- 신선도 : 신선하고 탄력이 있는 것으로 갈변현상이 없고 고유의 향기가 뛰어난 것
- 이물, 중결점 : 없는 것
- 경결점 : 3% 이하인 것

▌ 큰느타리버섯 '특' 등급 규격

- 낱개의 고르기 : 별도로 정하는 크기 구분표에서 무게가 다른 것의 혼입이 10% 이하인 것. 단, 크기 구분표의 해당 무게에서 1단계를 초과할 수 없음
- 갓의 모양 : 갓은 우산형으로 개열되지 않고, 자루는 굵고 곧은 것
- 갓의 색깔 : 품종 고유의 색깔을 갖춘 것
- 신선도 : 육질이 부드럽고 단단하며 탄력이 있는 것으로 고유의 향기가 뛰어난 것
- 피해품 : 5% 이하인 것
- 이물 : 없는 것

▌ 팽이버섯 '특' 등급 규격

- 갓의 모양 : 갓이 퍼지지 않은 것
- 갓의 크기 : 갓의 최대 지름이 1.0cm 이상인 것이 5개 이내인 것(150g 기준)
- 색택 : 품종 고유의 색택이 뛰어난 것
- 신선도 : 육질의 탄력이 있으며 고유의 향기가 있는 것
- 이물, 중결점 : 없는 것
- 경결점 : 3% 이하인 것

▌ 표시사항(농산물 표준규격 의무표시사항)

- '표준규격품' 문구
- 품목
- 산지
- 품종(품종명 또는 계통명 생략 가능)
- 등급
- 내용량 또는 개수(농산물의 실중량)
- 생산자 또는 생산자단체의 명칭 및 전화번호(판매자 명칭으로 갈음할 수 있음)
- 식품안전 사고 예방을 위한 안전사항 문구[버섯류(팽이, 새송이, 양송이, 느타리버섯)] : '그대로 섭취하지 마시고, 충분히 가열 조리하여 섭취하시기 바랍니다' 또는 '가열 조리하여 드세요'(세척하지 않고 바로 먹을 수 있도록 세척, 포장, 운송, 보관된 농산물은 표시를 생략할 수 있음)

▌ **버섯 수확 후 배지 재활용법** : 버섯 재배 원료로 재활용, 사료화, 퇴비화, 연료화

▌ **마이코곤병(wet bubble)**

양송이 복토에서 발생하는 병으로 버섯의 갓과 줄기에 발생하며, 대와 갓의 구별이 없는 기형버섯이 되고 갈색물이 배출되면서 악취가 남

▌ **푸른곰팡이병**

- 발생원인 : 재배사의 온도가 높을 때, 복토의 유기물이 많을 때, 복토나 배지가 산성일 때, 후발효가 부적당할 때
- 방제 방법 : 병원균은 산성에서 생장이 왕성하므로 퇴비배지와 복토의 pH를 7.5 이하로 조절하고, 이병 부위에는 석회가루를 뿌림

▌ **미라병(마미병)**

양송이 크림종에서 피해가 심하며, 감염 시 버섯이 0.5~2cm일 때 생장이 완전히 정지하면서 갈변·고사하고 그 균상에서는 버섯이 발생하지 않음

▌ **세균성 갈반병** : 보온력을 상실하여 결로현상이 많이 일어나는 재배사에서 잘 발생함

▌ **병원균의 전염원** : 공기, 토양, 폐상퇴비 및 이병버섯, 재배사, 배지재료 및 종균, 물

▌ **병의 전파** : 바람, 물, 작업인, 작업도구, 곤충 등

▌ **버섯파리**

- 버섯 또는 균사의 냄새로 인하여 재배사로 유인됨
- 집중적으로 방제하기 위한 가장 적절한 시기 : 균사 생장기간

시아리드	배지 내의 균사를 식해하거나 버섯 대의 기부에 주름살 부위까지 구멍을 만들면서 식해함
포리드	유충은 주로 균상의 균사를 섭식함
세시드	성충은 다른 버섯파리에 비해 매우 작고 증식속도가 매우 빠르며, 유충의 길이는 2mm 정도이고 버섯대는 가해하지 못함
마이세토필	느타리 버섯파리 중 유충의 크기가 가장 크며, 유충이 균상 표면과 어린 버섯에 거미줄과 같은 실을 분비하여 집을 짓고 가해함

▌ **응애** : 분류학상 거미강의 응애목에 속하며 번식력이 강하고 지구상 어디에나 광범위하게 분포함

▋ 선충

버섯 자실체 오염에 의한 피해는 주지 않으나 퇴비 및 복토의 버섯균사를 소멸시켜 버섯수량의 감소를 초래

▋ 버섯재배사 규모의 결정요인

- 시장성
- 노동력 동원능력 및 관리능력
- 용수공급량
- 생산재료(볏짚, 복토, 1일 입병량 등)의 공급 가능성

▋ 버섯재배사의 조건

- 시설 및 기초공사는 자연재해 대비 안전하게 설비한다.
- 통로는 콘크리트, 진열 밑은 흙바닥이 좋다.
- 벽과 천장은 단열구조로 하고 적절한 자연광이 있는 정도의 구조가 이상적이다.
- 차광시설은 슬라이딩 개폐장치로 하우스 내부의 온도를 조절할 수 있도록 중간부분의 공간이 충분해야 한다.
- 실내 보온을 위해 단열재 사용 및 온도조절용 냉난방 설비가 부착되어야 한다.

▋ 버섯재배사 입지조건

- 집과 가까워 재배사 관리에 편리한 곳
- 교통이 편리하고 시장과 거리가 멀지 않은 곳
- 햇빛이 잘 들고 보온과 채광에 유리한 곳
- 노동력이 풍부한 곳
- 전기와 물의 사용에 제한을 받지 않는 곳
- 복토에 알맞은 흙을 대량으로 구하기 쉬운 곳
- 퇴비재료인 볏짚, 계분 등을 저렴한 가격으로 구하기 쉬운 곳
- 저습지가 아니고 배수가 용이한 곳
- 폐상퇴비의 활용이 가능한 곳
- 공장의 유해가스의 영향을 받지 않는 곳

▋ 기계 · 장비

에어컴프레서, 에어샤워, 혼합기, 콘베어 시스템, 입병기, 살균기, 접종기, 균긁기, 탈병기, 건조기, 억제기(팽이버섯 재배용)

▌ 기계 및 설비 안전관리

- 작업자는 기계의 운행일지, 점검정비 일지를 작성한다.
- 보관창고는 출입구의 높이나 폭, 천정 높이, 바닥 면적 등에 여유가 있어야 한다.
- 보관창고 내부는 밝기를 충분히 하고, 환기창이나 환기팬의 환기 상태를 관리한다.
- 작업이 끝난 후 장비를 깨끗이 세척하고 정비한 뒤 보관한다.
- 무거운 기계장비는 안전하게 결속한 후 이동한다.
- 인화성이 높은 유류, 재료는 철저한 관리 후 보관 관리한다.

▌ 작업자의 작업 제한

- 음주자
- 약물을 복용하고 있어 작업에 지장이 있는 자
- 병, 부상, 과로 등으로 정상적인 작업이 곤란한 자
- 임신 또는 출산과 관련하여 작업이 건강에 악영향을 미친다고 생각되는 자
- 의복, 신발 등 작업에 불필요한 복장을 한 자
- 헐렁한 옷이나 소매가 긴 옷, 장갑 등을 착용하고 기계를 다루면 매우 위험하다.
- 미숙련자(작업 지도하에 실시하는 경우 제외)는 작업을 제한한다.
- 신발은 발에 꼭 맞는 미끄럼 방지 처리가 된 안전화 착용한다.

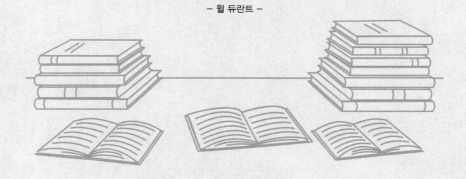

교육은 우리 자신의 무지를 점차 발견해 가는 과정이다.

– 윌 듀란트 –

PART

01

핵심이론

#출제 포인트 분석   #자주 출제된 문제   #합격 보장 필수이론

CHAPTER 01 종균 제조

제1절 버섯 분류의 이해

| 핵심이론 01 | 분류학적 위치

① 버섯의 개념
　㉠ 버섯의 구조

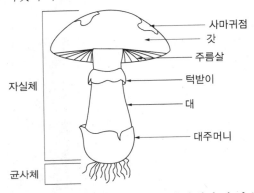

　㉡ 버섯은 유성포자를 형성하는 자실체가 육안으로 확실히 식별할 수 있을 정도의 크기를 가지고 있는 것을 말한다.
　㉢ 자실체는 갓과 대 부분에 해당하며, 버섯의 균사체에서 번식기관으로 발달한 부분을 말한다.
　㉣ 포자는 대부분 갓의 뒷부분에 부착되어 있다.
　㉤ 우리나라에서 인공 재배하여 식용이나 약용으로 사용한다.

식용버섯	양송이, 느타리, 큰느타리(새송이버섯), 팽이버섯(팽나무버섯), 표고, 목이 등
약용버섯	영지, 목질진흙버섯(상황), 동충하초, 복령 등

② 버섯의 분류학적 위치
　㉠ 자연적 유연관계를 바탕으로 생물계를 계-문(門)-강(綱)-목(目)-과(科)-속(屬)-종(種)의 단계로 분류한다.

[국제식물명명규약에 따른 분류단계]

분류단계	어미
계(Kingdom)	-
문(Phylum)	-mycota
강(Class)	-mycetes
목(Order)	-ales
과(Family)	-aceae
속(Genus)	규정 없음
종(Species)	규정 없음

　㉡ 버섯은 생물계 중 균계, 진핵균아계, 진균문에 속한다.
　㉢ 포자의 생식세포 형성 위치에 따라 담자균류와 자낭균류로 나뉜다.
　㉣ 대부분의 식용버섯은 담자균류에 속한다.

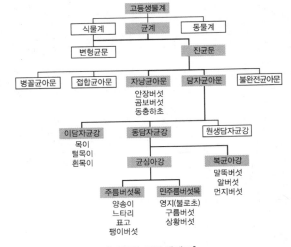

[버섯의 분류체계도]

1-1. 대부분의 식용버섯은 분류학적으로 어디에 속하는가?

① 조균류
② 접합균류
③ 담자균류
④ 불완전균류

1-2. 주름버섯목(目)으로만 이루어진 것은?

① 양송이, 느타리, 목이
② 영지, 표고, 복령
③ 영지, 구름송편버섯, 표고
④ 느타리, 표고, 팽이버섯

|해설|

1-1
느타리, 표고, 양송이, 팽이버섯 등의 대부분의 식용버섯은 담자균류에 속하고, 자낭균류에 속하는 버섯은 동충하초, 곰보버섯, 안장버섯 등이 있다.

1-2
• 주름버섯목 : 느타리, 표고, 양송이, 팽이버섯
• 목이목 : 목이
• 구멍장이버섯목 : 구름송편버섯, 복령, 영지

정답 1-1 ③ 1-2 ④

핵심이론 02 │ 종류 및 특성(1)

① 양송이(*Agaricus bisporus*)
  ㉠ 주름버섯목에 속하며, 균사는 격막이 있고, 꺾쇠연결체가 없다.
  ㉡ 주름살의 색은 담홍색(갓이 열리기 전)으로 갓이 열리면서부터 갈색에서 암갈색으로 변한다.
  ㉢ 대와 갓이 연결되는 부분에 생장점이 있다.
  ㉣ 염색체는 다소 차이가 있으나 n=9개이다.

② 느타리(*Pleurotus ostreatus*)
  ㉠ 주름버섯목 느타리속에 속하며, 주름살은 대개 내림주름살이고 대에 턱받이가 없다.
  ㉡ 포자는 타원형, 흰색이다.
  ㉢ 가을철 활엽수 그루터기나 죽은 나무에서 발생한다.

③ 큰느타리(새송이버섯, *Pleurotus eryngii*)
  ㉠ 주름버섯목 느타리속에 속한다.
  ㉡ 떡갈나무와 벚나무의 그루터기에서 자생하는 사물기생균이다.

④ 팽이버섯(팽나무버섯, *Flammulina velutipes*)
  ㉠ 주름버섯목으로 포자는 흰색이다.
  ㉡ 갓과 대의 색깔은 짙은 황갈색 또는 흑갈색으로 표면에는 끈끈한 점성이 있다.
  ㉢ 생장 중에 이핵균사가 분열자를 형성하여 탈이핵화 현상을 나타내어 전형적인 버섯류의 생활사와 다소 차이가 있다.

⑤ 표고버섯(*Lentinula edodes*)
  ㉠ 주름버섯과에 속하며 자실체는 갓, 주름살, 대로 구성되어 있다.
  ㉡ 주름살은 톱니형이고, 포자와 주름살 색깔은 백색이다.
  ㉢ 대 또는 갓 표면에 사마귀점(인편)이 있다.
  ㉣ 주로 참나무에서 발생하여 원목재배에 가장 적당하다.

ㅁ 표고의 렌티난(lentinan) 성분은 항암작용, 항바이러스작용, 혈압강하작용이 있다고 알려져 있으며, 면역력 증강 및 암세포의 증식을 억제하는 의약품으로 개발되어 있다.

10년간 자주 출제된 문제

2-1. 양송이균의 특성이 아닌 것은?

① 균사는 격막이 있고, 꺽쇠연결은 없다.
② 염색체는 다소 차이가 있으나 n=9개이다.
③ 균사체를 구성하는 세포 내에는 다핵상태로 균사 내에서 핵융합이 일어난다.
④ 대의 갓이 연결되는 부분에 생장점이 있다.

2-2. 느타리 포자의 색깔로 옳은 것은?

① 흰색   ② 갈색
③ 적색   ④ 흑색

2-3. 팽이의 학명은?

① Lentinula edodes
② Pleurotus ostreatus
③ Stropharia rugoso-annulata
④ Flammulina velutipes

2-4. 렌티난을 함유하고 있으며 항암작용, 항바이러스작용, 혈압강하작용이 있다고 알려진 버섯은?

① 표고   ② 팽이버섯
③ 양송이버섯   ④ 느타리버섯

|해설|

2-1
양송이 균사체를 구성하는 세포 내에는 다핵상태가 아니며, 핵융합이 일어나지 않는다.

2-3
④ 팽이버섯, ① 표고, ② 느타리, ③ 턱받이포도버섯

정답 2-1 ③ 2-2 ① 2-3 ④ 2-4 ①

---

① 목이(*Auricularia auricula-judae*)
　㉠ 이담자균강 목이목에 속한다.
　㉡ 참나무, 밤나무 등 활엽수의 고사목에 발생하는 목재부후균이다.
　㉢ 형태가 귀 모양이며, 직경 2~6cm 내외의 고무질, 젤라틴질로 형성된다.

② 영지버섯(*Ganoderma lucidum*)
　㉠ 분류학적으로는 민주름버섯목 불로초과에 속하고, 포자의 형성은 관공형의 형태인 것으로 구멍장이버섯에 포함된다.
　㉡ 7~8월 고온기에 활엽수 그루터기 부위에서 발생한다.
　㉢ 자실체는 혁질로 단단하며 갓은 적갈색에서 갈색, 대는 갈색에서 검은색을 띤다.
　㉣ 다당체 및 다당체 단백질 결합체와 쓴맛을 내는 테르페노이드(terpenoid) 계통의 물질이 주요 약효성분이다.

③ 목질진흙버섯(상황버섯, *Pellinus linteus*)
　㉠ 상황(桑黃)버섯은 뽕나무에 발생하는 노란버섯을 총칭하며, 분류학적으로 민주름버섯목 소나무비늘버섯과에 속한다.
　㉡ 주로 뽕나무 등의 활엽수 줄기에 자생한다.
　㉢ 원균의 균총과 종균이 다소 황갈색을 띤다.

④ 복령(*Poria cocos*)
　㉠ 민주름버섯목 구멍장이버섯과에 속한다.
　㉡ 복령균은 갈색부후균으로, 소나무의 땅속 뿌리부분에서 생장한다.
　㉢ 균핵은 저장기관이고 자실체는 번식기관이며, 균사체는 영양기관이다.
　㉣ 복령에는 75%의 복령다당(pachyman)이 들어 있는 복령산, 에르고스테롤, 트리테르펜산 등 물질이 들어있다.

ⓜ 주요한 영양은 섬유소, 반섬유소, 리그닌이다.

3-1. 목이버섯의 학명으로 옳은 것은?

① *Armillaria mellea*
② *Agaricus bisporus*
③ *Volvariella volvacea*
④ *Auricularia auricula-judae*

3-2. 버섯원균의 균총과 종균이 다소 황갈색을 띠는 버섯은?

① 느타리버섯   ② 목질진흙버섯
③ 표고   ④ 신령버섯

3-3. 복령버섯균의 특성 중 옳지 않은 것은?

① 복령균은 갈색부후균 및 사물기생성균으로서 땅속에서 잘 자란다.
② 복령균은 사물기생성균으로서 균핵이 형성되는 특성이 있다.
③ 복령균은 백색부후균이며, 사물기생성균으로서 소나무에서 잘 자란다.
④ 복령균은 갈색부후균이며, 사물기생성균으로 소나무에서 잘 자란다.

|해설|

3-1
① 뽕나무버섯
② 양송이
③ 풀버섯

3-3
③ 복령균은 갈색부후균이며, 사물기생성균으로 땅속 소나무의 뿌리부분에서 생장한다.

정답 3-1 ④ 3-2 ② 3-3 ③

① 천마

　ⓐ 뽕나무버섯균과 서로 공생하여 생육이 가능하다.

　　※ 뽕나무버섯균은 목재부후균으로서 균사속을 형성하여 천마와 접촉하면서 공생관계를 유지한다.

　ⓑ 난과 식물로 땅속에서 성마가 되어 번식하며 씨앗으로는 번식이 어렵다.

　ⓒ 지하부의 구근은 고구마처럼 형성된다.

　ⓓ 지상부 줄기 색깔에 따라 홍천마, 청천마, 녹천마 등으로 구별한다.

② 신령버섯

　ⓐ 브라질에서는 '태양의 버섯'이라 하고 우리나라에서는 흰들버섯이라고도 한다.

　ⓑ 꺽쇠연결체가 없으며, 빛에 의해 균사 생장이 촉진되는 특징이 있다.

　ⓒ 갓 표면의 색은 발생조건에 따라 백색, 옅은 갈색 또는 갈색을 띤다.

　ⓓ 항암효과를 나타내는 베타글루칸, 단백글루칸, 지질성분, 렉틴 등이 풍부하다.

③ 노루궁뎅이버섯(*Hericium erinaceum*)

　ⓐ 민주름버섯목 턱수염버섯과 산호침버섯속에 속한다.

　ⓑ 참나무, 호두나무, 너도밤나무, 단풍나무, 버드나무 등 활엽수의 수간부 또는 고사목에 발생하는 목재부후균이다.

　ⓒ 자실체가 어릴 때는 흰색이지만, 커가면서 황색 또는 황갈색으로 변한다.

　ⓓ 포자는 구형(球形)이고 평활하며, 쓴맛이 있다.

　ⓔ 담포자의 모양은 유구형(類球形)으로 무색이며, 균사는 처음에는 흰색이나 점차 노란색에서 분홍색으로 된다.

4-1. 천마의 특성 중 맞는 것은?

① 뽕나무버섯균에 기생하면서 지상에서 성마가 되어 번식한다.
② 뽕나무버섯균과 공생하며, 지상에 자실체가 형성되는 특징이 있다.
③ 뽕나무버섯균과 공생하며, 땅속에서 성마가 되어 번식한다.
④ 난과 식물과 공생하면서 꽃과 열매로서 번식한다.

4-2. 신령버섯 균사 생장 시 간접광선의 영향으로 옳은 것은?

① 생장을 방해하는 특성이 있다.
② 생장을 촉진하는 특성이 있다.
③ 아무런 영향을 미치지 못한다.
④ 어두운 상태와 밝은 상태가 교차되어야만 생장이 촉진된다.

|해설|

4-1

천마는 뽕나무버섯 균사와 공생하는 난과 식물이다.

정답 **4-1** ③ **4-2** ②

핵심이론 05 │ 종류 및 특성(4)

① 동충하초(冬蟲夏草)
  ㉠ 동충하초균이 곤충에 침입하여 곤충을 죽게 한 후 기주로부터 자실체를 형성한다.
  ㉡ 면역증강, 항피로, 항암효과가 있는 코르디세핀(cordycepin), 밀리타린(militarin)을 포함하고 있다.

② 풀버섯
  ㉠ 퇴비종균을 이용하며, 균 보존온도는 15~20℃이다.
  ㉡ 갓, 주름살, 대, 대주머니 네 가지 부분만 있다.
  ㉢ 버튼→난기→신장기→성숙기를 거쳐 생장한다.
  ㉣ 어린버섯은 대주머니에 둘러싸여 있으나 성장하면서 갓과 대가 자라나온다.

③ 광대버섯
  ㉠ 떡갈나무와 벚나무 부근의 지상에 군생 또는 외생하는 균근형성균이다.
  ㉡ 갓, 자실층, 대, 턱받이, 대주머니가 모두 있다.
  ㉢ 독성분인 아마톡신(amatoxin)을 함유하고 있다.

> **♪ 더 알아보기!**
>
> **독버섯의 종류**
> 독우산광대버섯, 흰알광대버섯, 알광대버섯, 큰갓버섯, 흰갈대버섯, 광대버섯, 마귀광대버섯, 목장말똥버섯, 미치광이버섯, 갈황색미치광이버섯, 두엄먹물버섯, 배불뚝이깔때기버섯, 노란다발버섯, 독깔때기버섯, 땀버섯, 외대버섯, 파리버섯, 양파광대버섯, 화경솔밭버섯, 애기무당버섯, 무당버섯 등

5-1. 키닉산의 이성질체로 알려진 코르디세핀(cordycepin)이라는 물질을 함유하는 버섯은?

① 느타리버섯　　　　② 영지버섯
③ 표고　　　　　　　④ 동충하초

5-2. 대주머니(volva)가 있는 것은?

① 양송이　　　　　　② 광대버섯
③ 느타리버섯　　　　④ 팽이버섯

5-3. 다음 중 독버섯이 아닌 것은?

① 말불버섯　　　　　② 광대버섯
③ 화경솔밭버섯　　　④ 무당버섯

|해설|

5-1

코르디세핀(cordycepin) : 키닉산의 이성질체로 세포의 유전정보에 관여하며, 저하된 면역기능을 활성화시켜 암세포의 생성을 방지하는 작용을 한다.

5-3

말불버섯
자실체 높이는 4~6cm로 머리 부분은 둥글게 부풀었고, 그 속에 포자가 생긴다. 표면은 백색이나 후에 회갈색으로 되며, 뾰족한 알맹이 모양의 돌기가 많이 있다. 어릴 때는 식용한다.

정답 5-1 ④　5-2 ②　5-3 ①

핵심이론 06 │ 생태 및 생리

① 생태학적 서식지에 따른 구분
　㉠ 활물공생버섯 : 살아있는 나무, 풀 등에서 공생한다.
　　예 뽕나무, 송이, 능이 등
　㉡ 사물기생버섯 : 죽은 유기물에 기생해서 자란다.
　　• 죽은 나무 : 느타리, 팽이, 표고, 영지 등
　　　※ 목재부후균 : 스스로 가지고 있는 효소의 작용으로 목재를 부패시켜 필요한 영양분을 섭취하는 종류를 말한다.
　　• 초본류 : 풀버섯 등
　　• 부식질이나 땅속의 유기물(부생균) : 양송이, 신령버섯, 먹물버섯 등
　　• 곤충, 거미 등 : 동충하초

② 버섯의 생리학적 특성
　㉠ 엽록소가 없어 광합성을 하지 못한다.
　㉡ 균사체는 진핵세포로 구성되어 있고 세포는 전형적인 세포벽으로 싸여 있다.
　㉢ 버섯은 타가영양체이며 생태계에서 분해자에 속하고, 식물은 자가영양체이며 생산자에 속한다.
　㉣ 꺽쇠연결체(협구, clamp connection)
　　• 느타리버섯 등 대부분의 담자균류에서 볼 수 있다.
　　• 꺽쇠의 유무로 2차 균사(n+n)를 판별할 수 있다.
　　• 양송이와 신령버섯은 2차 균사에 꺽쇠가 관찰되지 않는다.

6-1. 버섯의 일반적인 특징이 아닌 것은?

① 고등식물이다.
② 엽록소가 없다.
③ 기생생활을 한다.
④ 광합성을 못한다.

6-2. 일반적인 버섯의 특징이 아닌 것은?

① 버섯균은 고등균류에 속하는 생물군이다.
② 버섯세포는 전형적인 세포벽으로 싸여 있다.
③ 버섯은 생태계 중 유기물 생산자이다.
④ 버섯의 균사체는 진핵세포로 구성되어 있다.

6-3. 활물기생 또는 반활물기생이 가능한 것은?

① 뽕나무버섯　　　　② 양송이
③ 참부채버섯　　　　④ 표고

6-4. 양송이나 신령버섯의 원균을 느타리와 구별할 수 있는 가장 정확한 방법은?

① 균총 색깔
② 균사생장속도
③ 꺾쇠연결체 유무
④ 담자포자 모양

|해설|

6-1
생물은 크게 동물계, 식물계, 균계로 나눌 수 있으며, 버섯은 곰팡이·박테리아와 함께 균계에 속하고, 가장 하위에 위치한다.

6-2
식물계는 엽록소를 가진 산소 발생형 광합성으로 무기물을 동화하는 유기물 생산자이고, 동물계는 적극적으로 유기물을 포식·소화하는 유기물의 소비자이며, 균계는 엽록소가 없이 정적으로 유기물을 흡수하는 유기물 환원자이다.

6-3
뽕나무버섯은 살아 있는 나무에 기생을 하면 그 나무의 병원균으로 작용하여 나무에 병이 발생한다.

6-4
양송이와 신령버섯은 담자균류의 일반적인 특성과는 달리 꺾쇠연결체가 생기지 않는다.

정답 6-1 ①　6-2 ③　6-3 ①　6-4 ③

제2절　버섯균주 관리

핵심이론 01 | 원원균의 적정 보존법

① 종균의 공급과정

　㉠ 새로운 버섯품종이 육성되면 국가 기관에 등록하는데 이 균을 원원균이라 한다.
　　• 품종 : 분류학상 동일종에 속하면서 형태 또는 생리적으로 다른 본질을 갖는 계통으로 육성된 것이다.
　　• 신품종의 구비조건 : 우수성, 균등성, 영속성
　㉡ 전국의 등록된 종균배양소에 원균을 분양하여 종균으로 배양한 후 재배 농가에 공급한다.

> **⊙ 더 알아보기!**
>
> **종자업의 등록(종자산업법 제37조)**
> • 종자업을 하려는 자는 대통령령으로 정하는 시설을 갖추어 시장·군수·구청장에게 등록하여야 한다. 이 경우 법령에 따라 종자의 생산 이력을 기록·보관하여야 하는 자의 등록사항에는 종자의 생산장소가 포함되어야 한다.
> • 종자업을 하려는 자는 종자관리사를 1명 이상 두어야 한다. 다만, 대통령령으로 정하는 작물의 종자를 생산·판매하려는 자의 경우에는 그러하지 아니하다.
> ※ 종자관리사 보유의 예외(시행령 제15조 제11호) : 양송이, 느타리버섯, 뽕나무버섯, 영지버섯, 만가닥버섯, 잎새버섯, 목이버섯, 팽이버섯, 복령, 버들송이 및 표고버섯은 제외

　㉢ 균사를 배양하고 균을 만드는 동안 균주의 퇴화를 방지하기 위해 알맞은 조건으로 보존해야 한다.
　　※ 일반적인 보존 부위 : 균사체

② 균주 보존 방법

단기보존	계대배양보존법
장기보존	유동파라핀봉입법(산소공급의 제한), 동결건조법 (초저온 냉동고, 액체질소), 현탁보존법(물보존법), 영양원 억제 등

※ 장기보존 시 고온성 버섯(풀버섯)은 상온(15~20℃), 저온성 버섯(팽이버섯)은 4℃에서 보존한다.

㉠ 계대배양보존법
- 가장 일반적인 보존 방법으로 한천배지를 이용하여 균주를 일정기간 보존한다.
- 작업이 용이하며 균주를 바로 사용할 수 있는 이점이 있다.
- 균총의 가장자리 부분을 사용하며 보존 중에는 균사의 생장이 가능한 억제되도록 한다.
- 온도는 4~6℃가 적당하고, 상대습도는 70% 내외로 유지한다.
- 작업 중 실수로 오염이 발생할 수 있다.
- 일반적으로 3~4개월마다 계대하여 보존한다.
- 보존기간은 3~12개월이 좋다.
- 버섯종균 제조용 접종원 계대배양은 2회 정도 허용된다.

㉡ 유동파라핀봉입법
- 시험관 내에 균사를 배양한 다음 그 위에 유동파라핀을 넣어 배지가 건조되는 것을 방지하고 산소공급을 차단하여 호흡을 최대한 억제시켜 장기보존하는 방법이다.
- 유동파라핀의 주입량은 시험관 내 사면의 높이보다 1cm 정도 높게 넣는다.
- 유동파라핀을 넣은 후 온도 4~6℃, 습도 70% 내외로 조절된 보존실에서는 1~3년간 보존할 수 있지만, 안전하게 보존하기 위해서는 2년마다 교체하여야 한다.
- 공기 유통이 양호하고 온도가 15~20℃ 정도로 조절된 항온보존실에 두는 것이 바람직하다.
- 많은 종류의 균주를 양호하게 보존할 수 있는 장점이 있다.
- 균사 생장 중 포자를 형성하지 않기 때문에 동결건조법, L-건조법(진공건조)을 사용하지 않는 사상균류나 버섯류의 보존법으로 편리하고 유효하다.

㉢ 동결건조법
- 초저온냉동고 : −85~−50℃의 냉동고에서 동결건조한다.
- 액체질소보존법 : −196℃ 액체질소(액화질소)를 이용하여 장기간 보존하는 방법으로, 동결보호제로 10% 글리세린이나 10% 포도당을 이용한다.
- ※ 균주를 저온(4℃)에 보존하려면 배지에 균사가 70% 정도 생장한 것이 좋다.

㉣ 물보존법 : 2년 이상 장기간 보존이 가능하며, 난균류 보존에 많이 활용하는 현탁보존법에 해당한다.

10년간 자주 출제된 문제

1-1. 버섯균주를 보존하는 데 일반적으로 어떤 부위를 보존하는가?
① 균사체   ② 자실체
③ 포자   ④ 원기

1-2. 원균의 계대배양 시 균총의 어느 부분을 사용하는 것이 가장 알맞은가?
① 균총 중앙   ② 균총 가장자리
③ 균총 중앙과 가장자리 사이   ④ 모든 부위

1-3. 버섯균주의 보존 시 유동파라핀봉입법에 대한 설명으로 맞는 것은?
① 배지의 잡균 오염을 방지한다.
② 산소공급을 차단하여 호흡을 억제한다.
③ 파라핀의 양은 많은 것이 좋다.
④ 보존기간이 5~7년 정도로 길다.

1-4. 0℃ 이하에서 원균을 보존할 때 사용하는 동결보호제로 가장 적당한 것은?
① 살균수   ② 유동파라핀
③ 10% 글리세린   ④ 70% 에탄올

|해설|

1-4
유동파라핀봉입법
유동파라핀을 넣어 배지의 건조를 방지하고, 산소를 차단하여 호흡을 최대한 억제시켜 장기 보존하는 방법이다.

정답 1-1 ①   1-2 ②   1-3 ②   1-4 ③

① 원균 증식용 배지 : 버섯균을 배양할 수 있는 양분으로 구성된 용액을 액체배지라 하고, 여기에 한천(agar)을 첨가하면 젤리처럼 굳게 된 고체배지가 된다.

② 배지의 종류

버섯 종류	배지 종류
양송이, 신령버섯	퇴비추출배지, 버섯완전배지
느타리, 표고, 팽이버섯	감자추출배지, 버섯완전배지, YM배지
영지	영지완전배지, 감자추출배지, 맥아배지
꽃송이	벌꿀바나나배지
송이	하마다배지
야생버섯	하마다배지, 감자추출배지

③ 배지 제조 방법

㉠ 감자추출배지(PDA)

감자	200g	dextrose	20g
한천(agar)	20g	증류수	1,000mL

증류수에 감자를 넣고 15분 정도 끓인 후 감자를 망에 걸러 감자는 버리고, 감자를 끓인 용액에 덱스트로스(dextrose) 또는 설탕이나 글루코스를 넣고 1,000mL로 맞춘 후 한천을 첨가한다.

㉡ 퇴비추출배지(CDA)

건조 퇴비 (수분함량이 68~70% 퇴비)	40g (70g)	맥아추출물	7g
설탕	10g	한천(agar)	20g
증류수	1,000mL	–	–

건조된 퇴비를 증류수에 15분 정도 끓인 후 망으로 걸러 퇴비를 버리고 끓인 물에 맥아추출물과 설탕을 녹여 1,000mL로 맞춘 후 한천을 첨가한다.

㉢ 참나무톱밥추출배지

참나무톱밥	200g	맥아추출물	3g
설탕	20g	한천(agar)	20g
증류수	1,000mL	–	–

참나무톱밥을 증류수에 15분 정도 끓인 후 망으로 걸러 톱밥은 버리고 끓인 물에 맥아추출물과 설탕을 녹여 1,000mL로 맞춘 후 한천을 첨가한다.

㉣ 버섯완전배지(MCM)

dextrose	20g	효모추출물	2g
MgSO$_4$ 7H$_2$O	0.5g	펩톤	2g
KH$_2$PO$_4$	0.46g	한천(agar)	20g
K$_2$HPO$_4$	1.0g	증류수	1,000mL

㉤ 버섯최소배지(MMM)

dextrose	20g	thimine HCl	120μg
MgSO$_4$ 7H$_2$O	0.5g	bacto agar	20g
KH$_2$PO$_4$	0.46g	증류수	1,000mL
K$_2$HPO$_4$	1.0g	–	–

㉥ YM 배지 : 효모추출물, 맥아추출물, 펩톤, 덱스트로스, 한천, 증류수

㉦ 하마다(hamada) 배지 : 덱스트로스, 효모추출물, hyponex, HCl, 한천, 증류수

㉧ 맥아배지 : 맥아추출물, 펩톤, 한천, 증류수

④ 배지의 산도

㉠ 배지의 산도는 버섯의 종류에 따라서 차이가 있지만 pH 4.0~8.6까지로 범위가 넓다.

㉡ 버섯은 보통 균사가 생장하면서 대사산물로 유기산을 분비하기 때문에 배지의 종류에 따라 조금은 차이가 있지만 pH가 조금은 낮아진다.

※ 조제한 배지는 가능한 빨리 사용하고 보존할 경우에는 저온실이나 냉장고에 보관한다.

2-1. 버섯원균의 증식 및 보존용 배지로 가장 많이 사용하는 배지는?

① 톱밥배지
② 곡립배지
③ 퇴비배지
④ 감자한천배지

2-2. 느타리버섯 원균 증식용 배지 조제 시 불필요한 것은?

① 양송이 퇴비
② 감자
③ 설탕
④ 한천

2-3. 감자한천배지(PDA)의 재료 조성으로 가장 적합한 것은?

① 감자 100g, 포도당 20g, 한천 10g, 물 1L
② 감자 200g, 전분 20g, 한천 10g, 물 1L
③ 감자 100g, 전분 20g, 한천 20g, 물 1L
④ 감자 200g, 포도당 20g, 한천 20g, 물 1L

2-4. 버섯완전배지 1L에 들어가는 한천의 일반적인 양은?

① 약 10g
② 약 20g
③ 약 30g
④ 약 40g

|해설|

2-3

감자추출배지(PDA) 제조 방법

증류수에 감자를 넣고 15분 정도 끓인 후 감자를 망에 걸러 감자는 버리고, 감자를 끓인 용액에 덱스트로스(dextrose) 또는 설탕이나 글루코스를 넣고 1L로 맞춘 후 한천을 첨가한다.

정답 2-1 ④ 2-2 ① 2-3 ④ 2-4 ②

핵심이론 03 | 원균 배양 최적 환경 조건

① 원균 배양

　㉠ 버섯균사를 한천배지나 액체배지에서 자라게 하는 것이다.

　㉡ 한천배지나 액체배지에 접종하면 보통 25℃ 정도에서 배양한다.

　㉢ 한천배지는 항온기에 배양하면서 특별히 습도를 맞추어 줄 필요는 없지만, 대단위 배양실에서 배양할 경우 실내 습도를 60% 내외로 조절한다.

　㉣ 배양은 불을 끈 상태 즉, 암흑에서 한다.

　㉤ 액체배지에 배양하는 경우는 가만히 두어 배양하는 정치배양과 흔들면서 배양하는 진탕배양이 있다.

[주요 버섯의 종류별 적정 배지 pH와 균사 생장 온도]

버섯 종류	적정 배지 pH	균사 생장 온도 범위(℃)	균사 생장 적온(℃)
양송이	6.8~7.0	3~30	24~25
느타리버섯	5.0~6.0	5~35	28~30
큰느타리버섯	5.0~6.0	5~35	25~28
표고	5.0~6.0	5~35	24~27
목이	6.0~7.0	10~35	27~30
영지	4.2~5.3	10~40	28~30
팽이버섯	4.5~8.6	3~34	22~25
노루궁뎅이버섯	5.8~6.2	6~30	22~25
복령	4.0~6.0	10~35	25~30
목질진흙버섯	4.0~8.0	10~40	25~30

※ 자료 등에 따라 ±1~2℃씩 차이날 수 있음

② 배양된 원균 확인

　㉠ 원균이 배양되면서 오염이 될 수 있으므로 2~3일에 한 번씩 배양 상태를 확인한다.

　㉡ 버섯균보다 가늘면서 빨리 자라는 균이나 세균, 곰팡이 등에 오염된 균주는 반드시 살균 후 폐기한다.

　㉢ 배양되는 균사가 생장이 늦거나 버섯균이 뭉치거나 구름 모양으로 자라면 폐기하고 다시 새로운 균으로 원균 증식을 한다.

ⓔ 액체배지에 배양하는 경우 배양액이 변색되거나 비릿한 냄새나 술 냄새, 구린 냄새 등이 나면 세균이나 효모에 감염된 것이므로 폐기한다.

3-1. 표고균사의 생장 가능 온도와 적온으로 옳은 것은?

① 5~32℃, 22~27℃
② 5~32℃, 12~20℃
③ 12~17℃, 22~27℃
④ 12~17℃, 28~32℃

3-2. 느타리버섯의 균사 생장에 알맞은 온도는?

① 5℃
② 15℃
③ 25℃
④ 35℃

3-3. 목이버섯의 균사 생장 최적산도는?

① pH 3.5~4.5
② pH 4.6~5.5
③ pH 6.0~7.0
④ pH 8.0~9.5

|해설|

3-1
표고균사의 생장 가능온도는 5~32℃이고, 적온은 22~27℃이다.

3-2
양송이 및 느타리버섯 균사의 배양적온은 25℃ 전후이다.

정답 3-1 ① 3-2 ③ 3-3 ③

핵심이론 04 │ 이식 · 배양기술

① 버섯균 이식과 배양

ⓐ 오래된 배지에서 새로운 배지로 균사를 옮기는 것을 균의 이식이라고 한다.

ⓑ 이식된 버섯류의 균사가 자라는 데 최저온도와 최고온도를 가지며 이 온도 범위를 생장온도라 한다.

ⓒ 생장온도보다 낮거나 높으면 균사의 자람이 일시 중단되거나 심한 경우에는 죽는 경우도 있다.

ⓓ 이산화탄소는 느타리버섯의 경우 한천배지에서 균사 배양 시 16~22% 일 때가 가장 좋았으며, 36% 이상에서는 균사 생장에 장애를 받는다.

② 원균 배양에 사용하는 시험기구

ⓐ 시험관 : 균사 배양이나 짧은 기간 버섯균의 보존에 주로 사용되며, 보통 18×180mm 시험관이 사용된다.

ⓑ 샬레(petri dish) : 평판 배양이나 버섯 포자를 받는 경우에 사용되는 뚜껑이 있는 접시로 보통 직경 9cm 접시가 많이 사용된다.

ⓒ 무균상(clean bench)

• 옆면이나 천장에 공기를 무균으로 만들 수 있는 필터를 통과시킨 바람을 무균상 안으로 불어넣어 내부가 무균화가 되도록 한 기기이다.

• 작업 전 미리 켜 놓았다가 사용하는 것이 좋다.

• 버섯의 조직 분리나 배지에서 배지로 균을 이식할 때에 무균상 내에서 한다.

※ 무균상(클린벤치)에서 원균을 이식할 때 쓰이는 기구 : 백금구, 시험관배지, 알코올램프

ⓓ 균 이식하는 기구

• 백금선, 백금구, 백금이 세 종류가 있는데 백금구는 버섯균과 같은 곰팡이를 취급할 때 쓰이고 백금선과 백금이는 효모나 세균에 이용된다.

• 백금을 쓰는 이유는 화염살균 시 열전도가 좋아 온도가 빨리 올라가고 내려가기 때문이다.

ⓜ 건열살균기(dry oven) : 유리로 된 기구나 금속기구 등을 뜨거운 열로 말리거나 살균하는 데 이용되는 기기로 200℃까지 온도 조절을 할 수 있다.

ⓗ 고압습열살균기(autoclave) : 높은 온도와 압력에 의해서 미생물을 죽이는 기기로, 한천배지의 살균은 121℃에서 15~20분 정도 하며 배양용 배지, 수용액, 버리는 균사나 오염된 것 등을 버리기 전 살균할 때 이용된다.

ⓢ 교반기(stirrer) : 배지 등에 사용되는 시약 등을 녹일 때 이용된다.

ⓞ 진탕기(shaker) : 주로 액체배지에 버섯균을 배양할 때 균의 생육을 왕성하게 하고 배양을 고르게 하기 위해 이용한다. 진탕 속도의 조절이 가능하다.

ⓩ 균질기
- 믹서와 유사한 것으로 칼날 통의 탈부착이 가능하며 칼날이 들어있는 통은 분리하여 살균이 가능하다.
- 살균 후 무균적으로 균을 갈아 균사 수를 많게 하며 주로 액체종균의 접종용 균을 만들 때 이용한다.

ⓒ 산도조절기(pH 조절기) : 산도가 낮거나 높은 배지를 만들 때 배지의 산도를 조절하는 기기이다.

ⓚ 피펫(pipette) : 버섯균의 접종용은 끝이 넓은 것을 이용하며 균질기로 곱게 갈아진 균을 살균된 피펫으로 다른 액체배지에 접종할 때 이용한다.

ⓣ 이외에도 삼각플라스크, 바이엘 병 등이 배지의 살균에 이용되며, 수술용 메스, 핀셋, 마이크로피펫 등도 버섯의 포자나 조직 분리를 위해 이용된다.

③ 기구 살균법

ⓖ 화염살균 : 백금구, 백금이, 백금선 등은 클린벤치 내에서 사용하는 도구로 주로 화염살균을 한다.

ⓛ 여과멸균 : 열에 민감하여 한계 온도 이상의 열처리 시 변성될 가능성이 있는 비타민, 항생제 등의 성분들에 사용하는 멸균법이다.

4-1. 원균을 이식할 때 쓰이는 것이 아닌 것은?

① 백금구
② 시험관배지
③ 알코올램프
④ 버섯

4-2. 클린벤치(무균상)에서 원균을 이식할 때 쓰이는 기구가 아닌 것은?

① 백금구
② 시험관배지
③ 알코올램프
④ 건열살균기

4-3. 미생물 배양이 끝난 배지 또는 기구의 처리가 가장 바르게 된 것은?

① 비누로 세척한다.
② 알코올로 소독한다.
③ 멸균 후 배지를 버리고 세척한다.
④ 건열살균기로 멸균한다.

4-4. 버섯균사 배양 시 사용되는 기기 중 화염살균을 하는 것은?

① 피펫
② 진탕기
③ 워링블렌더
④ 백금이

|해설|

4-2
건열살균기는 초자기구, 금속기구 등의 살균을 목적으로 200℃까지 온도를 조절할 수 있는 기기이다.

정답 4-1 ④ 4-2 ④ 4-3 ③ 4-4 ④

① 포자 발아

　㉠ 자실체의 갓이 펼쳐지기 직전의 버섯을 골라 포자를 발아시켜 균주를 얻는 방법이다.

　㉡ 버섯의 대를 절단해 빈 샬레 또는 색깔 있는 포자는 흰 종이에, 흰 포자는 검은 종이에 주름살이 밑으로 향하게 하여 포자를 낙하시킨다.

　㉢ 버섯을 넣은 샬레의 온도는 15~20℃가 적당하고 6~15시간 동안 포자를 받은 후 버섯은 버리고 4℃ 냉장고에 보관하면서 사용한다.

　　※ 양송이 자실체에서 포자를 채취할 때 포자의 낙하량은 15℃일 때 가장 많다.

　㉣ 느타리나 표고 등은 포자 발아가 잘되는 편이나 양송이, 영지버섯 등의 포자 발아는 상당히 어렵고 발아율도 낮다.

> **포자 발아 촉진 방법**
> • 발아용 포자 근처에 균사체 접종
> • 유기산 처리
> • 영양물질 첨가
> • 저급지방산 처리
> • 배지의 산도 조절
> • 균사 절편의 이식 접종
> ※ 장시간 자외선에 조사되면 균사가 사멸되어 포자를 발아시킬 수 없으므로 자외선은 피한다.

② 균사체 분리 : 버섯이 발생한 나무나 토양 등지에서 균사를 분리하는 방법이다.

③ 자실체 분리

　㉠ 버섯류는 대부분 자실체의 조직 일부를 이식하면 자실체와 동일한 균사를 얻을 수 있다.

　㉡ 자실체는 가능하면 어린 것으로 한다.

　㉢ 날씨가 맑은 날에 채집하여 사용하는 것이 좋다.

　㉣ 무균상태에서 버섯을 쪼개어 갓과 대의 접합 부분의 육질을 1×3mm 정도로 절단한 다음 시험관 내 배지 중심부에 가볍게 눌러 놓는다.

　㉤ 세균의 오염을 피하기 위해서 첨가하는 항생제 : 스트렙토마이신, 클로람페니콜, 페니실린 등

　㉥ 조직이 옮겨진 한천배지는 20~25℃의 항온기에 넣고 배양하여 균사가 2~3cm 정도 자라면 오염 여부를 확인하고 새로운 시험관 한천배지에 옮겨 배지 표면의 70~80% 정도 균사가 자랐을 때 4℃의 냉장고에 보관하여 사용한다.

10년간 자주 출제된 문제

5-1. 양송이 자실체로부터 포자를 채취하여 원균을 제조하고자 한다. 다음 중 포자 채취에 가장 알맞은 것은?

① 갓이 완전히 벌어진 것을 채취한다.
② 갓이 벌어져 포자가 많이 나르는 것을 채취한다.
③ 갓이 벌어지기 직전의 것을 채취한다.
④ 버섯의 모양이 갖추어진 상태일 때 채취한다.

5-2. 다음 중 상대적으로 포자 발아가 가장 어려운 것은?

① 양송이　　　　　　② 영지
③ 느타리　　　　　　④ 표고

5-3. 양송이 포자의 발아 촉진을 위한 처리로 부적당한 것은?

① 저급지방산 처리
② 자외선 처리
③ 배지의 산도 조절
④ 균사 절편의 이식 접종

5-4. 버섯으로부터 조직분리를 할 때 절편의 크기는 몇 mm가 가장 적당한가?

① 1×3mm　　　　　② 1×10mm
③ 1×20mm　　　　 ④ 1×30mm

|해설|

5-2

포자는 물을 흡수하여 팽창하는 것이 보통이지만, 발아가 잘 안되는 버섯도 많이 있다. 영지버섯 포자는 발아가 극히 어려운 것 중의 하나이다.

5-3

자외선 처리는 세균 살균을 위한 것이며, 돌연변이 유기를 할 때도 사용한다. 양송이 포자의 발아촉진을 위한 방법으로는 부적당하다.

정답 5-1 ③　5-2 ②　5-3 ②　5-4 ①

① 현미경의 구분

　㉠ 현미경은 크게 해부현미경, 일반광학현미경, 전자현미경으로 구분할 수 있다.

　㉡ 현미경의 배율
　　• 해부현미경 : 10~100배
　　• 일반광학현미경 : 100~1,500배
　　• 전자현미경 : 수십~수만 배

　㉢ 실체현미경과 일반현미경은 살아있는 자체로 검경할 수 있으나 전자현미경은 생체상태로 볼 수 없다.

② 현미경 이용순서

　㉠ 현미경 재물대에 시료가 위로 향하게 해서 슬라이드 글라스를 올려놓는다.

　㉡ 전압은 반드시 최저 상태로 광원의 전원을 켠다.

　㉢ 콘덴서를 가장 높은 위치로 이동한다.

　㉣ 대물렌즈를 정위치에 있는가를 확인한다.

　㉤ 조동나사로 대물렌즈와 시료를 가장 가까운 위치에 놓도록 조절한다.

　㉥ 미동조절나사를 이용하여 대물렌즈를 시료 반대쪽으로 이동시켜 초점을 맞춘다.

　㉦ 초점이 맞춰지면 광원의 조리개와 전압, 콘덴서의 위치와 조리개를 조절하여 깨끗하고 명확한 상을 얻도록 한다.

　㉧ 슬라이드 글라스를 움직여 목적한 가장 좋은 상을 찾는다.

　㉨ 배율을 높일 때에는 저배율에서 고배율로 이동하여 최종으로는 100× 렌즈로 단계적으로 바꾼다.

　㉩ 현미경을 사용한 후에는 검경한 슬라이드 글라스를 제거하고 대물렌즈에 묻은 이머젼 오일을 전용 용액으로 세척하고 렌즈를 저배율로 이동하여 현미경이 먼지에 오염되지 않도록 커버를 덮는다.

③ 현미경 검경

　㉠ 분리 배양된 균사체의 형태적 특성(단핵, 이핵 등)을 현미경을 통해 확인할 수 있다.

　㉡ 포자 분리나 조직 분리로 얻어진 균사를 현미경으로 검경하면 4극성인 버섯은 꺽쇠연결체의 유무에 따라 단핵 균주와 2핵 균주를 구분할 수 있다.

　※ 단핵균사에는 꺽쇠연결체가 없다.

10년간 자주 출제된 문제

버섯의 2핵 균사 판별 방법은?

① 격막의 유무　　　② 꺽쇠의 유무
③ 균사의 길이　　　④ 균사의 개수

|해설|
2핵 균사를 판별하는 방법은 꺽쇠의 유무로 알 수 있다.

정답 ②

핵심이론 01 | 종균의 특성 및 관리 방법

① 종균의 개념
  ㉠ 종균이란 필요로 하는 버섯의 2차 균사를 곡립이나 톱밥 등에 순수하게 배양한 것으로서, 작물의 종자와 같은 역할을 한다.
  ㉡ 종균 제조 체계 : 원균 → 접종원 → 종균
② 종균의 구분 : 배지 조성의 재료에 따라서 톱밥종균, 액체종균, 곡립종균 등으로 구분한다.
  ㉠ 톱밥종균
    • 느타리버섯, 큰느타리버섯, 팽이버섯, 표고, 영지 등 양송이를 제외한 대부분은 톱밥종균으로 접종하며 가장 오랫동안 사용된 종균형태이다.
    • 균상재배, 원목재배, 병재배, 봉지재배 버섯에 모두 사용가능하다.
    • 배양기간 중 균사 생장의 균일여부 색택, 냄새 등 육안으로 오염여부를 확인한다.

> **더 알아보기!**
>
> **오염된 종균의 특징**
> • 다른 잡균이 오염되어 종균 표면에 푸른색 또는 붉은색이 보인다.
> • 균사의 색택이 연하고, 마개를 열면 쉰 듯한 술 냄새, 구린 냄새가 난다.
> • 배지의 표면 균사가 황갈색으로 굳어지고 병 바닥에 노란 색, 붉은색 등의 유리수분이 고여있다.
> • 진한 균덩이가 있다.
> • 균사의 발육이 부진하다.

  ㉡ 곡립종균
    • 양송이·느타리버섯 균상재배, 표고 봉지재배 시 주로 사용한다.
    • 살균 과정으로 무균화한 후 균사체를 접종하여 배양한다.

• 종균 제조용 곡립의 요건
  – 벌레가 먹지 않은 것
  – 찰기가 적고 잘 영근 것
  – 변질되지 않은 것
• 양송이의 경우 다른 버섯종균에 비해 오염도 높고 균덩이, 배양 중 유리수분 등이 많이 생겨 종균의 완성도가 다른 종균에 비해 낮은 편이다.
• 곰팡이나 세균의 오염이 없도록 하고 배양이 완료되면 바로 냉장 저장하거나 농가에 보급되어 사용되어야 한다.

  ㉢ 액체종균
    • 가장 최근에 사용되기 시작한 종균형태로 밀봉이 가능한 용기에 영양원을 물에 녹여 살균 과정을 거쳐 배지를 만든다.
    • 현재 감자추출배지와 대두분, 설탕을 주영양원으로 하는 액체종균이 가장 널리 사용된다.
    • 큰느타리버섯, 팽이버섯, 버들송이, 잎새버섯 등 병재배 버섯에 주로 사용한다.
    • 균사 배양은 20℃ 내외에서 약 7~10일 소요된다.
    • 톱밥 및 곡립종균보다 오염여부를 육안으로 확인하기가 어렵다.

  ㉣ 종목종균 : 주로 표고 원목재배용 종균으로 참나무 원목을 롤러 베어링 모양으로 깎아 만든다.

  ㉤ 성형종균
    • 배양된 톱밥종균을 부수어 총알처럼 생긴 플라스틱 배양 틀에 넣고 그 위에 스티로폼 마개를 하여 일정기간 재배양한 종균이다.
    • 접종하기가 매우 편하기 때문에 우리나라에서 표고 원목재배에 가장 많이 사용한다.
    • 종균 제조작업 시 온도는 15~18℃, 습도는 70% 이하가 되도록 한다.

1-1. 식용버섯 종균 제조 체계로서 알맞은 것은?

① 원균 – 접종원 – 종균
② 원균 – 종균
③ 원균 – 1차 접종원 – 2차 접종원 – 종균
④ 종균 – 저장 – 종균

1-2. 표고버섯 종균 증식 과정의 하나로 보기 어려운 것은?

① 원균 분양
② 원균 증식
③ 접종원 제조
④ 품질 검사

1-3. 표고버섯의 불량종균에 대한 설명으로 틀린 것은?

① 종균 표면에 푸른색이 보이는 것
② 종균병 속에 갈색 물이 고인 것
③ 종균병 속의 표면이 흰색으로 만연된 것
④ 종균 표면에 붉은색을 보이는 것

1-4. 표고버섯에서 사용하지 않는 종균은?

① 종목종균
② 톱밥종균
③ 톱밥성형종균(캡슐종균)
④ 곡립종균

|해설|

1-4
표고 종균의 형태는 종목종균, 톱밥종균, 캡슐종균 및 성형종균 등이 있다.

정답 1-1 ① 1-2 ④ 1-3 ③ 1-4 ④

핵심이론 02 | 종균별 제조 방법

① 톱밥종균

ㄱ 톱밥과 미강(쌀겨)를 8 : 2의 비율로 혼합하고 톱밥 건물 중의 0.2~0.5%의 탄산칼슘(탄산석회)을 넣어 고르게 섞는다.

ㄴ 일반적으로 활엽수 톱밥을 사용한다.

톱밥 종류 및 첨가제(%)	버섯 종류
참나무 톱밥 80 + 미강(쌀겨) 20	표고, 영지, 잎새버섯, 맛버섯, 뽕나무버섯, 상황버섯
포플러(미루나무) 톱밥 80 + 미강(쌀겨) 20	느타리, 큰느타리, 팽이버섯, 만가닥버섯, 목이버섯, 노루궁뎅이버섯
소나무 톱밥 70 + 밀기울 30	버들송이

ㄷ 물을 뿌리면서 수분함량이 63~65%가 되도록 조절한다.

ㄹ 수분 조절이 끝난 배지는 톱밥을 병에 넣고 121℃ (1.1kg/cm²)에서 90분간 고압증기살균한다.

ㅁ 살균이 끝난 배지는 냉각실에서 온도를 20℃ 이하로 낮춘다.

ㅂ 배지 내부의 공극률을 조절하는 용도로 면실피를 사용한다.

ㅅ 표고 톱밥배지의 갈변조건은 온도 20~25℃, 광도 200lux 이상이 적당하다.

② 곡립종균

ㄱ 밀, 호밀, 조, 수수 등 곡립을 주배지로 사용한다.
  ※ 양송이 종균의 배지 재료 : 밀, 탄산칼슘, 석고

ㄴ 밀의 수분함량은 45% 내외가 적당하다.

ㄷ 과습상태일 때 황산칼슘($CaSO_4$, 석고)을 첨가하여 수분을 조절한다.

ㄹ 결착 방지를 위해 첨가하는 석고는 배지 무게의 1.0%를 사용한다.

ㅁ 접종 후 6~7일 후 균사가 계란크기 정도로 덩어리가 형성되면 배지전체를 골고루 섞는 흔들기 작업을 하는데, 배양완료까지 4~6일 간격으로 3~4회 실시한다.

③ 액체종균

　　㉠ 샬레에 증식된 원균의 가장자리를 백금이로 액체 배지에 접종하여 진탕배양한다.

　　㉡ 배양이 완료되면 균질기로 갈아 접종원을 배양한다.

　　㉢ 배양 중에 공기가 들어가면 배지에서 거품이 생기므로 식물성 기름(콩기름)이나 거품방지제(antiform)를 배지에 넣어준다.

　　※ 배지에 공기를 넣지 않는 경우 산도를 조절하지 않는다.

　　㉣ 121℃(1.1kg/cm²)에서 60분간 고압증기살균 후 20℃까지 냉각시킨다.

2-1. 팽이버섯 재배 시 균사 생장에 가장 알맞은 톱밥배지의 수분함량은?

① 45% 내외　　　　② 55% 내외
③ 65% 내외　　　　④ 75% 내외

2-2. 곡립종균 배양관리에서 배양기간 중 몇 회 정도 흔들어 주는 작업을 실시하는가?

① 3~4회　　　　② 7~8회
③ 10~12회　　　④ 14~16회

2-3. 액체종균 배양 시 거품의 방지를 위하여 배지에 첨가하는 것은?

① 감자　　　　　② 하이포넥스
③ 비타민　　　　④ 안티폼 또는 식용유

|해설|

2-1
표고 톱밥재배 배지의 수분함량은 65%가 적당하다(원목의 경우 40%, 곡립은 45%).

정답 2-1 ③　2-2 ①　2-3 ④

핵심이론 03 │ 우량종균의 기준 및 선별

① 우량종균 선별 방법

　　㉠ 육안으로 색깔을 보고 선별할 수 있다.

　　㉡ 균사체에서 dsRNA를 분리하여 바이러스 감염 여부를 알 수 있다.

　　㉢ 샬레에 접종 후 37℃ 정도에서 5일간 배양하여 세균의 유무를 알 수 있다.

　　㉣ 양송이, 신령버섯을 제외한 대부분 종균은 현미경으로 관찰 시 꺽쇠연결체가 있어야 우량종균이다.

② 우량종균의 선별기준

　　㉠ 종균을 배양한 후 가능한 한 저장기간이 짧은 종균을 사용한다.

　　㉡ 배지 전체에 백색의 가는 버섯균사가 완전하게 덮여 있으며 광택이 있어 보여야 한다.

　　㉢ 종균에 초록색, 흑색, 붉은색 등의 잡균에 의한 반점이 없어야 한다.

　　㉣ 버섯 특유의 향내가 진한 것이어야 한다.

　　㉤ 허가된 종균배양소에서 구입한 것이어야 한다.

　　㉥ 종균병에 얼룩진 띠가 없어야 한다.

　　㉦ 균덩이나 유리수분이 형성되지 않은 것이어야 한다.

③ 종균의 배양과정 중 잡균이 발생하는 원인

　　㉠ 살균이 완전히 실시되지 못했을 때

　　㉡ 오염된 접종원을 사용하였을 때

　　㉢ 배양 중 솜마개가 오염되었을 때

　　㉣ 배양실의 온도변화가 심할 때

　　㉤ 배양실 및 무균실의 습도가 높을 때

　　㉥ 흔들기 작업 중 마개의 밀착 이상이 있을 때

3-1. 버섯종균의 선택 방법으로 틀린 것은?

① 적당한 수분을 보유하고 있는 것
② 버섯 냄새가 나지 않는 것
③ 병원에 오염되지 않은 것
④ 허가된 종균배양소에서 구입한 것

3-2. 표고 우량종균의 선별에 직접 관련이 없는 사항은?

① 종균을 제조한 곳의 신용도
② 종균의 유효기간
③ 종균 용기 안에 고인 액체의 유무
④ 종균의 무게

3-3. 식용버섯 종균배양 시 잡균 발생원인이 아닌 것은?

① 살균이 완전히 실시되지 못했을 때
② 오염된 접종원을 사용하였을 때
③ 무균실 소독이 불충분하였을 때
④ 퇴화된 접종원 사용

|해설|

3-1
활력이 좋은 버섯종균은 특유의 버섯 냄새가 난다.

정답 3-1 ② 3-2 ④ 3-3 ④

핵심이론 04 | 종균별 배양적 특성

① 톱밥종균

㉠ 균사 배양기간은 약 25~30일 소요된다.

㉡ 온도는 20℃ 내외, 실내습도는 병 내의 습도와 거의 같은 70% 정도가 좋다.

㉢ 배양할 때 배양실에 신선한 공기를 주입하여 균사 생장이 잘되도록 하되 갑작스러운 온도변화는 병에 응결수를 맺게 할 수 있으므로 조심하여야 한다.

㉣ 배양 중 이산화탄소 농도의 변화는 양송이의 경우 0.1~0.5%, 느타리의 경우 15%가 되어도 괜찮지만 일반적으로 배양실의 이산화탄소 농도는 0.4% 이하로 관리한다.

㉤ 배양실의 실내는 어둡게 하여 빛에 의해서 버섯원기의 형성이 되지 않도록 한다.

② 곡립종균

㉠ 균덩이가 생기는 원인

• 퇴화된 원균 또는 접종원을 사용하였을 때
• 균덩이가 형성된 접종원을 사용하였을 때
• 곡립배지의 수분함량이 높을 때
• 흔들기 작업의 지연 때
• 배지의 산도가 높을 때

㉡ 균덩이 형성 방지대책

• 원균의 선별 사용
• 흔들기를 자주 하되 과도하게 하지 말 것
• 고온 · 장기저장을 피할 것
• 호밀은 박피할 것(도정하지 말 것)
• 탄산석회(석고)의 사용량 조절로 배지의 수분 조절

㉢ 유리수분이 생기는 원인

• 곡립배지의 수분함량이 높을 때
• 배양기간 중 변온이 심할 때
• 에어컨 또는 외부의 찬 공기가 유입될 때
• 장기간의 고온저장
• 배양 후 저장실로 바로 옮길 때

4-1. 양송이 종균 배양 시 흔들기 작업을 하는 목적으로 틀린 것은?

① 균일한 생장 유도
② 균덩이 형성 방지
③ 배양기간 단축
④ 잡균 발생 억제

4-2. 곡립종균 균덩이 형성 방지대책으로 옳지 않은 것은?

① 원균의 선별 사용
② 곡립배지의 적절한 수분 조절
③ 탄산석회의 사용량 증가
④ 호밀은 표피를 약간 도정하여 사용

4-3. 곡립종균에서 유리수분이 생성되는 가장 중요한 원인은?

① 곡립배지의 수분함량이 낮을 때
② 배양실의 온도가 항온으로 유지될 때
③ 외부의 따뜻한 공기가 유입될 때
④ 장기간 고온저장을 하였을 때

|해설|

4-2
호밀의 표피를 도정하면 껍질이 벗겨져 균덩이 형성을 유도한다.

정답 4-1 ④ 4-2 ④ 4-3 ④

핵심이론 05 | 종균 배양환경

① 배양환경 조건
　㉠ 종균은 직사광선에 노출되거나 건조되지 않도록 주의한다.
　㉡ 항상 일정한 온도를 유지하여 응결수 형성을 억제한다.
　㉢ 균주의 최적 생육온도보다 다소 낮게 조절한다.
　㉣ 실내습도를 70% 이하로 낮게 하여 잡균 발생을 줄인다.
　㉤ 환기를 실시하여 신선한 공기를 유지한다.
　㉥ 배양실은 광을 최대한 억제하여 자실체 원기 형성을 방지해야 한다(단, 표고는 갈변을 위하여 명배양을 한다).

② 배양실 온도변화가 심하였을 때의 현상
　㉠ 응결수가 생겨서 잡균 발생이 심하다.
　㉡ 병의 위 내부 공간 부위에 결로가 생긴다.
　㉢ 배양기간이 길어진다.
　㉣ 버섯 형성이 저하된다.
　※ 버섯의 균사 생장에 알맞은 배지의 질소원 농도 : 0.03%

5-1. 종균배양실의 환경조건 중 균사 생장에 가장 큰 영향을 미치는 것은?

① 온도　　　　　② 습도
③ 빛　　　　　　④ 환기

5-2. 종균배양실의 환경조건에 대한 설명으로 부적합한 것은?

① 환기를 실시하여 신선한 공기를 유지한다.
② 실내습도를 70% 이하로 낮게 하여 잡균 발생을 줄인다.
③ 항상 일정한 온도를 유지하여 응결수 형성을 억제한다.
④ 100lux 정도의 밝기를 유지하여 자실체의 원기 형성을 유도한다.

|해설|

5-2
종균배양실은 광을 최대한 억제하여 자실체 원기 형성을 방지해야 한다.

정답 5-1 ① 5-2 ④

① 종균의 저장온도

　　㉠ 팽이버섯 종균의 적정 저장온도는 1~5℃이다.

　　㉡ 양송이 종균의 적정 저장온도는 5~10℃이다.

　　㉢ 양송이 곡립종균을 5℃에서 저장 시 수량에 지장이 없는 허용한도 저장기간은 30일이다.

　　㉣ 대부분의 종균 저장온도는 5~10℃이나 풀버섯, 신령버섯 등은 15℃ 정도의 상온에서 보관한다.

　　※ 표고 종균의 저장 중 표면이 갈색으로 변한 1차적 원인은 장기간 저장 때문이다.

[주요 버섯종균의 저장온도]

구분	종균의 저장온도
팽이버섯, 맛버섯	1~5℃
양송이버섯, 느타리버섯, 표고버섯, 잎새버섯, 만가닥버섯	5~10℃
털목이버섯, 뽕나무버섯, 영지버섯	10℃

② 종균의 관리요령

　　㉠ 종균 저장 시 외기 온도의 영향을 적게 받도록 단열재를 쓴다.

　　㉡ 종균은 빛이 들어오지 않는 냉암소에 보관한다.

　　㉢ 곡립종균은 균덩이 방지와 노화 예방에 주의한다.

　　㉣ 배양이 완료된 종균은 즉시 접종하는 것이 유리하다.

　　※ 표고 종균의 관리는 산림법에 품종등록제도를 규정하고 있으며, 종균생산업자는 등록이 되어 있어야 한다.

10년간 자주 출제된 문제

6-1. 양송이 종균의 가장 알맞은 저장온도는?

① 5~10℃　　　　　　　② 15~20℃
③ 25~30℃　　　　　　④ 35~40℃

6-2. 종균의 저장온도가 가장 낮은 버섯 종류는?

① 양송이　　　　　　　② 느타리버섯
③ 표고　　　　　　　　④ 팽이버섯

6-3. 양송이 곡립종균을 5℃에서 저장 시 수량에 지장이 없는 허용 한도 저장기간으로 가장 적합한 것은?

① 30일　　　　　　　　② 60일
③ 80일　　　　　　　　④ 90일

정답 6-1 ①　6-2 ④　6-3 ①

제4절 | 버섯배지 조제

핵심이론 01 | 배지 재료

① 버섯 재배용 배지 재료 : 버섯을 재배하기 위하여 수분 함량 조절과 살균처리(발효를 포함)를 거쳐 버섯종균을 접종하기 위한 배지의 원료가 되는 물질을 말한다.

② 재배용 배지의 구분 : 재배 방법에 따라 균상재배용, 병재배용, 봉지재배용, 원목재배용으로 구분한다.

③ 주요 버섯 종류별 배지 재료

버섯 종류	재배형태	배지 재료	비고
느타리	균상재배	폐면, 볏짚	단용
	병·봉지재배	톱밥, 콘코브, 비트펄프, 면실피, 면실박, 케이폭박, 소석회, 패화석분말	혼합
큰느타리(새송이)	병재배	톱밥, 콘코브, 비트펄프, 대두피, 소맥피, 면실박, 옥수수분쇄, 대두박, 채종박, 옥배아박, 패화석분말	혼합
팽이버섯	병재배	콘코브, 톱밥, 비트펄프, 대두피, 미강, 소맥피, 건비지, 면실박, 소석회, 탄산칼슘, 패화석분말	혼합
양송이	균상재배	볏짚, 밀짚, 사탕수수박, 마분퇴비(계분), 요소비료, 미강, 석고, 탄산칼슘)	단용(첨가)
표고버섯 영지버섯 상황버섯	원목재배	참나무	단용
	봉지재배	톱밥, 콘코브, 비트펄프, 소맥피, 미강, 패화석분말	혼합

10년간 자주 출제된 문제

버섯 균상재배 시 주요 배지 재료는?

① 참나무 톱밥
② 미루나무 톱밥
③ 미강
④ 볏짚 및 폐면

정답 ④

핵심이론 02 | 배지 품질상태 확인

① 재배 방법에 따른 배지의 구비요건

㉠ 균상재배용 배지

• 볏짚, 폐면 등 배지 재료는 저장 및 유통 중에 곰팡이가 자라거나 변질되지 않도록 해야 한다.

• 느타리, 양송이 등 균상재배를 위한 폐면이나 볏짚은 수분함량을 70% 내외로 조절하여 유해균보다는 버섯균이 잘 자랄 수 있는 상태로 살균 또는 발효해야 한다.

㉡ 병·봉지재배용 배지

• 배지 재료는 신선도, 입자의 크기, 양분함량의 균일도 등을 고려해야 한다.

• 배지의 구비조건은 배지 재료들의 조성비, 매일 입병작업에서 균일한 수분함량과 입병량, 배지 변질의 최소화 등이다.

• 병재배용 플라스틱병에 입병되는 배지 재료의 크기는 1~3mm, 3~5mm, 5~7mm 정도가 동일한 비율로 섞인 것이 좋다.

㉢ 원목재배용 나무 : 표고 재배 시 주로 쓰이는 나무는 주로 참나무류[상수리나무, 졸참나무, 신갈나무(물참나무 포함) 등]가 사용되며 그 외에도 밤나무, 자작나무, 오리나무 등이 사용되기도 한다.

② 배지 재료의 품질 확인

㉠ 육안, 냄새, 감촉 등 관능검사를 한다.

• 배지 재료에 곰팡이 포자가 형성된 경우에는 퀴퀴한 냄새가 나고, 세균이 증식된 경우에는 비릿한 냄새가 나며, 효모균이 증식한 경우에는 쉰 냄새가 난다.

• 배지 재료를 손으로 쥐어서 수분 포함 정도나, 입자의 크기 등을 느낄 수 있다.

ⓛ 시험성적서를 참조하여 영양성분을 알아본다.
- 배지 재료 공급업체로부터 재료의 pH, 수분함량, 질소함량(%), 탄소함량(%) 등 이화학성이나 조섬유, 조단백질, 조지방 등 영양성분 함량의 시험성적서를 받는다.
- 배지 조제 후 입병한 다음 시험성적서의 성분함량을 통하여 배지 입병량에 대한 병당 질소량(g), 탄질률(C/N률) 등을 계산하여 처리간의 비교에 활용한다.

10년간 자주 출제된 문제

2-1. 느타리 재배를 위한 솜(폐면)배지 살균 전의 수분함량으로 가장 적당한 것은?
① 50~55%
② 60~65%
③ 70~75%
④ 80~85%

2-2. 표고 톱밥재배 배지로 적당하지 않은 수종은?
① 소나무
② 졸참나무
③ 밤나무
④ 자작나무

|해설|

2-1
폐면은 지방질이 많고 표면에 얇은 왁스층이 있어서 수분흡수가 잘 안될 뿐만 아니라 흡수속도도 대단히 늦다. 이때의 최적 수분함량은 국내산 폐면은 72~74%, 씨껍질이 많은 외국산 깍지솜의 경우에는 75% 정도로 조절하여 사용한다.

2-2
- 표고 톱밥재배 적합 수종 : 참나무류, 자작나무, 오리나무, 가시나무류, 메밀잣밤나무류 등 활엽수종
- 표고 톱밥재배 부적합 수종 : 소나무, 나왕 등 침엽수종

정답 2-1 ③ 2-2 ①

핵심이론 03 | 배지 조성 및 혼합 방법

① 균상재배
- ⓐ 재배사의 세로 길이에 따라 길게 균상을 만들고 높이로 3~5단을 만들어, 각 단에 비닐을 깔고 배지를 넣은 후 배지 전체를 비닐로 덮어서 살균과 후발효 과정을 거쳐 종균을 접종하는 방법이다.
- ⓑ 느타리 균상재배는 폐면, 볏짚, 밀짚 등 대체로 단일 재료를 이용한다.
- ⓒ 양송이는 주로 볏짚을 이용하며 물축이기를 한 후 4~6회 뒤집기 과정을 거치면서 발효퇴비를 만들어 입상하고, 살균 및 후발효 과정을 거쳐 종균을 접종한다.

② 병·봉지재배
- ⓐ 배지 재료로 탄소함량이 많고 수분흡수율 등 물리성이 좋은 주재료와 질소함량 등 영양분이 많은 재료를 첨가제로 혼합한다.

주재료	톱밥류, 콘코브, 비트펄프, 면실피, 카사바줄기칩 등
영양원첨가제	미강(쌀겨), 밀기울(소맥피), 대두박, 건비지, 케이폭박, 면실박 등
배지의 pH 조정 및 칼슘 등 무기물첨가제	석고분말, 탄산칼슘분말, 패화석분말 등

- ⓑ 배지 재료 혼합비율
  - 주재료인 톱밥은 70~80%, 영양원인 쌀겨나 밀기울은 20~30%로 배합하는 것이 표준이다.
  - 톱밥배지를 배합할 때 적정 수분함량은 65% 전후가 적당하다.
- ※ 병재배에 탄산칼슘 같은 미량원소는 미강에 먼저 혼합을 한 후 톱밥에 미강을 넣는다.

느타리	• 배지 수분함량 : 69~71% • 톱밥 80% + 미강 20%
큰느타리	• 배지 수분함량 : 66~68% • 미송 75% + 밀기울(소맥피) 20% + 건비지 5%
팽이버섯	• 배지 수분함량 : 64~66% • 활엽수, 미루나무, 미송톱밥 80% + 쌀겨 20%
표고	• 배지 수분함량 : 65% • 참나무톱밥 80% + 미강 20%
영지	• 배지 수분함량 : 65~70% • 미강은 톱밥량의 15~20%

목이	• 포플러 톱밥 75% + 참나무 톱밥 25% • 미강은 톱밥량의 15~20%
노루궁뎅이 버섯	• 참나무 톱밥 40% + 포플러 톱밥 40% + 미강 20%

③ 원목재배

　㉠ 표고버섯처럼 참나무 원목을 120cm 정도로 길게 토막을 내는 장목재배와 영지버섯, 상황버섯처럼 20cm 정도로 짧은 토막을 내는 단목재배로 구분한다.

　㉡ 표고버섯 원목재배는 자연상태의 수풀을 이용하는 임간재배와 비닐하우스에 차광막을 씌우는 비가림시설재배가 있다.

10년간 자주 출제된 문제

3-1. 병재배에 있어 탄산칼슘과 같이 미량원소를 배지 전체에 균일하게 혼합되도록 첨가하는 방법으로 가장 적합한 것은?

① 배지 재료를 계량하여 한 번에 모두 넣고 잘 혼합한다.
② 배지 재료를 계량하여 넣어가면서 물과 함께 혼합한다.
③ 톱밥에 미강을 넣고 수분조절 후 탄산칼슘을 첨가한다.
④ 미강에 탄산칼슘을 먼저 첨가하여 혼합한 후 톱밥에 미강을 넣는다.

3-2. 표고 및 느타리 톱밥배지 제조 시 배합원료에 해당하지 않는 것은?

① 포플러 톱밥　　　　② 쌀겨
③ 참나무 톱밥　　　　④ 퇴비

3-3. 영지버섯 톱밥배지 제조 시 톱밥량에 대해 몇 %의 미강을 첨가하는 것이 수량을 높이는 데 효과적인가?

① 약 5~10%　　　　② 약 15~20%
① 약 25~30%　　　　② 약 35~40%

|해설|

3-1
탄산칼슘을 첨가할 때는 배지 전체에 균일하게 혼합되도록 하기 위하여 미강에 탄산칼슘을 먼저 첨가하여 균일하게 혼합한 다음 톱밥에 미강을 첨가한다.

3-2
톱밥배지
• 느타리, 표고, 영지, 뽕나무버섯 등 거의 모든 버섯
• 주재료 : 톱밥, 볏짚, 솜, 밀짚
• 보조재료 : 미강, 밀기울 등

정답 3-1 ④　3-2 ④　3-3 ②

---

① 가퇴적(수분조절)

　㉠ 주재료에 충분한 수분을 공급하여 짚을 부드럽게 하고 발효 미생물의 생장에 필요한 수분을 공급하는 단계이다.

　㉡ 외부온도가 15℃ 이상 되고, 강우에 의한 과습 피해가 없는 시기에 실시하는 것이 좋다.

　㉢ 야외퇴적 장소는 보온 및 관수시설이 완비된 퇴비사가 이상적이다.

　㉣ 수분 조절된 주재료를 150cm 정도의 높이로 쌓아 수분함량을 70% 정도로 조절한다.

폐면	• 폐면털이 기계, 경운기 로터리 등을 이용하여 뭉치를 털어서 수분조절을 한다. • 기계에 샤워식 파이프를 부착하여 자동관수 한다.
볏짚	균일한 발효를 위해 볏짚을 작두나 절단기로 20~30cm 정도로 절단한다.

② 본퇴적

　㉠ 가퇴적을 한 다음 봄에는 2~3일, 가을에는 1~2일이 경과한 후 퇴비더미의 온도가 올라가지 않더라도 본퇴적을 실시한다.

　㉡ 건조한 부분에 충분한 물을 뿌리고, 볏짚의 경우 계분, 미강, 깻묵 등 유기태 급원을 혼합하여 주고, 요소를 사용량의 1/3 정도 뿌리며 적당한 크기로 퇴비를 만든다.

③ 뒤집기

　㉠ 퇴적한 더미 내부에 55~60℃로 발열이 진행되면 뒤집기 작업을 한다.

　　※ 퇴비배지의 발효에 관여하는 미생물은 고온·호기성 균에 속한다.

　㉡ 폐면은 3회, 볏짚은 5~8회 실시한다.

　㉢ 수분은 부족한 부분에만 약간씩 뿌려 퇴비의 수분함량을 75% 내외로 유지하고, 입상시에는 72~75%가 되도록 한다.

ⓔ 볏짚의 경우 마지막 뒤집기 또는 그 전 단계에서 석고를 볏짚의 1% 정도 첨가한다. 퇴비가 과습하고 물리성이 악화된 상태에서는 3~5%로 증량하는 것이 좋다.

※ 비린내가 나는 이유 : 퇴비의 온도가 낮아서(혐기성 발효)
구린내가 나는 이유 : 뒤집는 시기가 늦어서(혐기성 발효)

4-1. 양송이 퇴비배지 제조 시 가퇴적의 목적과 거리가 먼 것은?

① 볏짚의 수분흡수 촉진
② 볏짚재료의 균일화
③ 퇴비의 발효촉진
④ 퇴적노임 절감

4-2. 버섯 재배용 배지를 발효시킬 때 밀도가 가장 높아야 하는 미생물균은?

① 고온성, 호기성균
② 고온성, 혐기성균
③ 중온성, 호기성균
④ 중온성, 혐기성균

4-3. 느타리버섯 재배 시 볏짚단의 야외발효에 관한 설명으로 옳은 것은?

① 고온, 혐기성 발효가 되도록 한다.
② 볏짚이 충분히 부숙되도록 발효시킨다.
③ 발효가 진행될수록 볏짚더미를 크게 쌓는다.
④ 볏짚더미의 상부가 60℃일 때 뒤집기를 한다.

4-4. 양송이 퇴비의 첨가재료 중 뒤집기를 할 때 나누어 넣어야 효과가 높은 것은?

① 요소   ② 계분
③ 미강   ④ 탄산석회

|해설|

4-4
한 번에 요소를 첨가하면 퇴비의 암모니아 농도가 급격히 증가하여 발효 미생물의 활동을 감소시키며, 공기 중으로 방출되므로 본퇴적과 1회 및 2회 뒤집기 때에 1/3씩 나누어 뿌리는 것이 좋다.

정답 4-1 ④ 4-2 ① 4-3 ④ 4-4 ①

핵심이론 05 | 후발효 방법

① 느타리 폐면배지

ⓐ 폐면배지의 후발효는 보통 50~58℃에서 2~3일간 실시하는 것이 좋다.

ⓑ 후발효가 잘된 배지

• 폐면에 악취가 없고 부드럽다.

• 수분이 적당하여 손으로 만지면 부드러운 촉감이 있다.

• 백색 또는 회색의 고온성 미생물의 균총이 번식된 부분이 많아야 한다.

② 양송이 볏짚배지

ⓐ 퇴비를 균상에 채워 넣는다(입상).

• 퇴비의 입상은 자체 열이 손실되지 않도록 신속히 작업한다.

• 봄 재배 때는 퇴비의 발열이 잘 되도록 마지막 뒤집기 때 퇴비더미를 크게 쌓는다.

• 입상 시 퇴비를 뭉쳐서 거칠게 입상하면 퇴비의 발열이 불량하고 수분증발이 심하여 발효가 불균일하게 된다.

• 입상작업의 정밀도는 곧 수량과 직결된다.

ⓑ 적정 수분함량은 70~75%이며, 산도는 pH 7.5~8.0 정도로 조절한다.

ⓒ 퇴비의 입상량은 $3.3m^2$당 150kg 정도를 권하고 있다.

ⓓ 퇴비의 입상이 끝나면 후발효를 한다.

• 재배사의 문과 환기구를 밀폐하고 재배사를 인위적으로 가온한다.

• 실내가온과 함께 퇴비의 자체 발열에 의하여 온도가 상승하면 퇴비온도를 60℃에서 6시간 동안 유지한다(정열).

ⓔ 양송이 퇴비를 후발효하는 목적

• 퇴비의 영양분 합성 및 조절

• 암모니아태 질소 제거

- 퇴비의 유해물질(병해충 사멸) 제거
- 퇴비의 물리성 개선 등
ⓗ 후발효 시 올리브 곰팡이가 생기는 이유 : 고온, 환기가 부족했을 때
ⓐ 후발효 중 먹물버섯이 잘 발생하는 온도 : 45~55℃
ⓞ 퇴비의 후발효 중 환기방법 : 문을 많이 열고 단기간 환기

   ※ 후발효 후 좋은 퇴비가 되면
   - 퇴비의 백화현상(백색분말)과 냄새(암모니아)가 없다.
   - 탄력성이 높고 끈기가 없이 부드럽다.

10년간 자주 출제된 문제

5-1. 양송이 퇴비를 후발효하는 목적 중 잘못된 것은?
① 퇴비의 영양분 합성
② 암모니아태 질소 제거
③ 병해충 사멸
④ 퇴비의 탄력성 증가

5-2. 양송이 후발효 시 올리브 곰팡이가 생기는 이유는?
① 고습이 계속 유지될 때
② 저온이 계속 유지될 때
③ 환기량이 부족할 때
④ 고온, 환기가 부족했을 때

5-3. 양송이 퇴비 후발효 중 먹물버섯이 잘 발생하는 온도는?
① 20~30℃   ② 45~55℃
③ 60~70℃   ④ 75~85℃

|해설|
5-3
주로 45~55℃에서 가장 잘 발생하기에 후발효 시 실내온도와 배지온도의 관리가 매우 중요하다.

정답 5-1 ④ 5-2 ④ 5-3 ②

① 느타리 배지의 입상
   ㉠ 재배사 내의 각 균상 마다 두께 0.05~0.1mm 정도의 균상 비닐을 깐다.
   ㉡ 야외발효가 끝난 폐면배지를 성글게 쌓는다.
   ㉢ 배지의 표면을 고르게 정리한다.
   ㉣ 살균과 후발효 작업 시 배지 표면의 수분 증발이나 과습을 방지하기 위해 비닐을 펴서 배지의 윗면에서 옆면으로 감싸 덮는다.
② 양송이 배지의 입상
   ㉠ 재배사의 균상 바닥에 망을 설치하고 입상 작업 시에는 배지의 적재를 위하여 옆틀을 대고 옮겨가면서 작업한다.
   ㉡ 퇴비 입상 시 알맞은 수분함량은 70~75%이며, 산도는 pH 7.5~8.0 정도이다.
   ㉢ 입상한 후에는 배지의 표면을 고르게 정리한 후 신문지를 펴서 배지의 윗면에서 옆면으로 감싸 덮는다.

10년간 자주 출제된 문제

양송이 균상재배용 배지를 입상할 때 퇴비의 알맞은 수분함량은?
① 50~55%   ② 60~65%
③ 70~75%   ④ 80~85%

|해설|
양송이 균상재배용 배지를 입상할 때 퇴비의 알맞은 수분함량은 70~75%이며, 산도는 pH 7.5~8.0 정도이다.

정답 ③

① 병재배용 배지를 담는 병은 121℃의 고온 살균작업에도 변형이 되지 않도록 내열성 플라스틱 병(PP병, poly propylene)을 사용한다.

② 배지를 입병할 때는 입병기를 사용한다.

③ 배지 입병량은 일반적으로 병 부피 100mL당 60g 내외를 기준으로 한다.

④ 입병높이는 종균 접종 후 병뚜껑에 종균이 닿지 않고, 균긁기 후 균상면이 병어깨 위가 되도록 해야 한다.
  ㉠ 입병이 높으면 배양기간이 2~3일 지연된다.
  ㉡ 너무 깊으면 깊이깎기의 균긁기를 할 수 없다.

⑤ 배지를 입병한 후에는 배지 중심부에 밑바닥까지 구멍뚫기를 한다.
  ㉠ 배지 구멍의 직경은 20~30mm가 적당하다.
  ㉡ 배양기간을 단축할 수 있게 한다.
  ㉢ 접종원이 병 하부까지 내려갈 수 있게 한다.
  ㉣ 병 내부 공기유통을 원활하게 한다.

⑥ 장시간 방치하면 배지가 변질되므로 배지의 입병 작업이 완료되면 즉시 살균 처리한다.

10년간 자주 출제된 문제

7-1. 종균배지(톱밥배지) 제조 시 입병용기가 1,000mL일 경우 일반적인 배지 주입량으로 가장 적합한 것은?

① 550~650g ② 660~750g
③ 760~800g ④ 850~900g

7-2. 톱밥배지의 입병작업이 완료되면 즉시 살균 처리하도록 하는 주된 이유는?

① 장시간 방치하면 배지가 변질되기 때문
② 장시간 방치하면 배지 산소가 높아지기 때문
③ 장시간 방치하면 배지의 유기산이 높아지기 때문
④ 장시간 방치하면 탄수화물량이 높아지기 때문

|해설|

7-1
배지 재료를 1L병에 550~650g 정도 넣는다.

정답 7-1 ① 7-2 ①

---

① 봉지재배와 병재배의 차이점
  ㉠ 봉지재배는 병재배의 플라스틱병을 대신하여 내열성 비닐봉지를 사용한다.
  ㉡ 플라스틱병의 경우 견고하여 수백 회 사용하는 반면, 비닐봉지는 1회만 사용한다.
  ㉢ 플라스틱병은 수축과 팽창이 거의 없어 버섯 종류별 배지 조성 특성에 따른 입병량과 수분함량을 조절하여 병 내에 알맞은 공극을 유지하는 것이 매우 중요하다.
  ㉣ 비닐봉지는 배지덩이가 수축하면 비닐이 쭈그러들어 봉지 내의 공극 유지가 비교적 용이하다.

② 봉지재배용 배지의 입봉 과정
  ㉠ 봉지의 선택 : 버섯 재배용 비닐봉지는 고온에서 녹거나 변형이 되지 않는 내열성 고밀도 비닐 제품을 선택하여야 한다. 배지를 입봉한 모양에 따라 사각배지와 원형배지로 구분한다.
  ㉡ 배지의 입봉량
    • 느타리 : 800g, 1kg, 1.2kg 정도
    • 표고 : 1.2kg, 1.5kg, 2.3kg, 2.5kg 정도
    • 노루궁뎅이버섯, 잎새버섯, 목이 : 1.2kg, 1.5kg 정도

③ 표고 봉지재배용 배지 입봉 시 유의사항
  ㉠ 톱밥을 넣을 때 너무 허술하게 넣으면 배지량이 적어 버섯 수확량이 적어지고, 너무 단단하게 다지면 균사의 생장이 늦어지므로 접종구멍이 무너지지 않을 정도로 알맞게 다져준다.
  ㉡ 종균접종은 봉지 선단에 결합구, 5cm 정도의 솜마개한 플라스틱 파이프를 통해 접종을 한다.

④ 노루궁뎅이버섯 봉지재배용 배지의 입봉
  ㉠ 배지는 톱밥 80%와 미강 20%를 혼합하고, 배지의 수분을 60% 내외로 조절한다.

ⓛ 직경 20cm의 내열성 비닐봉지에 수분이 조절된
배지를 2kg 정도씩 담아서 재배하면 2~3주기까지
수확이 가능하다.

ⓒ 버섯 발생 시, 봉지 마개의 솜을 제거한다. 노루궁
뎅이버섯 봉지재배 균배양을 완료한 후 버섯을 발
생시킬 때 뚜껑을 제거하지 않고 솜만 제거한 것이
수량이 많다.

핵심이론 01 | 재배방식별 살균 방법

① 고압증기살균

ⓐ 고압살균기를 이용하여 배지를 빠른 시간에 무균
화하는 방법이다.

ⓛ 감자추출배지, 톱밥배지, 퇴비추출한천배지 등의
살균에 이용한다.

ⓒ 고압증기살균기의 기본구조 : 온도계, 압력계, 수증
기 주입구, 배기구 등

※ 살균기에는 수은 온도계를 1개 이상 부착해야 한다.

ⓔ 살균원리

• 살균솥의 내부에서 수증기를 발생시키거나 외부
에서 주입해 압력을 가하여 온도를 121℃까지 상
승시켜서 살균하게 한다.

• 살균기의 압력과 수증기의 온도가 비례하여 상
승한다.

ⓜ 살균시간

• 살균시간은 압력이 1.1kg/cm²이고, 온도가 121℃
에 도달한 시각부터 전원을 끈 시각까지이다.

• 대체로 원균배양기는 15~20분간, 종균배양기
는 60~90분간 살균한다.

– 톱밥종균배지 : 121℃, 60~90분

– 곡립종균배지 : 121℃, 90분

※ 600g 정도는 60~90분, 삼각플라스크에 소량의 톱
밥이 들어있을 경우 40~60분 정도 살균한다.

– 액체배지(250~300mL) : 121℃, 20분

• 종균용 배지의 살균시간을 결정할 때 고려할 사항

– 초기 온도

– 종균병(용기)의 크기 및 종류

– 배지의 수분함량 및 밀도

– 살균기의 크기나 형태

– 수증기의 온도와 압력

② 상압살균

　㉠ 상압살균솥을 이용하여 증기에 의해 살균하는 방법이다.

　㉡ 100℃ 내외를 기준으로 한다.

　㉢ 온도상승 후 약 5~6시간을 표준으로 한다.

　㉣ 느타리버섯 볏짚배지 살균온도 80℃, 최저살균온도 및 시간은 60℃, 8시간

　※ 느타리버섯의 솜(폐면)배지의 살균 조건은 60~65℃에서 6~14시간

③ 여과살균

　㉠ 가장 오래된 방법 중의 하나로, 특수 여과지에 미생물을 통과시키지 않고 용액만 통과시켜 무균화시키는 방법이다.

　㉡ 조직배양배지, 비타민·항생물질이 들어있는 배지, 버섯균의 영양원 시험용 배지 등의 살균에 이용한다.

🔆 더 알아보기!

용도에 따른 살균 방법

가열 살균	고압습열살균	고체배지, 액체배지, 작업기구 등
	건열살균	유리로 만든 초자기구나 금속기구
	화염살균	접종구나 백금선, 핀셋, 조직분리용 칼 등 시험기구
여과살균		열에 약한 용액, 조직배양배지, 비타민, 항생물질
자외선살균		무균상, 무균실
에탄올 70%		작업자의 손, 무균상 내부와 주변

① 예랭하기

　㉠ 살균이 종료되면 압력이 떨어진 것을 확인하고 예 랭실쪽 살균솥의 문을 서서히 열어 살균대차를 꺼 낸다.

　　※ 곡립배지는 흔들어주고 톱밥배지는 흔들리지 않게 유 의한다.

　㉡ 잔여증기 배출용 팬을 작동하고, 배출되는 공기량 만큼 외부로부터 청정한 공기를 들어오게 한다.

　㉢ 외부 공기는 헤파필터를 통해 들어오게 해야 한다.

　㉣ 배기 후 살균기 내부온도가 높은 상태에서 문을 열면 외부와의 온도·압력차에 의해 병 밑부위가 금이 가 깨질 수 있으므로 유의한다.

② 냉각하기

　㉠ 냉각실에 배지를 옮긴 뒤 접종이 가능한 배지의 온도(20℃ 정도)까지 식힌다.

　㉡ 20℃보다 높을 경우 접종 시 버섯균이 사멸할 수도 있어 유의해야 한다.

　㉢ 접종작업 후 항상 자외선등을 켜놓아 미생물의 증 식을 막아야 한다.

　㉣ 냉각실의 냉각온도는 5~15℃ 내외로 외부기온에 따라 온도를 조절한다.

　㉤ 배지마개 부분의 면전이 젖게 될 경우 솜자체에 곰팡이가 증식할 우려가 높으므로 냉각 시 제습에 유의하고 젖은 면전은 미리 살균한 면전으로 교체 한다.

더 알아보기!

면전(솜마개) 요령
- 면전을 하는 이유 : 배지건조방지, 잡균침입방지, 공기순환
- 좋은 솜을 사용하고, 빠지지 않게 단단히 한다.
- 표면이 둥글게 한다.
- 종균병 마개의 솜마개 부분이 12mm 이상이 되어야 병 내부의 산소공급이 원활하다.
- 종균배지 살균 후 급격한 배기를 하면 솜마개가 빠진다.

2-1. 특히 외기가 낮았을 때 살균을 끝내고 살균솥 문을 열었을 때 병 밑부위가 금이 가 깨지는 경우가 있는데 그 이유는?

① 고압살균할 때
② 살균 완료 후 너무 오래 방치하였을 때
③ 살균솥에서 증기가 많이 샐 때
④ 배기 후 살균기 내부온도가 높은 상태에서 문을 열 때

2-2. 종균병 마개의 솜마개 부분이 12mm 이상이 되어야 하는 이유와 관계가 깊은 것은?

① 배지의 수분함량
② 배지의 산도 변화
③ 잡균의 오염 방지
④ 병 내부의 산소공급

정답 2-1 ④　2-2 ④

핵심이론 01 | 접종실 환경관리 방법

① 접종실 공기 청결관리
  ㉠ 외부공기가 여과장치 없이 직접 투입되면 오염균이 오염률 발생에 직접적인 영향을 끼친다.
  ㉡ 프리필터와 헤파필터를 설치하여 정화된 공기를 투입한다.
  ㉢ 필터는 정기적으로 교체하여야 하며, 수시로 낙하균 조사를 하여 헤파필터 기능 이상 유무를 확인하는 것이 안전하다.
② 접종실 환경관리
  ㉠ 바닥, 벽, 천장은 먼지가 나지 않는 재질로 설치하고, 자외선등을 설치하는 것이 효과적이다.
  ㉡ 온도 20℃ 내외, 상대습도 60~70% 범위로 연중 유지되어야 하며, 무균실은 필수이다.

10년간 자주 출제된 문제

종균배양시설 중 접종실에 꼭 있어야 하는 것은?
① 현미경   ② 배지 주입기
③ 살균기   ④ 무균실

정답 ④

핵심이론 02 | 무균관리의 원리 및 방법

① 자외선등 이용
  ㉠ 약 210~296nm의 자외선 중 가장 살균력이 높은 파장은 265nm이다.
  ㉡ 잔류에 의해 피해가 낮으며 사용방법이 간단하고 유지관리가 쉽다.
  ㉢ 자외선이 직접 닿은 표면에만 살균효과가 있다.
  ㉣ 작업자의 눈이나 피부에 직접 노출되면 염증 및 암을 유발하는 요인이 되므로 작업 중에는 반드시 소등하여야 한다.
② 소독제 이용
  ㉠ 에탄올(ethyl alcohol, ethanol) : 작업자 손, 접종도구, 접종기기 등을 소독하며 적합농도는 70%이다.
    ※ 메탄올은 인체에 해로우므로 사용하지 말아야 한다.
  ㉡ 크레졸비누액(cresol-and-soap solution)
    • 크레졸액을 비누에 혼합하여 유화한 것으로 소독 시에는 30~50배로 희석하여 사용하며, 페놀과 작용특성이 유사하다.
    • 살균력은 페놀보다 2~3배 강하고, 피부에 오래 닿으면 부식되거나 자극이 일어날 수 있으므로 주의해야 한다.
  ㉢ 염소계 화합물
    • 차아염소산소다 1~10%, 차아염소산칼륨 65~75%, 표백분 등이 이에 속한다.
    • 화학적으로 불안정하고 살균력은 강한 편이나 쇠가 부식되고, 단백질 및 금속이온 유기물 등에 의해 불활성화되기 쉬워 효과가 떨어지는 경우도 있다.
    • 적합 농도는 유효염소량 200~500ppm이며 버섯균사에 직접 닿으면 약해가 발생되므로 주의한다.
    • 단일소독제로 사용하는 것이 좋다.

ⓔ 염화벤잘코늄액(benzalkonium chloride)
- 아포없는 세균, 곰팡이류에 항균작용이 있다.
- 유효농도에서 비교적 조직자극성이 낮아 피부, 조직, 점막에 적용할 수 있다.
- 양이온 표면 활성제이므로 표면장력을 저하시키고 청정작용, 각질용해작용, 유화작용이 있어 소독 및 세척에 효과적이다.
- 세균소독제로 0.2~0.005% 농도로 희석하여 사용하나 원제의 제품설명서에 제시한 희석배수를 확인하고 사용하는 것이 바람직하다.
- ※ 무균실에 필요한 도구 : 에틸알코올, 자외선램프, 무균필터 등

핵심이론 03 | 접종기계 및 기구의 종류 및 활용법

① 무균상(실)
- ㉠ 헤파필터와 자외선등을 설치하여 외부공기가 여과되어 공급되도록 한다.
- ㉡ 접종작업을 하지 않는 동안은 자외선등을 점등하여 무균상태를 유지한다.
- ㉢ 헤파필터는 주기적으로 교체하여 유해 미생물이나 먼지투입을 최소화하도록 한다.

② 종균분쇄기
- ㉠ 느타리버섯 균상재배는 톱밥종균을 분쇄하여 재배사에서 접종한다.
- ㉡ 칼날 등 종균이 닿은 부위는 화염소독을 하여 오염균에 노출을 최소화하도록 한다.
- ㉢ 오염된 종균은 선별하여 사용하지 않고 $3.3m^2$ 분량 종균마다 1회 정도 화염소독을 실시하여 봉지에 담아 오염확산을 방지한다.

③ 반자동접종기
- ㉠ 봉지재배 또는 병재배 사용하며 톱밥 종균병을 1병 또는 2병을 한 번에 넣어 접종한다.
- ㉡ 접종하기 전에 칼날, 종균받침부분 등 종균이 직접 닿는 부위는 잔여물을 닦아내고 70% 에탄올을 뿌린 후 화염소독을 한다.
- ㉢ 무균상 또는 무균실 안에서 작업한다.
- ㉣ 버섯품종이 바뀔 때 및 종균병을 교체할 때마다 화염소독을 해준다.

④ 자동접종기
- ㉠ 무균상 내부에 설치하고, 톱밥종균용, 액체종균용이 있으며 병재배용으로 사용한다.
- ㉡ 버섯품종 및 종균병을 교체할 때 종균이 닿는 부위는 잔여물을 닦아내고 70% 에탄올을 뿌린 후 화염소독을 실시한다.

10년간 자주 출제된 문제

느타리버섯 균상재배를 위해 톱밥종균을 분쇄할 때 필요한 기기는?

① 자동접종기
② 반자동접종기
③ 종균분쇄기
④ 무균실

정답 ③

핵심이론 04 | 종균 접종량

① 원목재배

    ㉠ 장목재배

        • 톱밥종균 : 500g/1본(표고원목 12×120cm)

        • 성형종균 : 1판/6본(구멍수 80~90개/본)

    ㉡ 단목재배 : 톱밥종균 80~100g/본(2.5~3.5kg/3.3m^2)

② 균상재배

    ㉠ 느타리 톱밥종균 : 4.5~5.0kg/3.3m^2

    ㉡ 양송이 곡립종균 : 2.0~3.0kg/3.3m^2

③ 병재배

    ㉠ 톱밥종균 : 10~15g/병

    ㉡ 액체종균 : 10~15mL/병

> **더 알아보기!**
>
> **1병(1L)의 접종량**
> • 1병의 링거병(1L)에 들어있는 접종원으로부터 종균용 1L짜리 톱밥배지를 100병 정도 만드는 것이 가장 좋다.
> • 접종량은 1L 링거병당 2스푼씩 약 5~10g 정도이며, 톱밥배지 약 80~100병의 접종이 가능하다.

④ 봉지재배 : 톱밥종균 20~30g/봉지(1kg)

10년간 자주 출제된 문제

1병의 링거병(1L)에 들은 접종원으로부터 종균용 1L짜리 톱밥배지를 몇 병 정도 만드는 것이 가장 좋은가?

① 100병
② 200병
③ 300병
④ 400병

정답 ①

① 원목재배

　㉠ 장목재배

　　• 종균접종 적기는 3~4월이 적당하다.

　　• 접종용 종균은 직사광선을 피하고 천공 직후 즉시 접종한다.

　　• 바람이 없고 직사광선을 피할 수 있는 서늘한 곳이나 실내에서 접종한다.

　　• 가장 적합한 원목의 수분함량은 35~40%이다.

　　• 접종구멍은 10~15cm 간격으로 하고 줄간격은 3~5cm로 하여 서로 엇갈리게 뚫는다.

　　• 구멍 속에 종균을 덩어리로 떼어 원목의 형성층까지 넣는다.

　㉡ 단목재배

　　• 굵기가 비슷한 단목(원목토막)을 골라 단면에 분쇄한 종균을 두께 5~10mm로 바른다.

　　• 단목 중심부는 얇게 주변부는 두껍게 발라 종균의 건조 및 잡균침입을 최소한으로 한다.

　　• 7~10개의 단목을 샌드위치처럼 쓰러지지 않게 쌓는다.

　　• 접종 후 비닐 등으로 덮어서 습도를 유지하고 직사광선을 피하도록 한다.

② 균상재배

　㉠ 느타리버섯 균상재배

　　• 접종량의 60%는 배지와 혼합하고 40%는 배지표면에 접종한다.

　　• 균상 중앙부분을 다소 높게 하는 것이 광선이 골고루 닿을 수 있으며 수확작업에 편리하다.

　　• 접종작업은 최대한 신속하게 실시하고 접종이 완료되면 유공비닐로 덮어 버섯 건조 및 유해균의 침입을 방지한다.

　　• 균상멀칭재배 시 종균 50%는 배지와 혼합접종하고, 10%는 균상표면에 고르게 접종한다.

　　• 멀칭비닐을 배지 전체에 덮은 후 멀칭구멍부위에 나머지 40%를 멀칭구멍 가장자리가 종균으로 덮이도록 접종한다.

　㉡ 양송이 균상재배

　　• 곡립종균을 곡립이 떨어질 정도로 흔들어 크레졸이나 알코올로 소독한 용기에 20~30병씩 담아 잘 혼합한 후에 접종한다.

　　• 퇴비의 온도 23~25℃, 수분함량 70~75% 정도일 때 실시한다.

　　• 혼합접종법

　　　– 퇴비배지에 종균을 골고루 섞는 방법이다.

　　　– 퇴비의 질이 좋아야만 가능하다.

　　• 층별접종법

　　　– 퇴비량에 비하여 종균 재식량이 가장 많은 부분은 표층부분이고, 가장 적은 부분은 중층이다(표층 > 상층 > 하층 > 중층).

　　　– 표층에 많이 접종하는 것은 균사를 빨리 성장시켜 잡균침입을 방지하고, 퇴비표면을 균사로 피복시켜 수분증발을 억제하기 위함이다.

　　• 표층접종법 : 배지표면에만 종균을 접종한다.

③ 봉지재배

　㉠ 다양한 버섯에 적용할 수 있으며 배지량을 조절할 수 있는 장점이 있다.

　㉡ 살균을 마친 배지는 냉각 후 바로 접종을 실시하여야 한다.

　㉢ 톱밥종균은 반자동접종기를 이용하거나 종균을 분쇄하여 무균상에서 수작업으로 일정량씩 접종하기도 한다.

④ 병재배

　㉠ 느타리버섯, 큰느타리버섯, 팽이버섯이 대표적이며 자동화시설을 이용한 연중 안정재배로 대량생산시스템을 기반으로 한다.

　㉡ 톱밥종균과 액체종균으로 가능하며 반자동접종기 또는 자동접종기를 이용한다.

5-1. 표고 종균의 접종요령으로 부적당한 것은?

① 종균은 입수하는 즉시 접종한다.
② 접종할 때는 나무그늘이나 실내에서 한다.
③ 접종구멍 속에 종균을 덩어리로 떼어 넣는다.
④ 종균이 부족하면 약간씩만 접종한다.

5-2. 표고버섯의 톱밥종균을 접종할 때 종균은 원목의 어느 부위까지 넣어야 하는가?

① 심재부　　　　　② 형성층
③ 변재부　　　　　④ 외표피

5-3. 느타리버섯의 볏짚다발 재배 시 종균을 가장 많이 심어야 할 부분은?

① 표면　　　　　② 측면
③ 속　　　　　④ 밑면

5-4. 양송이 종균재식 방법 중 퇴비의 질이 좋아야만 가능한 방법은?

① 표층재식법　　　　② 드릴재식법
③ 혼합재식법　　　　④ 층별재식법

5-5. 양송이 종균의 접종방법 중 틀린 것은?

① 퇴비의 수분함량은 70~75% 정도가 되도록 조절한다.
② 퇴비의 온도가 23~25℃일 때 실시한다.
③ 곡립종균은 소독한 그릇에 쏟아 잘 섞어서 심는다.
④ 계통이 다른 종균을 섞어 심어도 된다.

정답 5-1 ④　5-2 ②　5-3 ①　5-4 ③　5-5 ④

제7절　버섯균 배양관리

핵심이론 01 | 버섯 종류별 배양환경

① 양송이
　㉠ 볏짚이나 밀짚을 주재료로 한 퇴비배지를 이용한다.
　㉡ 균상의 온도는 퇴비의 적온인 23~25℃로 유지하여야 한다.
　㉢ 균사 생장에 알맞은 퇴비배지의 수분함량은 68~70%로 한다.

② 느타리
　㉠ 균사 배양온도는 25~30℃가 적절하다.
　　※ 변온과 고온은 잡균 발생의 원인이 된다.
　㉡ 균사 배양이 배지 내에 2/3 이상 자랐을 때부터는 온도를 다소 낮추고 낮에 자연광을 조사한다.
　㉢ 균사가 배지에 완전히 생육한 후에 원기 형성을 본격적으로 유도한다.

③ 큰느타리
　㉠ 적정 배양온도는 25℃ 내외이지만 배양실 환경은 이보다 약간 낮은 22℃ 내외, 상대습도는 65~68%를 유지하도록 한다.
　㉡ 생육 적합 pH는 6.0 정도이다.
　㉢ 이산화탄소 농도는 2,000~3,000ppm 수준을 유지하고 암흑 상태에서 배양한다.

④ 표고버섯
　㉠ 원목재배
　　• 20℃ 정도로 배양하며, 아랫부분이 5℃ 이하로 내려가지 않도록 주의한다.
　　• 습도의 경우 70%를 유지해 주는데 바닥이 축축할 정도가 적당한 환경이다.
　　• 배양 시 광은 필요하지 않으며 배양 기간은 품종에 따라 다르지만, 적산온도를 맞추어 준다.

ⓒ 봉지재배

- 배양온도는 20~25℃로 유지한다.
- 오염된 봉지는 즉시 제거하고 배양실의 습도는 65~70% 정도로 유지한다.

⑤ 영지버섯

㉠ 균사 활착열이 발생하지 않는 초기 1주일간은 온도를 10~15℃로 유지한다.

㉡ 균사 배양 초기에는 습도 유지가 매우 중요하므로 비닐 내부, 즉 원목 토막이 있는 주위 습도는 85~93%가 유지되도록 하여야 한다.

⑥ 팽이버섯

㉠ 균사 배양온도 범위는 18~20℃이고 배양기간은 20~25일 정도이다.

※ 액체종균을 이용하면 팽이버섯 배양기간을 단축할 수 있다.

㉡ 균사 배양 시 균의 호흡량에 따라 배양실 온도가 상승하므로 배양 적온보다 낮은 18℃ 내외, 실내 습도는 65~70℃, 이산화탄소 농도는 3,000ppm 내외로 한다.

㉢ 배양 중 응애나 개미 등에 의한 오염이 생길 수 있으므로 살균제와 함께 주기적으로 응애약과(살비제)와 살충제도 살포한다.

㉣ 접종 후 약 18일경 발열이 가장 심할 때 병 사이의 온도를 점검하고 18℃가 넘지 않도록 해야 한다.

10년간 자주 출제된 문제

1-1. 양송이균의 배양에 가장 적당한 온도는?
① 10~13℃
② 15~18℃
③ 23~25℃
④ 30~35℃

1-2. 표고 균사의 최적배양온도는?
① 15℃
② 25℃
③ 35℃
④ 45℃

|해설|

1-1
양송이균의 배양에 가장 적당한 온도는 23~25℃이다.

정답 1-1 ③ 1-2 ②

① 양송이

㉠ 종균 접종 2~3일 후 배지에 균사가 활착되어 자라기 시작한다.

㉡ 5~7일 후부터 급격히 균사 생장이 이루어져 이 시기에는 호흡열 등으로 온도가 급격히 상승하므로 퇴비의 재발열이 일어나지 않도록 수시로 환기를 해야 한다.

㉢ 배지에 균사가 활착하면 복토(흙덮기)를 한다.

- 복토의 목적
  - 자실체 발생유도와 자실체 지지(支持)
  - 퇴비수분 공급 및 건조 방지
  - 자실체가 퇴비의 양분흡수에 도움

- 복토 재료
  - 식양토를 주로 사용하며 부식질로 토탄, 흑니, 부식토 등을 사용한다.
  - 공극률이 75~80% 이상으로, 공기의 유통이 좋으며 보수력이 양호해야 한다.
  - 유기물(부식) 함량이 4~9%, pH 7.5인 것이 적합하다.
  - 토양 중에는 많은 미생물과 곤충의 알 등이 서식하고 있기 때문에 80℃ 이상에서 소독 후 사용해야 한다.

② 느타리

㉠ 정상적인 종균 배양기간은 25일 정도가 가장 적당하다.

㉡ 완전히 균사가 배지에 생육한 후에 원기 형성을 유도한다.

※ 원기 : 자실체의 시원 체로 버섯 갓이 하나하나 분리되기 전의 덩어리 상태

- 충분한 자연광 조사
- 저온충격(10~15℃)과 변온
- 80~90% 정도의 습도
- 1,000~1,500ppm 정도의 이산화탄소 농도

ⓒ 균사가 배지에 빈틈없이 완전히 자라고 난 후 5~7일 더 배양한다.

③ 큰느타리
  ⊙ 종균 접종 이후 20일 내외가 되면 약 80% 정도 균사 생장이 이루어지고, 25~28일째 균사 배양이 완료된다.
  ⓛ 접종 이후 15~20일 전후하여 이산화탄소 농도가 최고수준에 도달하므로 환기 횟수를 증가시켜 대략 3,000ppm 이하가 되도록 한다.
  ⓒ 배양이 완료되면 약 7~10일 정도 후숙 배양 단계를 거친다.

④ 표고버섯
  ⊙ 원목재배
    • 가눕히기
      - 종균 접종 후 원목에 균사 활착과 만연을 위해서 실시한다.
      - 보습이 잘되고 관수가 가능하며, 동향이나 남향의 중턱 이하에 바람이 없는 따뜻한 곳이 알맞다.
      - 옥외에서는 30~40cm의 높이로, 하우스 내에서는 1m 이내의 높이가 적당하다.
    • 본 눕히기
      - 임시 눕혀두기로 골목의 형성층에 표고 균사가 활착된 것을 골목의 내부까지 완전히 생장하게 하여 버섯이 잘 발생할 수 있게 하는 것이다.
      - 직사광선을 막아 주고 보온·보습이 잘되게 하며, 균사가 고루 자라게 한다.
      - 임내(林內)눕히기, 나지(裸地)눕히기가 있고, 차광막 등으로 덮어 인공적으로 눕혀 배양하는 방법이 있으며, 골목의 쌓는 방법에 따라 정(井)자쌓기, 엇갈려쌓기, 베갯목쌓기, 삼각쌓기, 가윗목쌓기 등으로 나뉜다.
      - 봄에서 가을까지 골목에 직사광선이 닿지 않고, 수분관리가 용이한 통풍과 배수가 좋은 곳이 바람직하다.
  ⓛ 봉지재배
    • 전기배양 시 실내온도를 적정 온도보다 1~2℃ 낮게 유지하고 환기에 주의해야 한다.
    • 전기배양이 끝나면 배지 갈변화를 위해 환기를 충분히 하고 일정한 빛에 노출시킨다.

제1절 버섯 생육환경 관리

핵심이론 01 | 버섯 발생 원리

① 버섯의 생활사

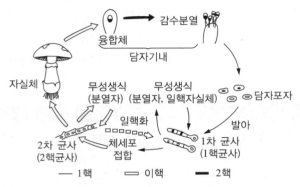

○ 포자의 발아로부터 시작하여 균사의 영양생장과 자실체의 생식생장을 거쳐 다시 포자를 생산하는 순환과정이다.

※ 자실체 발생에 영향을 미치는 조건 : 온도, 습도, 환기, 광 등

○ 자실체는 갓, 줄기, 주름살 등으로 분화되며, 이들은 모두 2차 균사로 조성된다.

○ 자실체 내 담자기가 성숙되면 표고와 느타리버섯은 4개, 양송이버섯은 2개의 포자를 형성한다.

② 자실체 발육

○ 균사체 생장기 : 일반적으로 자실체 생산을 위한 균사체 배양 기간은 20일 이상이다.

○ 원기 형성기 : 온도·광·습도를 관리하면 작고 둥근 모양의 원기가 형성된다.

○ 발이기 : 원기가 점차 커지면서 어린 자실체 형태가 나타난다.

○ 어린 자실체기 : 발이된 것이 점차 생장하여 어린 자실체로 생장한다.

○ 성숙 자실체기 : 자실체가 완숙되면 담자포자가 완전하게 성숙되어 방출된다.

10년간 자주 출제된 문제

버섯 발생에 대한 설명으로 옳지 않은 것은?

① 버섯의 담자포자는 알맞은 온도와 습도가 주어지면 기주에서 발아한다.

② 자실체 생산을 위한 균사체 배양 기간은 20일 이상이다.

③ 자실체가 완숙되면 담자포자가 완전하게 성숙되어 방출된다.

④ 버섯 자실체 발생에 영향을 미치는 것은 온도, 습도, 광, 산도(pH) 등이 있다.

|해설|

④ 버섯 자실체 발생에 영향을 미치는 것은 온도, 습도, 환기, 광 조건 등이다.

정답 ④

① 균긁기

　㉠ 팽이, 새송이, 느타리 등 병재배 버섯의 버섯 발생을 촉진하기 위하여 실시한다.

　㉡ 배지 표면의 노화균을 제거하여 버섯의 발생을 균일하게 하고 촉진하기 위해서 실시한다.

　㉢ 배양 중 곰팡이, 세균 등 유해균에 오염된 배지를 선별하여 2차 오염을 예방한다.

　㉣ 70% 에탄올 등으로 균긁기 날을 소독한 후 균긁기를 실시한다.

　㉤ 균긁기 날의 회전 속도가 너무 빠르면 균사가 마찰열에 의해 피해를 볼 수 있으니 회전 속도를 조절한다.

　㉥ 균긁기가 끝나면 배지는 빠른 시간 안에 버섯 발생 유도실로 옮긴다.

② 살수 및 침수

　㉠ 배양이 완료된 배지에 수분을 공급하여 버섯 발생을 촉진하는 효과가 있다.

　㉡ 살수

　　• 보통 균상재배와 표고버섯의 원목재배 및 봉지재배, 영지버섯의 원목재배에서 실시한다.

　　• 배지 표면에 물이 고이지 않을 정도로 짧은 시간에 살수하고 배지 위에 고인 물은 환기를 충분히 하여 제거한다.

　　• 봉지배지의 경우 고인 물을 뒤집어서 제거한다.

　　• 살수는 원목의 무게를 기준으로 하여 1회 20~24시간, 7~10일 간격으로 실시한다.

　㉢ 침수

　　• 표고버섯 원목재배와 톱밥봉지재배에서 실시한다.

　　• 미생물 오염에 주의하여 깨끗한 지하수를 준비한다.

　　• 표고버섯 원목재배의 경우 24시간 정도 침수하면 원목의 수분함량이 50% 내외가 가능하다.

　　• 톱밥봉지재배의 경우 6~10시간 침수를 하여 수분을 충분히 공급한다.

③ 타목 및 충격

　㉠ 표고 원목재배 시 살수로 물을 충분히 공급한 후 골목 쓰러트리기를 하여 충격을 준다.

　㉡ 고무망치 등으로 타목을 하여 충격을 주는 방법도 있다.

　㉢ 오래된 원목일수록 장시간의 살수와 강한 충격이 필요하다.

　㉣ 표고 톱밥봉지재배의 경우 배지 뒤집기를 하여 충격을 줄 수 있으며, 과도한 충격은 배지가 파손될 수 있으므로 주의한다.

④ 변온

　㉠ 시설재배에서 저온성 버섯의 경우 배양 온도보다 10℃ 정도 낮게 관리한다.

　㉡ 중온성 버섯의 경우 배양온도보다 약 5℃ 정도 낮은 온도로 관리한다.

　㉢ 버섯 발생이 완료되면 온도를 2~3℃ 정도 올려 관리한다.

　㉣ 자연재배의 경우 일교차가 10℃ 정도 되는 시기에 물을 공급하여 버섯을 발생시킨다.

10년간 자주 출제된 문제

2-1. 표고 골목의 버섯 발생 작업과정이 아닌 것은?

① 타목　　　　　　② 침수
③ 물떼기　　　　　④ 가눕히기

2-2. 표고 원목재배 시 침수타목을 하는 이유와 가장 거리가 먼 것은?

① 자실체 발생을 위해 수분을 공급한다.
② 균사의 일부절단에 의하여 자실체 형성을 위한 분화작용이 촉진된다.
③ 냉수에 담가 온도변화를 주어 균사의 분화를 촉진한다.
④ 버섯의 품질이 좋아진다.

|해설|

2-1
종균 접종 후 원목에 균사 활착과 만연을 위해서 가눕히기를 실시한다.

정답 2-1 ④　2-2 ④

① 양송이
  ㉠ 실내온도를 15~17℃ 정도까지 낮추어 버섯 발생을 유도한다.
  ㉡ 복토층에 물을 충분히 공급하여 주고, 이산화탄소 농도가 1,200ppm이 되도록 충분히 환기한다.
  ㉢ 발생 유도기에는 광조사가 필요 없다.

② 느타리
  ㉠ 온도를 15~18℃로 낮추고 가습을 하여 상대습도를 95% 이상으로 유지시킨다.
  ㉡ 충분히 환기하여 이산화탄소 농도는 1,000~1,500ppm으로 유지시켜 주고, 광은 340~500nm의 파장, 6.8mw/m² 정도의 밝기로 조사한다.
  ※ 균상재배의 경우 관수로 물을 충분히 공급하여 주면 효과적이다.

③ 큰느타리(새송이)
  ㉠ 균긁기 후 배지를 뒤집어서 버섯 발생을 유도한다.
  ㉡ 온도 16~17℃, 상대습도 95%, 이산화탄소 농도 2,000ppm 이하로 유지한다.

④ 팽이버섯
  ㉠ 발이온도 12~15℃, 상대습도 90~95%, 이산화탄소 농도 1,000~1,500ppm로 유지한다.
    ※ 광은 자실체 발생 시 버섯 발생을 촉진하지만 큰 영향을 주지는 않는다.
  ㉡ 버섯 발생 유도 후에 배지 표면 전체에 고르게 발생시키기 위하여 온도를 4~5℃로 유지하는 억제실에서 관리한다.

⑤ 표고버섯
  ㉠ 원목재배
    • 15~25℃의 온도 범위에서 원기 형성 즉 버섯 발생이 가능하며 하루 중 10~15℃의 온도 편차가 있는 경우가 가장 효과적이다.
    • 충분한 수분 공급을 위해 온도 편차가 있는 차가운 지하수를 이용하는 것이 좋다.
    • 광은 직사광선이 들어오지 않는 범위에서 최대한 밝게 유지해 준다.
  ㉡ 톱밥봉지재배
    • 발생장의 온도를 15~23℃로 유지하며 온도 편차는 8~10℃ 정도, 상대습도는 80~90%가 적당하다.
    • 광은 직사광선이 들어오지 않는 범위에서 최대한 밝게 유지하기 위하여 광차단율 70% 정도의 차광막으로 차단해 준다.

⑥ 영지버섯
  ㉠ 고온성이기 때문에 재배장의 온도를 26~32℃로 유지하고 관수를 충분히 하여 상대습도 90~95%로 유지해 준다.
    ※ 34℃ 이상이 되면 생장이 멈추기 때문에 주의해야 한다.
  ㉡ 자연재배에 의존하는 경우가 많지만 충분히 환기하고 차광막으로 차광해 준다.

[주요 버섯의 종류별 적정 온도]

구분	버섯 발생온도(℃)	자실체 생장온도(℃)
양송이	8~18	15~18
느타리	5~25	15~18
팽이	5~18	6~8
표고	10~25	15~28
목이	18~30	15~30
영지	28~32	24~32
목질열대구멍버섯	25~32	25~30
노루궁뎅이버섯	12~24	15~22
풀버섯	15~30	22~28
신령버섯	22~28	25~30

3-1. 팽이버섯 자실체 발생 시 약한 광선의 영향은?

① 자실체 발생에서 야생종은 촉진하고 재배종은 지연시킨다.
② 자실체 발생에는 아무런 영향이 없다.
③ 모든 종에서 자실체 발생을 촉진한다.
④ 자실체 발생에서 재배종은 촉진하고 야생종은 지연시킨다.

3-2. 영지버섯의 자실체 발생에 가장 알맞은 온도는?

① 12~15℃   ② 16~19℃
③ 21~24℃   ④ 28~32℃

3-3. 다음 중 자실체 발생 시 온도가 가장 낮은 버섯의 종류는?

① 팽이버섯   ② 목이버섯
③ 영지버섯   ④ 느타리버섯

3-4. 느타리버섯 자실체 발생 시 재배사 내의 습도는 몇 %가 적당한가?

① 60   ② 70
③ 80   ④ 90

정답 3-1 ③   3-2 ④   3-3 ①   3-4 ④

핵심이론 04 | 적정 생육환경

[버섯균의 생장 및 생육기의 환경요인]

구분			영양생장	생식생장	
				자실체 유도	자실체 생육
온도	실내온도 (℃)	고온성	25~30	=	=
		중온성		−5	=
		저온성		−10	+2~3
	배지온도(℃)		35 미만	−	−
물	상대습도(RH, %)		50~60	90~95	80~90
	배지수분함량(%)		45~70	+10	+10
공기	이산화탄소 농도(ppm)		5,000 미만	3,000	1,000
광			dark	blue	blue

① 양송이

　㉠ 갓이 작아지고 대가 길어지는 현상이 일어나는 재배사 내의 이산화탄소 농도 범위는 2,000~3,000ppm (0.20~0.30%)이다.

　㉡ 어린 버섯일 때 호흡에 의한 이산화탄소 배출량이 가장 많다.

　㉢ 생육기에도 광조사가 필요 없다.

② 느타리

　㉠ 균상재배

　　• 온도 13~15℃, 상대습도 90% 정도로 유지한다.

　　• 과도한 온도편차와 공중습도의 편차는 기형버섯의 발생과 세균병의 원인이 된다.

　　• 3~5주기 버섯을 수확하기 때문에 주기가 진행됨에 따라 온도, 상대습도, 이산화탄소 농도를 점점 낮게 유지해야 한다.

　㉡ 병재배

　　• 품종에 따라 약간의 차이가 있지만 온도 14~18℃, 습도 95~97%, 이산화탄소 농도 800~1,500ppm, 광 30~300lux로 관리한다.

　　• 공중습도의 경우 80~90% 범위에서 생육시키면 버섯을 단단하게 생육시킬 수 있다.

　　• 생육 후기로 갈수록 환기량을 늘려 이산화탄소 농도를 낮추어야 고품질의 버섯을 생산할 수 있다.

③ 큰느타리

　　㉠ 온도는 15~16℃로, 초기생육단계는 16℃, 성숙기에는 15℃로 관리한다.

　　㉡ 공중습도는 생육 초기에 85~90%, 후기에는 80~85%가 적당하다.

　　㉢ 광은 필수적인 것은 아니나 생육 후기에 광을 조사해 주면 자실체가 단단해지는 장점이 있다.

　　㉣ 이산화탄소 농도는 2,000ppm 내외로 유지하는 것이 유리하다.

④ 팽이버섯

　　㉠ 온도 6~7℃, 공중습도 75~80%, 이산화탄소 농도 3,000~4,000ppm으로 유지한다.

　　㉡ 환기를 너무 많이 하여 이산화탄소 농도가 너무 낮으면 갓이 커지고 대가 짧아진다.

　　※ 생육억제란 온도를 낮게 하여 갓과 줄기를 균일하고 충실하게 하는 과정이다.

⑤ 표고버섯

　　㉠ 원목재배의 경우 15~25℃의 온도 범위에서 버섯의 생육이 가능하며 하루 중 10~15℃의 온도 편차가 있는 경우가 가장 효과적이다.

　　㉡ 가능한 관수를 줄여서 관리한다.

　　㉢ 톱밥 봉지재배의 경우 생육온도를 15~23℃로 유지하며 온도 편차는 8~10℃ 정도, 상대습도는 70~80%가 적당하다.

⑥ 영지버섯

　　㉠ 갓이 형성되기 시작하면 공중습도를 70~80%로 낮추어 생육시킨다. 이때 과습하면 자실체의 형태가 불규칙하게 형성된다.

　　㉡ 갓이 어느 정도 생육하여 갓 주연부의 밝은 노란색이 점차 진한 색으로 바뀌면 갓의 생장이 중지되고 포자가 형성되기 시작한다.

　　㉢ 관수를 중지하고 실내 습도를 50% 이하로 유지하여야 갓이 두꺼워지며, 온도는 24~32℃ 범위에서 관리해 준다.

10년간 자주 출제된 문제

4-1. 양송이 재배 시 호흡에 의한 이산화탄소의 방출량이 가장 많은 생장단계는?

① 개열 직전의 큰 버섯　　② 중간 크기의 버섯

③ 어린 버섯　　　　　　　④ 균사 생장

4-2. 느타리의 자실체 생육 시 광이 부족하면 어떻게 되는가?

① 버섯 대의 색깔이 진해진다.

② 버섯 대가 짧아진다.

③ 버섯 대가 길어진다.

④ 영향이 없다.

4-3. 다음 버섯 중 생육 시 가장 고온을 요구하는 버섯은?

① 표고　　　　　　　　　② 영지

③ 느타리　　　　　　　　④ 양송이

|해설|

4-2

자실체 생육 시 광이 부족하면 버섯 대가 길어지고 온도가 낮으면 갓의 색택이 잉크색으로 변한다.

4-3

② 영지 : 24~32℃

① 표고 : 15~25℃

③ 느타리 : 13~18℃

④ 양송이 : 16~19℃

정답 4-1 ③　4-2 ③　4-3 ②

① 생육주기 관리

　　㉠ 주기는 자실체 수확 후 일정 기간 휴양을 거쳐 다시 버섯을 발생시키고 수확하는 것이다.

　　㉡ 양송이·느타리 균상재배, 표고 톱밥 봉지재배, 원목재배에서 주기를 반복하여 버섯을 생산할 수 있다.

　　㉢ 병재배 버섯은 한 번 생산한 후에는 수량과 품질이 떨어진다.

② 양송이

　　㉠ 초발이 후 10~15일 후면 수확한다.

　　㉡ 수확 후 균상 표면의 이물질을 제거하고 온도를 20℃ 내외로 올려 약 1주일간 영양 균사 생장을 유도한다.

　　㉢ 휴양기 동안 배지가 마르지 않도록 관리한다.

　　㉣ 복토층으로 영양균사가 보이기 시작하면 버섯 발생작업을 시작한다.

　　㉤ 이후의 주기는 휴양기간을 길게 하면서 관리한다.

　　㉥ 양송이 주기별 환경관리

구분	1주기	2주기	3주기
기온(℃)	17~19	16.5~18	16~17
퇴비온도(℃)	20~25	19~20	18~20
상대습도(%)	88~89	86~88	86
이산화탄소 농도(ppm)	1,400~1,200	1,100~900	900~700

③ 느타리

　　㉠ 1주기 후 잔재하는 버섯과 이물질을 제거하고 배지 표면이 마르지 않게 관리한다.

　　㉡ 환기를 억제하고 온도는 생육 시 온도보다 2~3℃ 정도 높여 관리한다.

　　㉢ 1주일 후 버섯 발생 유도를 위해 환경관리를 하면 2주기 버섯이 발생한다.

　　㉣ 이후의 주기는 휴양기간을 길게 하면서 관리한다.

④ 표고버섯

　　㉠ 원목재배

　　　• 버섯 발생은 종균 접종 후 2년째부터 4~5년간 계속된다.

　　　• 버섯이 너무 많이 발생한 경우 휴양기간을 길게 둔다.

　　　• 휴양기간은 보통 30~40일 정도 필요하고 적당한 수분과 온도 15~25℃를 유지한다.

　　　• 겨울철 휴양기간 중에는 원목이 마르지 않도록 뉘여놓고 경우에 따라 살수한다.

　　㉡ 톱밥봉지재배

　　　• 휴양기간 동안 수분을 충분히 공급하고 환기를 억제하면서 광을 차단한다.

　　　• 침수, 침봉을 통하여 발생을 유도하고 20~30일 간격으로 주기 관리를 한다.

10년간 자주 출제된 문제

5-1. 표고 발생기간 중에 버섯을 발생시킨 골목은 다음 표고 자실체 발생작업까지 어느 정도의 휴양기간이 필요한가?

① 약 30~40일　　　　② 약 60~70일

③ 약 80~100일　　　④ 약 120~140일

5-2. 표고버섯 수확 후 원목관리 방법으로 옳지 않은 것은?

① 원목은 휴양기간 동안 15~25℃로 유지한다.

② 원목의 수확한 부위는 잔여물 없이 정리한다.

③ 휴양기간 동안 통풍을 충분히 하여 원목을 건조하게 둔다.

④ 원목의 침수사용 횟수가 많아질수록 휴양기간도 길게 해주어야 한다.

정답 5-1 ①　5-2 ③

① 양송이
- ㉠ 갓 끝이 대에 붙어 있거나 주름살이 약간 보이는 정도에서 수확한다.
- ㉡ 복토층의 균사 끈이 상하지 않도록 조심해서 수확한다.
- ㉢ 수확하면서 칼로 대의 기부를 제거하고 전용 솔이나 붓으로 복토 등 이물질을 제거한다.
- ㉣ 수확 바구니 등을 사용하여 수확 후 선별 과정을 거치지 않도록 재배사에서 수확한다.

② 느타리
- ㉠ 갓의 주름살에서 포자가 비산하기 직전이 조직이 치밀하여 저장성이 좋다.
- ㉡ 균상재배
  - 갓 크기가 5cm 내외일 때 대를 잡고 수확한다.
  - 버섯 잔재물이 균상에 남지 않게 한다.
- ㉢ 병재배
  - 갓 크기가 2~3cm일 때 버섯대의 기부를 잡고 배지의 상층부와 함께 들어내는 방식으로 수확한다.
  - 자동수확기를 사용할 수 있으며 생육실에서 수확하여 포장실에서 선별·포장한다.

③ 큰느타리(새송이)
- ㉠ 갓 중심이 볼록한 형태를 유지하고 갓 끝이 완전히 전개되지 않을 때가 수확적기이다.
- ㉡ 버섯대의 기부를 칼로 베어내는 방법과 배지가 약간 붙어 있는 상태로 수확하는 방법이 있다.
- ㉢ 배지가 약간 붙어 있는 상태로 수확하는 것이 저장성에 유리하다.

④ 팽이버섯
- ㉠ 자실체의 길이가 12~14cm이고 갓이 전개되기 전에 수확한다.
- ㉡ 대체로 수확에서 포장까지 자동화 시스템이 구축되어 있다.

⑤ 표고버섯
- ㉠ 갓이 전개되어 포자가 비산하기 전(갓이 60~70% 벌어졌을 때)에 수확한다.
- ㉡ 수확 전 2~3일간은 비나 물을 맞지 않게 한다.
- ㉢ 갓을 잡지 않고 대를 잡아 돌리면서 수확한다.

⑥ 영지버섯
- ㉠ 갓 위에 포자가 비산해서 쌓이고 갓 주연부가 완전히 갈색이며 자실층 색이 노란색을 띨 때 수확한다.
- ㉡ 수확 전용 전정가위 등을 사용하여 자른다.

10년간 자주 출제된 문제

6-1. 양송이버섯의 수확시기에 대한 설명으로 옳은 것은?
① 갓은 전개되고 포자가 비산하기 전에 수확한다.
② 갓은 전개되지 않고 포자가 비산한 후에 수확한다.
③ 갓 끝부분이 대에 붙어 있거나 약간 벌어진 상태에서 수확한다.
④ 포자가 비산하여 갓 위에 쌓이고 갓 주연부의 색이 갈색이 되면 수확한다.

6-2. 골목에서의 표고 수확의 적기는?
① 갓이 90% 정도 벌어졌을 때 수확하는 것이 좋다.
② 갓이 60~70% 정도 벌어졌을 때 수확하는 것이 좋다.
③ 갓이 50~60% 정도 벌어졌을 때 수확하는 것이 좋다.
④ 갓이 70~80% 정도 벌어졌을 때 수확하는 것이 좋다.

6-3. 영지버섯의 갓 뒷면의 색을 보아 수확적기인 것은?
① 적색   ② 황색
③ 회색   ④ 흑색

|해설|
6-3
황색이 있을 때 수확하여야 약효도 높고 수량도 많아진다.

정답 6-1 ③ 6-2 ② 6-3 ②

핵심이론 01 | 예랭의 개념 및 방법

① 예랭의 개념

  ㉠ 수확 후 품질을 유지하기 위해 수확 즉시 품온을 강제로 낮추어 호흡작용, 효소작용, 추열, 대사작용, 미생물의 번식 등을 억제한다.

  ㉡ 예랭은 생산지(산지유통센터 등)에서 실시하는 것을 원칙으로 한다.

  ㉢ 예랭을 실시하면 포장 후 유통·판매 중 선도 유지 및 연장 효과가 있다.

② 예랭 종류

강제통풍 냉각	• 대상품목의 적용이 다양하고 예랭과 저장고의 겸용이 가능하다. • 냉각시간이 길게 소요된다.
차압통풍 방식	• 강제통풍에 비하여 냉각시간을 1/2 단축 가능하다. • 냉각장해가 비교적 적고 예랭과 냉장겸용이 가능하다. • 용기에 통기공이 필요하며 설치비가 높다.
진공냉각	• 냉각이 빠르고 냉각장해가 적다. • 중량 감소가 많다. • 적용 대상품목이 적고, 설치비용이 높다.

③ 예랭 방법

  ㉠ 양송이

    • 1차 예랭은 1℃의 온도로 1시간, 2차 예랭은 0℃의 저장고에서 2~4시간 동안 실시한다.

    • 예랭을 마친 버섯 포장 시 작업장의 온도는 13℃로 유지한다.

  ㉡ 느타리·큰느타리(새송이버섯)

    • 버섯은 통기가 되는 수확상자에 넣고 바닥도 통기가 쉽도록 한다.

    • 예랭온도는 냉해를 입지 않을 정도로 보통 2~4℃로 맞춘다.

    • 중량 감량이 생기지 않도록 천, 부직포, 비닐을 버섯 수확상자에 덮는다.

  ㉢ 팽이버섯

    • 포장 전 버섯의 품온을 2~4℃로 낮추는 예랭 과정을 거친 후 포장하고 저장한다.

    • 수확 즉시 포장 후 예랭할 경우 −1~−1.5℃로 설정하여 2일 정도 냉각한다.

    • 버섯 건조 및 동해 방지를 위해 바람이 직접 닿지 않도록 피복 처리 및 빙점 이하로 내려가지 않도록 온도를 관리한다.

10년간 자주 출제된 문제

1-1. 양송이 수확 후 적당한 예랭 온도는?

① −5℃   ② 0℃

③ 5℃   ④ 10℃

1-2. 팽이버섯의 수확 후 관리 방법에 대한 설명으로 가장 적절하지 않은 것은?

① 골판지 상자를 이용하면 버섯의 습도를 유지하는 데 도움이 된다.

② 포장 전 버섯의 품온을 2~4℃로 낮추는 예랭과정을 거친 후 포장하고 저장하는 과정이 필요하다.

③ 수확 즉시 포장 후 예랭을 할 경우에는 예랭 온도를 −1~−1.5℃로 설정하여 2일 정도 냉각한다.

④ 버섯 건조 및 동해 방지를 위해 바람이 직접 닿지 않도록 피복 처리 및 빙점 이하로 내려가지 않도록 온도를 관리한다.

| 해설 |

1-1

양송이 예랭은 1, 2차로 나누어 실시하는데 1차 예랭을 1℃의 온도로 1시간 정도 진행한 다음 2차 예랭을 0℃의 저장고에서 2~4시간 동안 실시한다.

정답 1-1 ② 1-2 ①

① 저장 원리

    ㉠ 저장고 환경관리는 수확한 버섯을 가급적 신선한 상태로 유지시키기 위한 환경을 조성하는 과정이 수반된다.

    ㉡ 일반적으로 생버섯에 알맞은 저장환경은 온도 2~4℃, 습도 85~90%, 이산화탄소 5~10%, 산소 1% 이하이다.

② 저장 방법

    ㉠ 저온저장 : 대상 작물에 따라 냉각저장은 0~17℃의 냉각 상태로, 냉동저장은 -25~-15℃의 동결 상태로 저장한다.

    ㉡ CA(Controlled Atmosphere) 저장 : 냉장실의 온도를 제어함과 동시에 탄산가스 농도는 높이고, 산소 농도를 낮춤으로써 버섯의 호흡작용에 변화를 가져와 저온저장의 효과를 극대화하는 방법이다.

    ㉢ MA(Modified atmosphere packing)저장 : 각종 필름이나 피막제를 이용하여 외부 공기와 차단하고 품질 변화를 억제하는 기술이다.

    ㉣ 건조저장

      • 건조 방법에는 열풍건조, 일광건조, 동결건조가 있다.

        ※ 억제저장법에는 가스저장법, 저온저장법이 있다.

      • 수분함량을 10~12%까지 건조하면 장기보관이 가능하다.

      • 건표고는 열풍건조 후 밀봉하여 저온저장한다.

      • 영지버섯은 열풍건조 시 40~45℃로 1~2시간 유지 후 1~2℃씩 상승시키면서 12시간 동안에 60℃에 이르면 2시간 후에 완료한다.

      • 천마는 열풍건조 시 처음 30℃에서 서서히 40~50℃로 상승시킨 다음 3~4일간 유지 후 70~80℃에서 7~8시간 유지시킨다.

      • 목이는 45~50℃에서 4~6시간 건조 후 60~70℃에서 4~6시간 더 건조한다.

더 알아보기!

저장장해

저장온도가 높거나 부적합하면 갓의 개산, 버섯에서 균사 부상, 조직 연화 및 대의 갈변 등이 나타나고, 저장 중 물방울(결로)이 형성되면 세균번식으로 갓에 반점이 생기기도 한다.

10년간 자주 출제된 문제

2-1. 느타리버섯의 생체저장법이 아닌 것은?

① 상온저장법
② 저온저장법
③ CA 저장법(가스저장법)
④ PVC 필름저장법

2-2. 생버섯의 저장에 알맞은 온도와 습도는?

① 온도 2~4℃, 상대습도 85~90%
② 온도 6~9℃, 상대습도 80~85%
③ 온도 12~15℃, 상대습도 90~95%
④ 온도 15~18℃, 상대습도 70~75%

2-3. 건표고의 저장법으로 바람직한 것은?

① 주기적으로 약제를 살포한다.
② 종이박스에 넣어 실온에 보관한다.
③ 비닐봉지에 넣어 실온에 보관한다.
④ 열풍건조 후 밀봉하여 저온저장한다.

|해설|

2-1

느타리버섯을 상온에서 저장하면 쉽게 부패한다.

정답 2-1 ① 2-2 ① 2-3 ④

① 신선도 유지 내적 요인

  ㉠ 호흡작용 : 버섯은 수확 후에도 호흡활성이 강하고 발열량도 많으므로 가능하면 빨리 저온에 저장하여 호흡작용을 억제하는 것이 좋다.

  ㉡ 증산작용 : 포장 내에 물방울이 맺혀 버섯의 변질을 앞당기는 경우가 있으므로 포장재 선정에 있어 버섯품종을 고려하여 선택하여야 한다.

  ㉢ 산화작용 : 양송이버섯은 수확 시 눌리거나 조그마한 충격에도 그 부분이 갈변하지만 표고버섯은 서서히 변화를 나타낸다.

  ㉣ 갓 생산작용 : 수확 후의 버섯은 균사체에서 영양 공급이 소진되고 정지되는 것이 보통이지만 팽이, 느타리, 맛 버섯 등과 같이 균사체 일부를 가진 상태로 수확한 것은 그 후에도 자실체는 생장을 계속한다.

② 신선도 유지 외적 요인

  ㉠ 환경온도

    • 버섯 조직 내 수분은 $-0.9℃\sim1.2℃$에서 동결된다.

    • 해동된 버섯은 조직의 급속한 갈변화가 일어난다.

    • 저장실 온도를 낮추기 위한 찬 공기가 직접 버섯의 표면에 닿으면 갈변 현상이 일어나기 쉽고 저온 장해를 받을 수 있다.

  ㉡ 환경습도

    • 수분 손실이 큰 경우 무게 감소가 발생할 수 있다.

    • 수분상태는 온도에 의해 영향을 받을 뿐만 아니라 버섯의 팽창에도 영향을 끼친다.

  ㉢ 환경가스

    • 산소 농도 1%에서 정상적인 호흡작용을 유지하고, 갈변이나 갓 신장도 억제된다.

    • 이산화탄소는 3~5% 정도가 청과물의 선도 유지에 효과가 있으나 표고버섯의 경우 20~40% 정도가 유효하다.

  ㉣ 미생물과 충해 : 대기 혹은 토양 등의 오염에 의한 부패 세균이나 저장과정의 위생관리 불량에 따른 미생물이나 충해 피해는 선도 저하의 문제가 된다.

10년간 자주 출제된 문제

3-1. 온도 및 습도가 버섯에 끼치는 영향에 대한 설명으로 옳지 않은 것은?

① 버섯 조직 내 수분은 $-0.9℃\sim1.2℃$에서 동결된다.
② 저온의 경우에 무게 감소가 현저하게 나타난다.
③ 해동된 버섯은 조직의 급속한 갈변화가 일어난다.
④ 습도는 버섯의 팽창에 영향을 끼친다.

3-2. 버섯 수확 후 저장과정에서 산소와 이산화탄소 영향에 대한 설명으로 옳지 않은 것은?

① 버섯 저장 시에는 산소 농도 1% 이하에서만 효과가 있다.
② 산소의 농도가 2~10%인 경우 버섯 갓과 대의 성장을 촉진시킨다.
③ 이산화탄소 농도가 5% 이상인 경우는 버섯 갓의 성장을 촉진시킨다.
④ 이산화탄소의 농도가 10% 이상인 경우는 버섯대의 성장을 지연시킨다.

|해설|

3-2
③ 갓은 이산화탄소 농도 5% 이상에서 퍼지는 것이 지연되는 경향이 있다.

정답 3-1 ② 3-2 ③

① 농산물(버섯류) 표준규격

※ 농산물 표준규격(국립농산물품질관리원 고시 제2023-12호)
임산물 표준규격(산림청 고시 제2022-101호)

㉠ 양송이버섯 등급 규격

항목	특	상	보통
낱개의 고르기	별도로 정하는 크기 구분표에서 크기가 다른 것이 5% 이하인 것 다만, 크기구분표의 해당 크기에서 1단계를 초과할 수 없음	별도로 정하는 크기 구분표에서 크기가 다른 것이 10% 이하인 것 다만, 크기구분표의 해당 크기에서 1단계를 초과할 수 없음	특·상에 미달하는 것
갓의 모양	버섯 갓과 자루 사이의 피막이 떨어지지 아니하고 육질이 두껍고 단단하며 색택이 뛰어난 것	버섯 갓과 자루 사이의 피막이 떨어지지 아니하고 육질이 두껍고 단단하며 색택이 양호한 것	특·상에 미달하는 것
신선도	버섯 갓이 펴지지 않고 탄력이 있는 것	버섯 갓이 펴지지 않고 탄력이 있는 것	특·상에 미달하는 것
자루 길이	1.0cm 이하로 절단된 것	2.0cm 이하로 절단된 것	특·상에 미달하는 것
이물	없는 것	없는 것	없는 것
중결점	없는 것	없는 것	5% 이하인 것(부패·변질된 것은 포함할 수 없음)
경결점	3% 이하인 것	5% 이하인 것	20% 이하인 것

㉡ 느타리버섯 등급 규격

항목	특	상	보통
낱개의 고르기	별도로 정하는 크기 구분표에서 크기가 다른 것이 20% 이하인 것	별도로 정하는 크기 구분표에서 크기가 다른 것이 40% 이하인 것	특·상에 미달하는 것
갓의 모양	품종의 고유 형태와 색깔로 윤기가 있는 것	품종의 고유 형태와 색깔로 윤기가 있는 것	특·상에 미달하는 것
신선도	신선하고 탄력이 있는 것으로 갈변현상이 없고 고유의 향기가 뛰어난 것	신선하고 탄력이 있는 것으로 갈변현상이 없고 고유의 향기가 뛰어난 것	특·상에 미달하는 것
이물	없는 것	없는 것	없는 것
중결점	없는 것	없는 것	5% 이하인 것(부패·변질된 것은 포함할 수 없음)
경결점	3% 이하인 것	5% 이하인 것	10% 이하인 것

㉢ 큰느타리버섯(새송이버섯) 등급 규격

항목	특	상	보통
낱개의 고르기	별도로 정하는 크기 구분표에서 무게가 다른 것의 혼입이 10% 이하인 것 단, 크기구분표의 해당 무게에서 1단계를 초과할 수 없음	별도로 정하는 크기 구분표에서 무게가 다른 것의 혼입이 20% 이하인 것 단, 크기구분표의 해당 무게에서 1단계를 초과할 수 없음	특·상에 미달하는 것
갓의 모양	갓은 우산형으로 개열되지 않고, 자루는 굵고 곧은 것	갓은 우산형으로 개열이 심하지 않으며, 자루가 대체로 굵고 곧은 것	특·상에 미달하는 것
갓의 색깔	품종 고유의 색깔을 갖춘 것	품종 고유의 색깔을 갖춘 것	특·상에 미달하는 것
신선도	육질이 부드럽고 단단하며 탄력이 있는 것으로 고유의 향기가 뛰어난 것	육질이 부드럽고 단단하며 탄력이 있는 것으로 고유의 향기가 양호한 것	특·상에 미달하는 것
피해품	5% 이하인 것	10% 이하인 것	20% 이하인 것
이물	없는 것	없는 것	없는 것

㉣ 팽이버섯 등급 규격

항목	특	상	보통
갓의 모양	갓이 펴지지 않은 것	갓이 펴지지 않은 것	특·상에 미달하는 것
갓의 크기	갓의 최대 지름이 1.0cm 이상인 것이 5개 이내인 것(150g 기준)	갓의 최대 지름이 1.0cm 이상인 것이 20개 이내인 것(150g 기준)	적용하지 않음
색택	품종 고유의 색택이 뛰어난 것	품종 고유의 색택이 양호한 것	특·상에 미달하는 것
신선도	육질의 탄력이 있으며 고유의 향기가 있는 것	육질의 탄력이 있으며 고유의 향기가 있는 것	특·상에 미달하는 것
이물	없는 것	없는 것	없는 것
중결점	없는 것	없는 것	5% 이하인 것(부패·변질된 것은 포함할 수 없음)
경결점	3% 이하인 것	5% 이하인 것	10% 이하인 것

ⓓ 표고버섯 선별기준

• 건표고(동고·향고·향신)

항목	특	상	등외품
고르기	크기 구분표상의 규격이 정확히 준수되고 타등급의 혼입률이 5% 이하인 것	크기 구분표상의 규격이 정확히 준수되고 타등급의 혼입률이 10% 이하인 것	
갓의 두께	(동고·향고) 두께 구분표상 1cm 이상이 80% 이상인 것 (향신) 두께 구분표상 0.5cm 이상 1cm 미만이 80% 이상인 것	(동고·향고) 두께 구분표상 0.5cm 이상 1cm 미만이 60% 이상인 것 (향신) 두께 구분표상 0.5cm 이상이 60% 이상인 것	
갓의 모양	(동고) 균일한 모양이 유지된 원형, 타원형인 것이 80% 이상인 것 (향고) 균일한 모양이 유지된 원형, 타원형인 것이 60% 이상인 것 (향신) 균일한 모양이 유지된 원형, 타원형인 것이 50% 이상인 것 (공통) 갓 끝 둘레가 고르게 오므라든 것	균일한 모양이 유지된 원형, 타원형인 것이 60% 이상인 것	특·상에 미달하는 것
갓의 펴짐	(동고·향고) 갓이 30% 이하로 펴진 버섯을 채취하여 건조시킨 것 (향신) 갓이 60% 이하로 펴진 버섯을 채취하여 건조시킨 것	(동고·향고) 갓이 50% 이하로 펴진 버섯을 채취하여 건조시킨 것 (향신) 갓이 80% 이하로 펴진 버섯을 채취하여 건조시킨 것	
갓의 색택	버섯 고유의 색깔이 건조 후에도 일정하게 고르며 갓의 내면이 밝은 노란색인 것	버섯 고유의 색깔이 건조 후에도 일정하게 고르며 갓의 내면이 노란색, 백색인 것	
수분	수분함유량이 13% 이하인 것		
이품	없는 것		
피해품	없는 것		

• 생표고

항목	특	상	등외품
고르기	크기 구분표상의 규격이 정확히 준수되고 타등급의 혼입이 5% 이하인 것	크기 구분표상의 규격이 정확히 준수되고 타등급의 혼입이 10% 이하인 것	
갓의 두께	두께 구분표상 1.5cm 이상이 80% 이상인 것	두께 구분표상 1.5cm 이상이 60% 이상인 것	
갓의 모양	균일한 모양이 유지된 원형, 타원형인 것이 80% 이상인 것	균일한 모양이 유지된 원형, 타원형인 것이 60% 이상인 것	특·상에 미달하는 것
갓의 펴짐	갓이 5% 이하로 펴진 버섯을 채취한 것	갓이 10% 이하로 펴진 버섯을 채취한 것	
갓의 색택	신선버섯 고유의 색깔이 균일하고 갈변현상이 3% 이하인 것	신선버섯 고유의 색깔이 균일하나 갈변현상이 10% 이하인 것	
이품	없는 것		
피해품	없는 것		

② 선별 및 다듬기

㉠ 수확 후 선별

• 버섯 자체 저장양분이 소모되는 것을 막고 맛의 감소와 선도유지를 위한 작업이다.

• 선별은 특별한 기계를 사용하지 않고 작업자가 직접 판단하여 분류한다.

• 작업자는 손을 깨끗이 씻고 위생장갑, 머릿수건, 가운, 앞치마 등을 반드시 착용하여 청결함을 유지하여야 한다.

• 작업 시 잡담 및 음식물 반입은 금지하도록 하여 선별 과정에서 불순물 등이 혼입되지 않도록 한다.

• 작업자들은 작업을 마치고 이송장치(콘베어)를 항상 물로 청소해 주고 선별실 청소 및 정리 정돈을 철저히 해야 한다.

㉡ 다듬기 작업

• 작업도구는 세척 후 건조한 곳에 보관하거나 자외선 소독기에 넣어 살균한다.

- 다듬기 작업 시 갓이 부서지거나 손상되지 않도록 주의하여야 한다.
  - 느타리버섯과 팽이버섯은 버섯 하단에 붙은 균사덩이를 적당한 길이로 잘라냄으로써 톱밥이 혼입되지 않도록 한다.
  - 큰느타리(새송이)버섯은 밑둥 부분을 포장에 적합하게 다듬는 작업을 하며, 장기 선도유지를 위해 배지를 남겨둘 수 있다.

10년간 자주 출제된 문제

4-1. 건표고 향고 품질 중 '상' 등급에 대한 설명으로 옳지 않은 것은?

① 갓 전개율이 50% 이하인 것
② 갓 두께가 1.0cm 이상이 60% 이상인 것
③ 갓 모양이 원형, 타원형으로 40% 이상인 것
④ 갓 표면이 거북등 모양으로 균열이 40% 이상인 것

4-2. 다음 중 표고의 최고품질을 나타내는 용어는?

① 화고　　　　　　② 동고
③ 향고　　　　　　④ 화신

|해설|

4-1
② 갓 두께가 0.5cm 이상 1cm 미만이 60% 이상인 것

정답 **4-1** ②　**4-2** ①

핵심이론 05 │ 위생관리 방법

① 버섯 위생관리
  ㉠ 유기산의 증가는 버섯 저장과 유통 시 발생하는 이취의 원인으로 꼽힌다.
  ㉡ −1℃ 저장 시 형태 변화가 더디나 영양성분 손실이 급격히 일어난다.
  ㉢ 선도 유지와 영양성분 손실 최소화를 위하여 4℃에 저장하고 수확 후 14일 이내에 소비한다.

② 버섯 저장고 위생관리
  ㉠ 저장고 소독은 월 2회 이상 실시한다.
  ㉡ 염소계 살균제를 물에 희석하여 저장고를 소독한 후 물로 세척하거나 뜨거운 증기로 세척한다.
  ㉢ 저장고 바닥에 물이 고이지 않도록 주의한다.
  ㉣ 저장고 내 균일한 온도를 유지하기 위해 공기 순환 닥트 등을 설치한다.
  ㉤ 장기저장 시 플라스틱 상자를 이용하여 다단으로 적재한다.

③ 포장실 위생관리
  ㉠ 포장실 온도는 15℃ 내외로 저온을 유지한다.
  ㉡ 바닥재는 청소 등이 용이한 에폭시(epoxy)수지로 코팅하여 청결을 유지한다.
  ㉢ 작업자의 동선을 고려하여 포장 장비 및 컨베이어 등을 적절한 위치에 설치한다.
  ㉣ 전등에 커버를 씌워 적당한 조도를 유지하고 불순물 및 먼지 등의 유입을 막는다.
  ㉤ 작업을 마치면 포장 컨베이어, 자동 포장기기, 바닥 등의 이물질을 바로 제거하고 바닥은 락스를 희석하여 깨끗하게 닦아낸다.

10년간 자주 출제된 문제

5-1. 버섯 저장고의 위생관리 방법으로 옳지 않은 것은?

① 저장고 소독은 월 2회 이상 실시하는 것이 좋다.
② 염소계 살균제를 물에 희석하여 저장고를 소독한다.
③ 저장고 바닥에 있는 이물질을 제거한다.
④ 저장고 바닥을 물로 충분히 세척하고 습도 유지를 위하여 바닥에 물이 적당히 고여 있도록 한다.

5-2. 버섯 포장실의 위생관리 방법으로 옳지 않은 것은?

① 바닥재는 에폭시 수지로 코팅한다.
② 락스를 희석하여 바닥을 깨끗하게 닦는다.
③ 포장실 온도는 20℃ 내외로 유지한다.
④ 전등에 커버를 씌워 불순물의 유입을 막는다.

|해설|

5-1
저장고 바닥에 물이 고이지 않도록 주의한다.

5-2
③ 포장실 온도는 버섯의 선도 유지를 위해 15℃ 내외로 저온을 유지하는 것이 바람직하다.

정답 5-1 ④ 5-2 ③

---

① 포장 방법

㉠ 필름 소포장은 선도 및 저장성을 향상시켜 유통 효율을 높일 수 있다.

㉡ 스티로폼 포장은 유통 시 중량 감모 온도변화에 따른 변질 문제를 최소화할 수 있어 장기유통에 이용한다.

㉢ 예랭 처리 후 필름으로 소포장하여 저온 상태로 유통한다.

㉣ 상자 및 스티로폼에 대형 포장 시 버섯에 손상이 가지 않도록 주의하여 수동으로 포장한다.

㉤ 균상재배 및 상자 재배한 버섯과 병, 봉지 재배한 버섯의 보통 또는 하품을 식자재로 유통하기 위해 포장할 때 수동 포장을 이용한다.

㉥ 소포장 중 트레이와 랩을 이용한 포장인 경우 자동 포장기를 이용하여 작업하면 노동력과 시간을 절감할 수 있다.

② 포장 규격

㉠ 포장 재료는 식품위생법에 따른 기구 및 용기 포장의 기준 및 규격과 폐기물관리법 관계 법령에 적합해야 한다.

㉡ 포장 치수 길이, 너비는 한국산업규격에서 정한 수송포장 계열치수 69개 및 40개 모듈, 또는 표준팰릿의 적재효율이 90% 이상인 것으로 한다(5kg 미만 소포장 및 속포장 치수는 별도로 제한하지 않는다).

③ 표시사항(농산물 표준규격 의무표시사항)

㉠ '표준규격품' 문구

㉡ 품목

㉢ 산지

㉣ 품종(품종명 또는 계통명 생략 가능)

㉤ 등급

㉥ 내용량 또는 개수(농산물의 실중량)

㉦ 생산자 또는 생산자단체의 명칭 및 전화번호(판매자 명칭으로 갈음할 수 있음)

◎ 식품안전 사고 예방을 위한 안전사항 문구[버섯류
(팽이, 새송이, 양송이, 느타리버섯)] : '그대로 섭
취하지 마시고, 충분히 가열 조리하여 섭취하시기
바랍니다' 또는 '가열 조리하여 드세요'(세척하지
않고 바로 먹을 수 있도록 세척, 포장, 운송, 보관
된 농산물은 표시를 생략할 수 있음)

④ 표시 방법

㉠ 포장재 겉면에 일괄 표시하되 품목, 생산자 또는
생산자단체의 명칭 및 전화번호, 권장 표시 사항은
별도로 표시할 수 있다.

㉡ 의무 및 권장 표시사항 외에 추가 표시사항이 있는
경우에는 추가할 수 있다.

㉢ 표시양식(예시)

표 준 규 격 품				
품목	등급		생산자 (생산자단체)	
품종	내용량	kg	이름	
산지	(개수)	( )	전화번호	
세척 후 드세요 또는 가열조리하여 드세요				

※ 포장재치수 : 510×360×140mm, 포장재중량 :
1,200g±5%

㉣ 글자 및 양식의 크기와 표시 위치는 품목의 특성,
포장재의 종류 및 크기 등에 따라 임의로 조정할
수 있다.

10년간 자주 출제된 문제

버섯 포장에 대한 설명으로 알맞은 것은?

① 스티로폼 포장은 단거리 유통에 이용한다.
② 버섯은 소포장하여 냉동 상태로 유통한다.
③ 상자 및 스티로폼 포장 시 기계로 포장한다.
④ 소포장 중 트레이와 랩을 이용한 포장의 경우 자동 포장기를
이용할 수 있다.

|해설|

① 스티로폼 포장은 장기 유통에 이용한다.
② 버섯은 소포장하여 저온 상태로 유통한다.
③ 상자 및 스티로폼 포장 시 버섯에 손상이 가지 않도록 수동으
로 포장한다.

정답 ④

---

① 색깔

㉠ 농산물 품목별 고유의 색을 유지하여야 한다.
㉡ 절단된 농산물을 육안으로 판정하여 변색이 나타
나지 않아야 한다.

② 외관

㉠ 병충해, 상해 등의 피해가 발견되지 않아야 한다.
㉡ 버섯류 등이 짓물러 있거나 점액 물질이 심하게
발견되지 않아야 한다.

③ 이물질 : 포장된 신선편이 농산물의 원료 이외에 이물
질이 없어야 한다.

④ 신선도

㉠ 표면이 건조되어 마른 증상이 없어야 하며, 부패된
것이 나타나지 않아야 한다.
㉡ 물러지거나 부러짐이 심하지 않아야 한다.

⑤ 포장상태 : 유통 중 포장재에 구멍이 발생하거나 진공
포장의 밀봉이 풀리지 않아야 한다.

⑥ 이취 : 포장재 개봉 직후 심한 이취가 나지 않아야
하며, 이취가 발생하여도 약간만 느껴 품목 고유의
향에 영향을 미치지 않아야 한다.

10년간 자주 출제된 문제

**7-1. 양송이 수확 후 상온저장 시 나타나는 변화로 옳지 않은
것은?**

① 호흡속도 증가
② 저장양분 축적
③ 갈색으로 변화
④ 경도 감소

7-2. 버섯의 선도와 관련이 없는 것은?

① 크기
② 변색
③ 이취
④ 짓무름

|해설|

7-2

버섯의 선도 기준 : 색깔, 외관, 이물질, 신선도, 포장상태, 이취

정답 7-1 ② 7-2 ①

---

① 버섯 출하 관리

　　㉠ 포장이 완료된 버섯은 효율적인 수송을 위해 팰릿에 적재해서 즉시 저온저장고(0~4℃)로 옮긴다.

　　㉡ 수확이 오래된 순서부터 쉽게 출하할 수 있도록 배치하여 적재한다.

　　㉢ 버섯은 온도변화에 민감한 작물이므로 선적할 때까지 별도의 관리를 받아야 한다.

　　㉣ 선적이 지연될 경우 온도가 바뀌거나 호흡이 일어나면 생리적 장해를 일으킬 우려가 있으므로 주의하여야 한다.

② 버섯 유통 관리

　　㉠ 버섯은 온도변화에 민감하므로 저장 후 수송 시 온도가 올라가지 않도록 주의한다.

　　㉡ 버섯 온도가 올라갈 경우 대사 작용이 진행되어 품질이 급격히 악화될 수 있다.

　　㉢ 수송 또는 판매 과정에서 부적절하게 다룰 경우 유통과정에서 장해를 일으킬 가능성이 높다.

　　㉣ 냉장탑차의 온도는 2~4℃ 내외로 유지하도록 한다.

③ 판매장 내 관리

　　㉠ 고품질 버섯을 공급하기 위해서는 판매장으로 입고 후에도 철저히 저온상태를 유지하여야 한다.

　　㉡ 버섯 판매대는 버섯의 품질 및 선도 유지를 위하여 10℃ 이하로 유지한다.

　　㉢ 소포장 형태로 출하된 상품은 적당량만 진열하고 나머지 상품은 저온저장고에 보관한다.

8-1. 버섯 상품의 이력 관리 및 저장 방법에 대한 설명으로 옳지 않은 것은?

① 버섯의 수확 시기를 정확히 기록하여 이력을 관리한다.

② 이력 관리를 통해 저장고 내 버섯의 선입 선출을 수행한다.

③ 오랫동안 저장할 경우 포장재에 작은 구멍을 내어 호흡을 용이하게 한다.

④ 수출용 버섯은 선적할 때까지 저온저장고에 보관하면서 별도의 관리를 받아야 한다.

8-2. 버섯의 유통과정 중 관리 방법에 대한 설명으로 옳지 않은 것은?

① 버섯을 수송하는 냉장탑차는 2~4℃ 내외로 유지한다.

② 버섯 판매대는 상온 상태를 유지한다.

③ 소포장 형태로 출하된 상품은 적당량만 진열한다.

④ 장해가 발생하지 않도록 유의하여 수송한다.

|해설|

8-1

호흡이 일어나면 생리적 장해가 발생할 가능성이 있으므로 주의하여야 한다.

8-2

② 버섯 판매대는 버섯의 품질 및 선도 유지를 위하여 10℃ 이하로 유지한다.

정답 8-1 ③　8-2 ②

핵심이론 01 | 폐기물관리법, 사료법 등 관련 법령

① 폐기물관리법

　㉠ '폐기물'이란 쓰레기, 연소재(燃燒滓), 오니(汚泥), 폐유(廢油), 폐산(廢酸), 폐알칼리 및 동물의 사체(死體) 등으로서 사람의 생활이나 사업활동에 필요하지 아니하게 된 물질을 말한다(법 제2조 제1호).

　㉡ '사업장폐기물'이란 대기환경보전법, 물환경보전법 또는 소음·진동관리법에 따라 배출시설을 설치·운영하는 사업장이나 그 밖에 대통령령으로 정하는 사업장에서 발생하는 폐기물을 말한다(법 제2조 제3호).

　㉢ 버섯폐배지의 세부분류 : 사업장일반폐기물(분류번호 51-17-26)(시행규칙 [별표 4])

　㉣ 버섯폐배지의 재활용 가능 유형(시행규칙 [별표 4의 3])

사전 분석·확인 필요 없음	• 동·식물성 유지나 비누 등 유지제품을 제조하는 유형 • 비료관리법에 따른 비료(퇴비를 포함)를 생산하는 유형 • 사료관리법에 따른 사료를 생산하는 유형 • 열분해, 탄화 등 열적 처리 방법으로 수소 등의 기체, 액체 및 고체상의 연료를 만드는 유형 • 혐기성소화·분해 등 생물학적 처리 방법으로 기체·액체상의 연료를 만드는 유형 • 제품 제조 등을 위한 중간가공폐기물을 만드는 유형
사전 분석·확인 필요 해당	• 자가 사육하는 가축(지렁이는 제외한다)의 먹이나 자가 농경지 또는 초지의 퇴비로 사용하는 유형 • 생물학적 처리과정을 거쳐 부숙토나 지렁이 분변토를 만들어 매립시설 복토재 또는 토양개량제를 생산하는 유형 • 소각열회수시설 등을 통해 에너지 회수기준에 적합하게 에너지를 회수하는 유형 • 자원의 절약과 재활용촉진에 관한 법률 시행규칙에 따른 고형연료제품의 품질기준에 적합하게 고형연료제품을 만드는 유형 • 화력발전소, 열병합발전소의 연료로 사용하는 유형 • 제품 제조 등을 위한 중간가공폐기물을 만드는 유형

② 사료관리법

　㉠ '사료'란 축산법에 따른 가축이나 그 밖에 농림축산식품부장관이 정하여 고시하는 동물·어류 등에 영양이 되거나 그 건강유지 또는 성장에 필요한 것으로서 단미사료(單味飼料)·배합사료(配合飼料) 및 보조사료(補助飼料)를 말한다. 다만, 동물용의약으로서 섭취하는 것을 제외한다(법 제2조 제1호).

　㉡ '단미사료'란 식물성·동물성 또는 광물성 물질로서 사료로 직접 사용되거나 배합사료의 원료로 사용되는 것으로서 농림축산식품부장관이 정하여 고시하는 것을 말한다(법 제2조 제2호).

　㉢ 버섯 재배부산물은 단미사료의 범위 중 식물성에 해당한다(사료 등의 기준 및 규격 [별표 1]).

10년간 자주 출제된 문제

폐기물관리법에 따라 사전분석·확인 없이 버섯폐배지를 재활용할 수 있는 유형이 아닌 것은?

① 비료관리법에 따른 비료를 생산하는 유형
② 화력발전소의 연료로 사용하는 유형
③ 사료관리법에 따른 사료를 생산하는 유형
④ 열적 처리 방법으로 수소 등의 연료를 만드는 유형

|해설|

화력발전소, 열병합발전소의 연료로 사용할 때는 사전 분석·확인이 필요하다(폐기물관리법 시행규칙 [별표 4의 3]).

정답 ②

① 버섯 재배 원료로 재활용
- ㉠ 원목재배 배지는 대부분 활엽수 원목을 사용하여 톱밥 가공으로 버섯 재배에 재활용할 수 있다.
- ㉡ 리그닌이 거의 분해되고 셀룰로오스만 남은 경우는 가공이 어려워 사용에 제한적이다.
- ㉢ 병·봉지재배 배지는 버섯 재배 후에도 약 75~85%의 영양원이 그대로 남아 있다.
- ㉣ 느타리 수확 후 배지는 10~30%를 첨가하는 경우가 가장 효과적이다.
- ㉤ 팽이, 큰느타리 수확 후 배지도 재활용할 수 있으나 수확량이 떨어지는 경향을 보인다.
- ㉥ 오염되거나 수분함량이 많은 것을 제외하고 같은 성분의 배지를 모아 사용한다.
- ㉦ 수확 후 배지의 수분을 40% 이하로 건조시키고, 살균한 뒤 활용한다.

② 사료화
- ㉠ 큰느타리, 팽이 수확 후 배지는 사료 자원으로 이용할 수 있다.
- ㉡ 느타리 수확 후 배지는 섬유소 함량은 높고 가소화 양분 함량은 낮다.
- ㉢ 버섯 수확 후 배지는 수분함량이 높고 쉽게 부패되기 때문에 저장성을 향상할 수 있는 가공이 선행되어야 한다.
- ㉣ 가공 방법 중 건조와 펠릿화는 간단하고 효과적이나 처리비용이 많이 들기 때문에 발효법이 가장 적당하다.
- ㉤ 수확 후 배지에 혐기성 미생물을 접종하여 혐기발효를 시키는 가공법이 가장 효과적이다.
- ㉥ 수분함량을 40% 이하로 낮추고 이물질을 제거하고 배지 조성 등을 파악한다.
- ㉦ 필요에 따라 적당한 생균제를 포함하여 TMR 발효를 통해 발효 사료를 제조한다.
- ㉧ *Bacillus* sp. 등의 생균제를 수확 후 배지 양의 약 5%를 접종하여 상온에서 약 2주간 발효시킨다.

③ 퇴비화
- ㉠ 느타리와 양송이 균상재배는 볏짚과 폐면 등이 주재료이기 때문에 그대로 퇴비화가 가능하다.
- ㉡ 일부 퇴비는 먹물버섯 등이 발생하여 엽채류를 오염시키기도 한다.
- ㉢ 완전히 발효되지 않는 퇴비를 시비할 경우 인산과다 등의 문제를 야기할 수 있다.
- ㉣ 폐상을 한 후에 일정 기간 야외 발효하여 최적화하는 과정이 필요하다.

④ 연료화
- ㉠ 톱밥봉지재배와 병재배 등에서 발생하는 배지는 수분이 60%를 넘는 경우가 많아 건조 등에 비용이 든다.
- ㉡ 원목재배 후 발생하는 골목은 완전 소각이 어렵고 집진 설비 등이 필요하다.
- ㉢ 수확 후 배지를 연료로 사용하려면 충분히 건조시키고 전용 소각 장치를 구비해야 한다.

10년간 자주 출제된 문제

2-1. 양송이버섯 수확 후 배지를 퇴비화하여 엽채류 등을 재배할 때 가장 문제가 되는 버섯은?

① 낙엽버섯   ② 단추버섯
③ 구멍버섯   ④ 먹물버섯

2-2. 수확 후 배지의 재활용에 대한 설명으로 옳은 것은?

① 재배양식에 관계없이 혼합하여 재활용하는 것이 효과적이다.
② 버섯배지로 재활용할 수확 후 배지는 비가림시설 안에서 보관하는 것이 바람직하다.
③ 병재배 버섯 수확 후 배지는 펠릿으로 제작하여 연료화하는 것이 가장 경제적이다.
④ 표고버섯 톱밥재배의 수확 후 배지는 톱밥함량이 높은편으로 열량이 목재와 거의 비슷하다.

|해설|

2-2
비가림시설이 없으면 전분 등의 수용성 영양원이 씻겨 내려갈 수 있다. 따라서 비가림시설 안에서 보관해야 한다.

정답 2-1 ④ 2-2 ②

핵심이론 01 | 주요 병해 종류 및 특성

① 괴균병(균덩이병) : 균사는 백색이고 치밀하게 자라며 양송이균이 존재하는 퇴비배지에서 특히 잘 자란다.

② 마이코곤병(wet bubble)

　㉠ 양송이 복토에서 발생하는 병으로 버섯 자실체 조직에 직접 침투하여 기생한다.

　㉡ 버섯의 갓과 줄기에 나타나며, 대와 갓의 구별이 없는 기형버섯이 되고 갈색물이 배출되면서 악취가 난다.

③ 푸른곰팡이병(green mold)

　㉠ 버섯의 종균배양 중 가장 많이 발생하는 잡균이다.

　　※ 버섯의 종균배양 중에는 푸른곰팡이나 세균성 갈반병이 많이 발병되는데, 푸른곰팡이병이 더 많이 발생한다.

　㉡ 배지나 종균에 발생하며, 포자는 푸른색을 띠고 버섯균사를 사멸시킨다.

　㉢ 느타리버섯에 발생 시 초기에는 발병 여부를 식별하기 어렵고, 발병하면 급속도로 전파되어 균사를 사멸시킨다.

④ 미라병(마미병)

　㉠ 미라병에 걸리면 대와 갓이 휘어져 한쪽으로 기운다.

　㉡ 양송이 크림종에서 피해가 심하며, 감염 시 버섯이 0.5~2cm일 때 생장이 완전히 정지하면서 갈변·고사하고 그 균상에서는 버섯이 발생하지 않는다.

⑤ 먹물버섯 : 일부 어린 버섯 식용하기도 하지만 양송이 퇴비에 발생하는 경우 퇴비의 양분을 섭취하여 양송이 수량성 및 품질을 떨어트린다.

⑥ 세균성 갈반병

　㉠ 갓 표면에 황갈색의 점무늬를 띠면서 점액성으로 부패한다.

　㉡ 겨울·여름재배에서 발병 정도가 심하다.

＄ 더 알아보기!

양송이에 발생하는 병해
• 마이코곤병, 세균성 갈반병 : 직접 기생
• 괴균병 : 직접 기생하지 않음

---

⑦ 바이러스

　㉠ 양송이나 느타리버섯 등의 자실체의 조직을 분리하여 균주를 수집할 때 지속적으로 감염되기 쉽다.

　㉡ 곡립종균 배양 중 가장 많은 잡균은 세균(박테리아)이다.

⑧ 노랑곰팡이병

　㉠ 영지버섯 노랑썩음병을 일으키는 병원균은 자낭균으로 감염된 원목과 토양 내에서 월동한다.

　㉡ 25~30℃에서 균사 생장이 잘되고, pH 5 정도에서 자낭과를 많이 형성한다.

⑨ 치마버섯

　㉠ 담자균에 속하는 목재부후균으로 자연상태에서 많이 발생한다.

　㉡ 이 균이 생장한 부위는 표고균이 생장하지 못하며, 피해 부위는 전체가 엷은 흑갈색으로 착색되기도 한다.

10년간 자주 출제된 문제

1-1. 양송이의 복토 표면에 발생한 버섯이 0.5~2cm일 때 생장이 완전히 정지되면서 갈변·고사하고, 그 균상에서는 버섯이 발생하지 않는 병은?

① 미라병　　　　　　② 바이러스병
③ 괴균병　　　　　　④ 세균성 갈반병

1-2. 표고에 주로 발생하는 병해 및 잡균이 아닌 것은?

① 구름송편버섯　　　② 미라병균
③ 검은혹버섯　　　　④ 푸른곰팡이병균

|해설|

1-2
표고에 주로 발생하는 병해 및 잡균
검은혹버섯, 검은단추버섯, 고무버섯, 구름송편버섯, 주홍꼬리버섯, 치마버섯, 아교버섯, 푸른곰팡이병균, 꽃구름버섯균

정답 1-1 ① 1-2 ②

① 괴균병(균덩이병) : 복토흙은 80~90℃에서 1시간 이상 수증기 소독을 한다.

② 마이코곤병 : 무병지 토양을 이용하거나 본토는 소독하여 사용한다.

③ 푸른곰팡이병

　㉠ 발생원인

　　• 재배사의 온도가 높을 때

　　• 복토의 유기물이 많을 때

　　• 복토나 배지가 산성일 때

　　• 후발효가 부적당할 때

　㉡ 방제 방법

　　• 병원균은 산성에서 생장이 왕성하므로 퇴비배지와 복토의 산도를 7.5 이상으로 조절한다.

　　• 병 발생 부위에 석회가루를 뿌린다.

④ 먹물버섯

　㉠ 발생원인 : 퇴비 후발효 시 퇴비의 온도가 50℃ 이상을 넘지 못하는 경우 주로 발생한다.

　㉡ 방제 방법

　　• 후발효 시 퇴비 내외부의 온도가 50~55℃를 균일하게 유지하도록 노력한다.

　　• 벤레이트(베노밀 수화제), 판마시, 스포르곤 등을 사용한다.

　　※ 느타리버섯의 푸른곰팡이병(*Trichoderma* spp.)에 사용하는 약제로서 배지 살균 전에 처리하는 것 : 프로클로라즈망가니즈 수화제(스포르곤)

⑤ 세균성 갈반병

　㉠ 발생원인

　　• *Pseudomonas tolaasii*에 의해 발생한다.

　　• 보온력을 상실하여 결로현상이 많이 일어나는 재배사에서 잘 발생한다.

　㉡ 방제 방법 : 재배사 내 관계습도를 80% 이하로 낮추고 관수 후에는 즉시 환기하여 버섯표면의 물기를 제거한다.

⑥ 바이러스 : 버섯 포자로 전파되므로 버섯이 성숙하여 갓이 피기 전에 수확해야 한다.

⑦ 붉은빵곰팡이병 : 배지의 영양분이 다량으로 함유되어 있거나 배지를 과다하게 살균하여 배지 내에 고온성 미생물의 밀도가 낮을 때에 발생하며, 특히 배지 내에 수분의 함량이 불충분할 때에 발생한다.

⑧ 치마버섯

　㉠ 발생원인 : 직사광선에 의한 골목의 온도상승과 건조가 주요인이다.

　㉡ 방제 방법 : 차광을 하여 직사광선을 막아주고, 대량 발생 시 골목을 소각·제거한다.

⑨ 고무버섯

　㉠ 표고 원목재배 시 장마로 고온다습할 때 많이 발생한다.

　㉡ 특히 원목 건조가 잘되지 않은 상태일 때 주로 발생한다.

　㉢ 발생된 다음에는 통풍에 의하여 충분히 건조한다.

⑩ 주홍꼬리버섯 : 원목에 수분이 적고 직사광선을 받아 고온건조한 상태에서 발생한다.

10년간 자주 출제된 문제

2-1. 느타리버섯 재배 시 주간과 야간의 온도 차이가 심할 때 자실체에 많이 발생하는 병은?

① 푸른곰팡이병　　　　② 붉은빵곰팡이병
③ 세균성갈변병　　　　④ 균덩이병

2-2. 직사광선 및 건조에 의해 발생되는 표고 원목 해균이 아닌 것은?

① 검은단추버섯　　　　② 고무버섯
③ 치마버섯　　　　　　④ 주홍꼬리버섯

정답 2-1 ③　2-2 ②

① 병원균의 전염원

　⊙ 공기 : 작업하기 하루 전에 재배사를 소독하고 종균 접종작업은 밀폐된 상태에서 실시해야 한다.

　ⓛ 토양 : 재배사 내의 바닥은 콘크리트로 덮어야 하며, 정기적으로 소독 또는 방역하여 병원균의 밀도 증가를 억제해야 한다.

　ⓒ 폐상퇴비 및 이병버섯 : 전년도 또는 전기작에 병해가 발생되었던 폐상퇴비와 이병버섯은 재배사를 밀봉한 상태에서 열로 제균 소독하고 퇴비는 즉시 제거한다.

　ⓔ 재배사 : 재배사 내부의 온도를 적절하게 유지해야 한다.

　ⓜ 배지재료 및 종균 : 배지원료는 신선한 재료를 선택하고 배지는 살균을 철저히 해야 한다.

　ⓗ 물 : 관수에 사용할 물을 보관하는 저수통이나 우물 등은 한 달에 한 번씩 소독과 세척을 한다.

② 병의 전파

　⊙ 바람 : 병원균의 대부분은 곰팡이류이며 이들은 무수히 많은 포자를 형성하고 이것을 공기의 흐름에 의해 날려 보내 새로운 전염원이 된다.

　ⓛ 물

　　• 재배사 내에 저수통은 뚜껑을 설치하고 분기별로 한 번씩 세척한다.

　　• 저수된 물이 오염 원인이 될 수 있는 행위는 하지 않아야 한다.

　ⓒ 작업인, 작업도구, 곤충

　　• 작업자의 손발은 물론 작업도구, 버섯파리, 응애 등도 병원균을 전파하므로 작업자는 종균 접종작업이 끝날 때까지 손발 등을 청결히 해야 한다.

　　• 종균작업에 사용하는 도구 중에서 특히 종균분쇄기는 사용 전에 깨끗이 청소하고 70%의 알코올 및 토치램프로 화염소독 후 사용한다.

　　• 버섯파리의 성충은 재배사 간 이동이 가능하고 응애의 경우 작업인부 및 버섯파리 등에 이동되며 병원균의 전파에 원인이 되므로 주의하여야 한다.

　※ 우수농산물관리제도(GAP)로 버섯 병해충 방제를 할 때 가장 유의해야 하는 방제 방법 : 화학적 방제법

🔊 **더 알아보기!**

표고 원목재배 시 병원균 예방법
• 골목이 직사광선을 받지 않도록 한다.
• 실외재배 시 3월 말까지 종균접종을 마친다.
• 원목의 수피에 상처를 내지 않는다.
• 조기 종균접종으로 표고균사를 빨리 만연시킨다.
• 재배장의 폐골목 및 낙엽 등을 제거한다.
• 재배장의 청결을 유지하고, 방충망을 씌운다.
• 가눕히기, 본눕히기 등을 원칙대로 하여 사전에 예방을 철저히 한다.
• 골목장은 통풍이 잘되는 곳에 설치하고 골목은 과습하지 않도록 관리한다.

3-1. 표고 원목재배 시 병원균의 전염원으로 가장 거리가 먼 것은?

① 골목장 토양　　　　② 원목
③ 지하수　　　　　　④ 작업도구

3-2. 우수농산물관리제도(GAP)로 버섯의 병해충 방제를 할 때 가장 유의해야 하는 방제방법은?

① 생물학적 방제법　　② 재배적 방제법
③ 물리적 방제법　　　④ 화학적 방제법

|해설|

3-2
그동안 관행화학농업이 농약과 화학비료 남용으로 농업환경과 식품안전을 크게 훼손한 상황에서 이를 적정하게 관리해 환경과 자원을 보존하고 농업인과 소비자의 건강을 지키겠다는 것이 GAP 제도의 본래 도입 취지이다.

정답 3-1 ③　3-2 ④

① 버섯파리

ㄱ 버섯 또는 균사의 냄새로 인하여 재배사로 유인된다.

ㄴ 완전변태 및 유태생을 통해 매우 빠르게 증식한다.

ㄷ 생활사 중 유충기에 가해한다.

ㄹ 버섯파리의 종류

시아리드 (Sciarid)	• 유충의 두부에 흑색의 각피를 지니고 있다. • 배지 내의 균사를 식해하거나 버섯 대의 기부에 주름살 부위까지 구멍을 만들면서 식해한다.
포리드 (Phorid)	• 유충의 길이는 4mm 정도이며, 두부에 흑색의 각피가 없다. • 유충은 주로 균상의 균사를 섭식한다(성충은 버섯을 가해하지 않음).
세시드 (Cecid)	• 성충은 다른 버섯파리에 비해 매우 작고 증식속도가 매우 빠르며, 버섯 대는 가해하지 못한다. • 번데기, 성충의 단계를 거치지 않고, 유충이 유충을 낳는 유태생으로 생식한다. • 유충이 2mm 정도로 작고, 황색이나 오렌지색을 띤다. • 주로 균상 표면이 장기간 습할 때 피해를 주는 해충이다.
마이세토필 (Myceto-phil)	• 느타리 버섯파리 중 유충의 크기가 가장 크다. • 유충이 균상 표면과 어린 버섯에 거미줄과 같은 실을 분비하여 집을 짓고 가해한다. • 성충은 6~7mm이며, 날개와 다리가 길어 모기와 비슷하다.

② 응애

ㄱ 분류학상 거미강의 응애목에 속한다.

ㄴ 번식력이 강하고 지구상 어디에나 광범위하게 분포되어 있다.

ㄷ 따뜻하고 습한 곳에서 서식한다.

ㄹ 생활환경이 불량할 때는 먹지도 않고 6~8개월간 견딘다.

ㅁ 거미와 유사한 모양이나 크기는 0.5mm의 작은 해충이다.

③ 선충

ㄱ 곤충 다음으로 지구상에 많이 분포되어 있는 동물군으로 알, 유충, 성충 3단계로 구성된다.

ㄴ 버섯 자실체 오염에 의한 피해는 주지 않으나 퇴비 및 복토의 버섯균사를 소멸시켜 버섯수량의 감소를 초래하여 버섯 재배에 가장 치명적인 해충이다.

※ 양송이의 상품가치를 하락시키는 해충은 버섯파리, 응애, 선충, 톡토기 등이 있다.

④ 곡식좀나방

ㄱ 주로 건표고를 가해하는 해충으로 건표고의 주름살에 산란한다.

ㄴ 유충은 버섯육질의 내부를 식해하고 갓 주름살 표면에 소립의 배설물을 분비한다.

⑤ 표고나방

ㄱ 주로 건표고를 가해하며 건표고의 주름살에 산란하여, 유충이 버섯육질의 내부를 식해한다.

ㄴ 유충으로 월동을 하고, 성충은 연 2~3회 발생한다.

10년간 자주 출제된 문제

4-1. 버섯을 재배할 때 피해가 심한 버섯파리는 생활사 중 어느 시기에 가해를 하는가?

① 유충기 ② 난기
③ 용기 ④ 성충기

4-2. 느타리 버섯파리 중 유충의 크기가 가장 크며, 유충이 균상 표면과 어린 버섯에 거미줄과 같은 실을 분비하여 집을 짓고 가해하는 것은?

① 세시드 ② 포리드
③ 시아리드 ④ 마이세토필

4-3. 양송이의 상품가치를 저하시키는 해충과 거리가 먼 것은?

① 버섯파리 ② 멸구
③ 톡토기 ④ 응애

정답 4-1 ① 4-2 ④ 4-3 ②

① 버섯파리
- ㉠ 방제 시기는 균사가 생장하는 시기여야 한다.
- ㉡ 방제약제 : 디밀린
- ㉢ 성충 포획장치(끈끈이 트랩, 포충망 등)를 이용한다.

② 응애
- ㉠ 버섯파리의 매개역할에 의하여 살균 후에도 재배사 바닥에서 생존하거나 재배사 내의 버섯, 복토, 퇴비 등의 잔재물이 원인이 된다.
- ㉡ 배지 재료 입상 시 살비제를 살포하고, 매개체인 버섯파리 성충의 방제를 철저히 한다.
- ㉢ 폐상 시에는 포르말린 훈증과 60℃로 살균·살충을 철저히 한다.

③ 선충 : 퇴비 후발효와 복토 소독 과정을 통하여 효율적으로 선충의 밀도를 최소한의 수준으로 감소시킨다.

④ 곡식좀나방 : 살충제를 재배사 주변에 살포하여 나방의 접근을 회피하도록 유도한다.

10년간 자주 출제된 문제

버섯파리를 집중적으로 방제하기 위한 시기로 가장 적절한 것은?

① 매주기 말
② 균사 생장 기간
③ 퇴비배지의 후발효 기간
④ 퇴비배지의 야외퇴적 기간

|해설|

버섯파리의 방제 적기 : 종균재식 후 균사 생장기

정답 ②

---

① 버섯파리
- ㉠ 균상재배
  - 종균접종 및 균사배양 재배사의 출입구 및 환기창에 1mm 눈금(25메시)의 방충망을 설치하여 성충의 침입을 막는다.
  - 환기시설은 프리필터 수준의 공기여과장치를 이용한다.
- ㉡ 병재배 : 재배사에 유입되는 공기의 버섯파리 성충을 걸러줄 수 있는 프리필터를 사용한다.

② 응애 : 작업자, 버섯파리 등에 의해 재배사에 유입되므로 프리필터 사용하여 버섯파리의 피해를 발생을 예방하면 자연적으로 버섯파리에 의해 옮겨지는 것을 예방할 수 있다.

③ 선충 : 퇴비가 과습하지 않도록 한다.

④ 곡식좀나방 : 여름철 우기에 영지버섯재배사에 나방이 들어와 알을 부화하므로 재배사의 입구 및 환기창에 방충망을 설치하여 성충의 침입을 막아야 한다.

10년간 자주 출제된 문제

재배사의 그물망 크기에 가장 적당한 것은?

① 10메시
② 15메시
③ 20메시
④ 25메시

|해설|

재배사의 그물망 크기에 가장 적당한 것은 25메시이다.

정답 ④

핵심이론 01 재배사 구조 및 특성

① 버섯재배사의 유형
  ㉠ 영구재배사 : 벽돌, 블럭, 단열용 판넬 등을 이용하여 단열관리가 좋다.
  ㉡ 간이재배사 : 비닐, 부직포 등 보온용 덮개 내부에 재배시설을 갖춘 형태로 단열이 좋지 않아 적정온도와 습도관리가 어렵다.
  ※ 버섯 재배관리에 가장 좋은 재배사 형태는 시멘트 블록 이중벽 재배사이다.

② 버섯재배사의 구조
  ㉠ 원목재배용 하우스
    • 바닥 면적은 89~102평 규모로 여름철 강풍과 겨울철 적설량을 버틸 수 있도록 자연재해에 안전하게 설비한다.
    • 지붕 비닐 및 차광망 개폐장치를 설비한다.
    • 가장 중요한 것은 배수 시설과 골목에 살수(물 뿌림)를 할 수 있는 충분한 관정(지하수) 시설이다.
    • 살수시설은 천정에 미니 스프링쿨러를 동당 2열로 설비하고, 노즐 간격은 1.8m로 한다.
    • 보조단열 효과를 보조할 수 있는 냉난방설비와 환기시설을 추가한다.
  ㉡ 톱밥재배용 하우스
    • 바닥은 편평하게 정지작업을 하고 마사토(굵은 모래)나 석회 가루를 뿌려서 바닥을 정리 또는 토양을 소독한다.
    ※ 재배사의 바닥이 흙으로 되어 있으면 각종 병해충에 취약하다.
    • 재배사의 균상 단은 바닥에서 상단까지 4~5단으로 구성한다.
    • 공조 시설과 스프링쿨러 시설이 설비되어야 한다.
  ㉢ 균상재배용 하우스
    • 바닥 면적은 50~60평 정도가 일반적이다.
    • 균상 단 폭은 1.0~1.2m 폭으로 하고 4~5단 형식으로 제작하되 바닥에서 1단의 높이는 약 30cm 정도의 공간을 둔다.
    • 바닥은 30cm 두께로 작업하고, 시멘트 타설 후 양생이 되면 기계로 바닥을 편평하게 미장하여 물이 고이지 않도록 설비한다.
    • 느타리버섯을 재배사에서 2열 4단으로 작업할 때 균상의 단과 단 사이는 60cm가 가장 적당하다.
    • 균상재배용 버섯은 일반적으로 양송이와 느타리버섯이 대표적인 품종인데, 느타리버섯은 광을 요구하고, 양송이버섯은 광을 요구하지 않는다.
  ㉣ 판넬형 자동화 재배사
    • 내외부의 온도 편차를 최소화시키고 환경조건을 감지하는 센서에 의해 자동으로 조절이 가능한 시스템이다.
    • 단열재 및 전기배선 설비에 안전을 기한다.
    • 재배사 청소, 청결 및 소독관리를 위해 수도시설과 배수구를 설치하여야 한다.
    • 냉난방시설은 실외기와 실내기로 구분되며 구조는 압축기, 증발기, 응축기, 팽창 밸브 등으로 이루어져 있다.
    • 재배사 내 환기 조절(온도, 습도, 이산화탄소 측정)센서의 설비 위치는 균상 단 중앙 부분의 2단 눈높이 위치에 설치하는 것이 좋다.
    • 냉동기의 팬은 재배가 끝나고 나면 고압분무기를 사용하여 팬에 부착된 먼지를 제거한다.
    • 초음파 가습기는 월 1~2회 진동자 부분을 청소한다.
    • 온도, 습도 센서는 주 1회 정도 알콜로 센서 검지 부분을 관리한다.
    • 이산화탄소 센서는 2~3개월에 1회 정도 영점 보정을 해주어야 한다.

③ 버섯재배사 규모의 결정요인
  ㉠ 시장성
  ㉡ 노동력 동원능력 및 관리능력

ⓒ 용수공급량

ⓔ 생산재료(볏짚, 복토 등)의 공급 가능성

※ 병재배는 규모를 측정할 때 1일 입병량으로 계산한다.

> **👆더 알아보기!**
>
> **재배사의 조건**
> • 시설 및 기초공사는 자연재해 대비 안전하게 설비한다.
> • 통로는 콘크리트, 진열 밑은 흙바닥이 좋다.
> • 벽과 천장은 단열구조로 하고 적절한 자연광이 있는 정도의 구조가 이상적이다.
> • 차광시설은 슬라이딩 개폐장치로 하우스 내부의 온도를 조절할 수 있도록 중간부분의 공간이 충분해야 한다.
> • 실내 보온을 위해 단열재 사용 및 온도조절용 냉난방 설비가 부착되어야 한다.

10년간 자주 출제된 문제

1-1. 재배사의 바닥을 흙으로 할 때 가장 문제가 되는 점은?

① 온도 관리
② 습도 관리
③ 살균 및 후발효 관리
④ 병해 관리

1-2. 건설비용과 관리시간을 고려한 느타리버섯 재배사의 균상은 몇 단이 가장 알맞은가?

① 6단
② 4단
③ 2단
④ 1단

1-3. 느타리버섯 재배사와 양송이 재배사의 시설에 있어서의 차이점은?

① 재배사의 벽과 천장
② 균상시설
③ 채광시설
④ 환기시설

1-4. 양송이 재배면적 규모의 결정요인과 가장 거리가 먼 것은?

① 노동력 동원능력
② 용수량
③ 볏짚 절단기
④ 생산재료의 공급 유무

|해설|

1-2
재배사의 바닥이 흙으로 되어 있으면 각종 병해충에 취약하다.

1-3
양송이 재배사에는 채광시설이 필요 없다.

정답 1-1 ③ 1-2 ② 1-3 ③ 1-4 ③

핵심이론 02 | 재배사 시설 및 주변환경관리

① 버섯종균 생산업의 시설기준(산림자원의 조성 및 관리에 관한 법률 시행규칙 [별표 6])

시설명	기계·기구 설치요건
실험실	• 현미경 1대(1,000배 이상) • 냉장고 1대(200L 이상) • 항온기 2대 • 건열기 1대 • 오토크레이브 • 그 밖에 산림청장이 필요하다고 인정하는 시설
준비실	• 수도시설 • 배지주입기 • 그 밖에 산림청장이 필요하다고 인정하는 시설
살균실	• 고압살균기 • 보일러
냉각실	–
접종실	• 무균상태를 유지할 수 있는 내부시설 • 소독기구 설치 • 그 밖에 산림청장이 필요하다고 인정하는 시설
배양실	• 실온 20~25℃로 조절할 수 있는 항온장치 • 1개 배양실당 종균배양능력 5,000kg 미만의 시설
저장실	실온 1~5℃로 조절할 수 있는 냉장장치

② 종자업의 시설기준(종자산업법 시행령 [별표 5])

ⓐ 시설

• 실험실 : $16.5m^2$ 이상일 것

• 준비실 : $49.5m^2$ 이상이며, 수도시설이 설치되어 있을 것

• 살균실 : $23.0m^2$ 이상일 것

• 냉각실 : $16.5m^2$ 이상이며, 에어컨시설 또는 냉각시설이 설치되어 있을 것

• 접종실 : $13.2m^2$ 이상이며, 무균상태를 지속할 수 있는 시설 및 자외선 등이 설치되어 있을 것

• 배양실 : $165.0m^2$ 이상이며, 실온을 20~25℃로 조정할 수 있는 항온장치시설이 설치되어 있을 것

• 저장실 : $33.0m^2$ 이상이며, 실온을 1~5℃로 조절할 수 있는 냉각시설이 설치되어 있을 것

ⓛ 장비
- 실험실 : 현미경(1,000배 이상) 1대, 냉장고(200L 이상) 1대, 소형 고압살균기 1대, 항온기 2대, 건열살균기 1대 이상일 것
- 준비실 : 입병기 1대, 배합기 1대, 자숙솥 1대(양송이 생산자만 해당)
- 살균실 : 고압살균기(압력 : 15~20LPS, 규모 : 1회 600병 이상일 것), 보일러(0.4ton 이상일 것)

③ 버섯재배사 입지조건
ㄱ 집과 가까워 재배사 관리에 편리한 곳
ㄴ 교통이 편리하고 시장과 거리가 멀지 않은 곳
ㄷ 햇빛이 잘 들고 보온과 채광에 유리한 곳
ㄹ 노동력이 풍부한 곳
ㅁ 전기와 물의 사용에 제한을 받지 않는 곳
ㅂ 복토에 알맞은 흙을 대량으로 구하기 쉬운 곳
ㅅ 퇴비재료인 볏짚, 계분 등을 저렴한 가격으로 구하기 쉬운 곳
ㅇ 저습지가 아니고 배수가 용이한 곳
ㅈ 폐상퇴비의 활용이 가능한 곳
ㅊ 공장의 유해가스의 영향을 받지 않는 곳

핵심이론 03 | 재배사 위생 및 청결관리 방법

① 재배사 주변에 잡초와 우거진 숲이 많으면 통풍에 장해를 받기도 하고 잡초나 낙엽에서 발생하는 해균의 포자에 의해 공기 중 오염될 가능성이 높다.
② 재배사 주변 토양 속에는 다양한 미생물과 소곤충이 서식하고 있기 때문에 재배사 주변은 항상 소독하고 청결하게 관리해야 한다.
③ 작업자가 재배사에 출입할 때 의복과 신발은 항상 소독된 상태를 유지해야 한다.
④ 버섯 재배가 완료된 배양물은 고온에 살균처리 해야 한다.
⑤ 용기들은 고온에 살균처리 하거나 약품으로 소독 또는 깨끗하게 세척해야 한다.

① 에어컴프레서(air compressor) : 버섯 재배용으로 사용되는 기계시설장비는 대부분 에어컴프레서의 유압 장치를 이용한다.

② 에어샤워(air shower)

　㉠ 에어샤워기에 들어가 무균적인 공기로 머리부터 발끝까지 에어샤워를 시킨 다음 실내로 출입해야 해균으로부터 오염을 예방할 수 있다.

　㉡ 이 시설에 출입하는 모든 도구와 장비 및 용기는 1차 적으로 살균과 소독이라는 과정을 거쳐서 통과시켜야 한다.

③ 혼합기(material mixer)

　㉠ 배지 재료를 혼합하기 위한 장비로 소형(3,000병 이하), 중형(5,000병 이상) 또는 대형(10,000병)으로 구분할 수 있다.

　㉡ 작업자는 작업완료 후 재료찌꺼기를 청결하게 관리하고 컨트롤 판넬 내부의 청결상태를 확인한다.

④ 입병기(filling machine) : 배지혼합기에서 재료 혼합과 수분 조절이 된 배지를 1박스 16개의 플라스틱 용기에 일정량씩 넣는 기계이다.

⑤ 살균기(auto-steam sterilizer) : 입병 또는 입봉된 배지 내의 유해 미생물을 제거하기 위하여 사용하는 장비로 상압살균기, 고압살균기 등이 있다.

⑥ 접종기 : 살균이 끝난 배지에 종균을 접종하는 기기로 인력 접종, 반자동접종기, 4구 자동접종기 등이 있다.

⑦ 균긁기(scratching line) : 버섯을 발생시키기 위해 배양 완료된 균을 일정하게 긁어주는 작업으로 노화균 제거와 버섯 발생을 위한 충격 효과를 주기 위해서 시행한다.

⑧ 탈병기 : 수확이 완료된 병 용기를 여러 번 재활용하기 위해 배지 재료 내용물인 톱밥재료 찌꺼기를 자동으로 제거시키기는 작업을 한다.

⑨ 건조기 : 버섯 재배에서는 열풍에 의한 건조 방법을 많이 활용한다.

⑩ 억제기(팽이버섯 재배용) : 억제 시 버섯 상단부에 빛과 바람을 공급하여 버섯 발생을 일정하게 만든다.

10년간 자주 출제된 문제

버섯재배사에 사용되는 기계·장비에 대한 설명으로 옳지 않은 것은?

① 혼합기 : 배지 재료를 혼합하기 위한 장비로 소형, 중형 또는 대형으로 구분된다.

② 탈병기 : 배지 내용물인 톱밥재료 찌꺼기를 자동으로 제거시키기는 작업을 한다.

③ 살균기 : 입병된 배지 내의 유해 미생물을 제거하기 위하여 사용한다.

④ 접종기 : 살균 전 배지에 종균을 접종하는 기기로 작업자가 직접 접종해야 한다.

| 해설 |

접종기 : 살균이 끝난 배지에 종균을 접종하는 기기로 인력 접종, 반자동접종기, 4구 자동접종기 등이 있다.

정답 ④

① 버섯재배사의 공조시설, 냉난방설비, 급수라인 등의 설비관리

공조시설	• 흡입공기와 배출공기 혼합 여부 • 공조닥터 미세먼지 흡착상태 • 공조기 내 온도센터, 닥터 라인 • 청결상태 • 공조닥터 배관라인 보온상태 • 보일러, 급수설비 상태
냉난방 설비	• 실내외기의 작동상태 • 냉, 난방 라인의 배관 보온단열태 • 실내기의 제빙상태 및 제상상태 관리 • 전기 정전 시 내외기의 컨트롤 판넬 작동상태 • 실외기의 응축기 부분 제빙상태 • 실외기의 팽창변 작동상태 • 실내기의 팬 청결상태 • 실외기의 핀쿨러 미세먼지 청결상태 • 실외기의 고압 및 저압 가스 상태
급수라인	• 지하수 물량 및 pH • 연수기 작동 및 청결상태 • 물 저장 탱크 청결상태 • 재배사 급수라인의 노즐상태 • 지하수 급수라인 • 배수라인 관리 청결상태

② 버섯 재배에 사용되는 전기 및 소방설비의 정기적 점검 · 관리

  ㉠ 전기수전설비 점검

  • 주요 화재원인 : 합선, 누전, 과부하, 모터과열, 제품불량, 취급상 부주의 등

  • 감전사고의 대책 : 누전 차단기 및 경보기 설치

  • 전기화재 예방요령

    – 사용하지 않는 전원기구는 전원을 끄고 플러그를 뽑아둔다.

    – 플러그를 뽑을 때는 선을 당기지 말고 몸체를 잡고 뽑는다.

    – 하나의 콘센트에 여러 가지 전기기구를 꽂아서 사용하지 않는다.

    – 규격 퓨즈를 사용하고 끊어질 경우 그 원인을 조치한다.

    – 과전류 차단기나 누전 차단기를 설치하고 월 1~2회 동작유무를 확인한다.

  ㉡ 소방설비 점검

  • 버섯재배사는 화재가 나기 쉬운 가연성 물질이며, 재배시설 내부는 실내 습도가 높고 배지 재료의 부산물에서 미세먼지나 이물질이 많이 비산하므로 전기 스파크에 의한 화재가 빈번하게 발생하고 있다.

  • 화재를 사전 예방하기 위해서는 미세먼지가 발생하지 않도록 청결하게 위생적으로 재배사 주위를 관리해야 한다.

10년간 자주 출제된 문제

버섯재배사의 전기화재 예방요령으로 옳지 않은 것은?

① 하나의 콘센트에 여러 가지 전기기구를 꽂아서 사용하지 않는다.

② 규격 퓨즈를 사용하고 끊어질 경우 그 원인을 조치한다.

③ 전원기구는 사용 여부와 관계없이 전원을 켜 둔 상태로 유지한다.

④ 과전류 차단기를 설치하고 월 1~2회 동작유무를 확인한다.

|해설|

③ 사용하지 않는 전원기구는 전원을 끄고 플러그를 뽑아둔다.

정답 ③

① 기계 및 설비 운영 주의사항

　㉠ 기계의 취급자 자신은 물론 타인에게 위해가 가하지 않도록 안전의식을 갖추고 작업에 임한다.

　㉡ 기계를 일상적으로 점검하고 관리하여 원활하게 작동하도록 한다.

　㉢ 관리자로서 피고용자의 작업 안전성을 확보한다.

　㉣ 작업자 및 고용주는 기계작업에 관한 교육에 적극적으로 참여하고 관련 법규를 숙지하는 등 안전의식을 높이기 위하여 노력한다.

② 기계 및 설비 안전점검 및 주의사항

　㉠ 기계 전원 on-off 장치를 확인한다.

　㉡ 안전장치나 안전장비를 포함하여 점검하고 조작 및 응급대응 요령을 사전에 교육한다.

　㉢ 안전장치에 이상이 있으면 작업 전에 조정 또는 수리한다.

　㉣ 작업자 주위의 안전성을 확보하고, 불필요한 작업자의 접근을 제한한다.

　㉤ 작업 후 기계 주변의 청결 및 문제점에 대하여 조치한다.

　㉥ 컨트롤 판넬 및 전선 연결 부위의 볼트 풀림을 확인한다.

③ 기계 및 설비 안전관리

　㉠ 작업자는 기계의 운행일지, 점검정비 일지를 작성한다.

　㉡ 보관창고는 출입구의 높이나 폭, 천정 높이, 바닥 면적 등에 여유가 있어야 한다.

　㉢ 보관창고 내부는 밝기를 충분히 하고, 환기창이나 환기팬의 환기 상태를 관리한다.

　㉣ 작업이 끝난 후 장비를 깨끗이 세척하고 정비한 뒤 보관한다.

　㉤ 무거운 기계장비는 안전하게 결속한 후 이동한다.

　㉥ 인화성이 높은 유류, 재료는 철저한 관리 후 보관 관리한다.

④ 안전사고 대비 방법

　㉠ 작업 전 위험성을 예측하고 대응책을 생각해 두는 습관을 교육한다.

　㉡ 안전사고 대비 긴급 상황 발생 시에 연락체제를 확인한다.

　㉢ 안전사고 발생 시 응급처치 대한 사전지식을 철저히 교육한다.

　㉣ 항상 안전한 작업에 필수적인 안전교육을 실시한다.

10년간 자주 출제된 문제

버섯 재배시설의 기계 관리가 적절하지 않은 것은?

① 정밀 전자기기가 있는 곳은 유황훈증한다.

② 각종 센서는 적절한 측정치가 되도록 조절한다.

③ 전기 및 누수, 누유 등 안전시설을 주기적으로 검사한다.

④ 냉난방 및 습도, 환기 시설 등을 정기적으로 검사한다.

|정답| ①

① 작업자의 작업 제한

  ㉠ 음주자

  ㉡ 약물을 복용하고 있어 작업에 지장이 있는 자

  ㉢ 병, 부상, 과로 등으로 정상적인 작업이 곤란한 자

  ㉣ 임신 또는 출산과 관련하여 작업이 건강에 악영향을 미친다고 생각되는 자

  ㉤ 의복, 신발 등 작업에 불필요한 복장을 한 자

  ㉥ 헐렁한 옷이나 소매가 긴 옷, 장갑 등을 착용하고 기계를 다루면 매우 위험하다.

  ㉦ 미숙련자(작업 지도하에 실시하는 경우 제외)는 작업을 제한한다.

  ㉧ 신발은 발에 꼭 맞는 미끄럼 방지 처리가 된 안전화 착용한다.

② 취급 시 유의사항

  ㉠ 작업 투입 전 안전교육 의무화 실시

  ㉡ 작업 시작 전 준비운동을 하고 작업 후 정리운동을 실시한다.

  ㉢ 당일 작업계획을 사전에 협의하여 실시한다.

  ㉣ 사고의 원인이 될 가능성을 사전에 배제하고, 무리하지 않게 작업계획을 세운다.

더 알아보기!

종자관리사

• 종자관리사가 되려는 사람은 자격기준을 갖춘 사람으로서 농림축산식품부령으로 정하는 바에 따라 농림축산식품부장관에게 등록하여야 한다(종자산업법 제27조 제2항).

• 종자관리사의 자격기준(종자산업법 시행령 제12조)

 - 국가기술자격법에 따른 종자기술사 자격을 취득한 사람

 - 국가기술자격법에 따른 종자기사 자격을 취득한 사람으로서 자격 취득 전후의 기간을 포함하여 종자업무 또는 이와 유사한 업무에 1년 이상 종사한 사람

 - 국가기술자격법에 따른 종자산업기사 자격을 취득한 사람으로서 자격 취득 전후의 기간을 포함하여 종자업무 또는 이와 유사한 업무에 2년 이상 종사한 사람

 - 국가기술자격법에 따른 버섯산업기사 자격을 취득한 사람으로서 자격 취득 전후의 기간을 포함하여 버섯 종균업무 또는 이와 유사한 업무에 2년 이상 종사한 사람(버섯 종균을 보증하는 경우만 해당)

 - 국가기술자격법에 따른 종자기능사 자격을 취득한 사람으로서 자격 취득 전후의 기간을 포함하여 종자업무 또는 이와 유사한 업무에 3년 이상 종사한 사람

 - 국가기술자격법에 따른 버섯종균기능사 자격을 취득한 사람으로서 자격 취득 전후의 기간을 포함하여 버섯 종균업무 또는 이와 유사한 업무에 3년 이상 종사한 사람(버섯 종균을 보증하는 경우만 해당)

• 종자관리사로 등록하려는 자는 신청서에 필요한 서류를 첨부하여 산림청장 또는 국립종자원장에게 제출하여야 한다(종자산업법 시행규칙 제14조 제1항).

10년간 자주 출제된 문제

7-1. 다음 중 작업을 제한해야 하는 대상이 아닌 것은?

① 미숙련자 ② 약물 복용자

③ 장갑을 착용한 자 ④ 안전화를 착용한 자

7-2. 다음 중 작업장 안전관리 방법으로 옳지 않은 것은?

① 작업 투입 전 안전교육을 의무화한다.

② 무리하지 않게 작업 계획을 세운다.

③ 작업 종료 후 안전장치를 떼어 보관한다.

④ 무거운 기계장비는 결속한 후 이동한다.

정답 7-1 ④ 7-2 ③

과년도+최근
기출복원문제

#기출유형 확인　　　　#상세한 해설　　　　#최종점검 테스트

01 버섯의 균사를 새로운 배지에 이식할 때 사용하는 백금구의 살균방법으로 적당한 것은?

① 알코올소독
② 고압살균
③ 화염살균
④ 자외선살균

해설
③ 화염살균 : 접종구나 백금선, 핀셋, 조직분리용 칼 등 시험기구의 살균
① 알코올소독 : 작업자의 손, 무균상 내부와 주변 등의 소독
② 고압살균 : 고체배지, 액체배지, 작업기구 등의 살균
④ 자외선살균 : 무균상, 무균실의 살균

02 식용버섯 신품종 육성방법 중 돌연변이 유발방법으로 거리가 먼 것은?

① α, β, γ선의 방사선 조사
② 우라늄, 라듐 등의 방사성 동위원소 이용
③ 초음파, 온도처리 등의 물리적 자극
④ 자실체로부터 조직분리 또는 포자발아

해설
조직분리 또는 포자발아는 균사를 배양 및 이식하는 방법이다.
※ 버섯 돌연변이육종법은 방사선, 방사능물질, 화학약품 등으로 인위적인 유전자의 변화를 유발하여 목적에 부합되는 균주를 육성하는 것이다.

03 양송이는 일반적으로 담자기에 몇 개의 포자가 착생하는가?

① 1개
② 2개
③ 4개
④ 8개

해설
담자기에는 보통 4개의 포자가 있는데, 양송이버섯은 2개의 포자를 갖는다.

04 느타리버섯 자실체를 버섯완전배지에 조직배양하면 무엇으로 생장하게 되는가?

① 갓
② 대
③ 균사체
④ 포자

해설
자실체의 주름에 있는 각각의 담자기 끝에서 네 개의 담자포자가 성형된다. 각각의 포자는 하나의 핵을 갖으며, 포자는 발아하여 1차 균사체가 되고 세포질 융합에 의해 2차 균사체를 형성하게 된다.

05 표고 및 느타리의 접종원 제조 시 톱밥배지의 적합한 수분함량은?

① 55%
② 65%
③ 75%
④ 85%

해설
표고 및 느타리의 접종원 제조 시 톱밥배지의 수분함량은 65%가 적당하다.

1 ③ 2 ④ 3 ② 4 ③ 5 ② **정답**

06 버섯의 균사세포를 구성하는 세포소기관이 아닌 것은?

① 미토콘드리아

② 엽록체

③ 리보솜

④ 핵

해설

버섯의 균사세포에는 핵, 미토콘드리아, 액포, 소포체, 골지체, 리보솜 등 막으로 둘러싸인 소기관이 있다.

07 버섯의 포자는 대부분 어디에 부착되어 있는가?

① 균사

② 대(줄기)

③ 대주머니

④ 갓

해설

버섯의 포자는 대부분 갓의 뒷부분에 부착되어 있다.

08 표고균사의 최적배양온도는?

① 15℃

② 25℃

③ 35℃

④ 45℃

해설

표고균은 5~28℃ 범위에서 생장이 가능하지만, 최적온도는 22~25℃이다.

09 액체종균 접종원의 균사를 마쇄할 때 주로 사용되는 기구는?

① 코르크 보어(cork bore)

② 인큐베이터(incubator)

③ 균질기(homogenizer)

④ 핀셋(pincette)

해설

균질기

살균 후 무균적으로 균을 갈아 균사 수를 많게 하는 것으로 주로 액체종균의 접종용 균을 만들 때 이용한다.

10 팽이버섯이나 느타리의 재배용 배지에 접종원으로 사용되는 종균의 종류는?

① 퇴비배양종균

② 곡립배양종균

③ 톱밥배양종균

④ 목편배양종균

해설

톱밥을 이용하여 종균생산이 가능한 버섯은 느타리버섯, 표고버섯, 팽이버섯, 맛버섯, 잎새버섯, 뽕나무버섯, 목이버섯, 털목이버섯, 영지버섯 등이 있으며, 곡물을 이용하여 종균생산이 가능한 버섯은 양송이버섯이 있다.

11 버섯의 2핵 균사 판별 방법은?

① 격막의 유무

② 꺽쇠의 유무

③ 균사의 길이

④ 균사의 개수

해설
2핵 균사를 판별하는 방법은 꺽쇠(협구)의 유무로 알 수 있다.

12 다음 중 상대적으로 포자 발아가 가장 어려운 것은?

① 양송이 ② 영지버섯

③ 느타리버섯 ④ 표고

해설
포자는 물을 흡수하여 팽창하는 것이 보통이지만, 발아가 잘 안되는 버섯도 많이 있다. 영지버섯의 포자는 발아가 극히 어려운 것 중 하나이다.

13 종균 접종용 톱밥배지의 고압살균 시 도달하여야 하는 온도는?

① 101℃ ② 111℃

③ 121℃ ④ 131℃

해설
살균 시 도달하여야 하는 온도 : 고압살균 121℃, 상압살균 98~100℃

14 버섯 재배에서 복토과정을 필요로 하는 것은?

① 새송이버섯

② 영지버섯

③ 팽이버섯

④ 양송이

해설
복토작업은 퇴비발효 후 퇴비 안에 양송이 종균을 심고 그 위에 흙을 뿌려 덮어 두는 작업을 말한다.

15 느타리 포자의 색깔로 옳은 것은?

① 흰색 ② 갈색

③ 적색 ④ 흑색

해설
느타리의 포자색깔은 흰색이다.

16 양송이나 신령버섯의 원균을 느타리와 구별할 수 있는 가장 정확한 방법은?

① 균총 색깔

② 균사생장속도

③ 꺽쇠연결체(클램프연결체) 유무

④ 담자포자 모양

해설

양송이와 신령버섯만은 이들 담자균류의 일반적인 특성과는 달리 꺽쇠(클램프, 협구)연결체가 생기지 않는다.

17 버섯균주의 계대배양에 의한 보존방법으로 틀린 것은?

① 온도는 일반적으로 4~6℃가 적당하다.

② 보존 장소의 상대습도를 50% 내외로 유지한다.

③ 냉암소에 보관한다.

④ 보존 중에는 균사의 생장이 가능한 억제되도록 한다.

해설

보존 장소의 상대습도는 70% 내외가 되게 유지한다.

18 느타리버섯의 균사가 고온장애로 생장이 중지되는 온도는?

① 26℃   ② 30℃

③ 36℃   ④ 45℃

해설

느타리버섯 균사 생장과 온도와의 관계

생육단계	온도(℃)
균사사멸	40
균사 생장중지	36
균사 생장한계	35
균사 생장최적	23~27
버섯 발생최적	15±5

19 버섯원균의 균총과 종균이 다소 황갈색을 띠는 버섯은?

① 느타리버섯   ② 목질진흙버섯

③ 표고   ④ 신령버섯

해설

목질진흙버섯의 생장 및 배양

• 균사 생장온도 15~35℃, 최적온도는 28~30℃ 전후이다.

• 자실체 생장최적온도 25~30℃로 고온성 버섯이다.

• 버섯원균의 균총과 종균이 다소 황갈색을 띤다.

20 표고 종균배양실의 환경조건으로 틀린 것은?

① 항온   ② 습도

③ 직사광선   ④ 청결

해설

종균은 직사광선에 노출되거나 건조되지 않도록 주의한다.

21 팽이버섯의 학명은?

① *Lentinula edodes*

② *Pleurotus ostreatus*

③ *Stropharia rugosoannulata*

④ *Flammulina velutipes*

해설

① *Lentinula edodes* : 표고

② *Pleurotus ostreatus* : 느타리버섯

③ *Stropharia rugosoannulata* : 턱받이포도버섯

22 느타리버섯과 표고의 단포자의 핵은 일반적으로 어느 상태인가?

① n ② 2n

③ 3n ④ 4n

해설

뿌려진 포자가 적합한 환경을 만나 발아하면 1핵(n)을 가진 1차 균사가 되어 생장하는데, 다른 1차 균사(n)와 만나 결합하면 2핵 (2n)을 가진 2차 균사가 된다.

23 종균의 저장온도가 가장 낮은 버섯은?

① 양송이 ② 느타리버섯

③ 표고 ④ 팽이버섯

해설

주요 버섯종균의 저장온도

구분	저장온도
팽이버섯, 맛버섯	1~5℃
양송이버섯, 느타리버섯, 표고버섯, 잎새버섯, 만가닥버섯	5~10℃
털목이버섯, 뽕나무버섯, 영지버섯	10℃

24 백색부후균인 느타리 담자포자의 발아 시 오염균으로 추정되는 다른 백색부후균과의 구별을 위해 느타리교배형(검정친) 4균주와 오염균의 교배 결과는?

① 1개 교배형과 교배된다.

② 2개 교배형과 교배된다.

③ 3개 교배형과 교배된다.

④ 4개 교배형 모두 교배되지 않는다.

해설

느타리는 4극성으로 교배형이 4개, 즉 A_1B_1, A_1B_2, A_2B_1, A_2B_2이다. 이 균은 담자균이고, 병원균은 대부분 자낭균이어서 교배가 되지 않는다.

25 버섯의 형태적 특징에서 버섯의 부분명칭이 갓, 자실층, 대, 턱받이, 대주머니의 다섯 부분으로 나누어진 버섯은?

① 풀버섯 ② 광대버섯

③ 싸리버섯 ④ 뽕나무버섯

해설

버섯의 종류

• 광대버섯류와 같이 갓, 자실층, 대, 턱받이, 대주머니의 다섯 부분을 다 가지고 있는 것

• 풀버섯류와 같이 갓, 주름살, 대, 대주머니 등 네 가지 부분만 있는 것

• 갓버섯류나 뽕나무버섯류와 같이 갓, 주름살, 대, 턱받이 등 네 부분으로 되어 있는 것

• 그물버섯류와 같이 갓, 관광, 대 등 세 부분으로 되어 있는 것

• 싸리버섯류와 같이 산호모양으로 된 것

26 양송이 자실체로부터 포자를 채취하여 원균을 제조하고자 한다. 다음 중 포자 채취에 가장 알맞은 것은?

① 갓이 완전히 벌어진 것을 채취한다.
② 갓이 벌어져 포자가 많이 나르는 것을 채취한다.
③ 갓이 벌어지기 직전의 것을 채취한다.
④ 버섯의 모양이 갖추어진 상태일 때 채취한다.

해설
양송이 자실체로부터 포자를 채취할 때는 갓이 벌어지기 직전의 것을 채취해야 한다.

27 우리나라에서 주로 재배되는 양송이 품종의 색상별 분류로 거리가 먼 것은?

① 백색종
② 브라운종
③ 회색종
④ 크림종

해설
양송이 품종의 색상별 분류 : 백색종, 브라운종, 크림종

28 느타리버섯 및 표고의 포자가 발아하면 어느 것이 되는가?

① 1차 균사
② 2차 균사
③ 3차 균사
④ 2차와 3차 균사

해설
느타리버섯 및 표고의 포자가 발아하면 1차 균사가 된다.

29 사물기생을 하지 않는 버섯은?

① 느타리버섯
② 팽이버섯
③ 송이버섯
④ 표고

해설
발생장소에 따른 버섯의 분류
• 사물기생(死物寄生) : 부숙된 낙엽이나 초지에서 발생되는 버섯
  예 느타리버섯, 팽이버섯, 표고, 꾀꼬리버섯, 야생양송이, 갓버섯 등
• 활물기생(活物寄生) : 고등식물의 뿌리에 버섯의 균사가 공존하면서 발생되는 버섯
  예 송이, 젖버섯, 무당버섯, 광대버섯, 그물버섯 등

30 양송이 곡립종균 제조 시 균덩이 형성원인과 관계가 없는 것은?

① 배양실 온도가 높을 때
② 곡립배지의 산도가 높을 때
③ 흔들기를 자주하지 않을 때
④ 곡립배지의 수분함량이 낮을 때

해설
곡립종균 제조 시 균덩이 형성원인
• 배양실 온도가 높을 때
• 곡립배지의 산도가 높을 때
• 흔들기 작업의 지연
• 곡립배지의 수분함량이 높을 때
• 원균 또는 접종원의 퇴화
• 균덩이가 형성된 접종원 사용

31 표고의 원목재배에서 원목의 벌채 또는 접종에 대한 설명으로 틀린 것은?

① 버섯 재배에 사용될 원목벌채와 접종시기는 언제든 한가한 시기를 잘 활용하면 된다.
② 나무를 벌채한 즉시 재배할 버섯종균을 접종하면 세포가 살아 있기 때문에 균사가 자라지 못한다.
③ 나무에 단풍이 30~70% 들어 있는 시기에 벌채하는 것이 원목에 영양분이 풍부하여 좋다.
④ 종균 접종 시 원목의 최적 수분함량은 38~42% 정도이다.

해설
• 표고는 골목의 껍질(수피)이 없으면 버섯이 발생되지 않으므로 껍질이 벗겨지지 않는 시기, 즉 수액의 이동이 정지된 시기에 벌채를 한다.
• 벌채 적기는 나무 전체의 70~80%에 단풍이 든 시기인 10월 말부터 이듬해 2월까지가 좋으며, 벌채 후 1~4개월 정도의 잎 말리기를 해야 한다.

32 느타리버섯 종균의 균사 배양이 완성된 후 기간이 오래되어 나타나는 특징으로 틀린 것은?

① 느타리버섯 종균이 담긴 병 하부에 물이 생긴다.
② 오래되어 노화되거나 사멸된 균사가 있다.
③ 균사 축적이 증가된다.
④ 종균의 활성이 낮아 종균으로 사용하였을 때 균사 활착이 나쁘다.

해설
배양기간이 길어지게 되면 배지가 더욱 굳어지기 때문에 버섯이 발생하지 않는다.

33 원목에 표고 종균의 접종이 끝나면 먼저 해야 할 작업은?

① 임시 세워두기
② 본 세워두기
③ 임시 눕혀두기
④ 본 눕혀두기

해설
종균을 접종한 뒤 원목 내에 종균이 빠르고 완전하게 활착될 수 있도록 골목을 육성하기 위하여 임시 눕혀두기를 한다.

34 표고 원목재배 시 종균 접종 6개월 후의 현상 중 문제가 발생한 것은?

① 골목의 절단면에 하얀 균사가 V자 형으로 보인다.
② 골목을 두드렸을 때 탁음이 난다.
③ 접종구멍을 열어 보았을 때 초록색이 보인다.
④ 접종구멍을 열어 보았을 때 갈색이 보인다.

해설
접종구멍을 열어 보았을 때 초록색이 보이면 푸른곰팡이 등의 잡균에 오염된 것이다.

35 표고 재배장의 입지조건으로 적합하지 않은 것은?

① 침엽수 및 활엽수 혼효림
② 동남향 온화지
③ 경사도 20% 미만
④ 음습한 계곡

해설
노지재배장의 선정요건
• 방위 : 남향, 동남향으로 낮과 밤의 기온차가 큰 곳
• 임상 : 침엽수림과 활엽수림의 혼용임지
• 재배장 밝기 : 투과율 80% 정도의 약간 밝은 임내
• 토양 : 배수가 좋고 눕히기 한 장소보다 약간 습한 곳
• 지형 : 오목한 지형의 계곡이나 또는 중복 이하의 완경사지
• 바람 : 강풍지를 피함
• 기타 : 물을 끌어 쓰기 좋고 버섯건조시설에서 가까우며, 집약적인 노동이 용이한 곳

36 표고 재배용 원목의 길이는 어느 정도가 가장 적합한가?

① 40~60cm

② 80~100cm

③ 100~120cm

④ 120~140cm

해설
일반적인 원목의 크기는 직경 9~12cm, 길이 1~1.2m 정도가 무난하다.

37 표고 종균의 접종시기로 가장 알맞은 것은?

① 1~2월　　② 3~4월

③ 5~6월　　④ 7~8월

해설
표고 종균의 접종시기
3월 중순~4월 상순까지

38 버섯종균 제조 및 재배를 위한 톱밥배지 배합에 대한 설명으로 틀린 것은?

① 주재료인 톱밥은 70~80%, 영양원인 쌀겨나 밀기울은 20~30%로 배합하는 것이 표준이다.

② 톱밥배지를 배합할 때 적정 수분함량은 65% 전후가 적당하다.

③ 톱밥배지를 배합하여 수분함량 첨가 후 4~5일간 발효를 거쳐 용기에 담아 살균하는 것이 좋다.

④ 쌀겨 또는 밀기울의 배지 배합 비율이 30% 이상되면 오염률이 높아지며, 균사 생장속도가 늦어지는 경향이 있다.

해설
배지의 살균은 고압증기살균을 주로 사용한다.

39 표고 우량종균의 선별에 직접 관련이 없는 사항은?

① 종균을 제조한 곳의 신용도

② 종균의 유효기간

③ 종균 용기 안에 고인 액체의 유무

④ 종균의 무게

해설
종균의 무게는 우량종균의 선별에 직접적인 영향이 없다.

40 팽이버섯 재배용 톱밥으로 가장 적합한 것은?

① 수지성분이 많은 것

② 타닌성분이 많은 것

③ 보수력이 높은 것

④ 혐기성 발효가 된 것

해설
팽이버섯 재배용 톱밥은 보수력이 높아야 한다.

41 다음 중 느타리버섯 재배 시 관수량을 가장 많이 해야 할 시기는?

① 갓 직경 2mm

② 갓 직경 10mm

③ 갓 직경 20mm

④ 갓 직경 40mm

느타리버섯 재배 시 갓의 직경이 40mm일 때 관수량이 가장 많이 필요하다.

42 버섯 병의 발생 및 전염경로에 대한 설명으로 적합하지 않은 것은?

① 병 발생은 버섯과 병원체가 접촉하지 않고 상호 작용을 하지 않을 때 발병이 가능하다.

② 병의 발병을 위해서는 적당한 환경조건이 필요하다.

③ 병원성 세균은 물에 의해서 쉽게 전파되고, 곤충 또는 도구에 의해서도 감염된다.

④ 병원성 진균의 포자는 공기 또는 매개체에 의해서 전파된다.

병 발생은 버섯과 병원체의 상호작용이 있을 때 발병이 가능하다.

43 표고 발생기간 중에 버섯을 발생시킨 표고골목은 다음 발생작업까지 어느 정도의 휴양기간이 필요한가?

① 약 30~40일

② 약 60~70일

③ 약 80~100일

④ 약 120~140일

수확이 끝난 골목은 30~40일간 휴양을 시킨 후 다시 버섯을 발생시킨다.

44 양송이 재배사 균상의 단과 단 사이의 간격은 몇 cm 정도가 가장 적당한가?

① 40

② 60

③ 80

④ 100

양송이 재배사 균상의 단과 단 사이의 간격은 60cm가 적당하다.

45 양송이 퇴비의 유기태급원으로 전질소 함량이 다음 중 가장 많은 것은?

① 계분

② 미강

③ 장유박

④ 잠분

유기태급원의 성분 분석결과

재료별	전질소(%)	유기태질소(%)	pH
계분	2.51	2.23	7.5
미강	2.21	2.11	6.6
담배가루	1.50	1.47	6.0
조미료폐비	7.33	1.62	4.7
강분	2.59	1.46	–
장유박	5.53	2.09	–
수태박	1.50	1.18	–

46 톱밥종균 제조 시 포플러 톱밥이 가장 적당한 버섯은?

① 느타리버섯
② 표고
③ 영지버섯
④ 뽕나무버섯

해설
느타리버섯 재배에 필요한 톱밥은 주로 포플러, 버드나무 등 활엽수 톱밥이 가장 이상적이다.

47 야생 팽이버섯은 갓이 황갈색이나 재배·생산되고 있는 품종은 순백색이다. 순백색 품종의 육성경위는?

① 변이체 선발육종
② 단포자 순계교배육종
③ 형질전환에 의한 육종
④ 원형질체 융합에 의한 육종

해설
순백색 팽이버섯의 품종 육성경위는 변이체 선발육종이다.

48 우수농산물관리제도(GAP)로 버섯의 병해충 방제를 할 때 가장 유의해야 하는 방제방법은?

① 생물학적 방제법
② 재배적 방제법
③ 물리적 방제법
④ 화학적 방제법

해설
그동안 관행화학농업이 농약과 화학비료 남용으로 농업환경과 식품안전을 크게 훼손한 상황에서 이를 적정하게 관리해 환경과 자원을 보존하고 농업인과 소비자의 건강을 지키겠다는 것이 GAP 제도의 본래 도입 취지이다.

49 팽이버섯의 생육단계별 적정온도, 습도, 소요일수로 가장 적합한 것은?

① 배양 : 15℃ 전후, 65%, 15~20일
　발이 : 7±2℃, 85%, 4~6일
　억제 : 3~4℃, 70%, 7~10일
　생육 : 6~8℃, 65%, 5~7일
② 배양 : 20℃ 전후, 70%, 20~25일
　발이 : 12±2℃, 90%, 7~9일
　억제 : 3~4℃, 75%, 12~15일
　생육 : 6~8℃, 70%, 8~10일
③ 배양 : 25℃ 전후, 80%, 25~30일
　발이 : 17±2℃, 95%, 12~14일
　억제 : 10℃, 85%, 17~20일
　생육 : 11~13℃, 80%, 13~15일
④ 배양 : 30℃ 전후, 90%, 30~35일
　발이 : 22±2℃, 95%, 17~19일
　억제 : 13~14℃, 95%, 22~25일
　생육 : 10~18℃, 85%, 18~20일

50 톱밥을 이용하여 버섯을 시설 병(용기)재배할 때의 장점이 아닌 것은?

① 인력으로 노약자 등의 활용이 가능하다.
② 시설투자 비용이 적게 든다.
③ 기계화에 의해 품질이 균일하다.
④ 연간 계획성 있는 안정생산이 가능하다.

해설
톱밥재배의 장단점

장점	단점
• 연간 계획성 있는 안정생산이 가능하다. • 기계화에 의해 품질이 균일하다. • 인력으로 노약자 등의 활용이 가능하다. • 자본 회전이 빠르다.	• 시설투자 비용이 과다하다. • 연중재배로 재배사 주위가 오염되어 병해충 피해를 받기 쉽다. • 배지 제조가 필요하다.

51 양송이 종균 재식 시 재배용 퇴비의 암모니아함량은 몇 % 이내가 가장 적당한가?

① 0.03　　　　② 0.3
③ 3　　　　　④ 30

해설
양송이 종균 재식 시 재배용 퇴비의 암모니아함량은 0.03% 이내가 가장 적당하다.

52 양송이나 느타리버섯 재배 시 재배사 내에 탄산가스가 축적되는 주원인은?

① 복토에서 발생
② 퇴비에서 발생
③ 외부공기로부터 혼입
④ 농약 살포로 발생

해설
재배사 내에 탄산가스는 퇴비에서 발생한다.

53 표고 톱밥배양배지 조제에 가장 적당한 것은?

① 참나무류의 변재부
② 소나무의 변재부
③ 라왕의 심재부
④ 낙엽송의 심재부

해설
표고 톱밥배양배지 조제에는 참나무류의 변재부가 가장 적당하다.

54 표고균사가 골목 내에서 생존할 수 있는 대기 중의 최저온도는?

① $-5℃$　　　　② $-10℃$
③ $-15℃$　　　④ $-20℃$

해설
표고균사가 골목 내에서 생존할 수 있는 대기 중의 최저온도는 $-20℃$이다.

55 느타리버섯 재배사와 양송이 재배사 시설의 차이점은?

① 재배사의 벽과 천장
② 균상시설
③ 채광시설
④ 환기시설

해설
양송이 재배사에는 채광시설이 필요 없다.

56 표고 골목해충의 설명으로 틀린 것은?

① 대부분 표고균사를 먹는다.

② 천공성 해충이 많다.

③ 해균을 전파시킨다.

④ 수피와 목질부를 식해한다.

해설
표고의 해충
표고의 골목해충은 골목에 발생하는 천공성 해충의 피해가 심하며, 수피와 목질부를 식해하여 균사의 활착이 지연되고 잡균의 발생을 조장하며, 부식성 해충의 서식을 유도하여 골목의 수명을 단축시킨다.

57 경제적인 면과 수량을 고려할 때 느타리 원목재배에 가장 알맞은 원목의 굵기는?

① 5cm 내외　　　② 10cm 내외

③ 15cm 내외　　　④ 25cm 내외

해설
느타리 원목재배에 가장 알맞은 원목 두께는 15cm 내외이다.

58 양송이의 병원균과 방제방법의 연결로 틀린 것은?

① 마이코곤병(Wet bubble) – 무병지 토양을 이용하거나 본토는 소독하여 사용한다.

② 세균성 갈반병(Bacterial blotch) – 관수 후에는 즉시 환기하여 버섯표면의 물기를 제거한다.

③ 괴균병(False truffle) – 복토흙은 80~90℃에서 1시간 이상 수증기 소독을 한다.

④ 푸른곰팡이병(Green mold) – 병원균은 알칼리성에서 생장이 왕성하므로 퇴비배지와 복토의 산도를 7 이하로 조절한다.

해설
푸른곰팡이의 병원균은 산성에서 생장이 왕성하므로 퇴비배지와 복토의 산도를 7.5 이상으로 조절하고, 이 병 부위에 석회가루를 뿌린다.

59 다음 중 표고 자목으로 사용되는 가장 적합한 수종과 수령은?

① 상수리나무, 20년생

② 졸참나무, 30년생

③ 졸참나무, 40년생

④ 상수리나무, 50년생

해설
표고 자목으로 사용하기에 적합한 것은 20년생 상수리나무이다.

60 양송이 재배장소로 가장 거리가 먼 것은?

① 복토원이 풍부한 곳

② 지하수 수온이 낮은 곳

③ 재료구입이 용이한 곳

④ 노동력이 풍부한 곳

해설
양송이 재배장소 선정조건으로 ①, ③, ④ 외에 교통이 편리한 곳이 있다.

01 1병의 링거병(1L)에 들은 접종원으로부터 종균용 1L짜리 톱밥배지를 몇 병 정도 만드는 것이 가장 좋은가?

① 100병   ② 200병

③ 300병   ④ 400병

해설
종균 접종 시 접종량은 1L 링거병당 2스푼씩 약 5~10g 정도이며, 접종원 한 병으로 80~100병의 접종이 가능하다.

02 살균기의 페트 콕(Pet Cock)이 하는 역할은?

① 살균기 내의 물 제거

② 살균기 내에 들어오는 증기량 조절

③ 살균기의 온도 조절

④ 살균기 내의 냉각공기 제거

해설
페트 콕은 살균기 내의 냉각공기를 제거하는 역할을 한다.

03 살균작업에서 살균이 끝난 후에 배기는 어떻게 하는 것이 가장 이상적인가?

① 살균이 끝난 후에는 즉시 문을 열어 배기하고 냉각시킨다.

② 살균이 끝난 후에는 자연적으로 배기가 되도록 하는 것이 가장 좋다.

③ 살균이 끝난 후에는 살균기 문을 빨리 열어주어 배기하고 접종실로 배지를 옮긴다.

④ 살균이 끝난 후에는 살균기 문을 빨리 열어 배기하고 냉각실로 배지를 옮긴다.

해설
살균이 끝난 후에는 배기를 자연적으로 시키고, 고압이므로 안전사고에 유의하여야 한다.

04 대주머니가 있는 버섯은?

① 양송이버섯   ② 광대버섯

③ 느타리버섯   ④ 팽이버섯

해설
광대버섯에는 갓, 자실층, 대, 턱받이, 대주머니가 있다.

05 양송이 곡립종균 제조 시 균덩이 형성 방지책과 가장 거리가 먼 것은?

① 흔들기를 자주 하되 과도하게 하지 말 것

② 고온저장을 피할 것

③ 장기저장을 피할 것

④ 호밀은 박피하지 말 것

해설
균덩이 형성 방지책
• 흔들기를 자주 하되 과도하게 하지 말 것
• 고온저장 및 장기저장을 피할 것
• 오래된 원균 또는 접종원의 사용금지
• 불량한 접종원의 사용금지
• 곡립배지의 적절한 수분함량 조절 및 석고의 사용량 조절
• 증식한 원균 중 균덩이 형성 성질이 있는 균총 부위의 제거

06 표고의 2차 균사에는 몇 개의 핵이 존재하는가?

① 1개 ② 2개

③ 4개 ④ 8개

해설
뿌려진 포자가 적합한 환경을 만나 발아하면 1핵(n)을 가진 1차 균사가 되어 생장하는데, 다른 1차 균사(n)와 만나 결합하면 2핵(2n)을 가진 2차 균사가 된다.

07 누에동충하초균을 누에에 접종할 때 주로 이용되는 종균은?

① 포자액체종균 ② 톱밥종균

③ 곡립종균 ④ 종목종균

해설
누에동충하초균을 누에에 접종할 때는 포자액체종균이 주로 이용된다.

08 종균의 저장온도가 가장 높은 버섯은?

① 팽이버섯 ② 영지

③ 표고 ④ 양송이

해설
주요 버섯종균의 저장온도

구분	저장온도
팽이버섯, 맛버섯	1~5℃
양송이버섯, 느타리버섯, 표고버섯, 잎새버섯, 만가닥버섯	5~10℃
털목이버섯, 뽕나무버섯, 영지버섯	10℃

09 곡립종균의 배양관리로 틀린 것은?

① 배양 시 3~6일 간격으로 흔들어 준다.

② 균사생육에는 자외선 명배양이 암배양보다 적합하다.

③ 잡균에 오염된 종균병은 즉시 폐기한다.

④ 배양이 끝나면 저장실로 옮기고 2~3일 간격으로 흔들어준다.

해설
가급적 햇빛을 차단하여(암배양) 원활한 균사가 생장할 수 있도록 한다.

10 고압살균의 원리를 가장 잘 설명한 것은?

① 살균기 내의 승화열을 이용한다.

② 수증기의 온도가 압력에 비례하여 높아진다.

③ 공기의 온도가 압력에 비례하여 낮아진다.

④ 살균기 내의 온도는 주입한 물의 양에 따라 높아진다.

해설
고압살균의 원리는 수증기의 온도가 압력에 비례하여 높아진다.

11 버섯의 진정한 생식기관으로서 포자를 만드는 영양체이며, 종(種)이나 속(屬)에 따라 고유의 형태를 가지는 것은?

① 자실체　　　　　② 균사
③ 턱받이　　　　　④ 협구

해설
자실체는 생식기관으로 유성포자를 형성하고 땅속, 땅위, 나무 등에서 생육하는 균류를 모두 포함하고 있다.

12 액체종균의 가장 큰 장점은?

① 배양기간이 단축된다.
② 일시에 오염될 가능성이 없다.
③ 살균을 할 필요가 없다.
④ 종균의 저장기간이 길다.

해설
액체종균은 배양기간이 짧고 고농도의 균사체를 생산할 수 있으며, 액상이므로 자동 접종이 가능하고 인건비 절감 등 많은 장점을 가지고 있다.

13 버섯균주를 4℃에 보존하려면 배지에 균사가 몇 % 정도 생장한 것이 좋은가?

① 10%　　　　　② 40%
③ 70%　　　　　④ 100%

해설
버섯균주를 4℃에 보존하려면 배지에 균사가 70% 정도 생장한 것이 좋다.

14 버섯원균의 액체질소보존법에 대한 설명으로 옳은 것은?

① −20℃에서 보존하는 방법이다.
② 보존방법 중에서 가장 저렴하다.
③ 보호제로 10% 젤라틴을 사용한다.
④ −196℃에서 장기간 보존할 수 있는 방법이다.

해설
버섯원균의 장기저장 시 글리세롤(Glycerol)을 첨가하여 액체질소 보존법(−196℃)으로 균주를 보존하는 것이 좋다.

15 협구(Clamp Connection)의 설명으로 옳은 것은?

① 대부분의 담자균류에서 볼 수 있다.
② 양송이에는 있다.
③ 표고에는 없다.
④ 자낭균에만 형성된다.

해설
균류 중 담자균류의 가장 큰 특징은 균사에 격막이 있으며, 담자기에 담자포자가 생성되고 느타리버섯, 표고 등은 2차 균사가 되었을 때 핵의 이동 흔적인 협구가 형성되나 양송이와 신령버섯만은 이들 담자균류의 일반적인 특성과는 달리 협구가 생기지 않는다.

16 버섯균을 분리할 때 우량균주로서 갖추어야 할 조건이 아닌 것은?

① 다수성　　　　　② 고품질성
③ 이병성　　　　　④ 내재해성

해설
우량균주로서 갖추어야 할 조건
다수성, 고품질성, 내재해성

17 클린벤치에서 원균을 이식할 때 쓰이는 기구가 아닌 것은?

① 백금선　　　　　② 시험관배지

③ 알코올램프　　　④ 건열살균기

> 해설
> 건열살균기는 초자(유리)기구, 금속기구 등의 살균을 목적으로 200℃까지 온도를 조절할 수 있는 기기이다.

18 곡립배지 조제 시 수분함량이 과습상태일 때 수분을 조절할 수 있는 첨가제로 주로 이용되는 것은?

① 염산(HCl)

② 탄산석회($CaCO_3$)

③ 황산칼슘($CaSO_4$)

④ 황산마그네슘($MgSO_4$)

> 해설
> 곡립배지가 과습상태가 되었을 경우에는 석고[황산칼슘($CaSO_4$)]의 첨가량을 늘리는 것이 좋다.

19 양송이 자실체에서 포자를 채취할 때 포자의 낙하량이 가장 많은 온도는?

① 5℃　　　　　② 15℃

③ 25℃　　　　④ 35℃

> 해설
> 양송이 자실체에서 포자를 채취할 때 포자의 낙하량은 15℃일 때 가장 많다.

20 자실체로부터 균을 분리하는 가장 일반적인 방법 중 하나는?

① 대주머니방법

② 조직분리방법

③ 액체분리방법

④ 고체분리방법

> 해설
> 자실체로부터 균을 분리하는 가장 일반적인 방법은 조직분리방법이다.

21 곡립종균 배양 시 균덩이가 생기는 원인이 되는 것은?

① 노화된 접종원을 사용할 때

② 배양실의 온도가 낮을 때

③ 배지의 수분함량이 부족할 때

④ 배지의 산도가 낮을 때

> 해설
> **곡립종균 제조 시 균덩이 형성원인**
> • 배양실 온도가 높을 때
> • 곡립배지의 산도가 높을 때
> • 흔들기 작업의 지연
> • 곡립배지의 수분함량이 높을 때
> • 원균 또는 접종원의 퇴화
> • 균덩이가 형성된 접종원 사용

정답　17 ④　18 ③　19 ②　20 ②　21 ①

22 영지버섯의 톱밥종균 제조 시 어떤 수종의 톱밥이 가장 적당한가?

① 포플러 ② 소나무
③ 참나무 ④ 낙엽송

해설
영지버섯 재배에 쓰는 톱밥으로는 참나무 톱밥이 가장 알맞으며, 다음으로 오리나무, 포플러, 수양버들 등이다.

23 표고 톱밥배지 재료 배합 시 첨가되는 미강의 양으로 가장 알맞은 것은?

① 5% ② 15%
③ 35% ④ 55%

해설
표고 톱밥배지재료 비율
참나무 톱밥(80%), 미강(15%), 면실피(5%), 탄산칼슘(0.5%)

24 목이는 분류학상 어디에 속하는가?

① 자낭균아문 ② 이담자균류
③ 동담자균류 ④ 복균류

해설
목이의 분류학적 위치 : 이담자균류 > 목이목 > 목이과

25 버섯의 개념을 설명한 것 중 가장 적합한 것은?

① 버섯은 대부분 불완전균류이다.
② 버섯은 일반적으로 균사체를 말한다.
③ 버섯은 자실체로 유성포자를 가진다.
④ 버섯은 반드시 현미경 관찰로만 볼 수 있다.

해설
버섯이라 함은 담자균류 및 자낭균류 중에서 유성포자를 형성하는 자실체가 육안으로 확실히 식별할 수 있을 정도의 크기를 가지고 있는 것을 말한다.

26 종균생산 제조 시 종균병 병구에 면전을 어떻게 하는 것이 이상적인가?

① 공중습도가 들어가게 면전
② 공기 유통에 관계없이 면전
③ 공기 유통이 되게 면전
④ 탄산가스가 배출되지 않게 면전

해설
면전은 공기와 같은 기체는 자유로이 통과하나 미생물과 같은 고체 미립자는 통과할 수 없기 때문에 미생물에 의해서 생성된 가스나 산소가 치환될 수 없고 잡균으로부터 오염을 방지할 수 있다.

27 종균배지에 첨가하는 석회의 가장 큰 역할은?

① 산의 중화
② 영양 공급
③ 잡균 억제
④ 물리성 조절

해설
산의 중화를 위해 석회를 첨가한다.

28 원균을 이식할 때 백금구를 쓰는 이유는?

① 순수하기 때문에
② 열전도가 빠르기 때문에
③ 열전도가 느리기 때문에
④ 취급하기가 좋기 때문에

해설
백금구는 열전도가 빨라서 화염살균 후 빨리 식혀지기 때문에 사용한다.

29 표고 종균의 저장 중 표면이 갈색으로 변한 1차적 원인은?

① 고온장애
② 저온장애
③ 장기간 저장
④ 원균의 발육

해설
표고 종균의 표면이 갈색으로 변하는 1차적인 원인은 장기간 저장 이다.

30 고압살균 시의 살균시간은 어떻게 정하는가?

① 전원을 켠 시각부터 끈 시각까지
② 압력이 1.1kg/cm^{2}이고, 온도가 121℃에 도달한 시각부터 전원을 끈 시각까지
③ 온도가 121℃에 도달한 시각부터 압력이 1.1kg/cm^{2}로 되돌아온 시각까지
④ 전원을 켠 시각부터 압력이 1.1kg/cm^{2}로 되돌아온 시각까지

해설
고압살균 시의 살균시간은 압력이 1.1kg/cm^2, 온도가 121℃에 도 달한 시각부터 전원을 끈 시각까지이다.

31 표고 종균으로 사용하지 않는 것은?

① 톱밥종균
② 퇴비종균
③ 종목종균
④ 성형종균

해설
퇴비종균은 우사에서 나오는 두엄이나 시판되는 퇴비로 만든 종균 으로 풀버섯 재배에 주로 사용된다.
※ 표고 종균의 형태는 톱밥종균, 종목종균, 캡슐종균 및 성형종균 등이 있는데, 현재 국내에서는 톱밥종균과 성형종균의 형태로 대부분 유통되고 있다.

32 유태생으로 생식하는 버섯파리는?

① 시아리드
② 포리드
③ 세시드
④ 가스가미드

해설
세시드는 환경조건이 좋을 때에는 유충이 교미 없이 유충을 낳는 유태생을 하므로 증식속도가 빠르다.

33 표고 톱밥재배 시 톱밥배지의 갈변화 최적조건은?

① 온도 20~25℃, 광 250lux
② 온도 10~15℃, 광 150lux
③ 온도 30~35℃, 광 200lux
④ 온도 20~25℃, 광 100lux

해설
표고 톱밥배지의 갈변조건
갈변화 온도는 20~25℃, 광도 200lux 이상이 적당하다.

34 건표고를 주로 가해하는 해충으로 유충으로 월동하고 건표고의 주름살에 산란하며, 유충이 버섯육질 내부를 식해하는 해충은?

① 털두꺼비하늘소　　② 민달팽이
③ 표고나방　　　　　④ 버섯파리류

해설
표고나방 생태
• 유충으로 월동을 하고, 성충은 연 2~3회 발생한다.
• 건표고의 주름살에 산란을 하며, 유충은 버섯육질 내부를 식해하고 갓과 주름살표면에 소립의 배설물을 내보낸다.
• 번데기는 버섯표면에 돌출되어 나타나고 성충으로 탈바꿈한다.

35 표고 골목 해균의 방제법으로 틀린 것은?

① 재배장의 청결을 유지한다.
② 재배장의 배수·통풍이 잘되게 한다.
③ 본 눕히기 시 밀착비음을 한다.
④ 조기 종균접종으로 표고균사를 빨리 만연시킨다.

해설
본 눕히기 시 밀착비음을 하면 온도가 높이 올라가므로 해균의 피해가 더 심해진다.

36 표고 해균 중 복합형 피해를 주며, 처음에는 황록색의 균사체가 발생하고 차츰 검은색의 오돌토돌한 완전세대를 만드는 것은?

① 구름송편버섯　　② 기와층버섯
③ 검은혹버섯　　　④ *Trichoderma*

해설
검은혹버섯 증상
골목표피나 접종 부위에 발생하는 황록색의 곰팡이를 불완전세대로 하는 병원균으로 완전세대의 자실체는 단추버섯과 유사한 형태를 가지나 표면에 돌기가 있고 육질의 색은 흑색이며, 매우 단단하다.

37 병재배에 있어 탄산칼슘과 같이 미량원소를 배지 전체에 균일하게 혼합되도록 첨가하는 방법으로 가장 적합한 것은?

① 배지 재료를 계량하여 한 번에 모두 넣고 잘 혼합한다.

② 배지 재료를 계량하여 넣어가면서 물과 함께 혼합한다.

③ 톱밥에 미강을 넣고 수분조절 후 탄산칼슘을 첨가한다.

④ 미강에 탄산칼슘을 먼저 첨가하여 혼합한 후 톱밥에 미강을 넣는다.

해설
탄산칼슘을 첨가할 때는 배지 전체에 균일하게 혼합되도록 하기 위하여 미강에 탄산칼슘을 먼저 첨가하여 균일하게 혼합한 다음 톱밥에 미강을 첨가한다.

38 일반적으로 표고의 자실체 발생이 가장 빠른 품종은?

① 저온성 품종

② 중온성 품종

③ 고온성 품종

④ 중저온성 품종

해설
표고의 품종
· 저온성 품종은 7~8℃에서 버섯이 잘 발생되며, 균사생장과 첫 버섯의 발생은 늦지만 화고등 고급품이 생산된다.
· 고온성 품종은 첫 버섯의 발생이 빠르고 수량이 많지만, 품질이 떨어져 생표고용으로 적당하다.

39 표고 우량종균의 특징으로 옳은 것은?

① 종균병 입구나 종균표면에 종균과는 색이 다른 포자나 균사가 있다.

② 종균병의 상부에서 하부까지 흰색의 균사가 균일하고 조밀하게 만연되어 있지 않다.

③ 종균병 속에 균사가 변질되어 갈색 물이 고여 있다.

④ 순수한 표고균사로서 표고 특유의 신선한 냄새와 윤기가 난다.

해설
우량종균
· 순수한 표고균사로서 표고 특유의 신선한 냄새와 윤택한 색깔을 지니고 잡균이 없는 것
· 종균이 최고의 활성을 보이는 시기에 배양이 완료된 것으로, 보통 500g 용량의 병에 표고 원균을 접종한 경우 24℃ 내외에서 약 2개월간 배양한 것
· 종균이 등록품종으로서 재배특성이 대체적으로 우수한 것

40 표고 원목재배 시 병원균의 전염원으로 가장 거리가 먼 것은?

① 골목장 토양

② 원목

③ 지하수

④ 작업도구

해설
병해의 전염원
· 골목장 토양
· 원목 및 종균
· 이병골목 및 폐골목
· 작업인부, 작업도구 및 물

41 느타리버섯 균상 재배사 전업농 규모로 가장 적합한 면적은?

① 10~15평
② 50~100평
③ 100~200평
④ 200~400평

해설
느타리버섯 균상 재배사 전업농 규모면적은 200~400평이 가장 적합하다.

42 표고 톱밥재배 시 주로 발생하는 병원균은?

① *Trichoderma*속 균
② 검은혹버섯
③ 고무버섯
④ 구름송편버섯

해설
이 해균(*Trichoderma*속, 푸른곰팡이병)의 병원성은 계통에 의해 상당히 차이가 있어 병원성이 큰 계통이 침입하면 톱밥배지 전면에 빠르게 만연하여 표고균사는 완전히 사멸하지만, 병원성이 약한 계통이 침입한 경우엔 표고 균총의 일부가 흑갈색의 피막을 형성하여 균사에 대한 저항성을 나타낸다.

43 느타리버섯의 자실체 생육 시 광이 부족하면 어떻게 되는가?

① 버섯 대의 색깔이 진해진다.
② 버섯 대가 짧아진다.
③ 버섯 대가 길어진다.
④ 광과는 영향이 없다.

해설
버섯의 생장
• 광량이 부족할 경우 : 버섯의 줄기가 길어지고 조직이 연하며, 옅은 색깔의 버섯이 된다.
• 광량이 과다할 경우 : 버섯의 줄기가 짧아지고 짙은 색깔(까만색) 버섯이 된다.
• 관수량이 과다할 경우 : 버섯 줄기와 갓에 물이 비치고 생장이 정지되며, 품질이 떨어진다.

44 다음 중 원목재배에 가장 적당한 버섯은?

① 양송이   ② 표고
③ 송이   ④ 풀버섯

해설
표고는 원목재배가 가장 적당하다.

45 팽이버섯 생육실의 최적온도와 최적습도 조건으로 가장 적합한 것은?

① 온도는 15℃이고 습도는 90~95%로 관리한다.
② 온도는 20℃이고 습도는 80~85%로 관리한다.
③ 온도는 7℃이고 습도는 70~75%로 관리한다.
④ 온도는 25℃이고 습도는 60~70%로 관리한다.

해설
팽이버섯 생육실 최적온도와 습도
• 생육실 최적온도는 6~8℃로 버섯의 대 길이 12~14cm, 갓 직경 1cm 내외의 정상적인 품질을 생육시킨다.
• 팽이버섯의 균사 배양 시 실내습도

배양실	발이실	억제실	생육실
65~70%	90~95%	80~85%	70~75%

46 수화제 농약을 1,000배로 희석하여 살포할 때 물 20L에 들어가는 농약의 양은?(단, 비중은 1이다)

① 20g ② 10g

③ 2g ④ 1g

해설
1,000배액의 살균제를 조제할 때 물 1L에 살균제 1g을 희석해야 한다. 따라서 20L에는 20g이 필요하다.

$1 : 1,000 = x : 20L$

$\therefore\ x = 0.02L = 20mL = 20g$

47 영지버섯 열풍건조방법으로 옳은 것은?

① 열풍건조 시에는 습도를 높이면서 60℃ 정도에서 건조시켜야 한다.

② 열풍건조 시 40~45℃로 1~2시간 유지 후 1~2℃씩 상승시키면서 12시간 동안에 60℃에 이르면 2시간 후에 완료시킨다.

③ 열풍건조 시 초기에는 50~55℃로 하고 마지막에는 60~70℃로 건조시킨다.

④ 열풍건조 시 예비건조 없이 60~70℃로 장기간 건조시킨다.

48 표고의 해충인 털두꺼비하늘소는 생활환 중 주로 어느 시기에 버섯에 피해를 입히는가?

① 알 ② 유충

③ 번데기 ④ 성충

해설
부화된 털두꺼비하늘소 유충은 1마리당 12cm^2 정도 면적의 수피 내부층과 목질부 표피층을 식해하는데, 이것에 의한 균사의 활력과 저지는 물론 잡균의 발생을 조장하여 피해를 가중시킨다.

49 표고재배를 위한 원목직경이 7~8cm로 가는 것은 종균 접종 후 버섯 수량이 언제 가장 많은가?

① 1년 ② 2년

③ 3년 ④ 4년

해설
표고재배 시 원목의 직경이 7~8cm인 것을 사용했을 때 종균 접종 후 2년차에 버섯 수량이 가장 많다.

50 느타리 볏짚다발재배용 배지 재료의 후발효 온도는 몇 ℃로 유지하는 것이 가장 좋은가?

① 20~25℃ ② 30~35℃

③ 40~45℃ ④ 50~55℃

해설
느타리 볏짚다발재배용 배지 재료의 후발효 온도는 50~55℃로 유지하는 것이 가장 좋다.

51 표고골목의 본 눕혀두기 장소로 가장 적당한 곳은?

① 햇빛이 충분히 잘 드는 곳

② 북향 또는 서향의 지형

③ 10~15°의 경사지

④ 습도가 90% 이상으로 높은 곳

해설

표고골목의 본 눕히기 장소

• 통풍과 배수가 잘되고, 공기 중의 습도는 70~80%를 유지할 수 있는 곳

• 20~28℃의 온도를 유지할 수 있는 동향 또는 남향의 10~15° 경사지

• 활엽수와 침엽수가 같이 있는 장소

52 양송이 복토(식양토)의 함수량으로 가장 적합한 것은?

① 50%   ② 65%

③ 75%   ④ 90%

해설

복토재료에 따른 적정 수분함량

토양별 2~3cm 두께로 고르게 덮어 주면 된다.

광질토양	토탄이 함유된 토양	토탄
65%	70%	80%

53 버섯 자실체 조직에 직접 침투하여 기생하는 질병은?

① 괴균병

② 마이코곤병

③ 주홍꼬리버섯

④ 치마버섯

해설

마이코곤병 증상

포자가 발아하여 병원균사가 흡기를 형성하여 자실체 조직에만 침투하여 버섯은 대와 갓의 구별이 없어지고 밀가루 반죽덩이와 같은 기형이 되며, 후기에는 부패되어 악취를 발생한다.

54 표고골목 표준목(직경 10cm, 길이 1.2m)을 너비 1.3m, 길이 4m, 깊이 1m 정도의 침수조에 최대 몇 개나 넣을 수 있는가?

① 약 100본   ② 약 150본

③ 약 200본   ④ 약 300본

해설

• 너비 1.3m와 평행하게 1.2m의 원목을 놓는다.

• 바닥의 길이가 4m이므로 지름이 10cm(0.1m)인 원목을 40개 놓을 수 있다.

• 바닥에 40개를 놓고 그 위에 10개의 층을 쌓으면 총 400개가 들어 갈 수 있으나, 원목의 형태가 모두 다 동일하지 않아(정원통형이 아님) 실제로는 조금 못 넣을 수 있다.

• 즉, 400에 가까운 300본을 답으로 본다.

55 양송이 재배를 위한 복토의 조건으로 부적당한 것은?

① 공기유통이 양호한 것

② 보수력이 낮은 것

③ 흙의 입자 크기가 적당한 것

④ 유기물함량이 4~9% 정도인 것

해설

양송이 재배를 위한 복토로써 갖추어야 할 조건

공기의 유통이 양호하고 유기물함량이 4~9% 함유되어 있으며, 보수력이 양호해야 하고 복토 시 중압감을 주지 않을 정도로 가벼워야 한다.

56 주로 병재배 방법으로 생산되는 버섯은?

① 영지버섯   ② 표고

③ 맛버섯   ④ 팽이버섯

해설
병재배 버섯의 주요 품목 : 팽이버섯, 큰느타리버섯, 느타리버섯 등

57 느타리 재배를 위한 야외발효 시 배지더미 내부의 상태로 가장 적합한 것은?

① 저온 또는 고온상태

② 호기성 발효상태

③ 혐기성 발효상태

④ 고온 혐기성 발효상태

해설
야외발효의 기본원칙은 고온성 호기성균의 활동을 최적조건으로 유지하는 것이다.

58 표고의 자실체 부분이 아닌 것은?

① 갓   ② 주름살

③ 대   ④ 자낭

해설
표고의 자실체는 일반 버섯과 마찬가지로 갓과 대(줄기) 및 주름살의 3부분으로 이루어져 있다.

59 버섯의 모양이 다른 3종과 다른 것은?

① 송이   ② 양송이

③ 싸리버섯   ④ 표고

해설
버섯의 모양
• 주름버섯 : 느타리, 송이, 양송이, 표고 등
• 주름살이 없는 민주름버섯 : 영지, 구름, 싸리버섯 등

60 양송이 퇴비의 발효와 탄질비(C/N율)의 관계에 대한 설명으로 옳은 것은?

① 퇴비의 탄질비(C/N율)가 낮은 것이 발효에 유용하다.

② 탄질비(C/N율)가 높을 때 발효가 빠르다.

③ 탄질비(C/N율)는 발효와 무관하다.

④ 탄소(C)와 질소(N)가 모두 많아야 한다.

해설
탄질비(C/N율)가 높으면 미생물의 먹이가 적기 때문에 부식되지 않는다.

01 양송이 종균의 곡립배지 제조 시 산도 조절방법으로 알맞지 않은 것은?

① 석고는 곡립배지 무게의 0.6~1.0%를 첨가한다.
② 배지의 산도가 pH 6.5~6.8이 되게 탄산석회로 조절한다.
③ 석고와 탄산석회를 먼저 혼합한 후 곡립표면에 살포한다.
④ 배지의 수분함량에 따라서 탄산석회의 사용량을 증감시킨다.

해설
배지의 수분함량에 따라서 석고(황산칼슘, $CaSO_4$)의 사용량을 증감시킨다.

02 버섯의 2핵 균사에 꺽쇠(Clamp Connection)가 관찰되지 않는 것은?

① 느타리   ② 표고
③ 양송이   ④ 팽이버섯

해설
양송이와 신령버섯은 담자균류의 일반적인 특성과는 달리 협구가 생기지 않는다.

03 양송이 종균 제조 시 배지재료의 배합이 알맞은 것은?

① 밀, 탄산칼슘, 설탕
② 밀, 미강, 석고
③ 밀, 미강, 탄산칼슘
④ 밀, 탄산칼슘, 석고

해설
양송이 종균의 배지재료 조합은 밀, 탄산칼슘, 석고이다.

04 1핵 균사가 임성을 갖는 자웅동주성 버섯은?

① 느타리   ② 표고
③ 팽이버섯   ④ 풀버섯

해설
1핵 균사가 임성을 갖는 자웅동주성 버섯은 풀버섯이다.
※ 느타리, 표고, 팽이버섯은 자웅이주성 버섯이다.

05 버섯종균을 접종하는 무균실에 대한 설명으로 틀린 것은?

① 항상 온도를 15℃ 정도로 낮게 유지한다.
② 실내습도를 70% 이하로 건조하게 한다.
③ 실내가 멸균상태가 되도록 소독하고, 2~3시간 정도 지난 다음 작업에 들어간다.
④ 접종실 소독약제는 100% 알코올을 사용한다.

해설
접종실 소독약제는 70% 알코올을 사용한다.

06 균의 분류계급에서 목(Order)의 어미에 붙이는 것은?

① -mycota ② -mycetes
③ -aceae ④ -ales

해설

균류의 분류체계

분류단계	어미	분류단계	어미
계	-	목	-ales
문	-mycota	과	-aceae
강	-mycetes	속	규정 없음
아강	-mycetidae	종	규정 없음

07 담자균류는 담자기의 형태에 따라 단실담자균류(진정담자균류)와 다실담자균류(이담자균류)로 나누어지는데, 다음 중 단실담자균류가 아닌 것은?

① 팽나무버섯 ② 양송이
③ 느타리 ④ 흰목이

해설

다실담자균아강

목이목	목이과 : 목이
흰목이목	흰목이과 : 좀목이, 주걱목이, 혓바늘목이, 흰목이

08 배지의 살균은 배지의 용량에 따라 다소 차이가 있으나 일반적으로 양송이 곡립종균 제조 시 가장 적당한 고압살균(1.1kg/cm², 121℃)시간은?

① 20분 ② 40분
③ 90분 ④ 120분

해설

적절한 살균조건은 상압의 경우 98~100℃에서 4시간 30분 이상, 고압의 경우 121℃에서 90분 정도이며, 살균시간은 살균온도에 도달하고 나서부터의 소요시간을 의미한다.

09 식용버섯의 자실체로부터 포자를 채취하고자 한다. 이때 샬레의 가장 알맞은 온도와 포자의 낙하시간은?

① 온도 25~30℃, 6~15분
② 온도 25~30℃, 6~15시간
③ 온도 15~20℃, 6~15분
④ 온도 15~20℃, 6~15시간

해설

식용버섯의 자실체로부터의 포자채취 시 샬레의 온도는 15~20℃, 포자의 낙하시간은 6~15시간이 적당하다.

10 느타리의 자실체에서 생성되는 포자는?

① 자낭포자 ② 담자포자
③ 무성포자 ④ 분열자

해설

자실체의 주름에 있는 각각의 담자기 끝에서 네 개의 담자포자가 형성된다.

11 양송이균의 배양에 가장 적당한 온도는?

① 10~13℃   ② 15~18℃

③ 23~25℃   ④ 30~35℃

해설
양송이균의 배양에 가장 적당한 온도는 23~25℃이다.

12 양송이 곡립종균 제조 시 수분 과다로 곡립의 표면이 파괴되었을 때 처리해야 할 작업으로 적합한 것은?

① 석고량의 첨가량을 늘린다.
② 탄산칼슘을 다량 첨가한다.
③ 설탕과 전분을 첨가한다.
④ 배지의 수분이 과다해도 상관없다.

해설
양송이 곡립종균의 제조 시 수분 과다로 곡립표면이 파괴되었을 때는 석고(황산칼슘, $CaSO_4$)의 첨가량을 늘리는 것이 좋다.

13 버섯균주를 장기 보존할 때 사용하는 극저온 물질은?

① 탄산가스
② 액체산소
③ 액체질소
④ 암모니아가스

해설
액체질소보존법
−196℃ 액체질소(액화질소)를 이용하여 장기간 보존하는 방법으로, 동결보호제로 10% 글리세린이나 10% 포도당을 이용한다.

14 버섯균주의 계대배양 보존방법의 특성으로 틀린 것은?

① 작업이 용이하다.
② 일반적으로 3~4개월마다 계대하여 보존한다.
③ 계대배양작업 중 실수로 오염이 발생할 수 있다.
④ 장기보존에 효과적이다.

해설
계대배양의 보존기간은 곰팡이의 종류에 따라 다양하며, 일반적으로 1~12개월로 알려져 있다.

15 표고 및 느타리 톱밥배지 제조 시 배합원료에 해당하지 않는 것은?

① 포플러 톱밥   ② 쌀겨
③ 참나무 톱밥   ④ 퇴비

해설
톱밥배지
• 느타리, 표고, 영지, 뽕나무버섯 등 거의 모든 버섯
• 주재료 : 톱밥, 볏짚, 솜, 밀짚
• 보조재료 : 미강, 밀기울 등

포플러 톱밥	팽이버섯, 만가닥버섯(타닌산 미함유), 느타리
참나무 톱밥	표고, 영지, 목이버섯(타닌산 함유)
미송 톱밥	버들송이

16 양송이 원균증식 배지로서 알맞은 것은?

① 국즙배지   ② 육즙배지

③ 퇴비배지   ④ 감자배지

해설
- 양송이 재배는 나무를 배지재료로 하는 버섯과 달리 풀을 배지재료로 한다.
- 배지용 퇴비는 볏짚, 밀짚, 보릿짚, 닭똥, 깻묵, 쌀겨(유기태급원)와 요소(무기태질소)를 배합하여 발효시킨다.

17 다음 중 느타리의 분류학적 위치는?

① 불완전균   ② 담자균

③ 자낭균   ④ 조균

해설
느타리버섯의 분류학적 위치
균계 > 담자균문 > 주름버섯목 > 느타리과 > 느타리속

18 느타리 균사 중 2핵균사(n+n)에서 특징적으로 나타나는 것은?

① 1핵균사체   ② 엽록소

③ 꺽쇠연결체   ④ 단포자

해설
단핵균사에는 꺽쇠연결이 없으며, 2핵균사에서는 꺽쇠연결이 있다.

19 표고에 대한 설명으로 틀린 것은?

① 자웅이주   ② 4극성

③ 담자균류   ④ 자웅동주

해설
버섯의 성양식
- 1차 자웅동주성 : 풀버섯
- 2차 자웅동주성 : 양송이
- 2극성 자웅이주성 : 여름양송이, 맛버섯, 목이버섯
- 4극성 자웅이주성 : 느타리버섯, 표고, 영지, 팽이버섯 등

20 버섯균의 분리를 위해 자실체 조직으로부터 분리하는 방법으로 틀린 것은?

① 자실체는 가능하면 어린 것으로 한다.

② 날씨가 맑은 날에 채집하여 사용하는 것이 좋다.

③ 갓이나 대를 반으로 갈라서 노출되지 않는 부위의 조직(Context)을 떼어 내어 배양한다.

④ 목이는 표면을 소독한 다음 그 외부 조직을 떼어 내어 배양한다.

해설
목이버섯의 균 분리는 포자분리로 균을 분리한다.

21 곡립종균 배양 시 유리수분 생성원인과 관계가 적은 것은?

① 배지수분 과다
② 배양기간 중 극심한 온도변화
③ 에어컨 또는 외부의 찬 공기 주입
④ 정온상태 유지

해설
유리수분의 생성원인
• 곡립배지의 수분함량이 높을 때
• 배양기간 중 변온이 심할 때
• 에어컨 또는 외부의 찬 공기가 유입될 때
• 장기간의 고온저장
• 배양 후 저장실로 바로 옮길 때

22 다음 중 균근 형성균에 해당하는 버섯은?

① 표고
② 느타리
③ 양송이
④ 송이

해설
균근 형성균
송이, 능이, 기와버섯, 알버섯, 달걀버섯, 싸리버섯, 다색벚꽃버섯 등
• 목재부후균 : 표고, 느타리
• 부생균(사물기생균) : 양송이

23 버섯 균주의 보존 시 유동파라핀봉입법에 대한 설명으로 맞는 것은?

① 배지의 잡균 오염을 방지한다.
② 산소공급을 차단하여 호흡을 억제한다.
③ 파라핀의 양은 많은 것이 좋다.
④ 보존기간이 5~7년 정도로 길다.

해설
유동파라핀봉입법
유동파라핀을 넣어 배지의 건조를 방지하고 산소를 차단하여 호흡을 최대한 억제시켜 장기 보존하는 방법이다.

24 양송이의 종균 제조 시 원균이나 접종원으로 가장 많이 사용되는 것은?

① 담자포자
② 균사체
③ 자실체
④ 분열자

해설
양송이의 종균 제조 시 원균이나 접종원으로는 균사체가 가장 많이 사용된다.

25 표고와 느타리의 톱밥종균 제조 시 배지의 수분 함량으로 가장 옳은 것은?

① 45~50%
② 55~60%
③ 65~70%
④ 75~80%

해설
느타리나 표고의 톱밥종균 제조 시의 수분은 65~70%로 조절한다.

26 느타리의 형태적 특징으로 알맞은 것은?

① 대에 턱받이가 있으며, 백색이다.

② 대에 턱받이가 있으며, 황색이다.

③ 대에 턱받이가 없다.

④ 대에 턱받이가 없는 대신 대주머니가 있다.

해설
③ 주름살은 대개 내림주름살이고 대에 턱받이가 없다.

27 느타리의 조직을 분리하여 배양할 때 알맞은 온도는?

① 5℃

② 15℃

③ 25℃

④ 35℃

해설
느타리의 조직을 분리하여 배양할 때 알맞은 온도는 25℃이다.

28 유성생식과정에서 두 개의 반수체 핵이 핵융합을 하여 형성하는 것은?

① 반수체

② 2핵체

③ 4핵체

④ 2배체

해설
유성생식과정에서 두 개의 반수체(n) 핵이 핵융합(2n)을 하여 2배체를 형성한다.

29 버섯배지에 접종하는 종균 중 주로 액체종균을 사용하지 않는 버섯은?

① 팽이버섯

② 느타리

③ 동충하초

④ 양송이

해설
양송이 종균은 주로 밀을 배지로 하여 제조한 곡립종균을 사용한다.

30 키닉산의 이성질체로 알려진 코르디세핀(cordy-cepicacid)이라는 물질을 함유하는 버섯은?

① 느타리

② 영지

③ 표고

④ 동충하초

해설
동충하초의 생리 활성 성분으로는 밀리타린(militarin), 코르디세핀(cordycepin), 코르디세픽 폴리사카라이드, 코르디세픽산, 아미노산, 비타민 전구체 등이 함유되어 있다. 그 중 코르디세픽산은 연쇄상구균, 탄저균, 패혈증균 등의 성장을 억제하고 혈소판을 증강시키는 작용이 있으며 골수의 조혈기능을 하며 암세포의 분열을 억제하는 것 으로 알려져 있다.

31 천마의 특성 중 맞는 것은?

① 뽕나무버섯균에 기생하면서 지상에서 성마가 되어 번식한다.

② 뽕나무버섯균과 공생하며, 지상에 자실체가 형성되는 특징이 있다.

③ 뽕나무버섯균과 공생하며, 땅속에서 성마가 되어 번식한다.

④ 난과 식물과 공생하면서 꽃과 열매로서 번식한다.

해설
천마는 뽕나무버섯균류와 공생하면서 땅속에 괴경(Tuber)을 형성한다.

32 버섯배지를 살균하는 작업으로 옳지 않은 것은?

① 배지를 입병 또는 입봉한 후 가능한 한 신속히 살균을 시작한다.

② 배지를 살균할 때 살균시간을 길게 할수록 완전하다.

③ 배지의 양이 많아 가비중이 무거울 때는 가벼운 것보다 초기의 온도 상승이 빠르나 110℃ 이상에서 오히려 늦어지고 배지의 수분함량은 많을수록 빨리 올라간다.

④ 배지 살균을 위한 수증기 주입은 천천히 하도록 한다.

해설
배기가 충분한 경우에는 압력과 살균기 내의 온도가 비례하여 상승하며, 살균시간은 압력 15파운드(약 1.1kg/cm²), 온도가 121℃에 도달한 시간부터 계산하여 60~90분간 실시한다. 시간이 길어진다 해서 완전한 살균이 이뤄지지는 않는다.

33 양송이 품종 중 백색종은?

① 703호   ② 505호

③ 705호   ④ 707호

해설
양송이 품종 중 500단위는 백색이고, 700단위는 갈색이다.

34 양송이 퇴비 주재료로 적합하지 않은 것은?

① 밀짚   ② 말똥

③ 볏짚   ④ 톱밥

해설
양송이 퇴비배지는 볏짚, 밀짚, 말똥(마분), 산야초 등을 주재료로 사용할 수 있다.

35 버섯의 생활사 중 이배체핵(2n, Diploid)을 형성하는 시기는?

① 단핵균사체   ② 이핵균사체

③ 담자기   ④ 담자포자

해설
이배체핵(2n, Diploid)을 형성하는 시기는 담자기이다.

36 종균 접종 후의 표고 골목 관리방법 중 틀린 것은?

① 임시 눕혀두기　② 침수해두기

③ 본 눕혀두기　④ 세워두기

해설

골목을 침수하는 방법은 가장 균일하고 확실하게 버섯을 발생시킬 수 있는 방법으로, 침수시설이 필요하고 일시에 많은 양을 할 수 없으므로 계획적인 불시재배 시 많이 이용한다.

37 느타리의 푸른곰팡이병(*Trichoderma* spp.)에 사용하는 약제로서 배지살균 전에 처리하는 것은?

① 만디프로파미드 액상수화제

② 오리사스트로빈·카보설판 입제

③ 디캄바 액제

④ 프로클로라즈망가니즈 수화제

해설

느타리의 푸른곰팡이병에 사용하는 약제인 프로클로라즈망가니즈 수화제(스포르곤)는 배지살균 전에 처리한다.

38 표고 골목을 눕혀 두는 장소로 가장 부적당한 곳은?

① 동쪽, 남쪽

② 산중턱 이하의 낮은 경사지

③ 습기가 많은 곳

④ 통풍과 배수가 양호한 곳

해설

표고 골목의 본 눕히기 장소

• 통풍과 배수가 잘되고, 공기 중의 습도는 70~80%를 유지할 수 있는 곳
• 20~28℃의 온도를 유지할 수 있는 동향 또는 남향의 10~15° 경사지
• 활엽수와 침엽수가 같이 있는 장소

39 표고 원목에서 부후성 병원균의 설명 중 가장 옳은 것은?

① 원목에 침입하여 표고균사와 경쟁하면서 증식하는 것

② 원목에 침입하여 표고균사에 활력을 주는 것

③ 표고균사와 관계없이 독립적으로 증식하는 것

④ 표고 자실체와 공생하는 것

해설

표고의 원목상 재배 시 병충해 종류

• 목재부후형 : 골목 내에서 해균이 균사와 영양섭취 경쟁을 하면서 피해를 주는 유형(구름버섯, 기와충버섯 등)
• 균사살상형 : 해균이 직접적으로 균사에 기생하여 사멸시키는 유형(푸른곰팡이)
• 복합형 : 골목의 양분을 탈취하고 균사를 사멸시키는 유형

40 표고 종균 제조에 관한 설명으로 틀린 것은?

① 참나무 톱밥과 미강 혼합물을 톱밥배지로 쓴다.

② 톱밥배지의 수분함량은 63~65%가 되게 한다.

③ 1L의 PP병에 톱밥배지를 600g 정도 넣는다.

④ 톱밥배지를 100℃에서 90분간 살균한다.

해설

표고 종균 제조용 톱밥배지의 살균

• 상압살균은 100℃에서 5~6시간 살균한다.
• 고압살균은 121℃에서 60~90분 살균한다.

41 영지 원목재배방법 중 균사활착기간을 단축시키고 잡균발생률을 감소시키며, 연중 원목배지를 생산할 수 있는 재배법은?

① 장목재배　　　　② 단목재배
③ 개량단목재배　　④ 톱밥재배

해설
영지 재배방법 비교

구분	단목재배	개량단목재배
기본설비(살균기, 배양실, 무균실)	필요 없음	필요함
건조과정	필요함	필요 없음
살균과정	필요 없음	필요함
비닐피복	필요 없음	필요함
종균소요량(병/50평)	500	50
균사배양기간	4개월	1.5~2개월
종균접종방법	단면 접종	종균 주입구 형성틀 이용
배지 제조 가능시기	1~3월	연중
균배양완성률	81%	97%

42 다음 중 균핵을 형성하는 버섯 종류는?

① 상황버섯　　　　② 복령
③ 양송이　　　　　④ 노루궁뎅이버섯

해설
복령, 서양송로(Tuber)와 같은 종류는 매우 불리한 환경에서 생존하기 위해 균핵을 형성한다. 오랜 기간 휴면으로 있다가 환경이 좋아지면 다시 균사를 형성하기도 한다.

43 유리기구를 살균하는 방법으로 가장 효과적인 것은?

① 건열살균　　　　② 고압증기살균
③ 자외선살균　　　④ 여과

해설
건열살균은 초재(유리)기구, 금속기구 등 습열로 살균할 수 없는 재료를 살균한다.

44 표고 재배용 골목으로 오리나무를 사용하였다. 오리나무 골목의 특징이 아닌 것은?

① 건조표고용으로 부적당하다.
② 종균접종 당년에 버섯수확이 가능하다.
③ 골목 수명이 참나무보다 길다.
④ 자실체 발생이 잘 된다.

해설
껍질이 얇은 자작나무, 오리나무 등은 버섯의 발생이 빠르고 발생 수가 많으나, 품질이 떨어지고 골목 수명과 버섯의 수확기간이 짧다는 단점이 있다.

45 버섯 품종의 퇴화에 대한 설명 중 옳지 않은 것은?

① 버섯의 원균의 보존이나 접종되고 배양되는 과정에 동종의 버섯에서 나오는 포자나 균사가 혼입되어 다른 유전조성을 이룰 수 있다.
② 저온에 보관되는 원균이 경우에 따라 고온에 놓이게 되면 돌연변이 유발원으로 작용할 수 있다.
③ 원균을 보존하고 배양하면서 극히 영양원이 빈약한 배지에서 배양되거나 극히 생장에 불리한 환경에 의해 배양된 접종원으로 재배되었을 때 생산력은 감소한다.
④ 버섯균사에 세균의 혼입 여부를 감정하기 위해서는 세균이 생육하기에 알맞은 25℃ 전후에 배양해 본다.

해설
박테리아가 생육하기에 알맞은 온도인 37℃ 부근에서 균주를 계대배양하면 버섯균은 고온으로 생육이 어렵고, 박테리아는 자라기에 알맞아 박테리아 혼입을 육안으로 관찰할 수 있으며, 바이러스는 균주의 dsRNA를 분석하거나 PCR법, ELISA법 등으로 그 감염 여부를 판정할 수 있다.

46 버섯 우량종균의 조건으로 알맞지 않은 것은?

① 푸른 반점이 없는 것
② 버섯 종균 병에 얼룩진 띠가 없는 것
③ 균덩이나 유리수분이 형성되지 않은 것
④ 가는 균사가 하얗게 뻗어 있는 것

해설
④ 굵은 균사가 하얗게 뻗은 것

47 버섯에 발생하는 주요 해충의 종류 및 특징으로 틀린 것은?

① 버섯파리는 완전변태 및 유태생을 통해 매우 빠르게 증식한다.
② 응애류는 거미와 유사한 모양이나 크기는 0.5mm의 작은 해충이다.
③ 털두꺼비하늘소는 흑색이며, 앞날개의 위쪽에 흑갈색의 장모가 밀생한 돌기가 있다.
④ 가루깍지벌레는 버섯의 자실체 및 균사를 가해하는 해충이다.

해설
④ 가루깍지벌레는 과수의 즙액을 빨아먹는 깍지벌레과(科)에 속하는 해충의 일종이다.

48 표고 재배장소에 따른 골목관리의 고려사항으로 관계가 적은 것은?

① 주변수종   ② 건습상태
③ 일조시간   ④ 통풍

해설
골목의 건조상태, 재배장소의 건습상태, 일조시간, 통풍에 따라 골목 관리를 세심히 하여야 한다.

49 팽이버섯의 학명은?

① *Flammulina velutipes*
② *Auricularia auricula-judae*
③ *Agaricus bisporus*
④ *Pleurotus ostreatus*

해설
② *Auricularia auricula-judae* : 목이
③ *Agaricus bisporus* : 양송이
④ *Pleurotus ostreatus* : 느타리

50 팽이버섯의 재배과정 중 온도를 가장 낮게 유지하는 시기는?

① 균배양 시   ② 발이 유기 시
③ 억제작업 시   ④ 자실체 생육 시

해설
팽이버섯 생육단계별 적정온도, 습도, 소요일수

구분	배양실	발이실	억제실	생육실
온도	16~24℃	12~15℃	3~4℃	6~8℃
습도	65~70%	90~95%	80~85%	70~75%
소요일수	20~25일	7~9일	12~15일	8~10일

51 표고 재배사 설치 입지조건에 적합하지 않은 것은?

① 집과 가까워 재배사 관리에 편리한 장소
② 전기와 물의 사용에 제한을 받는 장소
③ 큰 소비시장의 인근에 위치하는 장소
④ 햇빛이 잘 들고 보온과 채광에 유리한 장소

> **해설**
> 전기와 물의 사용도 제한을 받지 않으면서 큰 소비시장의 인근에 위치하는 것이 좋다.

52 느타리 재배 시 환기불량의 증상이 아닌 것은?

① 대가 길어진다.
② 갓이 발달되지 않는다.
③ 수확이 지연된다.
④ 갓이 잉크색으로 변한다.

> **해설**
> 갓의 색택은 온도가 낮으면 잉크색으로 변한다.

53 느타리 폐면재배 시 종균재식 후 재발열을 예방하기 위하여 재배사의 실온을 내리는 시기는?

① 종균재식 직후
② 종균재식 2~3일 후
③ 종균재식 5~6일 후
④ 종균재식 8~9일 후

> **해설**
> 종균재식 직후 호흡열에 의해 온도가 급격히 올라가므로 재발열을 예방하기 위하여 재배사의 실온을 인위적으로 낮추어 줘야 한다.

54 느타리의 대 길이를 좌우하는 요인으로만 구성된 것은?

① 온도, 조도, 배지 산도
② 온도, 습도, 질소 농도
③ 온도, 조도, 탄산가스 농도
④ 조도, 습도, 배지 산도

> **해설**
> 느타리의 대 길이를 좌우하는 요인
> 온도, 조도, 탄산가스 농도

55 양송이 병해균의 종류별 특징이 잘못 설명된 것은?

① 세균성 갈반병은 갓 표면에 황갈색의 점무늬를 띠면서 점액성으로 부패한다.
② 푸른곰팡이병은 배지나 종균에 발생하며, 포자는 푸른색을 띠고 버섯균사를 사멸시킨다.
③ 바이러스병에 감염된 균은 균사활착 및 자실체 생육이 매우 빠르다.
④ 마이코곤병은 버섯의 갓과 줄기에 발생하며, 갈색물이 배출되면서 악취가 난다.

> **해설**
> 양송이 바이러스병 특징
> • 버섯의 형성이 늦고 왜소하며, 대가 길고 갓이 얇다.
> • 조반(피기 전)이 형성되어 스펀지화 된다.
> • 버섯이 원추형으로 되고 쉽게 넘어진다.
> • 버섯대가 술통모양을 나타내며 갓이 작고 일찍 핀다.

56 영지 원목배지를 설명한 것 중 옳지 않은 것은?

① 재배원목의 표피는 수분 손실과 균사를 보호한다.

② 영지균은 나무의 형성층을 성장 기반으로 하여 목질부로 뻗어간다.

③ 영지균은 주로 변재부의 영양을 흡수·이용한다.

④ 영지균은 변재부가 얇고 심재부가 두꺼운 수종을 좋아한다.

해설
영지 재배용 원목은 가능한 변재부가 많고 심재부가 적으며, 수분과 균사를 보호할 수 있도록 표피가 있는 원목을 선택하여야 한다.

57 표고균사의 생장가능온도와 적온으로 옳은 것은?

① 5~32℃, 22~27℃

② 5~32℃, 12~20℃

③ 12~17℃, 22~27℃

④ 12~17℃, 28~32℃

해설
표고균사의 생장가능온도는 5~32℃이고, 적온은 22~27℃이다.

58 양송이의 푸른곰팡이병은 복토의 산도(pH)가 어떤 상태일 때 피해가 심한가?

① 산도와 관계없음

② 약알칼리성

③ 중성

④ 약산성

해설
양송이의 균사생장에 알맞은 복토의 산도는 pH 7.5 내외이다. pH가 낮은 산성토양에서는 수소이온이 많아 양송이균사의 생장이 불량하고 토양 중 미생물의 활동도 미약하며, 푸른곰팡이병의 발생이 심하다. 흙이 강알칼리성일 때는 버섯 발생이 불량할 뿐만 아니라 균사생장이 느리고, 심하면 버섯이 발생되지 않는다.

59 느타리의 생체저장법이 아닌 것은?

① 상온저장법

② 저온저장법

③ CA저장법(가스저장법)

④ PVC필름저장법

해설
버섯의 생체저장법
• 저온저장법
• CA(Controlled Atmosphere)저장법
• PVC필름저장법

60 버섯균사는 물을 매체로 영양기질과 접하여 영양을 균사체 표면에 있는 용액으로부터 흡수한다. 따라서 용액의 물리화학적 상태는 버섯균사 생장에 많은 영향을 주는데, 그 요인 중의 하나가 산도(pH)이다. 대부분의 버섯을 비롯한 곰팡이균이 생장하는 데 적당한 산도(pH)는?

① 강산성

② 약산성

③ 약알칼리성

④ 강알칼리성

해설
대부분의 버섯을 비롯한 곰팡이균이 생장하는 데 적당한 산도(pH)는 약산성이 좋다.

01 느타리 원균은 무슨 배지에서 일반적으로 배양하는가?

① 맥아배지
② 버섯최소배지
③ 감자(추출)배지
④ 하마다(hamada)배지

해설
느타리의 원균 증식배지로는 감자배지가 가장 적당하다.

02 송이목은 분류학적으로 어디에 속하는가?

① 담자균
② 접합균
③ 자낭균
④ 불완전균

해설
송이목의 분류학적 위치
균계 > 담자균문 > 주름버섯목

03 표고 자실체에 대한 설명으로 옳지 않은 것은?

① 품질등급 없이 유통된다.
② 갓의 색깔은 담갈색이나 다갈색이다.
③ 일반적으로 갓은 원형 또는 타원형이다.
④ 자실체는 갓, 주름살, 대로 구성되어 있다.

해설
표고의 등급은 갓의 형태에 따라 1등급 백화고, 2등급 흑화고, 3등급 동고, 4등급 향고, 5등급 향신으로 구분한다.

04 느타리와 표고의 균사 배양에 가장 알맞은 배지의 pH 범위는?

① 4~5
② 5~6
③ 6~7
④ 7~8

해설
느타리와 표고의 균사 배양에 가장 알맞은 산도는 pH 5~6(약산성)이다.

05 솜마개 사용요령으로 가장 옳지 않은 것은?

① 좋은 솜을 사용한다.
② 표면이 둥글게 한다.
③ 빠지지 않게 단단히 한다.
④ 길게 하여 깊이 틀어막는다.

해설
솜마개를 길게 하여 깊이 틀어막는 것은 올바른 방법이 아니다.

1 ③ 2 ① 3 ① 4 ② 5 ④ **정답**

06 원균 배양에 사용하는 배양기구가 아닌 것은?

① 시험관, 이식기구

② 무균상, 건열살균기

③ 고압스팀살균기, 항온기

④ 원심분리기, 단포자분리기

해설
원균 배양에 사용하는 배양기구
시험관, 샬레, 이식기구, 무균상, 건열살균기, 고압증기살균기, 항온기, 수조, 진탕기, 워링블렌더(waring blendor), 피펫 등

07 식용버섯의 종균 제조 시 무균실의 소독방법으로 가장 적합한 방법은?

① 70~75% 알코올 살포

② 말라티온 및 DDVP 살포

③ 3~5% 석탄산(Phenol) 살포

④ 0.1% 승홍수 살포 및 유황훈증

해설
무균실의 벽, 천장, 바닥 등의 소독약제로 알코올의 적정 희석비율은 70~75%이다.

08 팽이버섯 배양기간을 단축할 수 있어서 많이 사용하는 종균의 종류는?

① 액체종균

② 톱밥종균

③ 곡립종균

④ 성형종균

해설
액체종균의 가장 큰 장점은 배양기간이 단축된다.

09 고압증기살균기의 기본구조와 관계없는 것은?

① 압력계

② 중량계

③ 온도계

④ 수증기 주입구

해설
중량계는 고압증기살균기의 구조와 관련이 없다.

10 느타리에 발생하는 병으로 초기에 발병 여부를 식별하기 어렵고, 발병하면 급속도로 전파되어 균사를 사멸시키는 것은?

① 푸른곰팡이병

② 세균성 갈반병

③ 붉은빵곰팡이병

④ 흑회색융단곰팡이병

해설
느타리 푸른곰팡이병
버섯균사생장 초기에 오염되었을 때는 푸른색깔을 나타내지 않고 종균재식 10~15일 후에 연녹색으로 나타나기 때문에 조기에 병징을 발견할 수 없어 그 피해도 심하고 기존의 방법으로 방제도 어렵다.

11 버섯종균을 접종하는 무균실의 항시 온도는 얼마로 유지하는 것이 작업 및 오염방지를 위하여 가장 이상적인가?

① 5℃ 이하
② 5~10℃ 정도
③ 15~20℃ 정도
④ 30~35℃ 정도

해설
무균실의 항시 온도는 15~20℃ 정도가 이상적이다.

12 표고 균사가 생장하는 최적온도는?

① 약 4℃
② 약 14℃
③ 약 24℃
④ 약 34℃

해설
표고 균사의 최적생장온도는 약 24℃이다.

13 렌티난을 함유하고 있으며 항암작용, 항바이러스작용, 혈압강하작용이 있다고 알려진 버섯은?

① 표고
② 팽이버섯
③ 양송이
④ 느타리

해설
표고에는 항암, 항종양 다당체 물질인 렌티난이 함유되어 있어 암 치료에 도움을 주며, 면역력 증강 및 암세포의 증식을 억제하는 의약품으로 개발되어 있다.

14 한천배지 만들기에서 배양 용액을 시험관 길이 1/4 정도(10~20cc) 주입한 배지를 고압살균기에서 충분한 배기를 하면서 121℃(15lbs)에서 얼마 간 살균하는가?

① 5분간
② 10분간
③ 20분간
④ 50분간

해설
한천배지를 넣은 시험관은 고압살균기에 넣어 121℃에서 20분간 살균을 하고, 비스듬이 시험관을 눕혀 사면시킨다.

15 팽이버섯 균사 생장 시 배양실의 적정습도로 옳은 것은?

① 55~60%
② 65~70%
③ 75~80%
④ 85~90%

해설
팽이버섯 생육단계별 적정온도, 습도, 소요일수

구분	배양실	발이실	억제실	생육실
온도	16~24℃	12~15℃	3~4℃	6~8℃
습도	65~70%	90~95%	80~85%	70~75%
소요일수	20~25일	7~9일	12~15일	8~10일

16 버섯의 생활사에서 담자균에 속하는 일반적인 버섯 생활사는 자실체 → 담자포자 → 균사체가 된 다음은 무엇으로 성장되는가?

① 균핵으로 된다.
② 균사로 된다.
③ 균총으로 된다.
④ 자실체로 된다.

해설
담자균에 속하는 일반적인 버섯은 '자실체 → 담자포자 → 균사체 → 자실체'의 순으로 순환하는 생활사를 가지고 있다.

17 버섯 포자로 전파되므로 버섯이 성숙하여 갓이 피기 전에 수확해야 하는 양송이 병해로 옳은 것은?

① 괴균병
② 바이러스병
③ 마이코곤병
④ 세균성 갈반병

해설
양송이의 바이러스병은 공기 중에 비산되는 포자로 전파되므로 갓이 피기 전에 수확해야 한다.

18 감자추출배지 1L에 들어가는 감자의 일반적인 양은?

① 약 100g
② 약 200g
③ 약 300g
④ 약 400g

해설
감자추출배지(PDA)
물 1L에 감자 200g, 한천 20g, 포도당 20g을 넣는다.

19 종균 생산 시 톱밥배지의 재료인 톱밥과 쌀겨의 입자 크기는?

① 톱밥 1~2mm, 쌀겨 0.5~0.7mm
② 톱밥 2~3mm, 쌀겨 0.8~1.0mm
③ 톱밥 3~5mm, 쌀겨 1.5mm
④ 톱밥 5~7mm, 쌀겨 2mm

해설
종균 생산 시 톱밥입자의 크기는 3~5mm, 쌀겨(미강)입자의 크기는 1.5mm가 적당하다.

20 곡립종균 배양 시 균덩이의 형성원인이 아닌 것은?

① 흔들기 작업의 지연
② 원균 또는 접종원의 퇴화
③ 곡립배지의 산도가 높을 때
④ 곡립배지의 수분함량이 적을 때

해설
곡립종균 제조 시 균덩이의 형성원인
• 배양실 온도가 높을 때
• 곡립배지의 산도가 높을 때
• 흔들기 작업의 지연
• 곡립배지의 수분함량이 높을 때
• 원균 또는 접종원의 퇴화
• 균덩이가 형성된 접종원 사용

21 식용버섯 종균 제조 시 배지의 살균방법으로 가장 적합한 것은?

① 살균시간 측정은 가압 시작 시부터 하여 정확히 잰다.
② 살균이 끝나면 배기밸브를 열어 속히 내압을 내려준다.
③ 곡립배지는 살균이 끝난 다음에 흔들지 않고 덩어리 상태로 무균실로 옮긴다.
④ 외부와 내부 압력을 조절한 후 살균 중에도 계속 배기밸브를 조금씩 열어 놓는다.

해설
① 살균시간 측정은 온도와 압력이 모두 오른 다음부터 측정한다.
② 살균이 끝난 후에는 자연적으로 배기가 되도록 하여 살균기 내 온도가 98℃ 이하, 압력이 0으로 떨어지면 살균기의 문을 열고 배지를 꺼낸다.
③ 곡립배지는 흔들어서 덩어리가 형성되지 않도록 하고, 톱밥배지는 흔들리지 않도록 꺼내어 청결하게 소독된 냉각실로 옮겨 서서히 식힌 후 무균실로 이동시킨다.

22 표고에 주로 발생하는 병해 및 잡균이 아닌 것은?

① 구름송편버섯
② 미라병균
③ 검은혹버섯
④ 푸른곰팡이병균

해설

미라병

양송이 크림종에서 피해가 심하고, 병징은 감염 시 버섯 생장이 완전히 정지하면서 갈변·고사되고, 병든 버섯은 대와 갓이 휘어져 한쪽으로 기운다.

23 팽이버섯의 종균 저장온도로 가장 적당한 것은?

① 1~4℃   ② 5~10℃
③ 4~8℃   ④ 10~15℃

해설

주요 버섯종균의 저장온도

구분	저장온도
팽이버섯, 맛버섯	1~5℃
양송이버섯, 느타리버섯, 표고버섯, 잎새버섯, 만가닥버섯	5~10℃
털목이버섯, 뽕나무버섯, 영지버섯	10℃

24 노화종균의 특징으로 가장 알맞은 것은?

① 균사밀도가 높고, 부수면 응집력이 높은 것
② 종균병 밑바닥에 붉은색 물이 고인 것
③ 배지에 균사가 완전히 자란 것
④ 품종 고유의 단일색인 것

해설

노화종균

• 균사밀도가 옅고, 부수면 응집력이 약하여 쉽게 부서지는 것
• 배양된 지 오래되어 종균병 밑바닥에 붉은색 물이 고인 것
• 종균의 상부에 버섯 원기 또는 자실체가 형성된 것

25 종균 접종용 톱밥배지의 고압살균에 대한 설명으로 옳은 것은?

① 살균이 끝나면 강제로 배기시킨다.
② 스크루캡 병 사용 시 용적의 90% 이상 넣는다.
③ 살균기 내의 공기를 완전히 제거하여 기포를 발생시킨다.
④ 살균이 끝나면 배지가 흔들리지 않게 꺼내어 서서히 식힌다.

해설

곡립배지는 흔들어 주어 곡립 알끼리 뭉쳐지지 않도록 하고, 톱밥배지는 흔들어서는 안 된다.

26 버섯배지를 고압증기살균기로 살균할 때 121℃ 온도에서의 살균기 내의 적정 압력은?

① 약 $0.3kg/cm^2$
② 약 $0.7kg/cm^2$
③ 약 $1.1kg/cm^2$
④ 약 $1.5kg/cm^2$

해설

버섯배지의 고압살균은 온도 121℃, 압력 $1.1kg/cm^2$가 적당하다.

27 곡립종균 제조 시 밀의 가장 적당한 수분함량은?

① 25% 내외

② 35% 내외

③ 45% 내외

④ 55% 내외

해설

곡립종균 제조 시 밀의 수분함량은 45% 내외가 적당하다.

28 버섯원균의 증식 및 보존용 배지로 많이 쓰이는 감자한천배지(PDA)의 성분이 아닌 것은?

① 한천

② 펩톤

③ 감자

④ Dextrose

해설

감자한천배지(PDA)의 성분은 감자, 한천, Dextrose(포도당)이다.

29 버섯파리 중 성충은 6~7mm이며, 날개와 다리가 길어 모기와 비슷한 것은?

① 마이세토필   ② 시아리드

③ 세시드   ④ 포리드

해설

마이세토필

• 성충의 체장은 6~7mm이며 크기로 버섯파리 중 가장 크다.

• 날개와 다리가 길어 모기와 비슷하며, 몸의 색깔은 담갈색 또는 흑갈색이다.

• 유충의 체장은 15~20mm 정도이다.

• 균상표면이나 버섯 위에 거미줄과 같은 실을 분비하여 집을 짓고 그 속에서 버섯을 가해하며 생활한다.

30 버섯균사를 접종(이식)할 때 주로 사용하는 기구는?

① 백금선   ② 백금구

③ 백금이   ④ 백금망

해설

백금구는 곰팡이(균사)를 취급할 때 쓰이고, 백금선과 백금이는 효모, 세균의 이식이나 배양 시 쓰인다.

31 느타리를 재배사에서 2열 4단으로 작업할 때 균상의 단과 단 사이 간격(cm)으로 가장 적절한 것은?

① 60   ② 50

③ 40   ④ 30

해설

느타리를 재배사에서 2열 4단으로 작업할 때 균상의 단과 단 사이는 60cm가 적당하다.

32 노루궁뎅이버섯의 병배지 제조를 위한 주재료와 부재료의 배합비율로 가장 적당한 것은?(단, 부피비로 한다)

① 포플러 톱밥(60%) : 미강(40%)

② 참나무 톱밥(60%) : 미강(40%)

③ 참나무 톱밥(40%), 포플러 톱밥(40%) : 미강 (20%)

④ 참나무 톱밥(30%), 포플러 톱밥(30%) : 미강 (40%)

해설
노루궁뎅이버섯의 병배지 배합비율은 참나무 톱밥 40%, 포플러 톱밥 40%, 미강 20%가 가장 적당하다.

33 건전한 표고 종균의 조건으로 옳은 것은?

① 초록색 반점이 보인다.

② 다소 갈변된 것이 좋다.

③ 종균병을 열면 쉰 듯한 냄새가 난다.

④ 백색의 균사가 덮이고 광택이 난다.

해설
우량종균
• 순수한 표고균사로서 표고 특유의 신선한 냄새와 윤택한 색깔을 지니고 잡균이 없는 것
• 종균이 최고의 활성을 보이는 시기에 배양이 완료된 것으로, 보통 500g 용량의 병에 표고 원균을 접종한 경우 24℃ 내외에서 약 2개월간 배양한 것
• 종균이 등록품종으로서 재배특성이 대체적으로 우수한 것

34 감자한천배지 1L 제조에 필요한 한천의 적절한 무게는?

① 5g ② 10g
③ 20g ④ 30g

해설
감자한천배지(PDA)
물 1L에 감자 200g, 포도당 20g, 한천 20g을 넣는다.

35 버섯 수확 후 품질의 변화와 관계가 없는 것은?

① 호흡에 의한 영향

② 수분의 영향에 의한 건조증상

③ 광의 영향으로 인한 색깔의 변화

④ 공기 중 산소와 결합되어 나타나는 색깔의 변화

해설
수확 후 신선도와 품질변화는 버섯의 내적 요인과 외적 요인인 미생물, 충해, 수송 및 저장조건 등이 관여한다.

구분	요인	외관변화	선도유지방법
내적 요인	호흡작용	성분소모, 발열	• 온도조절(저온) • 환경가스조절 • 습도조절 • 포장처리 • 약제처리 • 방사선 조사
	증산작용	시들음, 변색	
	성장작용	갓 및 줄기 신장, 조직연화, 포자성숙	
	산화작용	조직갈변, 성분소모	
외적 요인	온도	갈변, 신장, 갓 신장	
	습도	시들음, 연화	
	환경가스	퇴색, 갈변	
	손상	부패, 갈변	
	생물피해	부패, 연화	

36 양송이 재배 시 복토 후 균사부상과 관련이 적은 것은?

① 퇴비 부숙도
② 재배사 온도
③ 복토 수분함량
④ 복토의 산도(pH)

해설
복토가 끝나면 신문지 등을 덮고 재배사 온도를 23~25℃로 조절하면서 복토표면이 건조하지 않도록 수시로 신문지 위에 관수를 하면 보통 복토 직후로 초발 이전, 즉 균사부상기간은 대략 6~8일이 된다. 복토는 표토를 제거한 새로운 하층토를 사용하지만 일반적으로 산성이기 때문에 석회로 중화할 필요가 있다.

37 양송이 재배의 경우 재배사 내의 중요한 환경요인이 아닌 것은?

① 위치   ② 습도
③ 환기   ④ 온도

해설
양송이의 균사생장과 자실체 형성에 있어서 온도와 습도 및 환기는 가장 중요한 환경요인이며, 이 조건이 알맞은 곳에서는 양송이를 재배할 수 있다.

38 건표고의 저장법으로 바람직한 것은?

① 주기적으로 약제를 살포한다.
② 종이박스에 넣어 실온에 보관한다.
③ 비닐봉지에 넣어 실온에 보관한다.
④ 열풍건조 후 밀봉하여 저온저장한다.

해설
건조된 표고는 함수율이 낮아 외부환경에 노출되면 습기를 빠르게 흡수하여 저장 중 부패 될 수 있으므로 밀봉하여 저온저장한다.

39 중온성 품종의 표고 자실체 형성 적정온도 범위는?

① 5℃ 내외
② 10℃ 내외
③ 15℃ 내외
④ 20℃ 내외

해설
중온성 품종의 표고 자실체 형성 적정온도 범위는 15℃ 내외이다.

40 양송이 재배 시 관수를 가장 많이 하는 시기는?

① 복토 직후
② 수확 직전
③ 버섯 크기 2cm 내외
④ 버섯 크기 5cm 내외

해설
양송이 재배 시 관수를 가장 많이 하는 시기는 버섯 크기가 2cm 내외일 때이다.

41 1,000배액의 살균제를 조제하고자 한다. 물 1L에 살균제 몇 g을 희석해야 하는가?

① 1g
② 10g
③ 100g
④ 1,000g

해설
1,000배액의 살균제를 조제할 때 물 1L에 살균제 1g을 희석해야 한다.

42 느타리 재배 시 발생하는 푸른곰팡이병의 방제약제는?

① 베노밀 수화제(벤레이트)
② 클로르피리포스 입제(더스반)
③ 빈클로졸린 입상수화제(놀란)
④ 스트렙토마이신 수화제(부라마이신)

해설
느타리 균사 생장기간 중 푸른곰팡이병이 발생했을 때에는 판마시나 베노밀(벤레이트) 수화제 및 트리코프리와 같은 살균제를 800배 정도로 살포하여 초기에 방제한다.

43 느타리 병재배시설에 필요 없는 것은?

① 배양실
② 억제실
③ 생육실
④ 배지냉각실

해설
억제실은 발이실에서 버섯 발생이 불규칙한 부분을 고르게 만들기 위해 광시설, 송풍시설이 부착된 억제기를 설치하여 버섯 발생을 전체적으로 고르게 만드는 곳으로, 팽이버섯의 재배에 필요하다.

44 신령버섯 균사생장 시 간접광선의 영향으로 맞는 것은?

① 균사생장 시에는 어두운 상태에서 생장이 촉진된다.
② 균사생장 시 간접광선은 생장을 촉진하는 특성이 있다.
③ 균사생장 시에는 간접광선이 아무런 영향을 미치지 못한다.
④ 균사생장 시 어두운 상태와 밝은 상태가 교차되어야만 생장이 촉진된다.

해설
신령버섯은 광에 의해 균사생장이 촉진되는 특징을 갖고 있다.

45 표고 톱밥배지 제조 시 균사 생장에 알맞은 수분함량으로 가장 적절한 것은?

① 50~60%
② 60~70%
③ 70~80%
④ 80~90%

해설
표고 톱밥배지 제조 시 균사 생장에 가장 알맞은 수분함량은 60~70%이다.

46 버섯병의 발생 및 전염경로에 대한 설명으로 적합하지 않은 것은?

① 병의 발병을 위해서는 적당한 환경조건이 필요하다.
② 병원성 진균의 포자는 공기 또는 매개체에 의해서 전파된다.
③ 병원성 세균은 물에 의해서 쉽게 전파되고, 곤충 또는 작업도구에 의해서도 감염된다.
④ 병의 발생은 버섯과 병원체가 접촉하지 않고 상호작용이 발생하지 않을 때에도 발병이 가능하다.

해설
버섯과 병원체가 접촉한 상태에서 상호작용을 해야만 한다. 그러나 접촉한 상태일지라도 접촉 전후 주변의 환경조건이 발병에 부적절할 경우 병원체는 버섯을 가해할 수 없거나 버섯이 침해에 저항할 수 있으므로, 병은 발생하지 않거나 최소화할 수 있다.

47 팽이버섯 재배용 배지 제조 시 균사생장에 가장 알맞은 톱밥배지의 수분함량은?

① 45% 내외
② 55% 내외
③ 65% 내외
④ 75% 내외

해설
팽이버섯 재배용 톱밥배지의 적정 수분함량은 65% 내외이다.

48 양송이 생육 시 갓이 작아지고 대가 길어지는 현상이 일어나는 재배사 내의 이산화탄소(CO_2) 농도의 범위로 가장 적합한 것은?

① 0.02% 이하
② 0.03~0.06%
③ 0.07~0.10%
④ 0.20~0.30%

해설
재배사 내의 이산화탄소 농도가 0.08% 이상 되면 수확이 지연되고, 0.2~0.3%가 되면 갓이 작고 버섯 대가 길어진다.

49 표고의 열풍건조 시 온도를 유지하는 방법으로 가장 옳은 것은?

① 20℃에서 시작해서 45℃로 끝낸다.
② 35℃에서 시작해서 60℃로 끝낸다.
③ 50℃에서 시작해서 75℃로 끝낸다.
④ 온도와 관계없이 건조시간을 일정하게 한다.

해설
표고의 열풍건조 시 35℃에서 시작해서 60℃로 끝낸다.

50 양송이균은 다음 중 어느 것에 속하는가?

① 순사물 기생균
② 순활물 기생균
③ 반활물 기생균
④ 반사물 기생균

해설
기주체(먹잇감)에 따른 분류
• 기주체의 세포가 살아 있어야 성장(순활물기생) : 송이, 능이 등
• 기주체의 세포가 반드시 죽어있어야 성장(순사물기생) : 느타리버섯, 양송이, 표고(인공재배버섯)
※ 일부는 자신이 영양을 직접 취하나 일부는 생물체에서 양분을 취하여 기생하는 생물(반활물기생), 동물의 시체나 유기물에 기생하며 경우에 따라서는 활물 기생생활도 영위하는 생물(반사물기생)

51 표고 원목재배 시 골목을 임시로 눕혀두는 방법으로 옳지 않은 것은?

① 세워쌓기
② 정자쌓기
③ 가위목쌓기
④ 땅에 붙여두기

해설
표고 원목재배 시 임시로 눕혀두는 방법에는 세워쌓기, 정자쌓기, 땅에 붙여두기, 장작쌓기(눕혀쌓기)가 있다.

52 팽이버섯 재배사 신축 시 재배면적의 규모 결정에 가장 중요하게 고려해야 하는 사항은?

① 재배인력
② 재배품종
③ 1일 입병량
④ 냉난방 능력

해설
팽이버섯 재배사 신축 시 1일 입병량은 재배사의 규모와 설비 등을 결정하는 가장 중요한 요소이다.

53 표고재배용 참나무 원목의 벌채시기로 가장 적당한 것은?

① 8월 초~10월 초
② 10월 말~2월 초
③ 2월 말~3월 말
④ 3월 초~4월 말

해설
• 표고는 골목의 껍질(수피)이 없으면 버섯이 발생되지 않으므로 껍질이 벗겨지지 않는 시기, 즉 수액의 이동이 정지된 시기에 벌채를 한다.
• 벌채적기는 나무 전체의 70~80%에 단풍이 든 시기인 10월 말부터 이듬해 2월까지가 좋으며, 벌채 후 1~4개월 정도의 잎말리기를 해야 한다.

54 유충이 2mm 정도로 작고 황색이나 오렌지색을 띠는 버섯파리의 종류는?

① 포리드
② 세시드
③ 시아리드
④ 마이세토필

해설
세시드(Cecid)
• 주로 균상 표면이 장기간 습할 때 피해를 주는 해충이다.
• 유충이 2mm 정도로 작고 황색이나 오렌지색을 띠며, 유태생으로 생식한다.
• 성충은 다른 버섯파리에 비해 매우 작고 증식속도가 매우 빠르며, 버섯의 대는 가해하지 못한다.

55 표고 원목재배 시 가눕히기를 할 장소로 가장 먼저 고려하여야 할 점은?

① 습도
② 차광
③ 통풍
④ 산도(pH)

해설
임시 눕혀두기 장소는 보습이 잘되고 관수가 가능하며, 동향이나 남향의 중턱 이하에 바람이 없는 따뜻한 곳이 알맞다.

56 표고의 골목을 눕혀두는 장소로 적합하지 않은 것은?

① 배수가 좋은 곳

② 동남향 경사지

③ 미풍이 부는 곳

④ 피음도 50% 이하인 곳

해설
광은 직사광선이 들어오지 않는 범위에서 최대한 밝게 유지하기 위하여 광차단율 70% 정도의 차광막으로 차단해 준다.

57 느타리 재배사의 규모를 결정하는 요인으로 관계가 가장 적은 것은?

① 시장성　　　　② 노동력

③ 용수량　　　　④ 재배시기

해설
버섯재배사 규모의 결정요인
• 시장성
• 노동력 동원능력 및 관리능력
• 용수공급량
• 생산재료(볏짚, 복토 등)의 공급 가능성

58 영지 발생의 최적온도는?

① 5℃ 내외

② 10℃ 내외

③ 20℃ 내외

④ 30℃ 내외

해설
영지버섯은 고온성으로 발생 최적온도는 28~32℃이고, 34℃ 이상이 되면 생장이 멈추기 때문에 주의해야 한다.

59 표고균 배양을 위한 톱밥배지 제조과정 중 틀린 것은?

① 혼합된 배지재료의 수분함량은 60~65%가 적합하다.

② 톱밥배지의 첨가재료는 산패가 일어난 미강이 좋다.

③ 톱밥과 첨가제의 혼합비율은 대략 8 : 2의 비율이 적합하다.

④ 표고버섯 톱밥배지에 가장 적합한 수종은 참나무류 톱밥이다.

해설
산패가 일어난 미강을 사용하면 잡균오염의 원인이 되며, 균사의 생장이 원활하지 않다.

60 표고 골목관리 시 직사광선에 의한 온도 상승으로 발생하기 쉬운 해균으로 불완전세대에는 골목표피나 절단면에 황록색의 작은 균총을 형성하다가 검은색의 자실체를 형성하는 것은?

① 고무버섯

② 톱밥버섯

③ 검은혹버섯

④ 푸른곰팡이

해설
표고 검은혹버섯
골목 표피나 접종 부위에 발생하는 황록색의 곰팡이를 불완전세대로 하는 병원균으로, 완전세대의 자실체는 단추버섯과 유사한 형태를 갖는다. 표면에 돌기가 있고 육질은 흑색이며, 매우 단단하다.

01 종균 제조 시 살균방법으로 옳지 않은 것은?

① 사용하는 배지병 종류에 따라 살균시간을 다르게 한다.
② 살균 중에 배기밸브를 조금씩 열어 수증기와 함께 혼입되는 공기를 제거한다.
③ 살균시간은 일정 압력 도달 후 내부온도가 121℃에 도달된 때부터 계산한다.
④ 살균 중에 전원 고장으로 살균이 중단되었을 때 기존 살균시간을 포함하여 계산한다.

해설
살균이 중단되었을 때는 기존 살균시간을 제외하고 다시 처음부터 살균해야 한다.

02 사물기생형 버섯이 아닌 것은?

① 송이   ② 표고
③ 큰갓버섯   ④ 느타리

해설
발생장소에 따른 버섯의 분류
• 사물기생(死物寄生) : 부숙된 낙엽이나 초지에서 발생되는 버섯
  예 느타리, 팽이버섯, 표고, 꾀꼬리버섯, 야생양송이, 갓버섯 등
• 활물기생(活物寄生) : 고등식물의 뿌리에 버섯의 균사가 공존하면서 발생되는 버섯
  예 송이, 젖버섯, 무당버섯, 광대버섯, 그물버섯 등

03 톱밥종균 제조에 대한 설명으로 옳지 않은 것은?

① 수분함량이 63~65%가 되도록 한다.
② 미송 톱밥보다 포플러 톱밥의 품질이 더 좋다.
③ 배지재료를 1L병에 550~650g 정도 넣는다.
④ 고압살균 시 변형 방지를 위하여 PE 재질의 병을 사용한다.

해설
폴리프로필렌(PP) 재질의 병은 고압살균을 하더라도 파손이나 변형이 없다.

04 종균의 저장 및 관리요령으로 가장 부적절한 것은?

① 종균 저장 시 외기온도와 동일하도록 관리한다.
② 종균은 빛이 들어오지 않는 냉암소에 보관한다.
③ 곡립종균은 균덩이 방지와 노화 예방에 주의한다.
④ 배양이 완료된 종균은 즉시 접종하는 것이 유리하다.

해설
종균 저장실은 외기온도의 영향을 적게 받도록 단열재를 쓰며, 5~10℃를 유지할 수 있도록 냉동기를 설치해야 한다.

05 톱밥배지 제조 시 배지 밑바닥까지 중심부에 구멍을 뚫어주는 이유로 옳지 않은 것은?

① 배양기간을 단축할 수 있게 한다.

② 접종원이 병 하부까지 내려갈 수 있게 한다.

③ 병 내부 공기유통을 원활하게 하기 위해서 한다.

④ 배지 내 형성되는 수분을 모아 배출하기 쉽게 하기 위해서 한다.

해설
구멍을 뚫어주는 이유
접종원이 병 하부에까지 일부 내려가서 배양기간을 단축할 수 있고, 병 내부의 공기유통을 원활하게 하기 위함이다.

06 다음 중 균사생장의 최적산도(pH)가 가장 낮은 것은?

① 송이 　　　　　② 목이

③ 여름양송이 　　④ 여름느타리

해설
① 송이 : pH 4.5
② 목이 : pH 6.0~7.0
③ 여름양송이 : pH 5.0~6.0
④ 여름느타리 : pH 6.0~7.0

07 팽나무버섯의 균주보존에 가장 적합한 온도는?

① 약 4℃ 　　　　② 약 10℃

③ 약 15℃ 　　　　④ 약 20℃

해설
주요 버섯종균의 저장온도

구분	저장온도
팽이버섯, 맛버섯	1~5℃
양송이버섯, 느타리버섯, 표고버섯, 잎새버섯, 만가닥버섯	5~10℃
털목이버섯, 뽕나무버섯, 영지버섯	10℃

08 표고 원목재배의 종균 접종과정 중 적절하지 않은 것은?

① 접종용 원목은 참나무류를 선택한다.

② 접종용 종균은 직사광선을 받게 하여 갈색으로 만든다.

③ 종균은 10℃ 이하의 통풍이 양호한 냉암소에 보관한다.

④ 접종용 원목은 수분함량이 40% 내외가 적합하다.

해설
접종용 종균을 갈변시키는 것은 톱밥배지의 배양기술이다.

09 진공냉동건조에 의한 보존방법으로 옳지 않은 것은?

① 단기보존하는 방법이다.

② 세포를 휴면시키는 방법이다.

③ 보호제로 10% 포도당을 이용한다.

④ 동결방법으로 액체질소를 사용한다.

해설
장기보존에는 진공동결건조보존법과 액체질소보존법이 주로 사용된다.

10 종균배지를 고압살균한 후 처리방법으로 옳지 않은 것은?

① 냉각실로 옮긴다.
② 곡립배지는 흔들어 준다.
③ 톱밥배지는 흔들어 준다.
④ 살균소독된 곳으로 옮긴다.

해설
곡립배지는 흔들어주어 곡립 알끼리 뭉쳐지지 않도록 하고, 톱밥배지는 흔들어서는 안 된다.

11 양송이의 조직분리 배양방법으로 가장 적합한 것은?

① 뿌리부분의 균사를 분리·접종한다.
② 균사절편이면 어느 부위나 가능하다.
③ 갓과 대의 접합부분의 육질을 분리·접종한다.
④ 대에서 분리·접종하면 배양이 잘되지 않는다.

해설
양송이의 조직분리는 갓과 대의 접합부분의 육질을 분리·접종한다.

12 감자한천배지 1L 제조 시 한천은 몇 g을 넣는가?

① 1
② 2
③ 10
④ 20

해설
감자한천배지(PDA)
물 1L에 감자 200g, 포도당 20g, 한천 20g을 넣는다.

13 버섯종균을 유통하려고 할 때 품질표시 항목으로 필수사항이 아닌 것은?

① 종균 접종일
② 생산자 성명
③ 품종의 명칭
④ 수입종자의 경우 수입 연월 및 수입자 성명

해설
유통 종자의 품질표시(종자산업법 시행규칙 제34조 제1항 제1호)
가. 품종의 명칭
나. 종자의 발아율[버섯종균의 경우에는 종균 접종일(接種日)]
다. 종자의 포장당 무게 또는 낱알 개수
라. 수입 연월 및 수입자명[수입종자의 경우로 한정하며, 국내에서 육성된 품종의 종자를 해외에서 채종(採種)하여 수입하는 경우는 제외]
마. 재배 시 특히 주의할 사항
바. 종자업 등록번호(종자업자의 경우로 한정)
사. 품종보호 출원공개번호(식물신품종 보호법에 따라 출원공개된 품종의 경우로 한정) 또는 품종보호 등록번호(식물신품종 보호법에 따른 보호품종으로서 품종보호권의 존속기간이 남아 있는 경우로 한정한다)
아. 품종 생산·수입 판매 신고번호(법에 따른 생산·수입 판매 신고 품종의 경우로 한정)
자. 유전자변형종자 표시(유전자변형종자의 경우로 한정하며, 표시방법은 유전자변형생물체의 국가간 이동 등에 관한 법률 시행령에 따른다)

14 양송이 종균의 배양과정 중 오염이 되는 주요 원인이 아닌 것은?

① 살균이 잘못된 경우

② 오염된 접종원 사용

③ 배양 중 온도변화가 없는 경우

④ 흔들기 작업 중 마개의 밀착 이상

해설

종균의 배양과정 중 잡균이 발생하는 원인

• 살균이 잘못되었을 때

• 오염된 접종원의 사용

• 배양실의 온도변화가 심할 때

• 배양 중 솜마개로부터 오염

• 접종 중 무균실에서의 오염

• 배양실 및 무균실의 습도가 높을 때

15 무균실에 필요한 도구가 아닌 것은?

① 에틸알코올

② 자외선램프

③ 무균필터(Filter)

④ 스트렙토마이신

해설

스트렙토마이신은 항생제로서 무균실에 필요한 도구가 아니다.

16 밀배지 제조 시 탄산석회와 석고의 첨가 이유를 가장 바르게 나타낸 것은?

① 탄산석회 : 산도조절, 석고 : 결착방지

② 탄산석회 : 산도조절, 석고 : 건조방지

③ 탄산석회 : 결착방지, 석고 : 산도조절

④ 탄산석회 : 건조방지, 석고 : 산도조절

해설

• 탄산석회 : 산도(pH)조절

• 석고 : 결착을 방지하고 물리적 성질을 개선

17 버섯의 포자 발아용 배지로 가장 적당한 것은?

① YM배지

② 퇴비 추출배지

③ 증류수 한천배지

④ 차펙스(Czapek's)배지

해설

영양원의 첨가가 없는 증류수 한천배지(Water Agar)는 버섯의 포자 발아에 주로 사용된다.

18 표고의 학명으로 옳은 것은?

① *Lentinula edodes*

② *Agaricus bisporus*

③ *Pleurotus ostreatus*

④ *Flammulina velutipes*

해설

② *Agaricus bisporus* : 양송이

③ *Pleurotus ostreatus* : 느타리

④ *Flammulina velutipes* : 팽이버섯

19 액체종균 제조에 대한 설명으로 옳지 않은 것은?

① 감자추출배지나 대두박배지를 주로 사용한다.

② 배지에 공기를 넣지 않는 경우 산도를 조정하지 않는다.

③ 느타리 및 새송이는 살균 전 배지를 pH 5.5~6.0 으로 조정한다.

④ 압축공기를 이용한 통기식 액체배양에서는 거품 생성 방지를 위하여 안티폼을 첨가한다.

해설
감자추출배지의 pH는 일반적으로 6.0~6.5 정도로 팽이버섯, 버들송이, 만가닥버섯의 경우 산도조정이 요구되지 않는다. 하지만 느타리, 큰느타리(새송이)는 감자추출배지의 pH를 4.0~4.5로 조정하여야 통기식 액체배양에서 균사생장량이 많아진다.

20 곡립종균 배양 시 잡균이 발생하는 주요 원인은?

① 빠른 균사생장

② 배지의 낮은 산도

③ 배지의 높은 수분함량

④ 배지의 풍부한 질소성분

해설
종균의 배양과정 중 잡균이 발생하는 원인
• 살균이 잘못되었을 때
• 오염된 접종원의 사용
• 배양실의 온도변화가 심할 때
• 배양 중 솜마개로부터 오염
• 접종 중 무균실에서의 오염
• 배양실 및 무균실의 습도가 높을 때

21 종균 접종용 톱밥배지의 고압살균 시 압력으로 가장 적정한 것은?

① 약 $0.1kgf/cm^2$

② 약 $0.6kgf/cm^2$

③ 약 $1.1kgf/cm^2$

④ 약 $1.6kgf/cm^2$

해설
버섯배지의 고압살균은 온도 121℃, 압력 1.1kgf/cm²(15파운드)가 적당하다.

22 느타리 종균배양실의 온도에 대한 설명으로 옳지 않은 것은?

① 15℃ 이하에서 균사생장이 지연된다.

② 28℃ 이상에서 균사생장이 급격히 저하된다.

③ 잡균 발생 지양을 위해서는 22~24℃로 유지하는 것이 좋다.

④ 최적온도보다 고온으로 관리하면 생장은 빠르나 품질이 불량하다.

해설
28℃ 이상의 고온에서는 생장은 빠르나 품질이 불량하다.

23 버섯의 유성생식으로 형성되는 포자는?

① 유주자   ② 담자포자

③ 분생포자   ④ 포자낭포자

해설
• 담자균류 버섯은 유성생식으로 담자포자를 형성한다.
• 자낭균류는 분생포자로 무성생식을 하거나 자낭포자로 유성생식을 한다.

24 느타리 원균 증식배지로 가장 적합한 것은?

① 퇴비배지　　　② 감자배지

③ 육즙배지　　　④ 국즙배지

느타리버섯 원균 증식배지로는 감자배지가 가장 적당하다.

25 톱밥배지의 상압살균에 관한 설명으로 옳지 않은 것은?

① 상압살균솥을 이용한다.

② 증기에 의한 살균방법이다.

③ 100℃ 내외를 기준으로 한다.

④ 1시간 동안 살균을 표준으로 한다.

톱밥배지의 상압살균은 배지를 살균기 안에 넣고 수증기로 온도를 98~100℃로 올린 후 5~6시간을 지속시키는 방법을 쓰고 있다.

26 우량종균 선별방법에 대한 설명으로 옳지 않은 것은?

① 육안으로 색깔을 보고 선별할 수 있다.

② 균사체에서 dsRNA를 분리하여 바이러스 감염 여부를 알 수 있다.

③ 페트리디시(Petridish)에 접종 후 37℃ 정도에서 5일간 배양하여 세균의 유무를 알 수 있다.

④ 양송이균을 제외한 대부분 종균은 현미경으로 관찰 시 꺽쇠연결체가 없어야 우량종균이다.

양송이와 신령버섯은 담자균류의 일반적인 특성과는 달리 꺽쇠(클램프, 협구)연결체가 생기지 않는다.

27 종균접종실 및 시험기구에 사용하는 소독약제인 알코올의 농도로 가장 적절한 것은?

① 60%　　　② 70%

③ 80%　　　④ 90%

소독약제는 70% 알코올을 사용한다.

28 버섯과 식물의 생물학적 차이점에 대한 설명으로 옳지 않은 것은?

① 버섯은 고등균류에 속하는 생물군으로 엽록소가 없다.

② 균사체는 대부분 실 모양의 많은 세포를 가진 균사로 되어 있는 진핵세포이다.

③ 균류는 고등식물과는 달리 줄기, 잎, 뿌리로 나누어지지는 않으나 발달된 도관체계는 있다.

④ 버섯은 타가영양체이며 생태계 중 분해자에 속하고, 식물은 자가영양체이며 생태계 중 생산자에 속한다.

식물은 뿌리, 줄기, 잎으로 구별되지만, 균류는 갓과 자루로 구분되며 발달된 도관체계는 없다.

29 버섯균주를 보존하는 데 가장 적합한 부위는?

① 원기　　　　　② 포자
③ 자실체　　　　④ 균사체

해설
버섯균주를 보존하는 데는 균사체가 가장 적합하다.

30 곡립배지에 대한 설명으로 옳지 않은 것은?

① 찰기가 적은 것이 좋다.
② 밀, 수수, 벼를 주로 사용한다.
③ 주로 양송이 재배 시 사용한다.
④ 배지 제조 시 너무 오래 물에 끓이면 좋지 않다.

해설
② 곡립배지 재료로 밀, 수수, 호밀 등을 사용한다.

31 표고 원목재배의 실패 가능성이 가장 높은 방법은?

① 원목의 수피가 떨어지지 않도록 한다.
② 표고 원목재배 시 적절한 건조과정이 필요하다.
③ 토막치기 된 원목은 지면에 직접 접촉되지 않게 놓는다.
④ 건조된 원목은 물에 침수한 후 바로 꺼내어 종균을 접종한다.

해설
건조된 원목을 물에 침수한 후 바로 꺼내어 종균을 접종하면 잡균에 오염되고 균사생장이 저하된다.

32 양송이 종균을 심을 때 퇴비량에 비하여 종균재식량이 가장 적은 부분은?

① 표층　　　　　② 상층
③ 중층　　　　　④ 하층

해설
층별재식
작업이 다소 복잡하나 균사생장이 빠르고 인력 위주인 우리나라에서 많이 사용되는 방법으로 3~4층으로 나누어 심으며, 여러 층으로 나누어 심을수록 균사생장이 빠르고 잡균오염도 극소화 할 수 있다. 층별 재배 시 퇴비량에 따른 종균량을 보면 표층은 퇴비량에 비해 종균량이 가장 많고, 그다음은 '상층 > 하층 > 중층'의 순으로 많다.

33 표고 골목 해균의 방제법으로 가장 이상적인 것은?

① 해균 발생 시 농약으로 방제한다.
② 피해가 발생한 골목을 골목장 내에 한쪽으로 치워둔다.
③ 해균이 발생하면 골목을 직사광선에 노출시킨다.
④ 골목장은 통풍이 잘되는 곳에 설치하고 골목은 과습하지 않도록 관리한다.

해설
표고 골목 해균의 방제법
• 원목에 상처가 나지 않도록 취급한다.
• 종균 접종시기를 조속히 한다.
• 각종 해균이 번식하지 않도록 환경(온도, 수광도, 통풍)을 조절·정비한다.
• 눕혀두는 장소의 환경, 방향, 경사도, 일음도, 눕혀두는 높이, 각도, 산목에 유의한다.
• 잡초 등의 차피물을 제거하여 통풍이 잘되도록 한다.
• 장마기에 관리를 충분히 한다.
• 같은 장소를 연속적으로 사용하면 해균이 점차 증가하므로, 눕혀두기, 세워두기 장소를 변경한다.
• 직사광선이 쪼이지 않는 적당한 장소를 선택한다.
• 해균의 자실체가 발생하면 포자가 형성하거나 성숙하기 전에 제거하여 포자의 전파를 방지한다.
• 잡균이 많이 발생한 원목은 격리하거나 소각하여 폐기한다.
• 해균이 일단 발생하면 구제하기 곤란하여 장소를 자주 변경하는 것이 효과적이다.

34 볏짚다발배지 발효과정에서 악취가 발생하는 이유로 가장 타당한 것은?

① 수분이 부족하여

② 계분이 과다하여

③ 퇴비의 온도가 높아서

④ 뒤집는 시기가 늦어서

야외발효기간 중 뒤집기 작업이 지연되면 혐기성 발효가 일어나 볏짚의 물리성 악변과 함께 각종 유기산과 알코올 등 혐기적 분해산물이 생성되어 구린내와 같은 악취가 나며, 종균재식 후에도 종균의 생장을 저해한다. 따라서 적기에 뒤집기 작업을 실시하여 호기성 발효를 시키는 것이 매우 중요하다.

35 느타리 볏짚재배 시 볏짚의 물 축이기 작업에 대한 설명으로 옳지 않은 것은?

① 단시간 내 축인다.

② 추울 때 작업한다.

③ 물을 충분히 축인다.

④ 배지의 수분은 70% 내외가 좋다.

추울 때 물이 얼게 되면 수분흡수가 어려우므로 가급적 영하인 날은 피하여 침수작업을 하는 것이 좋다.

36 버섯파리 중에 유충의 길이가 2mm 정도로 황색 또는 오렌지색을 띠며, 주로 균상표면이 장기간 습할 때 피해를 주는 해충은?

① 포리드

② 세시드

③ 시아리드

④ 마이세토필

세시드(Cecid)
• 주로 균상 표면이 장기간 습할 때 피해를 주는 해충이다.
• 유충이 2mm 정도로 작고 황색이나 오렌지색을 띠며, 유태생으로 생식한다.
• 성충은 다른 버섯파리에 비해 매우 작고 증식속도가 매우 빠르며, 버섯의 대는 가해하지 못한다.

37 표고 원목재배 시 필요한 기자재가 아닌 것은?

① PP봉지

② 천공드릴

③ 종균접종기

④ 수분측정기

PP(폴리프로필렌)봉지는 표고 톱밥재배 시 필요한 기자재이다.

38 목이의 학명으로 옳은 것은?

① *Armillaria mellea*

② *Agaricus bisporus*

③ *Volvariella volvacea*

④ *Auricularia auricula-judae*

① *Armillaria mellea* : 뽕나무버섯
② *Agaricus bisporus* : 양송이
③ *Volvariella volvacea* : 풀버섯

39 흑목이균 발생 최적온도와 광반응 조건으로 옳은 것은?

① 온도는 8~12℃이고 광이 불필요하다.

② 온도는 10~15℃이고 광이 불필요하다.

③ 온도는 15~18℃이고 광이 많이 필요하다.

④ 온도는 20~28℃이고 광이 많이 필요하다.

해설
흑목이 생장 발육조건
흑목이의 생장과정에는 영양, 온도, 습도, 광선, 공기, 산도 등의 일정한 요구가 필요하며, 성장이 느리고 산소요구도가 높으며 온·습도 변화에 민감하다.
- 온도 : 흑목이는 중온형 진균이다. 5℃일 때의 균사는 생장이 미약하고, 14℃ 이하일 때 생장은 느리며, 36℃ 이상일 때 생장에 억제를 받고, 22~32℃일 때 가장 적합하다.
- 광선 : 흑목이 균사는 어두운 환경에서도 생장할 수 있지만 자실체 원기의 형성에서 광선은 촉진작용을 할 수 있으며, 목이의 색깔과 관계가 있다. 미약한 빛의 조건에도 자실체는 분화할 수 있지만, 생장이 약하고 엷은 갈색을 띤다. 광선을 충족할 때 자실체는 건장하고 두터우며 흑갈색을 띤다. 고습도가 유지된다면 강렬한 햇빛도 목이의 생장을 억제할 수 없다. 재배장을 선택할 때 중요한 요소인 광선을 고려해야 한다.

40 버섯과 균사를 가해하는 응애에 대한 설명으로 옳지 않은 것은?

① 분류학상 거미강의 응애목에 속한다.

② 번식력이 떨어져 국지적으로 분포한다.

③ 크기는 0.5mm 내외로 따뜻하고 습한 곳에서 서식한다.

④ 생활환경이 불량할 때는 먹지도 않고 6~8개월간 견딘다.

해설
응애는 번식력이 매우 빠르고, 지구상 어디에나 광범위하게 분포되어 있다.

41 버섯파리를 집중적으로 방제하기 위한 시기로 가장 적절한 것은?

① 매주기 말

② 균사생장 기간

③ 퇴비배지의 후발효 기간

④ 퇴비배지의 야외퇴적 기간

해설
버섯파리의 방제는 크게 나누어 성충의 재배사 침입방지와 버섯파리유충의 발생을 방지하는 두 가지로 나눌 수 있다. 버섯파리는 방제적기가 가장 중요하다. 즉, 배지살균 및 후발효가 끝난 후부터 균사생장이 완료되어 하온시기(온도 낮추기)에 이르기까지의 기간이다. 특히 종균재식 후 균사생장기가 가장 중요한 방제적기이다.

42 표고 종균접종을 위해 가장 적합한 원목의 수분함량은?

① 25~30%
② 35~40%
③ 45~50%
④ 55~60%

해설
표고 종균접종을 위한 가장 적합한 원목의 수분함량은 35~40%이다.

43 표고 톱밥배지 재료 배합비율 중 적정 혼합비율은?

① 참나무 톱밥 60%에 미강 40% 혼합

② 참나무 톱밥 60%에 밀기울 40% 혼합

③ 참나무 톱밥 85~90%에 미강 10~15% 혼합

④ 참나무 톱밥 50%에 미강 25%와 밀기울 25% 혼합

해설
표고 톱밥배지 재료 배합비율
참나무 톱밥 85~90%, 미강 10~15% 혼합

44 영지 노랑곰팡이병원균에 대한 설명으로 옳은 것은?

① 병원균은 자낭균이다.

② 병원균은 토양으로 전염하지 않는다.

③ 병원균은 15~20℃에서 생장이 왕성하다.

④ 병원균의 생육적합 산도(pH)는 3~4이다.

해설
② 이 병원균은 토양으로부터 감염된다.
③ 병원균은 30~35℃에서 생장이 왕성하다.
④ 병원균의 생육적합 산도(pH)는 5.0이다.

45 양송이 퇴비배지의 입상이 끝난 후 정열방법으로 가장 적절한 것은?

① 출입구와 환기통의 완전 밀폐

② 출입구와 환기통의 완전 개방

③ 출입구와 환기통의 단시간 개방

④ 출입구와 환기통의 단시간 밀폐

해설
퇴비의 입상이 끝나면 재배사의 문과 환기구를 밀폐하고 재배사를 인위적으로 가온한다. 실내 가온과 함께 퇴비의 자체 발열에 의하여 온도가 상승하면 퇴비 온도를 60℃에서 6시간 동안 유지한다. 이 과정을 정열(頂熱)이라고 부르는데, 이것은 퇴비로부터 오염되는 각종 병해충과 재배사에 남아있는 병해충을 제거하기 위한 것으로, 이때 퇴비 온도만을 60℃로 올리는 것이 아니라 실내 온도도 60℃로 올려야 한다.

46 양송이 병해충 중 주로 배지에 발생하며, 산성에서 생장이 왕성하여 산도조절을 함으로써 방제가 가능한 것은?

① 괴균병   ② 마이코곤병

③ 푸른곰팡이병   ④ 세균성 갈반병

해설
양송이의 균사생장에 알맞은 복토의 산도는 pH 7.5 내외이다. pH가 낮은 산성 토양에서는 수소이온이 많아 양송이 균사의 생장이 불량하고 토양 중 미생물의 활동도 미약하며, 푸른곰팡이병의 발생이 심하다.

47 천마에 대한 설명으로 옳지 않은 것은?

① 난(蘭)과에 속하는 일년생 식물이다.

② 지하부의 구근은 고구마처럼 형성된다.

③ 뽕나무버섯균과 서로 공생하여 생육이 가능하다.

④ 지상부 줄기 색깔에 따라 홍천마, 청천마, 녹천마 등으로 구별한다.

해설
천마는 난과에 속하는 다년생 고등식물이지만, 엽록소가 없어 탄소 동화능력이 없다. 따라서 독립적으로 생장하지 못하고, 균류와 공생관계를 유지하면서 생존한다.

48 만가닥버섯 재배에 배지 재료로 가장 적절한 것은?

① 소나무   ② 떡갈나무

③ 느티나무   ④ 오동나무

해설

만가닥버섯 배지 재료로는 느티나무, 버드나무, 오리나무가 적절하고 소나무, 나왕 등의 톱밥은 버섯이 발생되지 않는 경우가 있다.

49 표고 톱밥재배 시 균을 배양하기 위한 필수시설이 아닌 것은?

① 살균실   ② 무균실

③ 배양실   ④ 비가림시설

해설

비가림시설은 표고 원목재배 시 필요하다.

50 느타리의 품종 중 광온성 재배품종은?

① 춘추 2호   ② 수한 1호

③ 치악 5호   ④ 원형 1호

해설

수한느타리 1호의 경우 광온성 버섯으로 배양온도의 범위가 넓다.
① 춘추 2호 : 중온성
③ 치악 5호 : 중고온성
④ 원형 1호 : 저온성

51 종균의 저장온도가 가장 낮은 버섯 종류는?

① 양송이   ② 표고

③ 팽이버섯   ④ 느타리

해설

주요 버섯종균의 저장온도

구분	저장온도
팽이버섯, 맛버섯	1~5℃
양송이, 느타리, 표고, 잎새버섯, 만가닥버섯	5~10℃
털목이, 뽕나무버섯, 영지	10℃

52 찐 천마의 열풍건조 시 건조기 내의 최적온도와 유지 시간에 대하여 다음 (   )에 올바르게 넣은 것은?

> 처음 (가)℃에서 서서히 (나)℃로 상승시킨 다음 3일간 유지 후 (다)℃에서 7시간 유지하여 내부까지 건조시켜야 한다.

① 가 : 40, 나 : 50~60, 다 : 50~60

② 가 : 30, 나 : 40~50, 다 : 50~60

③ 가 : 40, 나 : 50~60, 다 : 70~80

④ 가 : 30, 나 : 40~50, 다 : 70~80

해설

찐 천마의 열풍건조 시 처음 30℃에서 서서히 40~50℃로 상승시킨 다음 3일간 유지 후 70~80℃에서 7시간 유지하여 내부까지 건조시켜야 한다.

53 균사에 꺽쇠연결체가 없는 버섯은?

① 팽이버섯　　　② 목이
③ 양송이　　　　④ 느타리

해설
양송이와 신령버섯은 담자균류의 일반적인 특성과는 달리 꺽쇠(클램프, 협구)연결체가 생기지 않는다.

54 표고 골목 제조법 중 영양분의 축적이 많아 원목 벌채 조건으로 가장 적절한 것은?

① 나무의 수피가 벗겨져 있고 수액 유동이 정지된 시기
② 나무의 수피가 벗겨져 있고 수액 유동이 활발한 시기
③ 나무의 수피가 벗겨지지 않고 수액 유동이 정지된 시기
④ 나무의 수피가 벗겨지지 않고 수액 유동이 활발한 시기

해설
표고는 골목의 껍질(수피)이 없으면 버섯이 발생되지 않으므로 껍질이 벗겨지지 않는 시기, 즉 수액의 이동이 정지된 시기에 벌채를 한다.

55 주로 곡립종균을 사용하여 재배하는 버섯은?

① 표고
② 느타리
③ 양송이
④ 뽕나무버섯

해설
양송이 종균은 주로 밀을 배지로 하여 제조한 곡립종균을 사용한다.

56 봉지재배로 전복느타리 종균을 접종하였다. 버섯 발이 유기 관리방법으로 옳은 것은?

① 실내 온도 18~24℃로 유지한다.
② 실내 습도 70~80%로 유지한다.
③ 비닐을 완전 제거하여 생육 시 배지 회수율이 낮다.
④ 비닐에 칼집만 내어 생육 시 습도의 유지·관리가 어렵다.

해설
전복느타리버섯 발이 유기
• 배양실에서 병 내에 균사가 완전히 자라면 그 상태로 약 3일간 후숙시킨 다음 버섯 발이 작업을 위해 생육실로 옮긴다. 생육실로 옮긴 다음 병뚜껑을 제거한 상태로 재배상에 배치한 다음 배지의 건조방지를 위해 신문지로 피복을 하고 물을 뿌려 신문지를 적셔 둔다.
• 전복느타리버섯은 균 긁기를 하면 버섯 발이는 균일하나 초발이 소요 일수가 1주일 정도 늦어지며, 잡균 오염률이 높아지므로 균 긁기 작업을 하지 않는 편이 유리하다.
• 버섯을 발생시키기 위하여 재배사 내 온도를 18~24℃로 유지하고 습도는 90~95% 정도로 유지시킨다. 관수 횟수는 배지의 상태에 따라 다르나 매일 2~3회 실시하며, 피복재료가 마르지 않도록 한다. 이와 같이 관리하면 4~5일 경과 후 버섯 원기가 형성되는데, 이때부터 피복재료를 제거하여 버섯을 생육시킨다.

57 양송이 복토(광질토양)재료의 최적 수분함량은?

① 45%

② 55%

③ 65%

④ 75%

해설
복토재료에 따른 적정 수분함량
토양별 2~3cm 두께로 고르게 덮어 주면 된다.

광질토양	토탄이 함유된 토양	토탄
65%	70%	80%

59 양송이 퇴비 퇴적 시 퇴비재료의 최적 탄질률(C/N율)로 옳은 것은?(단, 종균접종 시의 경우는 제외한다)

① 25 내외

② 35 내외

③ 45 내외

④ 50 내외

해설
양송이 퇴비 퇴적 시 퇴비재료의 최적 탄질률(C/N율)은 25 내외이다.

58 표고의 균사 생장 최적온도로 가장 적절한 것은?

① 15℃ 내외

② 25℃ 내외

③ 35℃ 내외

④ 40℃ 이상

해설
표고의 균사 생장 온도범위는 5~35℃이고, 적정온도는 24~27℃이다.

60 느타리 종균 접종 후 토막쌓기에 가장 적합한 장소는?

① 관수가 용이한 곳

② 북쪽의 건조한 곳

③ 직사광선이 닿는 곳

④ 주·야간 온도 편차가 큰 곳

해설
관수가 용이한 곳이 토막쌓기에 가장 적합하다.

01 곡립종균의 결착을 방지하여 물리적 성질을 개선하고자 넣는 것은?

① 석고
② 염화칼슘
③ 이산화망간
④ 탄산나트륨

해설
석고의 첨가는 퇴비표면의 교질화(콜로이드)를 방지하고, 끈기를 없애준다.

02 페트리디시(petridish)의 건열살균온도 및 시간으로 가장 알맞은 것은?

① 121℃, 1시간
② 121℃, 3시간
③ 140℃, 1시간
④ 140℃, 3시간

해설
건열살균온도와 시간
140℃에서 3시간, 160℃에서 1~2시간

03 감자추출배지 1,000mL 제조 시 감자의 첨가량은?

① 0.2g   ② 3g
③ 20g   ④ 200g

해설
감자추출배지(PDA)
물 1L에 감자 200g, 한천 20g, 포도당 20g을 넣는다.

04 양송이의 종균 재식방법이 아닌 것은?

① 혼합접종법   ② 층별접종법
③ 표면접종법   ④ 복토접종법

해설
양송이 종균을 재식하는 방법에는 크게 층별접종(재식), 혼합접종(재식), 표면접종(재식) 등이 있는데, 우리나라에서는 주로 층별접종(재식)을 이용한다.

05 곡립종균을 만들 때 pH를 조절하기 위해 첨가하는 것으로 가장 부적합한 것은?

① 염산   ② 탄산석회
③ 탄산나트륨   ④ 수산화나트륨

해설
• 버섯배지의 최초 산도는 pH 5~6 정도로 조절하는 것이 좋으며, 배지의 pH를 조절할 경우 산성은 염산(HCl), 알칼리성은 수산화나트륨(NaOH)으로 조절한다.
• 곡립종균의 pH는 약산성인데, 여기에 산성물질을 쓰면 산성도가 강해져 종균의 균사생장에 좋지 않다.

06 담자균류의 균주 분리 시 가장 적절한 부위는?

① 대의 표면 조직
② 노출된 턱받이 조직
③ 갓의 가장자리 조직
④ 노출되지 않은 내부 조직

해설
자실체 조직에서 분리된 균은 유전적으로 순수한 균주를 얻을 수 있고, 노출되지 않은 내부는 잡균에 오염되어 있는 부분이 적기 때문에 가장 적절하다.

07 양송이 종균 접종 후 관리방법으로 옳지 않은 것은?

① 퇴비배지의 습도를 90% 정도로 유지한다.
② 20℃ 이상 장기간 유지되면 균사가 사멸되므로 주의한다.
③ 퇴비배지가 너무 과습하거나 진압을 심하게 한 경우 환기를 자주한다.
④ 퇴비 온도가 상승하기 시작하면 실내 온도를 적온보다 5~10℃ 낮도록 유지해야 한다.

해설
퇴비배지의 습도를 70~75%로 유지한다.

08 표고 종균을 생산하여 판매하기 위해 신고하려고 한다. 신청 대상기관으로 옳은 것은?

① 국립종자원
② 농촌진흥청
③ 한국종균생산협회
④ 국립산림품종관리센터

해설
종자산업법에 의하면 표고 종균을 생산하여 판매하려면 먼저 법규에 따른 종균 제조 및 배양시설과 자격증을 가진 종균기능사를 보유하고 광역시·도에 신고를 하여 종자업등록을 받아야 한다. 허가를 받은 종균배양소는 산림청 국립산림품종관리센터에 판매하고자 하는 품종에 대하여 품종생산판매신고를 하거나 품종보호 출원을 하여야 한다.

09 표고 톱밥종균 제조 시 배지의 수분은 어느 정도가 적당한가?

① 53~55%
② 63~65%
③ 73~75%
④ 83~85%

해설
표고 균사 생장에 적정한 함수율은 톱밥배지 60~65%, 원목 35~40%이다.

10 버섯균주의 보존방법으로 2년 이상 장기간 보존이 가능하며, 난균류 보존에 많이 활용하는 현탁보존법에 해당하는 것은?

① 물보존법
② 계대배양보존법
③ 동결건조보존법
④ 액체질소보존법

해설
물보존법(Water Storage)
먼저 증류수병에 증류수를 담고 멸균한 후에 한천 생육배지에 충분히 배양된 균사체와 한천배지를 적당한 크기로 절단하여 증류수병에 담근다. 물보존법은 광유보존에 비하여 물의 증발 가능성이 높고 보존기간이 짧기 때문에 Phytophthora속과 Pythium속과 같은 난균문(Oomycota)의 일부 곰팡이에 많이 활용하여 사용되며, 많은 균류가 이 방법으로 5~7년간 생존한다.

11 버섯종균을 접종하는 무균실을 사람이 사용하지 않을 때 가장 적절한 관리방법은?

① 15℃ 이하 70% 이하로 유지

② 15℃ 이하 90% 이하로 유지

③ 20℃ 이하 70% 이하로 유지

④ 20℃ 이하 90% 이하로 유지

해설

종균을 접종하는 무균실의 온도와 습도
- 항시 온도를 15℃ 이하로 낮게 유지한다.
- 실내습도는 70% 이하로 건조하고, 청결하게 유지한다.

12 양송이균의 생활사로 옳은 것은?

① 포자 – 1차 균사 – 2차 균사 – 담자기 – 자실체

② 포자 – 자실체 – 1차 균사 – 2차 균사 – 담자기

③ 포자 – 1차 균사 – 2차 균사 – 자실체 – 담자기

④ 포자 – 1차 균사 – 자실체 – 2차 균사 – 담자기

해설

자웅동주성인 양송이, 풀버섯의 생활사

포자 – 1차 균사 – 2차 균사 – 자실체 – 담자기

13 종자관리사를 보유하지 않고 종균을 생산하여 판매할 수 있는 버섯은?

① 표고　　　　　② 뽕나무버섯

③ 느타리　　　　④ 노루궁뎅이버섯

해설

종자관리사 보유의 예외 – 버섯류(종자산업법 시행령 제15조)
양송이, 느타리, 뽕나무버섯, 영지, 만가닥버섯, 잎새버섯, 목이, 팽이버섯, 복령, 버들송이 및 표고버섯은 제외한다.

14 버섯완전배지(MCM)를 제조할 때 들어가는 성분이 아닌 것은?

① 설탕　　　　　② 펩톤

③ 감자추출물　　④ 효모추출물

해설

버섯완전배지(Mushroom Complete Medium, MCM)

Dextrose	20g
$MgSO_4 \cdot 7H_2O$	0.5g
KH_2PO_4	0.46g
K_2HPO_4	1.0g
효모추출물	2g
펩톤	2g
Agar	20g
증류수	1,000mL

15 버섯종균 및 자실체에 잘 발생하지 않는 잡균은?

① 흑곰팡이

② 푸른곰팡이

③ 잿빛곰팡이

④ 누룩곰팡이

해설

잿빛곰팡이병은 기주범위가 넓고 비교적 저온에서 발생한다. 특히 억제재배의 후기 이후부터 다음 해의 봄까지 주로 저온기의 시설재배에서 많이 발생한다.

16 곡립종균 제조용 배지 재료로 가장 적당하지 않은 것은?

① 밀　　　　　　　② 콩
③ 수수　　　　　　④ 호밀

해설
곡립종균 제조방법이 Sinden에 의하여 개발된 이후 밀, 호밀, 수수 등이 종균 배지재료로 이용되어 왔다.

17 종자산업법에 버섯의 종균에 대한 보증 유효기간은?

① 1개월　　　　　　② 2개월
③ 6개월　　　　　　④ 12개월

해설
보증의 유효기간(종자산업법 시행규칙 제21조)
작물별 보증의 유효기간은 다음과 같고, 그 기산일(起算日)은 각 보증종자를 포장(包裝)한 날로 한다.
• 채소 : 2년
• 버섯 : 1개월
• 감자, 고구마 : 2개월
• 맥류, 콩 : 6개월
• 그 밖의 작물 : 1년

18 느타리 원목재배 종균접종 시 가장 부적당한 수종은?

① 포플러　　　　　　② 벚나무
③ 은행나무　　　　　④ 버드나무

해설
느타리버섯은 침엽수를 제외하고는 거의 모든 활엽수에서 발생하는데, 그 중 재질이 연한 활엽수에서 특히 많이 발생한다. 나무의 종류에 따라서는 심재부가 견고하거나 노목이 되면 균사의 활착도 늦고 버섯도 적게 발생되므로 원목 선택 시 유의하여야 한다.
• 적당한 나무 : 포플러, 버드나무, 오리나무, 벚나무, 은백양나무, 뽕나무 등
• 가능한 나무 : 아카시아, 벽오동, 느릅나무, 두릅나무, 자귀나무, 자작나무 등
• 부적당한 나무 : 소나무, 낙엽송, 은행나무

19 양송이의 균사 생장에 가장 알맞은 산도(pH)는?

① 5.5 내외　　　　　② 6.5 내외
③ 7.5 내외　　　　　④ 8.5 내외

해설
균사 생장에 알맞은 복토의 산도는 7.5 내외이며, 복토 조제 시 소석회(0.4~0.8%) 혹은 탄산석회(0.5~1.0%)를 첨가하여 산도를 교정한다.

20 종균 저장방법에 대한 설명으로 옳은 것은?

① 하루에 한 번은 빛을 받을 수 있도록 저장한다.
② 대체로 5~10℃의 일정한 온도에서 저장한다.
③ 열대지방에서 생육하는 버섯의 종균은 15℃ 이하에서 저장한다.
④ 선풍기나 환풍기 바람을 강하게 하여 공기가 순환되도록 저장한다.

해설
종균 저장실은 외기 온도의 영향을 적게 받도록 단열재를 쓰며 5~10℃를 유지할 수 있도록 냉동기를 설치해야 한다.

21 곡립종균의 균덩이 형성 방지대책이 아닌 것은?

① 고온저장
② 종균 흔들기
③ 단기간 저장
④ 석고 사용량 조절

곡립종균의 균덩이 형성 방지대책
• 원균의 선별 사용
• 흔들기를 자주 하되 과도하게 하지 말 것
• 고온・장기저장을 피할 것
• 호밀은 박피할 것(도정하지 말 것)
• 탄산석회(석고)의 사용량 조절로 배지의 수분 조절

22 양송이 원균 배양 시 가장 적합한 배지는?

① 감자배지
② 톱밥배지
③ 퇴비배지
④ Hamada배지

양송이 원균 배양에는 주로 퇴비배지를 사용한다.

23 느타리의 분류학적 위치로 옳은 것은?

① 담자균문 – 주름버섯목
② 자낭균문 – 주름버섯목
③ 담자균문 – 민주름버섯목
④ 자낭균문 – 민주름버섯목

느타리버섯의 분류학적 위치
균계 > 담자균문 > 주름버섯목 > 느타리과 > 느타리속

24 버섯균사 배양용 맥아배지를 제조할 때 필요한 맥아추출물의 양은 얼마인가?

① 10g
② 20g
③ 100g
④ 200g

맥아배지(Malt Extract Agar)
• 맥아추출물 : 20g
• 펩톤 : 5g
• 배양액(Agar) : 20g
• 증류수 : 1,000mL

25 퇴비배지 제조 시 증류수 1L에 수분함량이 70%인 퇴비를 얼마나 사용하는가?

① 4g
② 20g
③ 40g
④ 200g

퇴비추출배지

퇴비(수분함량 68~70%)	40g
Malt Extract	7g
Sucrose(설탕)	10g
Agar	20g
증류수	1,000mL

26 비타민이나 항생물질의 살균방법으로 가장 적합한 것은?

① 여과살균

② 건열살균

③ 자외선살균

④ 고압증기살균

해설
여과살균
열에 약한 용액, 조직배양배지, 비타민·항생물질 등의 살균에 이용한다.

27 표고에 대한 설명으로 옳지 않은 것은?

① 사물기생균이다.

② 균근성 버섯이다.

③ 느타리과에 속한다.

④ 항암성분인 렌티난을 함유하고 있다.

해설
표고는 사물기생균으로 참나무류에 기생하는 목재부후균이다.
※ 균근성 버섯 : 송이, 덩이버섯, 능이 등

28 버섯균주의 장기 보존 시 10℃ 이상의 상온에서 보존을 하는 것은?

① 양송이

② 풀버섯

③ 팽이버섯

④ 표고

해설
고온성 버섯(풀버섯)은 10℃ 이상, 저온성 버섯(팽이버섯)은 4℃에서 보존한다.

29 동충하초는 어느 분류군에 속하는가?

① 담자균류

② 병꼴균류

③ 자낭균류

④ 접합균류

해설
동충하초의 분류학적 위치
자낭균문 > 핵균강 > 맥각균목 > 맥각균과 > 동충하초속

30 버섯종균용 톱밥배지(600g)의 고압살균 시 가장 적합한 살균시간은?

① 20~50분

② 60~90분

③ 100~130분

④ 140~170분

해설
• 살균시간은 용기 내의 배지량에 따라 다르다.
• 600g 정도는 60~90분, 삼각플라스크에 소량의 톱밥이 들어있을 경우 40~60분 정도 살균한다.

31 표고 균사 생장에 가장 적합한 원목의 수분함량은?

① 10% 내외

② 20% 내외

③ 30% 내외

④ 40% 내외

해설

표고 균사 생장에 적정한 함수율은 톱밥배지 60~65%, 원목 35~40%이다.

32 표고균 배양을 위한 버섯 톱밥배지 제조법에 적합하지 않는 것은?

① 버섯의 품질을 높이기 위해 설탕 등 첨가제를 넣기도 한다.

② 살균이 끝난 배지는 냉각실에서 온도를 20℃ 이하로 낮춘다.

③ 배지 내부의 공극률을 조절하는 용도로 면실피를 사용한다.

④ 자실체 형성 및 균사생장을 촉진시키기 위해 영양원은 전체 부피의 20% 이상으로 넣는다.

해설

톱밥과 영양제의 적정 혼합비율은 부피비율로 10 : 1~10 : 1.5이며 10 : 2를 초과하지 않도록 한다. 재료에 따라서 10 : 2에서도 양분이 과다하여 자실체 형성에 지장을 주거나 균사생장 지연, 해균발생 촉진 등의 악영향을 준다.

33 느타리 재배를 위한 솜(폐면)배지 살균 전의 수분함량으로 가장 적당한 것은?

① 50~55%

② 60~65%

③ 70~75%

④ 80~85%

해설

폐면은 지방질이 많고 표면에 얇은 왁스층이 있어서 수분흡수가 잘 안될 뿐만 아니라 흡수속도도 대단히 늦다. 이때의 최적 수분함량은 국내산 폐면은 72~74%, 씨껍질이 많은 외국산 깍지솜의 경우에는 75% 정도로 조절하여 사용한다.

34 표고 발생기간 중에 버섯을 발생시킨 골목은 다음 표고 자실체 발생 작업까지 어느 정도의 휴양기간이 필요한가?

① 약 30~40일

② 약 60~70일

③ 약 80~100일

④ 약 120~140일

해설

수확이 끝난 골목은 30~40일간 휴양시킨 후 다시 버섯을 발생시킨다.

35 영지 재배사 설치에 필요한 사항이 아닌 것은?

① 저지대나 습한 곳은 피한다.

② 최적온도 유지를 위한 장치가 필요하다.

③ 버섯 생육에 필요한 환기시설이 필요하다.

④ 버섯 발생에 방해가 되는 햇빛을 완전히 차단해야 한다.

해설

영지는 균사배양 중에는 광선이 필요하지 않으므로 별도로 조명은 하지 않으나 작업에 필요한 정도의 조명시설은 필요하다.

36 성충은 다른 버섯파리에 비해 매우 작고 증식속도가 매우 빠르며, 유충의 길이는 2mm 정도이고 버섯 대는 가해하지 못하는 것은?

① 세시드
② 포리드
③ 시아리드
④ 마이세토필

세시드(Cecid)
• 주로 균상 표면이 장기간 습할 때 피해를 주는 해충이다.
• 유충이 2mm 정도로 작고 황색이나 오렌지색을 띠며, 유태생으로 생식한다.
• 성충은 다른 버섯파리에 비해 매우 작고 증식속도가 매우 빠르며, 버섯의 대는 가해하지 못한다.

37 표고의 등급별 종류가 아닌 것은?

① 동고
② 향고
③ 향신
④ 동신

표고의 등급은 갓의 형태에 따라 1등급 백화고, 2등급 흑화고, 3등급 동고, 4등급 향고, 5등급 향신으로 구분한다.

38 버섯을 건조하여 저장하는 방법이 아닌 것은?

① 가스건조
② 열풍건조
③ 일광건조
④ 동결건조

건조저장법에는 열풍건조, 일광건조, 동결건조가 있고, 억제저장법에는 가스저장법, 저온저장법이 있다.

39 노지에서 표고 종균을 원목에 접종하려 할 때 최적 시기는?

① 1~2월
② 3~4월
③ 5~6월
④ 7~8월

노지인 경우는 외부 기온이 어느 정도 올라가는 3월 중순 이후가 적당하다. 늦어도 4월 중순 이전에는 접종을 완료하여야 한다.

40 종균 증식 및 보존용 배지로 많이 쓰이는 감자배지의 성분이 아닌 것은?

① 한천
② 증류수
③ 포도당
④ 맥아추출물

감자추출배지(PDA)
물 1L에 감자 200g, 한천 20g, 포도당 20g을 넣는다.

41 느타리 균상재배를 위해 솜(폐면)배지를 살균할 때 최적온도범위로 가장 적당한 것은?

① 45~50℃   ② 50~55℃
③ 60~65℃   ④ 70~75℃

해설
느타리버섯의 솜(폐면)배지의 살균 조건은 60~65℃에서 6~14시간이다.

42 느타리의 원기 형성을 위한 재배사의 환경조건으로 부적합한 것은?

① 충분한 자연광
② 저온충격과 변온
③ 70~80% 정도의 습도
④ 1,000~1,500ppm 정도의 이산화탄소 농도

해설
자실체 생장발육 단계에서 느타리가 수용하는 공기상대습도는 80~90%이다. 공기상대습도가 50%보다 낮으면 원기가 형성되기 어렵고, 공기상대습도가 95%를 초과하면 원기는 썩게 된다.

43 느타리 재배시설 중에서 헤파필터 등의 공기여과장치가 필요 없는 곳은?

① 배양실   ② 생육실
③ 냉각실   ④ 종균접종실

해설
생육실
냉·난방기, 가습기, 내부공기순환장치, 환기장치(급·배기), 온·습도센서, 제어장치 등이 설치되어야 한다.

44 병재배를 이용하여 종균을 접종하려 할 때 유의사항으로 옳지 않은 것은?

① 배지온도가 25℃까지 식었을 때 접종한다.
② 고압살균은 121℃, 1.1kgf/cm^{2}에서 90분간 실시한다.
③ 고압살균 후 상온이 될 때까지 냉각을 하고 병을 꺼낸다.
④ 접종실과 냉각실의 UV등을 항상 켜놓고, 작업을 하거나 배지 보관 시에는 소등한다.

해설
살균을 마친 배양병은 소독이 된 방에서 배지 내 온도를 25℃ 이하로 냉각시켜 접종실로 옮겨 무균상 및 클린부스 내에서 종균을 접종한다.

45 버섯 수확 후 저장과정에서 산소와 이산화탄소 영향에 대한 설명으로 옳지 않은 것은?

① 버섯 저장 시에는 산소 농도 1% 이하에서만 효과가 있다.

② 산소의 농도가 2~10%인 경우는 버섯 갓과 대의 성장을 촉진시킨다.

③ 이산화탄소 농도가 5% 이상인 경우는 버섯 갓의 성장을 촉진시킨다.

④ 이산화탄소의 농도가 10% 이상인 경우는 버섯 대의 성장을 지연시킨다.

해설
③ 갓은 5% 이상의 이산화탄소 농도에서 펴지는 것이 지연되는 경향이 있다.

46 털두꺼비하늘소는 주로 어느 시기에 표고의 원목에 피해를 입히는가?

① 알   ② 유충

③ 성충   ④ 번데기

해설
부화된 털두꺼비하늘소 유충은 1마리당 12cm² 정도 면적의 수피 내부층과 목질부 표피층을 식해하는데, 이것에 의한 균사의 활력과 저지는 물론 잡균의 발생을 조장하여 피해를 가중시킨다.

47 버섯 수확 후 생리에 대한 설명으로 옳지 않은 것은?

① 젖산, 초산을 생성한다.

② 휘발성 유기산을 생성한다.

③ 포자 방출이 일어날 수 있다.

④ 호흡에 관여하는 효소시스템이 정지된다.

해설
수확 후의 버섯은 원예작물처럼 계속 호흡에 관여하는 효소시스템을 가지고 있다.

48 액체상태의 균주를 접종하는 기구는?

① 피펫   ② 백금구

③ 균질기   ④ 진탕기

해설
② 백금구(Hook) : 곰팡이, 버섯 등의 포자나 균사를 채취할 때(끝이 ㄱ자 모양) 사용하는 이식기구
③ 균질기 : 조직의 세포를 파괴하여 균등액으로 만드는 기구
④ 진탕기 : 물질의 추출이나 균일한 혼합을 위하여 사용하는 기기

49 느타리의 세균성 갈반병에 대한 설명으로 옳은 것은?

① *Patoea folasci*에 의해 발생한다.

② 여름철 고온 상태에서 주로 발생한다.

③ 재배사 내의 습도가 90~95%일 때 발생한다.

④ 결로현상이 많이 일어나는 재배사에서 잘 발생한다.

해설
① *Pseudomonas tolaasii*에 의해 발생한다.
② 병의 발생은 적기재배인 봄·가을재배보다는 겨울·여름재배에서 심하다.
③ 재배사가 구조적으로 보온력이 없거나 오래된 재배사여서 보온력을 상실한 경우 많이 발생한다.

50 만가닥버섯 생육에 가장 알맞은 온도는?

① 10℃ 내외   ② 15℃ 내외

③ 20℃ 내외   ④ 25℃ 내외

해설
만가닥버섯
· 균 긁기 작업이 끝난 병은 재배실로 옮겨 신문지를 덮고, 신문지가 항상 젖어 있도록 물을 뿌리고 실내습도는 85~95%, 실내온도는 15~16℃로 유지한다.
· 배지표면에 균사가 흰색으로 나올 때 물주기를 중단한다.

51 표고 종균을 접종한 원목에 균사활착을 위해 실시하는 것은?

① 타목   ② 침수

③ 물떼기   ④ 임시 눕히기

해설
임시 눕히기의 목적
바람에 의한 심한 건조를 막아주고 버섯목 내에 충분한 습기가 보존될 수 있도록 하며, 일정한 온도를 유지해 줄 수 있도록 하고, 직사광선에 골목이 노출되지 않도록 하여 표고균사의 활착과 만연을 순조롭게 하기 위해서 실시한다.

52 영지의 갓 뒷면의 색을 보아 수확적기인 것은?

① 적색   ② 황색

③ 회색   ④ 흑색

해설
영지의 수확시기
수확시기가 늦어질수록 버섯 뒷면의 색깔이 황색에서 흰색으로 변하고, 더 오래 두면 회색으로 변한다. 황색이 있을 때 수확하여야 약효도 높고 수량도 많아진다.

53 표고 원목재배 시 발생하는 검은단추버섯에 대한 설명으로 옳지 않은 것은?

① 중앙부가 녹색이고 가장자리는 흰색이다.
② 직사광선에 노출되었을 때 발생하기 쉽다.
③ 주로 평균기온이 낮은 4월 이전에 발생한다.
④ 조기에 발견하여 원목을 그늘진 곳으로 옮겨 피해를 줄일 수 있다.

해설
③ 5~10월경 고온건조기의 직사광선에서 발생한다.
※ 검은단추버섯
  • 증상
    초기에는 수피표면의 중심은 푸른색을 띠며, 가장자리는 흰색의 균사를 나타낸다. 검은단추버섯의 불완전세대인 푸른곰팡이가 발생된 다음 생장하다가 중심부의 푸른 부분이 차츰 없어지며, 지름 3~12mm 정도의 크기를 가진 원반형의 자실체를 형성하고, 서로 중복되면 부정형이 되기도 한다. 자실체의 표면은 다갈색에서 흑갈색으로 내부는 흰색이다.
  • 발병조건 및 방제법
    원목이 직사광선을 받아 골목 내의 표고균이 약화된 경우나 부적당한 관리에 의한 과습에 의해 발생하므로 원목을 직사광선에 노출되지 않게 하며, 장마기간 동안 골목장 관리를 철저히 하여 병원균의 초기 침입을 막아야 한다.

54 느타리 병재배시설에 필요 없는 것은?

① 배양실   ② 억제실
③ 생육실   ④ 접종실

해설
억제실은 발이실에서 버섯 발생이 불규칙한 부분을 고르게 만들기 위해 광시설, 송풍시설이 부착된 억제기를 설치하여 버섯 발생을 전체적으로 고르게 만드는 곳으로, 팽이버섯 재배에 필요하다.

55 표고 원목재배 시 원목의 수피 두께에 따른 원기형성 속도에 대한 설명으로 옳은 것은?

① 수피 두께와는 관계가 없다.
② 수피가 얇으면 빠르고 두꺼우면 늦다.
③ 수피가 얇으면 늦고 두꺼우면 빠르다.
④ 외수피 두께가 최소 2mm 이상이어야 한다.

해설
일반적으로 수피가 얇은 골목은 원기 형성이 빠르고, 수피가 두꺼운 골목은 원기의 형성이 늦다.

56 생육실에서 냉난방을 위한 송풍역할을 하며, 실내 공기를 순환시키는 역할을 하는 콘덴싱 유닛 팬의 회전속도를 조절할 수 있는 장치는?

① 인버터   ② 융축기
③ 시로코팬   ④ 전기열선

해설
재배시설에서는 대개 팬 쿨러를 사용하는데, 건조를 방지하기 위하여 팬의 속도를 조절하는 인버터를 부착한다.

57 표고 재배 시 원목의 눕히기 각도가 높아지는 조건
이 아닌 것은?

① 강우가 많을 때

② 배수가 불량한 경우

③ 통풍이 양호한 경우

④ 골목 굵기가 굵은 것

> **해설**
> 표고 재배 시 원목의 눕히기 각도가 높아지는 조건
> • 강우가 많은 경우
> • 통배수가 불량한 경우
> • 습도가 높은 경우
> • 원목 굵기가 굵은 경우

58 병재배에 사용하는 배지 고압살균기에 대한 설명
으로 옳지 않은 것은?

① 상압살균은 할 수 없다.

② 121℃에서 주로 살균한다.

③ 고압살균으로 배지를 빠른 시간에 무균화한다.

④ 드레인 배관에는 증기트랩과 체크밸브가 설치되
어 있다.

> **해설**
> 살균기의 종류에는 상압살균기와 고압살균기가 있으나, 병재배용
> 살균기는 완전살균이 되는 고압증기살균기를 많이 사용하고 있다.

59 실내에서 재배하면 가장 경제성이 낮은 버섯은?

① 송이　　　　　　② 양송이

③ 왕송이　　　　　④ 새송이

> **해설**
> 송이와 같은 균근성 버섯은 살아있는 나무와 활물공생을 하여
> 인공재배기술 경비가 송이 가격보다 더 많아 경제성이 낮다.

60 다음 설명에 해당하는 병해는?

> 양송이에 주로 발생하며, 기온이 높은 봄재배 후기와
> 가을재배 초기, 백색종을 재배할 때 복토를 소독하지
> 않은 경우에 피해가 심하다.

① 대속괴사병　　　② 마이코곤병

③ 푸른곰팡이병　　④ 세균성 갈색무늬병

> **해설**
> **마이코곤병 증상**
> 포자가 발아하여 병원균사가 흡기를 형성하여 자실체 조직에만
> 침투하여 버섯은 대와 갓의 구별이 없어지고 밀가루 반죽덩이와
> 같은 기형이 되며, 후기에는 부패되어 악취를 발생한다.
> ① 대속괴사병은 주로 수확기에 발생한다.
> ③ · ④ 버섯푸른곰팡이병과 세균성 갈색무늬병은 버섯 재배에서
> 　　가장 문제가 되는 병해로 낮에는 건조하고 밤에는 이슬이 내려
> 　　일교차가 10℃ 이상일 때 많이 발생한다.

2017년 과년도 기출복원문제

※ 2017년부터는 CBT(컴퓨터 기반 시험)로 진행되어 수험자의 기억에 의해 문제를 복원하였습니다. 실제 시행문제와 일부 상이할 수 있음을 알려드립니다.

01 버섯종균 생산에서 배지 조제(곡립배지, 톱밥배지) 시 산도 조절용으로 사용하는 첨가제는?

① 황산마그네슘
② 탄산석회
③ 인산염
④ 아스파라진

해설
pH를 조절하기 위한 첨가제로 염산, 탄산석회($CaCO_3$, 탄산칼슘), 탄산나트륨, 수산화나트륨을 사용한다. 이 중 염산은 pH를 산성으로 조절할 때 쓰고, 나머지는 염기성으로 조절할 때 쓴다.

02 버섯의 균사세포를 구성하는 세포소기관이 아닌 것은?

① 미토콘드리아
② 엽록체
③ 리보솜
④ 핵

해설
버섯의 균사세포에는 핵, 미토콘드리아, 액포, 소포체, 골지체, 리보솜 등 막으로 둘러싸인 소기관이 있다.

03 살균기의 페트콕(pet cock)이 하는 역할은?

① 살균기 내의 물 제거
② 살균기 내에 들어오는 증기량 조절
③ 살균기의 온도 조절
④ 살균기 내의 냉각공기 제거

해설
페트콕은 살균기 내의 냉각공기 제거 역할을 한다.

04 식용버섯의 자실체로부터 포자를 채취하고자 한다. 이때 샬레의 가장 알맞은 온도와 포자의 낙하시간은?

① 온도 25~30℃, 6~15분
② 온도 25~30℃, 6~15시간
③ 온도 15~20℃, 6~15분
④ 온도 15~20℃, 6~15시간

해설
식용버섯의 자실체로부터의 포자채취 시 샬레의 온도는 15~20℃, 포자의 낙하시간은 6~15시간이 적당하다.

05 느타리와 표고의 균사 배양이 가장 알맞은 배지의 pH 범위는?

① 4~5
② 5~6
③ 6~7
④ 7~8

해설
느타리와 표고의 균사 배양에 가장 알맞은 산도는 pH 5~6(약산성)이다.

06 다음 중 균사생장의 최적산도(pH)가 가장 낮은 것은?

① 송이   ② 목이
③ 여름양송이   ④ 여름느타리

해설
① 송이 : pH 4.5
② 목이 : pH 6.0~7.0
③ 여름양송이 : pH 5.0~6.0
④ 여름느타리 : pH 6.0~7.0

07 양송이균의 생활사로 옳은 것은?

① 포자 – 1차 균사 – 2차 균사 – 담자기 – 자실체
② 포자 – 자실체 – 1차 균사 – 2차 균사 – 담자기
③ 포자 – 1차 균사 – 2차 균사 – 자실체 – 담자기
④ 포자 – 1차 균사 – 자실체 – 2차 균사 – 담자기

해설
자웅동주성인 양송이, 풀버섯의 생활사
포자 – 1차 균사 – 2차 균사 – 자실체 – 담자기

08 종균의 저장 및 관리요령으로 가장 부적절한 것은?

① 종균저장 시 외기 온도와 동일하도록 관리한다.
② 종균은 빛이 들어오지 않는 냉암소에 보관한다.
③ 곡립종균은 균덩이 방지와 노화 예방에 주의한다.
④ 배양이 완료된 종균은 즉시 접종하는 것이 유리하다.

해설
종균저장실은 외기 온도의 영향을 적게 받도록 단열재를 쓰며, 5~10℃를 유지할 수 있도록 냉동기를 설치해야 한다.

09 담자균류의 균주 분리 시 가장 적절한 부위는?

① 대의 표면 조직
② 노출된 턱받이 조직
③ 갓의 가장자리 조직
④ 노출되지 않은 내부 조직

해설
자실체 조직에서 분리된 균은 유전적으로 순수한 균주를 얻을 수 있고, 노출되지 않은 내부는 잡균에 오염되어 있는 부분이 적기 때문에 가장 적절하다.

10 식용버섯의 조직을 분리할 때 시료채취에 가장 적당한 것은?

① 자실체가 노쇠한 것을 택한다.
② 자실체가 병약한 것도 무방하다.
③ 자실체가 비정상적인 것을 택한다.
④ 자실체가 해충의 피해를 받지 않은 것을 택한다.

해설
식용버섯의 조직을 분리할 때 시료는 자실체가 해충의 피해를 받지 않은 것을 채취한다.

11 종균배지(톱밥배지) 제조 시 입병용기가 1,000mL일 경우 일반적인 배지 주입량으로 가장 적합한 것은?

① 550~650g   ② 660~750g

③ 760~800g   ④ 850~900g

해설
배지재료를 1L병에 550~650g 정도 넣는다.

12 대부분의 식용버섯은 분류학적으로 어디에 속하는가?

① 조균류   ② 접합균류

③ 담자균류   ④ 불완전균류

해설
버섯은 포자의 생식세포(담자기, 자낭)의 형성 위치에 따라 담자균류와 자낭균류로 나뉘며 대부분의 식용버섯(양송이, 느타리, 큰느타리(새송이버섯), 팽이버섯(팽나무버섯), 표고, 목이 등)은 담자균류에 속한다.

13 버섯의 2핵 균사 판별방법은?

① 격막의 유무   ② 꺽쇠의 유무

③ 균사의 길이   ④ 균사의 개수

해설
2핵 균사를 판별하는 방법은 꺽쇠(협구)의 유무로 알 수 있다.

14 협구(clamp connection)의 설명으로 옳은 것은?

① 대부분의 담자균류에서 볼 수 있다.

② 양송이에는 있다.

③ 표고에는 없다.

④ 자낭균에만 형성된다.

해설
균류 중 담자균류의 가장 큰 특징은 균사에 격막이 있으며, 담자기에 담자포자가 생성되고 느타리, 표고 등은 2차 균사가 되었을 때 핵의 이동 흔적인 협구가 형성되나 양송이와 신령버섯은 이들 담자균류의 일반적인 특성과는 달리 협구가 생기지 않는다.

15 양송이 원균 증식배지로서 알맞은 것은?

① 국즙배지

② 육즙배지

③ 퇴비배지

④ 감자배지

해설
• 양송이 재배는 나무를 배지재료로 하는 버섯과 달리 풀을 배지재료로 한다.
• 배지용 퇴비는 볏짚, 밀짚, 보릿짚, 닭똥, 깻묵, 쌀겨(유기태급원)와 요소(무기태질소)를 배합하여 발효시킨다.

16 한천배지 만들기에서 배양용액을 시험관 길이 1/4 정도(10~20cc) 주입한 배지를 고압살균기에서 충분한 배기를 하면서 121℃(15lbs)에서 얼마간 살균하는가?

① 5분간
② 10분간
③ 20분간
④ 50분간

해설
한천배지를 넣은 시험관은 고압살균기에 넣어 121℃에서 20분간 살균을 하고, 비스듬이 시험관을 눕혀 사면을 시킨다.

17 곡립종균 배양 시 균덩이의 형성원인이 아닌 것은?

① 흔들기 작업의 지연
② 원균 또는 접종원의 퇴화
③ 곡립배지의 산도가 높을 때
④ 곡립배지의 수분함량이 적을 때

해설
곡립종균 제조 시 균덩이 형성원인
• 배양실 온도가 높을 때
• 곡립배지의 산도가 높을 때
• 흔들기 작업의 지연
• 곡립배지의 수분함량이 높을 때
• 원균 또는 접종원의 퇴화
• 균덩이가 형성된 접종원 사용

18 표고버섯 원목재배의 종균접종 과정 중 적절하지 않은 것은?

① 접종용 원목은 참나무류를 선택한다.
② 접종용 종균은 직사광선을 받게 하여 갈색으로 만든다.
③ 종균은 10℃ 이하의 통풍이 양호한 냉암소에 보관한다.
④ 접종용 원목은 수분함량이 40% 내외가 적합하다.

해설
접종용 종균을 갈변시키는 것은 톱밥배지의 배양기술이다.

19 표고의 학명으로 옳은 것은?

① *Lentinula edodes*
② *Agaricus bisporus*
③ *Pleurotus ostreatus*
④ *Flammulina velutipes*

해설
② *Agaricus bisporus* : 양송이
③ *Pleurotus ostreatus* : 느타리
④ *Flammulina velutipes* : 팽이버섯

20 종자관리사를 보유하지 않고 종균을 생산하여 판매할 수 있는 버섯은?

① 표고
② 뽕나무버섯
③ 느타리
④ 노루궁뎅이버섯

해설
종자관리사 보유의 예외 – 버섯류(종자산업법 시행령 제15조)
양송이, 느타리, 뽕나무버섯, 영지, 만가닥버섯, 잎새버섯, 목이, 팽이버섯, 복령, 버들송이 및 표고버섯은 제외한다.

21 버섯균사 배양용 맥아배지를 제조할 때 필요한 맥아추출물의 양은 얼마인가?

① 10g
② 20g
③ 100g
④ 200g

맥아배지(Malt Extract Agar)
• 맥아추출물 : 20g
• 펩톤 : 5g
• 배양액(Agar) : 20g
• 증류수 : 1,000mL

22 사물기생을 하지 않는 버섯은?

① 느타리
② 팽이버섯
③ 송이
④ 표고

발생장소에 따른 버섯의 분류
• 사물기생(死物寄生) : 부숙된 낙엽이나 초지에서 발생되는 버섯
　예 느타리, 팽이버섯, 표고, 꾀꼬리버섯, 야생양송이, 갓버섯 등
• 활물기생(活物寄生) : 고등식물의 뿌리에 버섯의 균사가 공존하면서 발생되는 버섯
　예 송이, 젖버섯, 무당버섯, 광대버섯, 그물버섯 등

23 골목 균사로부터 균사의 분리배양이 되지 않는 버섯은?

① 표고
② 느타리
③ 팽이버섯
④ 송이

송이의 생장 및 배양
• 꺽쇠연결체가 없다.
• 골목 균사로부터 균사의 분리배양이 되지 않는다(하마다배지를 이용한다).
• 송이와 같은 균근성 버섯은 살아있는 나무와 활물공생을 하여 인공재배기술 경비가 송이의 가격보다 더 많아 경제성이 낮다.

24 버섯균사 중 2핵 균사(제2차 균사)에서 나타나는 것은?

① 1핵 균사체
② 엽록소
③ 꺽쇠연결체
④ 단포자

꺽쇠연결체(클램프, 협구, Clamp Connection)
• 느타리 등의 균사 중 2핵 균사(n+n)에서 특징적으로 나타나는 것은 꺽쇠연결체이다.
• 단핵균사에는 꺽쇠연결이 없다.

25 일반적인 버섯의 특징이 아닌 것은?

① 버섯균은 고등균류에 속하는 생물군이다.
② 버섯세포는 전형적인 세포벽으로 싸여있다.
③ 버섯은 생태계 중 유기물 생산자이다.
④ 버섯의 균사체는 진핵세포로 구성되어 있다.

버섯의 특징
• 버섯은 고등균류에 속하는 생물군으로 엽록소가 없다(광합성을 못한다).
• 버섯 세포는 전형적인 세포벽으로 싸여있다.
• 버섯의 균사체는 대부분 실 모양의 많은 세포를 가진 균사로 되어 있는 진핵세포로 구성되어 있다.
• 버섯은 타가영양체로서 생태계 중 분해자에 속하고, 식물은 자가영양체이며 생태계 중 생산자에 속한다.
• 버섯은 주로 기생생활을 하는 생물로 여러 가지 나무들 특히 죽은 풀이나 나무 등의 유기물을 분해하여 생태계에 되돌리는 기능을 하고 있다.
• 버섯은 생태계에서 환원자로서의 기능을 가지고 자연계의 평형을 조절하고 있다.
• 버섯의 일부는 식물과 균근을 형성하여 서로 물과 영양 등을 주고받으면서 도와가며 생활한다. 식물뿌리에 공생하여 기주의 생육을 조장하며 수목식물 또는 일반작물 등에 여러 가지 형태로 공생한다.

26 종균의 저장온도가 가장 낮은 버섯은?

① 양송이 ② 느타리
③ 표고 ④ 팽이버섯

> **해설**
> 주요 버섯종균의 저장온도
>
> | 구분 | 저장온도 |
> |---|---|
> | 팽이버섯, 맛버섯 | 1~5℃ |
> | 양송이, 느타리, 표고, 잎새버섯, 만가닥버섯 | 5~10℃ |
> | 털목이버섯, 뽕나무버섯, 영지 | 10℃ |

27 표고 균사생장에 가장 적합한 원목의 수분함량은?

① 10% 내외
② 20% 내외
③ 30% 내외
④ 40% 내외

> **해설**
> 표고 균사생장에 적정한 함수율은 톱밥배지 60~65%, 원목 35~40%이다.

28 종균접종실 및 시험기구에 사용하는 소독약제인 알코올의 농도로 가장 적절한 것은?

① 60% ② 70%
③ 80% ④ 90%

> **해설**
> 소독약제는 70% 알코올을 사용한다.

29 표고종균으로 사용하지 않는 것은?

① 톱밥종균
② 퇴비종균
③ 종목종균
④ 성형종균

> **해설**
> 퇴비종균은 우사에서 나오는 두엄이나 시판되는 퇴비로 만든 종균으로 풀버섯 재배에 주로 사용된다.
> ※ 표고종균의 형태는 톱밥종균, 종목종균, 캡슐종균 및 성형종균 등이 있는데, 현재 국내에서는 대부분 톱밥종균과 성형종균의 형태로 유통되고 있다.

30 건전한 표고종균의 조건으로 옳은 것은?

① 초록색 반점이 보인다.
② 다소 갈변된 것이 좋다.
③ 종균병을 열면 쉰 듯한 냄새가 난다.
④ 백색의 균사가 덮이고 광택이 난다.

> **해설**
> 우량종균
> • 순수한 표고균사로서 표고 특유의 신선한 냄새와 윤택한 색깔을 지니고 잡균이 없는 것
> • 종균이 최고의 활성을 보이는 시기에 배양이 완료된 것으로, 보통 500g 용량의 병에 표고 원균을 접종한 경우 24℃ 내외에서 약 2개월간 배양한 것
> • 종균이 등록품종으로서 재배특성이 대체적으로 우수한 것

31 느타리 볏짚배지 살균 시 온도계 설치 위치로 가장 바른 것은?

① 재배사 내 최하단의 볏짚 내부
② 재배사 내 상단의 볏집 표면
③ 재배사 내 중간단의 볏짚 내부
④ 재배사 내 최상단의 볏짚 내부

해설
살균 시 뜨거운 공기가 위로 올라가므로 재배사 내 최하단의 볏짚 내부에 온도계를 설치해야 한다.

32 팽이버섯 재배 시 생육에 알맞은 온도와 상대습도는?

① 온도 20~25℃, 상대습도 65~70%
② 온도 7~8℃, 상대습도 70~75%
③ 온도 12~15℃, 상대습도 90~95%
④ 온도 4~5℃, 상대습도 80~85%

해설
팽이버섯 생육단계별 적정온도, 습도, 소요일수

구분	배양실	발이실	억제실	생육실
온도	16~24℃	12~15℃	3~4℃	6~8℃
습도	65~70%	90~95%	80~85%	70~75%
소요일수	20~25일	7~9일	12~15일	8~10일

33 주로 건표고를 가해하는 해충으로 건표고의 주름살에 산란하며, 유충은 버섯육질 내부를 식해하고 각 주름살 표면에 소립의 배설물을 분비하는 해충은?

① 털두꺼비하늘소
② 가시범하늘소
③ 민달팽이
④ 곡식좀나방

해설
곡식좀나방
• 주로 건표고를 가해하는 해충으로 건표고의 주름살에 산란한다.
• 유충은 버섯육질 내부를 식해하고 갓 주름살 표면에 소립의 배설물을 분비하는 해충이다.

34 표고 원목재배 시 종균접종 6개월 후의 현상 중 문제가 발생한 것은?

① 골목의 절단면에 하얀 균사가 V자형으로 보인다.
② 골목을 두드렸을 때 탁음이 난다.
③ 접종구멍을 열어보았을 때 초록색이 보인다.
④ 접종구멍을 열어보았을 때 갈색이 보인다.

해설
접종구멍을 열어보았을 때 초록색이 보이면 푸른곰팡이 등의 잡균에 오염된 것이다.

35 느타리 재배를 위한 솜(폐면)배지 살균 전의 수분함량으로 가장 적당한 것은?

① 50~55%
② 60~65%
③ 70~75%
④ 80~85%

해설
폐면은 지방질이 많고 표면에 얇은 왁스층이 있어서 수분흡수가 잘 안될 뿐만 아니라 흡수속도도 대단히 늦다. 이때의 최적 수분함량은 국내산 폐면은 72~74%, 씨껍질이 많은 외국산 깍지솜의 경우에는 75% 정도로 조절하여 사용한다.

36 건표고를 주로 가해하는 해충으로 유충으로 월동하고 건표고의 주름살에 산란하며, 유충이 버섯육질 내부를 식해하는 해충은?

① 털두꺼비하늘소
② 민달팽이
③ 표고나방
④ 버섯파리류

해설
표고나방 생태
• 유충으로 월동을 하고, 성충은 연 2~3회 발생한다.
• 건표고의 주름살에 산란을 하며, 유충은 버섯육질 내부를 식해하고 갓과 주름살 표면에 소립의 배설물을 내보낸다.
• 번데기는 버섯표면에 돌출되어 나타나고 성충으로 탈바꿈한다.

37 천마의 특성 중 맞는 것은?

① 뽕나무버섯균에 기생하면서 지상에서 성마가 되어 번식한다.
② 뽕나무버섯균과 공생하며, 지상에 자실체가 형성되는 특징이 있다.
③ 뽕나무버섯균과 공생하며, 땅속에서 성마가 되어 번식한다.
④ 난과 식물과 공생하면서 꽃과 열매로서 번식한다.

해설
천마는 뽕나무버섯균류와 공생하면서 땅속에 괴경(tuber)을 형성한다.

38 표고 원목재배 시 본 눕혀두기 작업에 대한 틀린 것은?

① 뒤집기 작업이 필요 없다.
② 보온, 보습이 잘되게 관리한다.
③ 본 눕혀두기 방법은 임시 눕혀두기와 같이 하거나 베갯목쌓기를 한다.
④ 직사광선을 막아주고 광도가 2,000~3,000lux인 곳이 눕히는 장소로 적합하다.

해설
표고 재배 시 본 눕혀두기 작업
• 직사광선을 막아 주고 보온·보습이 잘되게 하며, 균사가 고루 자라게 한다.
• 우물정자 쌓기, 베갯목쌓기를 한다.
• 90~95% 정도의 차광망을 사용이 가능한 곳(광도가 2,000~3,000lux인 곳)이 좋다.
• 입시 눕히기, 본 눕히기에서 골목을 위, 아래로 뒤집어 주는 것이 좋다.

39 버섯파리를 집중적으로 방제하기 위한 시기로 가장 적절한 것은?

① 매주기 말
② 균사생장 기간
③ 퇴비배지의 후발효 기간
④ 퇴비배지의 야외퇴적 기간

해설
버섯파리 방제는 크게 나누어 성충의 재배사 침입방지와 버섯파리 유충의 발생을 방지하는 두 가지로 나눌 수 있다. 버섯파리는 방제 적기가 가장 중요하다. 즉, 배지살균 및 후발효가 끝난 후부터 균사생장이 완료되어 하온시기(온도 낮추기)에 이르기까지의 기간이다. 특히 종균재식 후 균사생장기가 가장 중요한 방제적기이다.

40 다음 중 느타리 재배 시 관수량을 가장 많이 해야 할 시기는?

① 갓 직경 2mm
② 갓 직경 10mm
③ 갓 직경 20mm
④ 갓 직경 40mm

해설
느타리 재배 시 갓의 직경이 40mm일 때 관수량이 가장 많이 필요하다.

41 느타리 재배 시 환기불량의 증상이 아닌 것은?

① 대가 길어진다.

② 갓이 발달되지 않는다.

③ 수확이 지연된다.

④ 갓이 잉크색으로 변한다.

> **해설**
> 느타리 재배 시 환기가 불량하면 대가 길어지고 갓이 발달하지 않으며, 수확이 지연된다.

42 느타리 균상재배를 위해 솜(폐면)배지를 살균할 때 최적온도범위로 가장 적당한 것은?

① 45~50℃　　② 50~55℃

③ 60~65℃　　④ 70~75℃

> **해설**
> 느타리버섯의 솜(폐면)배지의 살균 조건은 60~65℃에서 6~14시간이다.

43 버섯과 균사를 가해하는 응애에 대한 설명으로 옳지 않은 것은?

① 분류학상 거미강의 응애목에 속한다.

② 번식력이 떨어져 국지적으로 분포한다.

③ 크기는 0.5mm 내외로 따뜻하고 습한 곳에서 서식한다.

④ 생활환경이 불량할 때는 먹지도 않고 6~8개월 간 견딘다.

> **해설**
> 응애는 번식력이 매우 빠르고 지구상 어디에나 광범위하게 분포되어 있다.

44 표고 원목재배 시 많이 발생하는 해균이 아닌 것은?

① 트리코더마균류

② 꽃구름버섯균

③ 검은혹버섯균

④ 마이코곤병균

> **해설**
> 마이코곤병
> 주로 양송이에 발병하며, 기온이 높은 봄재배 후기와 가을재배 초기, 백색종을 재배할 때, 복토를 소독하지 않은 경우 피해가 심하다.
> ① 트리코더마균 : 표고 해균 중 발생빈도가 가장 높고 심한 피해를 준다.
> ② 꽃구름버섯균 : 표고 원목 등에 겹쳐 군생하고 나무를 썩히는 목재부후균으로 백색부후를 일으킨다.
> ③ 검은혹버섯균 : 표고버섯의 골목 관리 시 직사광선에 의한 온도 상승으로 발생하기 쉬운 해균이다.

45 양송이 퇴비의 유기태급원으로 전질소 함량이 다음 중 가장 많은 것은?

① 계분　　　　② 미강

③ 장유박　　　④ 강분

> **해설**
> 유기태급원의 성분 분석결과
>
> | 재료별 | 전질소(%) | 유기태질소(%) | pH |
> | --- | --- | --- | --- |
> | 계분 | 2.51 | 2.23 | 7.5 |
> | 미강 | 2.21 | 2.11 | 6.6 |
> | 담배가루 | 1.50 | 1.47 | 6.0 |
> | 조미료폐비 | 7.33 | 1.62 | 4.7 |
> | 강분 | 2.59 | 1.46 | - |
> | 장유박 | 5.53 | 2.09 | - |
> | 수태박 | 1.50 | 1.18 | - |

46 0℃ 이하에서 원균을 보존할 때 사용하는 동결보호제로 가장 적당한 것은?

① 살균수　　　　② 유동파라핀

③ 10% 글리세린　④ 70% 에탄올

해설

버섯균주를 오랫동안 형질의 변화 없이 보존하고자 할 때 가장 좋은 방법이 액체질소를 이용한 보존방법이다. 이때 보존제로는 10% 글리세린을 사용한다.

47 표고 톱밥재배 시 주로 발생하는 병원균은?

① Trichoderma속 균

② 검은혹버섯

③ 고무버섯

④ 구름송편버섯

해설

이 해균(Trichoderma속, 푸른곰팡이병)의 병원성은 계통에 의해 상당히 차이가 있어 병원성이 큰 계통이 침입하면 톱밥배지 전면에 빠르게 만연하여 표고 균사는 완전히 사멸하지만, 병원성이 약한 계통이 침입한 경우엔 표고 균총의 일부가 흑갈색의 피막을 형성하여 균사에 대한 저항성을 나타낸다.

48 느타리의 품종이 고온성으로만 조합을 이루고 있는 것은?

① 사철느타리 2호, 여름느타리버섯

② 사철느타리 2호, 원형느타리 3호

③ 여름느타리버섯, 원형느타리 3호

④ 원형느타리 1호, 농기 2-1호

해설

발생온도에 따른 분류
• 저온성 품종(8~18℃) : 농기 2-1호, 원형 1호, 원형느타리 2호, 원형느타리 3호
• 중온성 품종(10~20℃) : 농기 201호, 춘추 2호, 치악 5호
• 중고온성 품종(10~24℃) : 사철느타리, 농기 202호
• 고온성 품종(18~25℃) : 여름느타리버섯, 사철느타리 2호, 여름느타리 2호
• 광온성 : 김제 5호·6호, 수한 1호, 장안 5호, 청풍 등

49 영지 원목재배방법 중 균사활착기간을 단축시키고 잡균발생률을 감소시키며, 연중 원목배지를 생산할 수 있는 재배법은?

① 장목재배　　　② 단목재배

③ 개량단목재배　④ 톱밥재배

해설

영지 재배방법 비교

구분	단목재배 (기존)	개량방법
살균 및 무균시설	필요 없음	필요함
원목건조	필요함	필요 없음
종균접종시기	1~2개월	1~5월
단목피복재료	필요 없음	내열성비닐 사용
단목살균유무	필요 없음	필요함 (상압 100℃ 7~9시간, 고압 121℃ 40분)
종균소요량(병/50평)	500	50
균사배양기간(개월)	4	1.5~2
균배양완성률	81%	97%

50 느타리 재배용 볏짚의 수분조절 방법 중 야외에서 실시할 때 가장 적합한 방법은?

① 물탱크를 이용하여 물에 담그는 방법

② 입상 후 살수하는 방법

③ 1차 침지 후 살수하는 방법

④ 살수 후 담그는 방법

해설

느타리 볏짚재배 시 볏짚의 물 축이기 작업
• 단시간 내 축인다.
• 추울 때(영하인 날)는 작업을 피한다.
• 물을 충분히 축인다.
• 배지의 수분은 70% 내외가 좋다.
• 볏짚 침수방법은 입상하기 전에 야외에서 고정식 물탱크나 간이 침수장을 설치하여 수분함량을 조절한다.

51 영지 발생 및 생육 시 필요한 환경요인이 아닌 것은?

① 광조사

② 저온처리

③ 환기

④ 가습

해설
영지 발생 및 생육 시 필요한 환경요인
광조사, 고온처리, 환기, 가습

52 버섯의 모양이 다른 3종과 다른 것은?

① 송이

② 양송이

③ 싸리버섯

④ 표고

해설
버섯의 모양
• 주름버섯 : 느타리, 송이, 양송이, 표고 등
• 주름살이 없는 민주름버섯 : 영지, 구름버섯, 싸리버섯 등

53 표고의 품종 중 고온성으로만 조합을 이룬 것은?

① 산림 1호, 산림 2호

② 산림 2호, 산조 501호

③ 산림 2호, 산조 101호

④ 산림 1호, 산조 502호

해설
• 저온성(8~18℃) : 산림 1 · 3호, 산조 501 · 502호
• 중온성(10~20℃) : 산림 8 · 10호, 산조 301 · 302호
• 고온성(15~25℃) : 산림 2 · 4 · 5 · 7 · 9호, 산조 101 · 102 · 103 · 108 · 109호

54 표고균사의 생장가능 온도와 적온으로 옳은 것은?

① 5~32℃, 22~27℃

② 5~32℃, 12~20℃

③ 12~17℃, 22~27℃

④ 12~17℃, 28~32℃

해설
표고균사의 생장가능 온도는 5~32℃이고, 적온은 22~27℃이다.

55 푸른곰팡이병의 발생원인으로 틀린 것은?

① 재배사의 온도가 높을 때

② 복토에 유기물이 많을 때

③ 복토가 알칼리성일 때

④ 후발효가 부적당할 때

해설
푸른곰팡이병의 발생원인
• 재배사의 온도가 높을 때
• 복토에 유기물이 많을 때
• 복토나 배지가 산성일 때
• 후발효가 부적당할 때

51 ② 52 ③ 53 ③ 54 ① 55 ③ **정답**

56 찐 천마의 열풍건조 시 건조기 내의 최적온도와 유지시간에 대하여 다음 ( )에 올바르게 넣은 것은?

> 처음 (가)℃에서 서서히 (나)℃로 상승시킨 다음 3일간 유지 후 (다)℃에서 7시간 유지하여 내부까지 건조시켜야 한다.

① 가 : 40, 나 : 50~60, 다 : 50~60
② 가 : 30, 나 : 40~50, 다 : 50~60
③ 가 : 40, 나 : 50~60, 다 : 70~80
④ 가 : 30, 나 : 40~50, 다 : 70~80

해설
찐 천마의 열풍건조 시 처음 30℃에서 서서히 40~50℃로 상승시킨 다음 3일간 유지 후 70~80℃에서 7시간 유지하여 내부까지 건조시켜야 한다.

57 톱밥배지의 상압살균온도로 가장 적합한 것은?

① 약 60℃　　② 약 100℃
③ 약 121℃　　④ 약 150℃

해설
톱밥배지의 상압살균
• 상압살균솥을 이용한다.
• 증기에 의한 살균방법이다.
• 100℃ 내외를 기준으로 한다.
• 온도 상승 후 약 5~6시간을 표준으로 한다.

58 병재배에 사용하는 배지 고압살균기에 대한 설명으로 옳지 않은 것은?

① 상압살균은 할 수 없다.
② 121℃에서 주로 살균한다.
③ 고압살균으로 배지를 빠른 시간에 무균화한다.
④ 드레인 배관에는 증기트랩과 체크밸브가 설치되어 있다.

해설
살균기의 종류에는 상압살균기와 고압살균기가 있으나, 병재배용 살균기는 완전살균이 되는 고압증기살균기를 많이 사용하고 있다.

59 버섯 재배사 내의 이산화탄소 농도가 5,000ppm이면 % 농도로는 얼마인가?

① 0.005　　② 0.04
③ 0.5　　④ 5

해설
버섯 재배사 내의 이산화탄소 농도가 5,000ppm이면 0.5% 농도이다.
5,000ppm = 0.5%(ppm은 1/1,000,000)

60 버섯 자실체 조직에 직접 침투하여 기생하는 질병은?

① 괴균병　　② 마이코곤병
③ 주홍꼬리버섯　　④ 치마버섯

해설
마이코곤병
포자가 발아하여 병원균사가 흡기를 형성하여 자실체 조직에만 침투하여 버섯은 대와 갓의 구별이 없어지고 후기에는 부패되어 악취가 발생한다.

01 대부분의 식용버섯은 분류학적으로 어디에 속하는가?

① 조균류

② 담자균류

③ 접합균류

④ 불완전균류

해설
버섯은 포자의 생식세포(담자기, 자낭)의 형성 위치에 따라 담자균류와 자낭균류로 나뉘며 대부분의 식용버섯(양송이, 느타리, 큰느타리(새송이버섯), 팽이버섯(팽나무버섯), 표고, 목이 등)은 담자균류에 속한다.

02 곡립종균 균덩이 형성 방지대책으로 옳지 않은 것은?

① 원균의 선별 사용

② 곡립배지의 적절한 수분조절

③ 탄산석회의 사용량 증가

④ 호밀은 표피를 약간 도정하여 사용

해설
균덩이 형성 방지대책
• 흔들기를 자주 하되 과도하게 하지 말 것
• 고온 저장 및 장기 저장을 피할 것
• 오래된 원균 또는 접종원의 사용금지(원균의 선별)
• 불량한 접종원의 사용금지
• 곡립배지의 적절한 수분함량 조절 및 석고의 사용량 조절
• 증식한 원균 중 균덩이 형성 성질이 있는 균총 부위의 제거
• 호밀은 박피할 것(도정하지 말 것)

03 식용버섯 종균 배양 시 잡균발생 원인이 아닌 것은?

① 살균이 완전하지 못한 것

② 오염된 접종원 사용

③ 무균실 소독의 불충분

④ 퇴화된 접종원 사용

해설
종균의 배양과정 중 잡균이 발생하는 원인
• 살균이 완전히 실시되지 못했을 때
• 오염된 접종원을 사용하였을 때
• 무균실 소독이 불충분하였을 때
• 배양 중 솜마개로부터 오염되었을 때
• 배양실의 온도변화가 심할 때
• 배양실 및 무균실의 습도가 높을 때
• 흔들기 작업 중 마개의 밀착에 이상이 있을 때

04 종균배양실의 환경조건 중 균사 생장에 가장 큰 영향을 미치는 것은?

① 온도　　　　② 습도

③ 빛　　　　　④ 환기

해설
종균배양실의 환경조건 중 온도는 균사생장에 가장 큰 영향을 미친다.

05 표고 종균에서 가장 많이 발생하는 병원균은?

① 푸른곰팡이　　② 구름버섯

③ 주홍꼬리버섯　④ 치마버섯

해설
푸른곰팡이병(*Trichoderma*속)
• 푸른곰팡이병은 배지나 종균에 발생하며, 포자는 푸른색을 띠고 버섯균사를 사멸시킨다.
• 표고 톱밥재배 시 주로 발생하는 병원균이다.

06 2~3주기 양송이 수확 시 적당한 재배사의 온도는?

① 30℃ ② 25℃
③ 20℃ ④ 15℃

해설
1주기에는 재배사의 온도를 16~17℃로 약간 높게 유지하여주는 것이 좋고 2~3주기는 버섯의 생장속도가 빠르고 품질이 저하되기 쉬우므로 1주기보다 재배사 온도를 낮추어 15~16℃ 정도로 유지하면 품질의 향상에 유리하다.

07 표고 골목의 눕혀두는 장소 선택 시 고려되어야 할 조건이 아닌 것은?

① 토질과 지형
② 일광과 피음
③ 통풍
④ 경치

해설
표고버섯 골목의 본 눕혀두기 장소로 적당한 곳
- 배수와 통풍(미풍이 부는 곳)이 잘되는 곳
- 동향 또는 남향의 양지바른 곳
- 10~15°의 완경사지(산중턱 이하의 낮은 경사지)
- 공기 중의 습도는 70~80%를 유지할 수 있는 곳
- 90~95% 정도의 차광망의 사용이 가능한 곳(광도가 2,000~3,000lx인 곳)
- 직사광선을 막아주고 산란광이 가능한 곳
- 자연림, 혼효림인 곳(음습한 곳이나 북서향은 좋지 않음)

08 종균의 저장온도가 가장 낮은 버섯은?

① 양송이버섯
② 느타리버섯
③ 표고
④ 팽이버섯

해설
주요 버섯종균의 저장온도

구분	저장온도
팽이버섯, 맛버섯	1~5℃
양송이버섯, 느타리버섯, 표고, 잎새버섯, 만가닥버섯	5~10℃
털목이버섯, 뽕나무버섯, 영지버섯	10℃

09 대주머니가 있는 버섯은?

① 양송이
② 광대버섯
③ 느타리버섯
④ 팽이버섯

해설
광대버섯에는 갓, 자실층, 대, 턱받이, 대주머니가 있다.

10 양송이나 느타리버섯 재배 시 재배사 내에 탄산가스가 축적되는 주원인은?

① 복토에서 발생
② 퇴비에서 발생
③ 외부공기로부터 혼입
④ 농약 살포로 발생

해설
양송이나 느타리버섯 재배 시 재배사 내에 탄산가스가 축적되는 원인은 퇴비이다.

11 유태생으로 생식하는 버섯파리는?

① 시아리드   ② 포리드

③ 세시드   ④ 가스가이드

> **해설**
> 세시드(Cecid)는 환경조건이 좋을 때에는 유충이 교미 없이 유충을 낳는 유태생을 하므로 증식속도가 빠르다.

12 느타리버섯 병재배 시설에 필요 없는 것은?

① 배양실   ② 배지냉각실

③ 생육실   ④ 억제실

> **해설**
> ④ 억제실은 팽이버섯 재배시설에 필요하다.
> 느타리버섯 병재배 시설에 필요한 시설 : 배양실, 배지냉각실, 생육실 등

13 버섯을 건조하여 저장하는 방법으로 가장 거리가 먼 것은?

① 일광건조   ② 열풍건조

③ 동결건조   ④ 가스건조

> **해설**
> 건조저장법에는 열풍건조, 일광건조, 동결건조가 있고, 억제저장법에는 가스저장법, 저온저장법이 있다.

14 배지의 살균은 배지의 용량에 따라 다소 차이가 있으나 일반적으로 양송이 곡립종균 제조 시 가장 적당한 고압살균(1.1kg/cm^2, 121℃)시간은?

① 20분   ② 40분

③ 90분   ④ 120분

> **해설**
> 적절한 살균조건은 상압의 경우 98~100℃에서 4시간 30분 이상, 고압의 경우 121℃에서 90분 정도이며, 살균시간은 살균온도에 도달하고 나서부터의 소요시간을 의미한다.

15 곡립배지 제조 시 배지의 pH를 조절하기 위하여 주로 사용하는 재료는?

① 쌀겨

② 탄산칼슘

③ 키토산

④ 밀기울

> **해설**
> 곡립배지 제조 시 배지의 pH를 조절하기 위하여 주로 탄산칼슘을 사용한다.

16 느타리버섯의 균사 생장에 알맞은 온도는?

① 5℃   ② 15℃

③ 25℃   ④ 35℃

해설
양송이 및 느타리버섯 균사의 배양 적온은 25℃ 전후이다.

18 느타리버섯 재배용 볏짚배지에서 잡균을 제거할 수 있는 최저살균온도 및 시간은?

① 60℃, 8시간

② 80℃, 4시간

③ 80℃, 8시간

④ 100℃, 2시간

해설
느타리버섯 볏짚배지 살균온도는 80℃, 최저살균온도 및 시간은 60℃, 8시간이다.

19 버섯재배에서 복토과정을 필요로 하는 것은?

① 새송이버섯   ② 영지버섯

③ 팽이버섯   ④ 양송이

해설
복토작업은 퇴비발효 후 퇴비 안에 양송이 종균을 심고 그 위에 흙을 뿌려 덮어 두는 작업을 말한다.

17 표고 원목재배 시 많이 발생하는 해균이 아닌 것은?

① 트리코더마균류

② 꽃구름버섯균

③ 검은혹버섯균

④ 마이코곤병균

해설
마이코곤병
주로 양송이에 발병하며, 기온이 높은 봄재배 후기와 가을재배 초기, 백색종을 재배할 때, 복토를 소독하지 않은 경우 피해가 심하다.
① 트리코더마균 : 표고해균 중 발생빈도가 가장 높고 심한 피해를 준다.
② 꽃구름버섯균 : 표고 원목 등에 겹쳐 군생하고 나무를 썩히는 목재부 후균으로 백색부후를 일으킨다.
③ 검은혹버섯균 : 표고버섯의 골목관리 시 직사광선에 의한 온도 상승으로 발생하기 쉬운 해균이다.

20 사물기생을 하지 않는 버섯은?

① 느타리버섯   ② 팽이버섯

③ 송이버섯   ④ 표고

해설
발생장소에 따른 버섯의 분류
• 사물기생(死物寄生) : 부숙된 낙엽이나 초지에서 발생되는 버섯
  예 느타리버섯, 팽이버섯, 표고, 꾀꼬리버섯, 야생양송이, 갓버섯 등
• 활물기생(活物寄生) : 고등식물의 뿌리에 버섯의 균사가 공존하면서 발생되는 버섯
  예 송이, 젖버섯, 무당버섯, 광대버섯, 그물버섯 등

21 버섯종균 제조 및 재배를 위한 톱밥배지 배합에 대한 설명으로 틀린 것은?

① 주재료인 톱밥은 70~80%, 영양원인 쌀겨나 밀기울은 20~30%로 배합하는 것이 표준이다.

② 톱밥배지를 배합할 때 적정 수분함량은 65% 전후가 적당하다.

③ 톱밥배지를 배합하여 수분함량 첨가 후 4~5일간 발효를 거쳐 용기에 담아 살균하는 것이 좋다.

④ 쌀겨 또는 밀기울의 배지 배합 비율이 30% 이상 되면 오염률이 높아지며, 균사 생장속도가 늦어지는 경향이 있다.

해설
배지의 살균은 고압증기살균을 주로 사용한다.

22 액체종균 배양 시 거품의 방지를 위하여 배지에 첨가하는 것은?

① 감자
② 하이포넥스
③ 비타민
④ 안티폼

해설
액체종균
• 물에 녹는 포도당, 설탕, 맥아즙, 효모즙을 액체배지에서 배양한 종균
• 감자추출배지나 대두박배지를 주로 사용
• 배지에 공기를 넣지 않는 경우 산도를 조정하지 않음
• 느타리 및 새송이는 살균 전 배지를 pH 4.0~4.5로 조정
• 감자추출배지의 pH는 일반적으로 6.0~6.5 정도로 팽이, 버들송이, 만가닥버섯의 경우 산도 조정이 요구되지 않음
• 압축공기를 이용한 통기식 액체배양에서는 거품생성방지를 위하여 안티폼 또는 식용유를 배지에 첨가

23 액체종균의 가장 큰 장점은?

① 배양기간이 단축된다.
② 일시에 오염될 가능성이 없다.
③ 살균을 할 필요가 없다.
④ 종균의 저장기간이 길다.

해설
액체종균은 배양기간이 짧고 고농도의 균사체를 생산할 수 있으며, 액상이므로 자동 접종이 가능하다. 또한 인건비 절감 등 많은 장점을 가지고 있다.

24 종균생산 제조 시 종균병 병구에 면전을 어떻게 하는 것이 이상적인가?

① 공중습도가 들어가게 면전
② 공기 유통에 관계없이 면전
③ 공기 유통이 되게 면전
④ 탄산가스가 배출되지 않게 면전

해설
면전은 공기와 같은 기체는 자유로이 통과하나 미생물과 같은 고체 미립자는 통과할 수 없기 때문에 미생물에 의해서 생성된 가스나 산소가 치환될 수 없고, 잡균으로부터 오염을 방지할 수 있다.

25 종균배지에 첨가하는 석회의 가장 큰 역할은?

① 산의 중화
② 영양 공급
③ 잡균 억제
④ 물리성 조절

해설
산의 중화를 위해 석회를 첨가한다.

26 영지버섯 열풍건조방법으로 옳은 것은?

① 열풍건조 시에는 습도를 높이면서 60℃ 정도에서 건조시켜야 한다.

② 열풍건조 시 40~45℃로 1~2시간 유지 후 1~2℃씩 상승시키면서 12시간 동안에 60℃에 이르면 2시간 후에 완료시킨다.

③ 열풍건조 시 초기에는 50~55℃로 하고 마지막에는 60~70℃로 건조시킨다.

④ 열풍건조 시 예비건조 없이 60~70℃로 장기간 건조시킨다.

27 버섯 자실체 조직에 직접 침투하여 기생하는 질병은?

① 괴균병　　　　② 마이코곤병

③ 주홍꼬리버섯　④ 치마버섯

해설
마이코곤병
포자가 발아하여 병원균사가 흡기를 형성하여 자실체 조직에만 침투하여 버섯은 대와 갓의 구별이 없어지고 밀가루 반죽덩이와 같은 기형이 되며, 후기에는 부패되어 악취를 발생한다.

28 버섯종균을 접종하는 무균실에 대한 설명으로 틀린 것은?

① 항상 온도를 15℃ 정도로 낮게 유지한다.

② 실내습도를 70% 이하로 건조하게 한다.

③ 실내가 멸균상태가 되도록 소독하고, 2~3시간 정도 지난 다음 작업에 들어간다.

④ 접종실 소독약제는 100% 알코올을 사용한다.

해설
④ 접종실 소독약제는 70% 알코올을 사용한다.

29 버섯배지에 접종하는 종균 중 주로 액체종균을 사용하지 않는 버섯은?

① 팽이버섯　　　② 느타리

③ 동충하초　　　④ 양송이

해설
양송이 종균은 주로 밀을 배지로 하여 제조한 곡립종균을 사용한다.

30 양송이 곡립종균 제조 시 수분 과다로 곡립의 표면이 파괴되었을 때 처리해야 할 작업으로 적합한 것은?

① 석고의 첨가량을 늘린다.

② 탄산칼슘을 다량 첨가한다.

③ 설탕과 전분을 첨가한다.

④ 배지의 수분이 과다해도 상관없다.

해설
양송이 곡립종균의 제조 시 수분 과다로 곡립표면이 파괴되었을 때는 석고(황산칼슘, $CaSO_4$)의 첨가량을 늘리는 것이 좋다.

31 버섯균주를 장기 보존할 때 사용하는 극저온 물질은?

① 탄산가스   ② 액체산소

③ 액체질소   ④ 암모니아가스

해설
액체질소보존법
−196℃ 액체질소(액화질소)를 이용하여 장기간 보존하는 방법으로, 동결보호제로 10% 글리세린이나 10% 포도당을 이용한다.

32 느타리의 조직을 분리하여 배양할 때 알맞은 온도는?

① 5℃   ② 15℃

③ 25℃   ④ 35℃

해설
느타리의 조직을 분리하여 배양할 때 알맞은 온도는 25℃이다.

33 표고 재배장소에 따른 골목관리의 고려사항으로 관계가 적은 것은?

① 주변수종   ② 건습상태

③ 일조시간   ④ 통풍

해설
골목의 건조상태, 재배장소의 건습상태, 일조시간, 통풍에 따라 골목관리를 세심히 하여야 한다.

34 표고 재배사 설치 입지조건에 적합하지 않은 것은?

① 집과 가까워 재배사 관리에 편리한 장소

② 전기와 물의 사용에 제한을 받는 장소

③ 큰 소비시장의 인근에 위치하는 장소

④ 햇빛이 잘 들고 보온과 채광에 유리한 장소

해설
전기와 물의 사용도 제한을 받지 않으면서 큰 소비시장의 인근에 위치하는 것이 좋다.

35 버섯원균의 증식 및 보존용 배지로 많이 쓰이는 감자한천배지(PDA)의 성분이 아닌 것은?

① 한천   ② 펩톤

③ 감자   ④ Dextrose

해설
감자한천배지(PDA)의 성분은 감자, 한천, Dextrose(포도당)이다.

36 버섯균사를 접종(이식)할 때 주로 사용하는 기구는?

① 백금선　　　　② 백금구
③ 백금이　　　　④ 백금망

해설
백금구는 곰팡이(균사)를 취급할 때 쓰이고, 백금선과 백금이는 효모나 세균의 이식이나 배양 시 쓰인다.

37 중온성 품종의 표고 자실체 형성 적정온도 범위는?

① 5℃ 내외　　　② 10℃ 내외
③ 15℃ 내외　　　④ 20℃ 내외

해설
중온성 품종의 표고 자실체 형성 적정온도 범위는 15℃ 내외이다.

38 톱밥배지 제조 시 배지 밑바닥까지 중심부에 구멍을 뚫어주는 이유로 옳지 않은 것은?

① 배양기간을 단축할 수 있게 한다.
② 접종원이 병 하부까지 내려갈 수 있게 한다.
③ 병 내부 공기유통을 원활하게 하기 위해서 한다.
④ 배지 내 형성되는 수분을 모아 배출하기 쉽게 하기 위해서 한다.

해설
구멍을 뚫어주는 이유
접종원이 병 하부에까지 일부 내려가서 배양기간을 단축할 수 있고, 병 내부의 공기유통을 원활하게 하기 위함이다.

39 진공냉동건조에 의한 보존방법으로 옳지 않은 것은?

① 단기보존하는 방법이다.
② 세포를 휴면시키는 방법이다.
③ 보호제로 10% 포도당을 이용한다.
④ 동결방법으로 액체질소를 사용한다.

해설
장기보존에는 진공 동결건조보존법과 액체질소보존법이 주로 사용된다.

40 무균실에 필요한 도구가 아닌 것은?

① 에틸알코올
② 자외선램프
③ 무균필터(Filter)
④ 스트렙토마이신

해설
스트렙토마이신은 항생제로서 무균실에 필요한 도구가 아니다.

41 균사에 꺽쇠연결체가 없는 버섯은?

① 팽이버섯　　　② 목이
③ 양송이　　　　④ 느타리

해설
양송이와 신령버섯은 담자균류의 일반적인 특성과는 달리 꺽쇠(클램프, 협구)연결체가 생기지 않는다.

42 봉지재배로 전복느타리 종균을 접종하였다. 버섯 발이 유기 관리방법으로 옳은 것은?

① 실내 온도 18~24℃로 유지한다.
② 실내 습도 70~80%로 유지한다.
③ 비닐을 완전 제거하여 생육 시 배지 회수율이 낮다.
④ 비닐에 칼집만 내어 생육 시 습도의 유지·관리가 어렵다.

해설

전복느타리버섯 발이 유기
• 배양실에서 병 내에 균사가 완전히 자라면 그 상태로 약 3일간 후숙시킨 다음 버섯 발이 작업을 위해 생육실로 옮긴다. 생육실로 옮긴 다음 병뚜껑을 제거한 상태로 재배상에 배치한 다음 배지의 건조방지를 위해 신문지로 피복을 하고 물을 뿌려 신문지를 적셔 둔다.
• 전복느타리버섯은 균 긁기를 하면 버섯 발이는 균일하나 초발이 소요 일수가 1주일 정도 늦어지며, 잡균 오염률이 높아지므로 균 긁기 작업을 하지 않는 편이 유리하다.
• 버섯을 발생시키기 위하여 재배사 내 온도를 18~24℃로 유지하고 습도는 90~95% 정도로 유지시킨다. 관수 횟수는 배지의 상태에 따라 다르나 매일 2~3회 실시하며, 피복재료가 마르지 않도록 한다. 이와 같이 관리하면 4~5일 경과 후 버섯 원기가 형성되는데, 이때부터 피복재료를 제거하여 버섯을 생육시킨다.

43 곡립종균의 결착을 방지하여 물리적 성질을 개선하고자 넣는 것은?

① 석고   ② 염화칼슘
③ 이산화망간   ④ 탄산나트륨

해설

석고의 첨가는 퇴비표면의 교질화(콜로이드)를 방지하고, 끈기를 없애준다.

44 버섯균주의 보존방법으로 2년 이상 장기간 보존이 가능하며, 난균류 보존에 많이 활용하는 현탁보존법에 해당하는 것은?

① 물보존법
② 계대배양보존법
③ 동결건조보존법
④ 액체질소보존법

해설

물보존법(Water Storage)
먼저 증류수병에 증류수를 담고 멸균한 후에 한천생육배지에 충분히 배양된 균사체와 한천배지를 적당한 크기로 절단하여 증류수병에 담근다. 물보존법은 광유보존에 비하여 물의 증발 가능성이 높고 보존기간이 짧기 때문에 *Phytophthora* 속과 *Pythium* 속과 같은 난균문(Oomycota)의 일부 곰팡이에 많이 활용하여 사용되며, 많은 균류가 이 방법으로 5~7년간 생존한다.

45 느타리 원목재배 종균접종 시 가장 부적당한 수종은?

① 포플러   ② 벚나무
③ 은행나무   ④ 버드나무

해설

느타리버섯은 침엽수를 제외하고는 거의 모든 활엽수에서 발생하는데, 그 중 재질이 연한 활엽수에서 특히 많이 발생한다. 나무의 종류에 따라서는 심재부가 견고하거나 노목이 되면 균사의 활착도 늦고 버섯도 적게 발생되므로 원목 선택 시 유의하여야 한다.
• 적당한 나무 : 포플러, 버드나무, 오리나무, 벚나무, 은백양나무, 뽕나무 등
• 가능한 나무 : 아카시아, 벽오동, 느릅나무, 두릅나무, 자귀나무, 자작나무 등
• 부적당한 나무 : 소나무, 낙엽송, 은행나무

46 비타민이나 항생물질의 살균방법으로 가장 적합한 것은?

① 여과살균 ② 건열살균
③ 자외선살균 ④ 고압증기살균

해설
여과살균
열에 약한 용액, 조직배양배지, 비타민·항생물질 등의 살균에 이용한다.

47 영지 재배사 설치에 필요한 사항이 아닌 것은?

① 저지대나 습한 곳은 피한다.
② 최적온도 유지를 위한 장치가 필요하다.
③ 버섯 생육에 필요한 환기시설이 필요하다.
④ 버섯 발생에 방해가 되는 햇빛을 완전히 차단해야 한다.

해설
영지는 균사배양 중에는 광선이 필요하지 않으므로 별도로 조명은 하지 않으나 작업에 필요한 정도의 조명시설은 필요하다.

48 병재배를 이용하여 종균을 접종하려 할 때 유의사항으로 옳지 않은 것은?

① 배지 온도가 25℃까지 식었을 때 접종한다.
② 고압살균은 121℃, 1.1kgf/cm²에서 90분간 실시한다.
③ 고압살균 후 상온이 될 때까지 냉각을 하고 병을 꺼낸다.
④ 접종실과 냉각실의 UV등을 항상 켜놓고, 작업을 하거나 배지 보관 시에는 소등한다.

해설
살균을 마친 배양병은 소독이 된 방에서 배지 내 온도를 25℃ 이하로 냉각시켜 접종실로 옮겨 무균상 및 클린부스 내에서 종균을 접종한다.

49 버섯 수확 후 저장과정에서 산소와 이산화탄소 영향에 대한 설명으로 옳지 않은 것은?

① 버섯 저장 시에는 산소 농도 1% 이하에서만 효과가 있다.
② 산소의 농도가 2~10%인 경우는 버섯 갓과 대의 성장을 촉진시킨다.
③ 이산화탄소 농도가 5% 이상인 경우는 버섯 갓의 성장을 촉진시킨다.
④ 이산화탄소의 농도가 10% 이상인 경우는 버섯대의 성장을 지연시킨다.

해설
③ 갓은 5% 이상의 이산화탄소 농도에서 펴지는 것이 지연되는 경향이 있다.

50 액체상태의 균주를 접종하는 기구는?

① 피펫
② 백금구
③ 균질기
④ 진탕기

해설
② 백금구(Hook) : 곰팡이, 버섯 등의 포자나 균사를 채취할 때 사용(끝이 ㄱ자 모양)하는 이식기구
③ 균질기 : 조직의 세포를 파괴하여 균등액으로 만드는 기구
④ 진탕기 : 물질의 추출이나 균일한 혼합을 위하여 사용하는 기기

51 표고 재배 시 원목의 눕히기 각도가 높아지는 조건이 아닌 것은?

① 강우가 많을 때
② 배수가 불량한 경우
③ 통풍이 양호한 경우
④ 골목 굵기가 굵은 것

> **해설**
> 표고 재배 시 원목의 눕히기 각도가 높아지는 조건
> • 강우가 많은 경우
> • 통배수가 불량한 경우
> • 습도가 높은 경우
> • 원목 굵기가 굵은 경우

52 양송이 균주를 수집하고자 포자 발아 촉진방법이 아닌 것은?

① 발아용 포자 근처에 균사체 접종
② 유기산 처리
③ 영양물질 첨가
④ 자외선 장시간 조사

> **해설**
> 양송이 균주를 수집하고자 포자 발아 촉진방법
> • 발아용 포자 근처에 균사체 접종
> • 유기산 처리
> • 영양물질 첨가
> • 저급지방산 처리
> • 배지의 산도조절
> • 균사 절편의 이식 접종

53 느타리버섯 재배 시 발생하는 푸른곰팡이병의 방제 약제는?

① 클로르피리포스 유제(더스반)
② 빈크로졸린 입상수화제(놀란)
③ 농용신 수화제(부라마이신)
④ 베노밀 수화제(벤레이트)

> **해설**
> 느타리버섯의 푸른곰팡이병 방제를 위해서 벤레이트(베노밀 수화제), 판마시, 스포르곤 등을 사용한다.

54 주로 병재배 방법으로 생산되는 버섯은?

① 영지버섯
② 표고
③ 맛버섯
④ 팽이버섯

> **해설**
> 병재배 버섯의 주요 품목 : 팽이버섯, 큰느타리버섯, 느타리버섯 등

55 표고 원목재배 시 가눕히기를 할 장소로 가장 먼저 고려하여야 할 점은?

① 습도
② 차광
③ 통풍
④ 산도(pH)

> **해설**
> 임시 눕혀두기 장소는 먼저 보습이 잘되고 관수가 가능하며, 동향이나 남향의 중턱 이하에 바람이 없는 따뜻한 곳이 알맞다.

56 표고 골목 제조법 중 영양분의 축적이 많아 원목 벌채 조건으로 가장 적절한 것은?

① 나무의 수피가 벗겨져 있고 수액 유동이 정지된 시기

② 나무의 수피가 벗겨져 있고 수액 유동이 활발한 시기

③ 나무의 수피가 벗겨지지 않고 수액 유동이 정지된 시기

④ 나무의 수피가 벗겨지지 않고 수액 유동이 활발한 시기

> **해설**
> 표고는 골목의 껍질(수피)이 없으면 버섯이 발생되지 않으므로 껍질이 벗겨지지 않는 시기, 즉 수액의 이동이 정지된 시기에 벌채를 한다.

57 느타리의 생체저장법이 아닌 것은?

① 상온저장법
② 저온저장법
③ CA저장법(가스저장법)
④ PVC필름저장법

> **해설**
> 버섯의 생체저장법
> • 저온저장법
> • CA(Controlled Atmosphere)저장법
> • PVC필름저장법

58 톱밥배지의 상압살균온도로 가장 적합한 것은?

① 약 60℃ ② 약 100℃
③ 약 121℃ ④ 약 150℃

> **해설**
> 톱밥배지의 상압살균
> • 상압살균솥을 이용한다.
> • 증기에 의한 살균방법이다.
> • 100℃ 내외를 기준으로 한다.
> • 온도 상승 후 약 5~6시간을 표준으로 한다.

59 버섯균사는 물을 매체로 영양기질과 접하여 영양을 균사체 표면에 있는 용액으로부터 흡수한다. 따라서 용액의 물리·화학적 상태는 버섯균사 생장에 많은 영향을 주는데, 그 요인 중의 하나가 산도(pH)이다. 대부분의 버섯을 비롯한 곰팡이균이 생장하는 데 적당한 산도(pH)는?

① 강산성 ② 약산성
③ 약알칼리성 ④ 강알칼리성

> **해설**
> 대부분의 버섯을 비롯한 곰팡이균이 생장하는 데 적당한 산도(pH)는 약산성이 좋다.

60 실내에서 재배하면 가장 경제성이 낮은 버섯은?

① 송이 ② 양송이
③ 왕송이 ④ 새송이

> **해설**
> 송이와 같은 균근성 버섯은 살아있는 나무와 활물공생을 하여 인공재배 기술 경비가 송이 가격보다 더 많아 경제성이 낮다.

01 원균을 배양할 때 쓰이는 것이 아닌 것은?

① 백금이   ② 페트리디시

③ 시험관   ④ 살균기

해설
원균배양에 사용하는 배양기구(시험기구)
시험관, 샬레, 이식기구, 무균상, 건열살균기, 페트리디시, 고압스팀살균기, 항온기, 수조, 진탕기, 워링블렌더, 피펫 등

02 팽이버섯 재배 시 생육에 알맞은 온도와 상대습도는?

① 온도 20~25℃, 상대습도 65~70%

② 온도 7~8℃, 상대습도 70~75%

③ 온도 12~15℃, 상대습도 90~95%

④ 온도 4~5℃, 상대습도 80~85%

해설
팽이버섯 생육단계별 적정온도, 습도, 소요일수

온도	16~24℃	12~15℃	3~4℃	6~8℃
습도	65~70%	90~95%	80~85%	70~75%
소요일수	20~25일	7~9일	12~15일	8~10일

03 표고 톱밥재배 배지의 수분함량으로 적당한 것은?

① 40%   ② 50%

③ 55%   ④ 65%

해설
톱밥배지의 수분함량은 63~65%가 되게 한다.

04 양송이 곡립종균 제조 시 균덩이 형성원인과 관계가 없는 것은?

① 배양실 온도가 높을 때

② 곡립배지의 산도가 높을 때

③ 흔들기를 자주하지 않을 때

④ 곡립배지의 수분함량이 낮을 때

해설
곡립종균 제조 시 균덩이 형성원인
• 배양실 온도가 높을 때
• 곡립배지의 산도가 높을 때
• 흔들기 작업의 지연
• 곡립배지의 수분함량이 높을 때
• 원균 또는 접종원의 퇴화
• 균덩이가 형성된 접종원 사용

05 버섯종균 생산에서 배지조제(곡립배지, 톱밥배지) 시 산도 조절용으로 사용하는 첨가제는?

① 황산마그네슘

② 탄산석회

③ 인산염

④ 아스파라긴

해설
pH를 조절하기 위한 첨가제로 염산, 탄산석회($CaCO_3$, 탄산칼슘), 탄산나트륨, 수산화나트륨을 사용한다. 이 중 염산은 pH를 산성으로 조절할 때 쓰고, 나머지는 염기성으로 조절할 때 쓴다.

06 접종실(무균실)의 습도는 몇 % 이하로 유지하여야 좋은가?

① 70%　　　　　② 80%

③ 90%　　　　　④ 100%

해설
접종실(무균실)의 필수조건 : 온도 15℃, 습도 70% 이하

07 열에 민감하여 한계온도 이상의 열처리 시 변성될 가능성이 있는 비타민, 항생제 등의 성분들에 사용하는 멸균법은?

① 가스멸균　　　② 여과멸균

③ 자외선 멸균　　④ 화염멸균

해설
여과멸균 : 열에 민감하여 한계온도 이상의 열처리 시 변성될 가능성이 있는 비타민, 항생제 등의 성분들에 사용하는 멸균법이다.

08 표고버섯은 분류학상 생물계의 어디에 속하는가?

① 담자균아문

② 불완전균아문

③ 자낭균아문

④ 편모균아문

해설
양송이, 느타리버섯 표고, 팽이버섯은 균계 > 담자균문 > 주름버섯목에 속한다.

09 팽이버섯 재배 시 온도가 가장 높게 유지되어야 하는 곳은?

① 배지배양실　　② 억제실

③ 발이실　　　　④ 생육실

해설
팽이버섯 재배 시 배지배양실은 온도가 가장 높게 유지되어야 한다.

10 곡립종균 배양 시 유리수분 생성원인과 관계가 적은 것은?

① 배지수분 과다

② 배양기간 중 극심한 온도변화

③ 에어컨 또는 외부의 찬 공기 주입

④ 정온상태 유지

해설
유리수분의 생성원인
• 곡립배지의 수분함량이 높을 때
• 배양기간 중 변온이 심할 때
• 에어컨 또는 외부의 찬 공기가 유입될 때
• 장기간의 고온저장
• 배양 후 저장실로 바로 옮길 때

11 곡립배지 제조 시 배지의 pH를 조절하기 위하여 주로 사용하는 재료는?

① 쌀겨　　　　　② 탄산칼슘
③ 키토산　　　　④ 밀기울

해설
곡립배지 제조 시 배지의 pH를 조절하기 위하여 주로 탄산칼슘을 사용한다.

12 신품종의 구비조건으로 맞지 않는 것은?

① 우수성　　　　② 균등성
③ 영속성　　　　④ 내병성

해설
신품종의 구비조건
• 우수성 : 재배적 특성이 다른 기존 품종들보다 우수해야 한다.
• 균등성 : 품종 내의 모든 개체들의 특성이 균일해야만 재배와 이용상 편리하다.
• 영속성 : 우수한 유전형질이 대대로 변하지 않고 안정되게 유지되어야 한다.

13 양송이는 일반적으로 담자기에 몇 개의 포자가 착생하는가?

① 1개　　　　　② 2개
③ 4개　　　　　④ 8개

해설
담자기에는 보통 4개의 포자가 있는데, 양송이버섯은 2개의 포자를 갖는다.

14 버섯배지에 접종하는 종균 중 주로 액체종균을 사용하지 않는 버섯은?

① 팽이버섯　　　② 느타리
③ 동충하초　　　④ 양송이

해설
양송이 종균은 주로 밀을 배지로 하여 제조한 곡립종균을 사용한다.

15 버섯균을 분리할 때 우량균주로서 갖추어야 할 조건이 아닌 것은?

① 다수성　　　　② 고품질성
③ 이병성　　　　④ 내재해성

해설
우량균주로서 갖추어야 할 조건 : 다수성, 고품질성, 내재해성

16 일반적으로 표고의 자실체 발생이 가장 빠른 품종은?

① 저온성 품종
② 중온성 품종
③ 고온성 품종
④ 중저온성 품종

해설
표고의 품종
• 저온성 품종은 7~8℃에서 버섯이 잘 발생되며, 균사생장과 첫 버섯의 발생은 늦지만 화고 등 고급품이 생산된다.
• 고온성 품종은 첫 버섯의 발생이 빠르고 수량이 많지만, 품질이 떨어져 생표고용으로 적당하다.

17 균사에 꺽쇠연결체(clamp connection)가 없는 버섯은?

① 팽이버섯　　　② 목이

③ 양송이　　　　④ 느타리

해설
양송이와 신령버섯은 담자균류의 일반적인 특성과는 달리 꺽쇠(클램프, 협구)연결체가 생기지 않는다.

18 버섯의 생태 중 영양섭취법에 따른 분류 중 공생식물이 되는 수목의 잔뿌리와 함께 생육하는 것은?

① 부생균　　　　② 부후균

③ 균근류　　　　④ 기생균

해설
① 부생균 : 짚이나 풀 등이 발효한 퇴비에서 발생하는 종류이다.
② 부후균 : 스스로 가지고 있는 효소의 작용으로 목재를 부패시켜 필요한 영양분을 섭취하는 것이다.
④ 기생균 : 살아 있는 동·식물체에 일방적으로 영양분을 흡수하여 생활하는 종류이다.

19 다음 중 균핵을 형성하는 버섯 종류는?

① 상황버섯　　　② 복령

③ 양송이　　　　④ 노루궁뎅이버섯

해설
복령, 서양송로(Tuber)와 같은 종류는 매우 불리한 환경에서 생존하기 위해 균핵을 형성한다. 오랜 기간 휴면으로 있다가 환경이 좋아지면 다시 균사를 형성하기도 한다.

20 솜마개 사용요령으로 가장 옳지 않은 것은?

① 좋은 솜을 사용한다.

② 표면이 둥글게 한다.

③ 빠지지 않게 단단히 한다.

④ 길게 하여 깊이 틀어막는다.

해설
솜마개를 길게 하여 깊이 틀어막는 것은 올바른 방법이 아니다.

21 버섯배지를 고압증기살균기로 살균할 때 121℃ 온도에서의 살균기 내의 적정 압력은?

① 약 0.3kg/cm^2

② 약 0.7kg/cm^2

③ 약 1.1kg/cm^2

④ 약 1.5kg/cm^2

해설
버섯배지의 고압살균은 온도 121℃, 압력 1.1kg/cm^2가 적당하다.

22 곡립배지에 대한 설명으로 옳지 않은 것은?

① 찰기가 적은 것이 좋다.
② 밀, 수수, 벼를 주로 사용한다.
③ 주로 양송이 재배 시 사용한다.
④ 배지제조 시 너무 오래 물에 끓이면 좋지 않다.

해설
곡립배지 재료로 밀, 수수, 호밀 등을 사용한다.

23 표고 골목 제조법 중 영양분의 축적이 많아 원목 벌채조건으로 가장 적절한 것은?

① 나무의 수피가 벗겨져 있고 수액 유동이 정지된 시기
② 나무의 수피가 벗겨져 있고 수액 유동이 활발한 시기
③ 나무의 수피가 벗겨지지 않고 수액 유동이 정지된 시기
④ 나무의 수피가 벗겨지지 않고 수액 유동이 활발한 시기

해설
표고는 골목의 껍질(수피)이 없으면 버섯이 발생되지 않으므로 껍질이 벗겨지지 않는 시기, 즉 수액의 이동이 정지된 시기에 벌채를 한다.

24 주로 곡립종균을 사용하여 재배하는 버섯은?

① 표고   ② 느타리
③ 양송이   ④ 뽕나무버섯

해설
양송이 종균은 주로 밀을 배지로 하여 제조한 곡립종균을 사용한다.

25 야생 팽이버섯은 갓이 황갈색이나 재배 · 생산되고 있는 품종은 순백색이다. 순백색 품종의 육성경위는?

① 변이체 선발육종
② 단포자 순계교배육종
③ 형질전환에 의한 육종
④ 원형질체융합에 의한 육종

해설
순백색 팽이 품종의 육성경위는 변이체 선발육종이다.

26 양송이 균주를 수집하고자 포자 발아 시 촉진방법이 아닌 것은?

① 유기산 처리
② 영양물질 첨가
③ 배지의 산도 유지
④ 균사 절편의 이식 접종

해설
양송이 균주를 수집하고자 포자 발아 시 촉진방법
• 발아용 포자 근처에 균사체 접종
• 유기산 처리
• 영양물질 첨가
• 저급지방산 처리
• 배지의 산도 조절
• 균사 절편의 이식 접종

27 균주의 수집에서 조직분리에 대한 설명이 아닌 것은?

① 버섯류는 대부분 자실체의 조직일부를 이식하면 자실체와 동일한 균사를 얻을 수 있다.

② 버섯은 가능한 한 어리고 신선한 것으로 갓의 하측면 외피막이 터지지 않은 것으로 준비한다.

③ 양송이 자실체로부터 포자를 채취할 때는 갓이 벌어진 후의 것을 채취한다.

④ 무균상태에서 버섯을 쪼개어 갓과 대가 연결되어 육질이 두꺼운 부분을 살균된 면도날로 내부조직을 절단한 다음 시험관 내 배지 중심부에 가볍게 눌러 놓는다.

해설
양송이 자실체로부터 포자를 채취할 때는 갓이 벌어지기 직전의 것을 채취한다.

28 원균관리에 대한 설명으로 틀린 것은?

① 보존 장소는 출입을 제한한다.

② 저온 보존 시 2~3개월마다 이식한다.

③ 저온 보존 시 1개월마다 이식한다.

④ 일반적으로 4~6℃의 저온에 보관한다.

해설
원균관리
• 보존 장소는 출입을 제한한다.
• 저온 보존 시 2~3개월마다 이식 · 배양한다.
• 일반적으로 4~6℃의 저온에 보관한다.

29 병재배에 있어 탄산칼슘과 같이 미량원소를 배지 전체에 균일하게 혼합되도록 첨가하는 방법으로 가장 적합한 것은?

① 배지 재료를 계량하여 한 번에 모두 넣고 잘 혼합한다.

② 배지 재료를 계량하여 넣어가면서 물과 함께 혼합한다.

③ 톱밥에 미강을 넣고 수분조절 후 탄산칼슘을 첨가한다.

④ 미강에 탄산칼슘을 먼저 첨가하여 혼합한 후 톱밥에 미강을 넣는다.

30 톱밥배지의 입병작업이 완료되면 즉시 살균 처리하도록 하는 이유는?

① 장시간 방치하면 배지가 변질됨

② 장시간 방치하면 배지 산도가 높아짐

③ 장시간 방치하면 배지의 유기산이 높아짐

④ 장시간 방치하면 탄수화물량이 높아짐

31 병재배를 이용하여 종균을 접종하려 할 때의 유의사항이 아닌 것은?

① 배지온도가 25℃까지 식었을 때 접종한다.

② 고압살균은 121℃, 121kgf/cm^2에서 90분간 실시한다.

③ 저압살균 후 압력이 완전히 떨어지면 냉각을 하고 병을 꺼낸다.

④ 접종실과 냉각실의 UV등을 항상 켜놓고, 작업을 하거나 배지 보관 시에는 소등한다.

해설
고압살균 후 압력이 완전히 떨어지면 냉각을 하고 병을 꺼낸다.

32 종자산업법 시행규칙에 의한 유통 종자의 품질표시에서 표시해야 하는 것이 아닌 것은?

① 품종의 명칭
② 종자의 발아율(버섯종균의 경우에는 종균 접종일)
③ 종자 한 립당 무게 또는 낱알 개수
④ 수입연월 및 수입자명(수입종자의 경우만 해당되며, 국내에서 육성된 품종의 종자를 해외에서 채종하여 수입하는 경우는 제외)

해설
유통 종자의 품질표시(종자산업법 시행규칙 제34조 제1항 제1호)
가. 품종의 명칭
나. 종자의 발아율[버섯종균의 경우에는 종균 접종일(接種日)]
다. 종자의 포장당 무게 또는 낱알 개수
라. 수입 연월 및 수입자명[수입종자의 경우로 한정하며, 국내에서 육성된 품종의 종자를 해외에서 채종(採種)하여 수입하는 경우는 제외]
마. 재배 시 특히 주의할 사항
바. 종자업 등록번호(종자업자의 경우로 한정)
사. 품종보호 출원공개번호(식물신품종 보호법에 따라 출원공개된 품종의 경우로 한정) 또는 품종보호 등록번호(식물신품종 보호법에 따른 보호품종으로서 품종보호권의 존속기간이 남아 있는 경우로 한정한다)
아. 품종 생산·수입 판매 신고번호(법에 따른 생산·수입 판매 신고 품종의 경우로 한정)
자. 유전자변형종자 표시(유전자변형종자의 경우로 한정하며, 표시방법은 유전자변형생물체의 국가간 이동 등에 관한 법률 시행령에 따른다)

33 다음에서 설명하는 병해는 무엇인가?

> 기온이 높은 봄재배 후기와 가을재배 초기, 백색종을 재배할 때, 복토를 소독하지 않은 경우 피해가 심하다.

① 미라병
② 바이러스병
③ 마이코곤병
④ 세균성 갈반병

해설
마이코곤병은 주로 양송이에 발병하며, 기온이 높은 봄재배 후기와 가을재배 초기, 백색종을 재배할 때, 복토를 소독하지 않은 경우 피해가 심하다.

34 원목에 표고 종균의 접종이 끝나면 먼저 해야 할 작업은?

① 임시 세워두기
② 본 세워두기
③ 임시 눕혀두기
④ 본 눕혀두기

해설
임시 눕히기 목적 및 장소
• 목적 : 표고 종균을 접종한 원목에 균사활착과 만연을 위해서 실시한다.
• 장소 : 보습이 잘 되고 관수가 가능하며, 동향이나 남향의 중턱 이하에 바람이 없는 따뜻한 곳이 알맞다.

35 양송이 재배율 퇴비제조 시 첨가하는 무기태질소 급원으로 적당한 비료 종류는?

① 유안
② 요소
③ 석회질소
④ 복합비료

해설
첨가재료
• 유기태질소 : 닭똥(계분), 쌀겨, 깻묵, 면실박, 맥주박 등으로 볏짚의 3% 이상 첨가하며, 두 가지 이상 첨가한다.
• 무기태질소원 : 요소 등으로 퇴비의 뒤집기 작업 시 나누어 넣어 주는 것이 가장 효과적이다.
• 보조재료 : 석고, 탄산석회 등으로 퇴비의 물리성 개선, pH 조절 등을 한다.

36 양송이 종균 접종 후 실내온도를 낮게 유지하기 시작할 시기는?

① 종균재식 2일 후
② 종균재식 7일 후
③ 복토 직전
④ 종균재식 직후

양송이 종균재식 7일 후 실내온도를 낮게 유지하기 시작한다.

37 느타리버섯 병재배 시설에 필요 없는 것은?

① 배양실
② 배지냉각실
③ 생육실
④ 억제실

억제실은 발이실에서 버섯 발생이 불규칙한 부분을 고르게 만들기 위해 광시설, 송풍시설이 부착된 억제기를 설치하여 버섯 발생을 전체적으로 고르게 만드는 곳으로, 팽이버섯의 재배에 필요하다.

38 표고의 해충인 털두꺼비하늘소는 생활환 중 주로 어느 시기에 버섯에 피해를 입히는가?

① 알
② 유충
③ 번데기
④ 성충

부화된 털두꺼비하늘소 유충은 1마리당 12cm² 정도 면적의 수피 내부층과 목질부 표피층을 식해하는데, 이것에 의한 균사의 활력과 저지는 물론 잡균의 발생을 조장하여 피해를 가중시킨다.

39 버섯과 균사를 가해하는 응애에 대한 설명으로 옳지 않은 것은?

① 분류학상 거미강의 응애목에 속한다.
② 번식력이 떨어져 국지적으로 분포한다.
③ 크기는 0.5mm 내외로 따뜻하고 습한 곳에서 서식한다.
④ 생활환경이 불량할 때는 먹지도 않고 6~8개월 간 견딘다.

응애는 번식력이 매우 빠르고, 지구상 어디에나 광범위하게 분포되어 있다.

40 톱밥을 이용하여 버섯을 시설 병(용기)재배 할 때의 장점이 아닌 것은?

① 인력으로 노약자 등의 활용이 가능하다.
② 시설투자 비용이 적게 든다.
③ 기계화에 의해 품질이 균일하다.
④ 연간 계획성 있는 안정생산이 가능하다.

톱밥재배의 장단점

장점	단점
• 연간 계획성 있는 안정생산이 가능하다.	• 시설투자 비용이 과다하다.
• 기계화에 의해 품질이 균일하다.	• 연중재배로 재배사 주위가 오염되어 병해충 피해를 받기 쉽다.
• 인력으로 노약자 등의 활용이 가능하다.	• 배지 제조가 필요하다.
• 자본 회전이 빠르다.	

41 다음 중 원목재배에 가장 적당한 버섯은?

① 양송이
② 표고
③ 송이
④ 풀버섯

해설
표고는 원목재배가 가장 적당하다.

42 주로 병재배 방법으로 생산되는 버섯은?

① 영지버섯
② 표고
③ 맛버섯
④ 팽이버섯

해설
병재배 버섯의 주요 품목 : 팽이버섯, 큰느타리버섯, 느타리버섯 등

43 표고 재배사 설치 입지조건에 적합하지 않은 것은?

① 집과 가까워 재배사 관리에 편리한 장소
② 전기와 물의 사용에 제한을 받는 장소
③ 큰 소비시장의 인근에 위치하는 장소
④ 햇빛이 잘 들고 보온과 채광에 유리한 장소

해설
전기와 물의 사용도 제한을 받지 않으면서 큰 소비시장의 인근에 위치하는 것이 좋다.

44 양송이 병해균의 종류별 특징이 잘못 설명된 것은?

① 세균성 갈반병은 갓 표면에 황갈색의 점무늬를 띠면서 점액성으로 부패한다.
② 푸른곰팡이병은 배지나 종균에 발생하며, 포자는 푸른색을 띠고 버섯균사를 사멸시킨다.
③ 바이러스병에 감염된 균은 균사활착 및 자실체 생육이 매우 빠르다.
④ 마이코곤병은 버섯의 갓과 줄기에 발생하며, 갈색물이 배출되면서 악취가 난다.

해설
양송이 바이러스병 특징
• 버섯의 형성이 늦고 왜소하며, 대가 길고 갓이 얇다.
• 조반(피기 전)이 형성되어 스펀지화 된다.
• 버섯이 원추형으로 되고 쉽게 넘어진다.
• 버섯대가 술통모양을 나타내며 갓이 작고 일찍 핀다.

45 노루궁뎅이버섯의 병배지 제조를 위한 주재료와 부재료의 배합비율로 가장 적당한 것은?(단, 부피비로 한다)

① 포플러 톱밥(60%) : 미강(40%)
② 참나무 톱밥(60%) : 미강(40%)
③ 참나무 톱밥(40%), 포플러 톱밥(40%) : 미강(20%)
④ 참나무 톱밥(30%), 포플러 톱밥(30%) : 미강(40%)

해설
노루궁뎅이버섯의 병배지 배합비율은 참나무 톱밥 40%, 포플러 톱밥 40%, 미강 20%가 가장 적당하다.

46 표고 골목 해균의 방제법으로 가장 이상적인 것은?

① 해균 발생 시 농약으로 방제한다.

② 피해가 발생한 골목을 골목장 내에 한쪽으로 치워둔다.

③ 해균이 발생하면 골목을 직사광선에 노출시킨다.

④ 골목장은 통풍이 잘되는 곳에 설치하고 골목은 과습하지 않도록 관리한다.

해설
표고 골목 해균의 방제법
• 원목에 상처가 나지 않도록 취급한다.
• 종균 접종시기를 조속히 한다.
• 각종 해균이 번식하지 않도록 환경(온도, 수광도, 통풍)을 조절·정비한다.

47 느타리 원목재배 종균접종 시 가장 부적당한 수종은?

① 포플러

② 벚나무

③ 은행나무

④ 버드나무

해설
느타리버섯은 침엽수를 제외하고는 거의 모든 활엽수에서 발생하는데, 그 중 재질이 연한 활엽수에서 특히 많이 발생한다. 나무의 종류에 따라서는 심재부가 견고하거나 노목이 되면 균사의 활착도 늦고 버섯도 적게 발생되므로 원목 선택 시 유의하여야 한다.
• 적당한 나무 : 포플러, 버드나무, 오리나무, 벚나무, 은백양나무, 뽕나무 등
• 가능한 나무 : 아카시아, 벽오동, 느릅나무, 두릅나무, 자귀나무, 자작나무 등
• 부적당한 나무 : 소나무, 낙엽송, 은행나무

48 0℃ 이하에서 원균을 보존할 때 사용하는 동결보호제로 가장 적당한 것은?

① 살균수

② 유동파라핀

③ 10% 글리세린

④ 70% 에탄올

해설
원균의 동결보존방법으로는 액체질소와 초저온 냉동고에 의한 방법이 이용되며, 보호제로는 10% 글리세린이나 10% 포도당을 이용한다.

49 표고균사의 생장최적온도는?

① 10~14℃

② 16~20℃

③ 22~26℃

④ 29~33℃

해설
표고균사의 생장가능온도는 5~32℃이고, 생장최적온도는 22~26℃이다.

50 느타리버섯의 원목재배 시 땅에 묻는 작업 중 묻는 장소의 선정으로 적합하지 않은 곳은?

① 수확이 편리한 곳

② 관수시설이 편리한 곳

③ 배수가 양호한 곳

④ 진흙이 많은 곳

해설
진흙이 많은 곳은 물빠짐이 불량하고, 관수시설 등의 편리성이 떨어진다.

51 재배사의 바닥을 흙으로 할 때 가장 문제가 되는 점은?

① 온도 관리
② 습도 관리
③ 살균 및 후발효 관리
④ 병해 관리

해설
재배사의 바닥이 흙으로 되어 있으면 각종 병해충에 취약하다.

52 재배환경에서 자동제어장치가 아닌 것은?

① 콘덴싱유닛
② 가습장치
③ 공기청정기
④ 실외응축기

해설
자동제어장치
• 냉난방기 : 콘덴싱유닛(냉난방용 실외기)과 실외응축기로 구성
• 가습장치
• 환기장치 : 환기용 팬(시로코팬, 송풍기)
• 공기여과장치 : 헤파필터(배기계통에 취부되는 고효율 공기여과필터)

53 버섯종균의 성능검사(실내검사) 대상이 아닌 것은?

① 배지에서의 균사발육상태
② 잡균의 오염여부
③ 균덩이의 형성여부
④ 종균의 중량

해설
균덩이의 형성여부는 종균의 육안검사에 포함된다.

54 우량종균의 조건이 아닌 것은?

① 배양기간이 길고 배지표면에 광택이 있어야 한다.
② 적당한 수분을 보유하고 있어야 한다.
③ 버섯 특유의 냄새가 나는 것이어야 한다.
④ 병원에 오염되지 않아야 한다.

해설
배양기간이 오래되지 않아 배지표면에 광택이 있어야 한다.

55 표고버섯의 자실체 발육에 가장 적합한 공중습도는?

① 15~30%
② 40~60%
③ 80~90%
④ 100% 이상

해설
병재배, 봉지재배에서 배양실의 습도는 균사 생장 시 65~75%, 자실체 생장 시 80~90% 정도이다.

56 양송이 재배 시 호흡에 의한 이산화탄소의 방출량이 가장 많은 생장단계는?

① 개열 직전의 큰 버섯
② 중간 크기의 버섯
③ 어린 버섯
④ 균사 생장

해설
양송이는 어린 버섯일 때 호흡량과 이산화탄소 배출량이 가장 많다.

57 표고 원목재배 시 병해발생의 원인이 아닌 것은?

① 종균의 활력이 약할 때
② 골목의 수피가 벗겨졌을 때
③ 기온이 낮을 때
④ 직사광선을 받을 때

해설
표고 원목재배 시 병해발생의 원인
• 종균의 활력이 약할 때
• 골목의 수피가 벗겨졌을 때
• 기온이 높을 때
• 직사광선을 받을 때

58 느타리버섯 재배 시 발생하는 푸른곰팡이병의 방제약제는?

① 클로르피리포스 유제(더스반)
② 빈크로졸린 입상수화제(놀란)
③ 농용신 수화제(부라마이신)
④ 베노밀 수화제(벤레이트)

해설
푸른곰팡이병의 방제를 위해서 벤레이트(베노밀 수화제), 판마시, 스포르곤 등을 사용한다.

59 양송이 후발효 시 올리브 곰팡이가 생기는 이유는?

① 고습이 계속 유지될 때
② 저온이 계속 유지될 때
③ 환기량이 부족할 때
④ 고온, 환기가 부족했을 때

해설
고온, 환기가 부족하면 후발효 시 올리브 곰팡이가 생긴다.

60 버섯원균의 균총과 종균이 다소 황갈색을 띠는 버섯은?

① 느타리버섯
② 목질진흙버섯
③ 표고
④ 신령버섯

해설
목질진흙버섯의 생장 및 배양
• 균사 생장온도 15~35℃, 최적온도는 28~30℃ 전후이다.
• 자실체 생장최적온도 25~30℃로 고온성 버섯이다.
• 버섯원균의 균총과 종균이 다소 황갈색을 띤다.

01 버섯균사를 접종(이식)할 때 주로 사용하는 기구는?

① 백금선　　　　　② 백금구

③ 백금이　　　　　④ 백금망

해설
- 백금구(hook) : 곰팡이, 버섯 등의 포자나 균사를 접종(이식)할 때(끝이 ㄱ자 모양) 사용
- 백금선(needle) : 혐기성 세균을 이식할 때(1자 모양) 사용
- 백금이(loof) : 호기성 세균, 효모를 이식할 때 사용

03 종균의 저장온도가 가장 높은 버섯은?

① 만가닥버섯　　　② 팽이버섯

③ 영지버섯　　　　④ 느타리버섯

해설
주요 버섯종균의 저장온도

구분	저장온도
팽이버섯, 맛버섯	1~5℃
양송이버섯, 느타리버섯, 표고, 잎새버섯, 만가닥버섯	5~10℃
털목이버섯, 뽕나무버섯, 영지버섯	10℃

04 양송이는 일반적으로 담자기에 몇 개의 포자가 착생하는가?

① 1개　　　　　　② 2개

③ 4개　　　　　　④ 8개

해설
담자기에는 보통 4개의 포자가 있는데, 양송이버섯은 2개의 포자를 갖는다.

02 배지의 살균이 끝난 후 꺼낼 때 흔들지 말고 청결하게 소독된 냉각실로 옮겨 서서히 식혀야 하는 배지는?

① 액체배지　　　　② 톱밥배지

③ 곡립배지　　　　④ 한천배지

해설
톱밥배지는 배지가 흔들리지 않게 꺼내어 서서히 식히는 것이 좋다.

05 대주머니가 있는 버섯은?

① 양송이버섯　　　② 팽이버섯

③ 느타리버섯　　　④ 광대버섯

해설
광대버섯에는 갓, 자실층, 대, 턱받이, 대주머니가 있다.

06 1핵 균사가 임성을 갖는 자웅동주성 버섯은?

① 느타리   ② 풀버섯

③ 표고   ④ 팽이버섯

해설
1핵 균사가 임성을 갖는 자웅동주성 버섯은 풀버섯이다.
※ 느타리, 표고, 팽이버섯은 자웅이주성 버섯이다.

07 느타리버섯의 원목재배에 적합한 수종으로 거리가 먼 것은?

① 현사시나무   ② 버드나무

③ 낙엽송   ④ 오리나무

해설
느타리버섯의 원목재배는 포플러나무 등의 활엽수가 적당하다.
③ 낙엽송은 침엽수이다.

08 주로 양송이를 재배할 때 사용되는 종균은?

① 종목종균   ② 톱밥종균

③ 퇴비종균   ④ 곡립종균

해설
종균의 구분
• 곡립종균 : 양송이
• 톱밥종균 : 팽이, 느타리, 표고, 영지, 뽕나무버섯 등
• 액체종균 : 느타리 재배와 각종 종균을 만드는 데 사용한다. 누에 동충하초균을 누에에 접종할 때는 포자액체종균이 주로 이용되며, 양송이는 액체종균을 사용하지 않는다.
• 퇴비종균 : 풀버섯

09 곡립배지 조제 시 수분함량이 과습상태일 때 수분을 조절할 수 있는 첨가제로 주로 이용되는 것은?

① 염산(HCl)

② 황산칼슘($CaSO_4$)

③ 탄산석회($CaCO_3$)

④ 황산마그네슘($MgSO_4$)

해설
곡립배지 조제 시 과습상태일 때 황산칼슘($CaSO_4$, 석고)을 첨가하여 수분을 조절한다.

10 양송이균의 특성이 아닌 것은?

① 균사는 격막이 있고, 꺾쇠연결은 없다.

② 균사체를 구성하는 세포 내에 다핵상태로 균사 내에서 핵융합이 일어난다.

③ 대와 갓이 연결되는 부분에 생장점이 있다.

④ 염색체는 다소 차이가 있으나 n=9개이다.

해설
양송이의 특징
• 양송이는 완전사물기생균이다.
• 양송이버섯의 주름살은 대에서 떨어진 주름살이다.
• 양송이 퇴비에 관여하는 미생물은 고온 호기성이다.
• 균사는 격막이 있고, 협구(꺾쇠, 클램프-핵의 이동통로)가 없다.
• 염색체는 다소 차이가 있으나 n=9개이다.
• 줄기(대)와 갓이 연결되는 부분에 생장점이 있다.

11 노루궁뎅이버섯의 균을 배양하는 주재료로 가장 양호한 나무 종류는?

① 소나무   ② 오리나무
③ 참나무   ④ 아카시나무

해설
노루궁뎅이의 균은 참나무를 주재료로 사용하는 것이 가장 양호하다.

12 버섯균사 배양 시 사용되는 기기 중 화염살균을 하는 것은?

① 백금이   ② 진탕기
③ 워링 브랜더   ④ 피펫

해설
화염살균(flaming)
클린벤치 내에서 백금구, 백금선, 백금이, 핀셋, 메스, 접종스푼, 유리도말봉, 시험관, 삼각플라스크 등의 금속 또는 내열성 유리로 된 작은 실험기구들을 알코올램프나 가스램프를 이용하여 살균하는 방법이다.

13 표고 및 느타리 톱밥배지 제조 시 배합원료에 해당하지 않는 것은?

① 포플러 톱밥   ② 쌀겨
③ 참나무 톱밥   ④ 퇴비

해설
톱밥배지
• 느타리, 표고, 영지, 뽕나무버섯 등 거의 모든 버섯
• 주재료 : 톱밥, 볏짚, 솜, 밀짚
• 보조재료 : 미강(쌀겨), 밀기울 등

포플러 톱밥	팽이버섯, 만가닥버섯(타닌산 미함유), 느타리
참나무 톱밥	표고, 영지, 목이버섯(타닌산 함유)
미송 톱밥	버들송이

14 버섯 원균의 액체질소보존법에 대한 설명으로 옳은 것은?

① -20℃에서 보존하는 방법이다.
② -196℃에서 장기간 보존할 수 있는 방법이다.
③ 보호제로 10% 젤라틴을 사용한다.
④ 보존방법 중에서 가장 저렴하다.

해설
버섯 원균의 장기저장 시 글리세롤(glycerol)을 첨가하여 액체질소보존법(-196℃)으로 균주를 보존하는 것이 좋다.

15 버섯균주의 계대배양에 의한 보존방법으로 틀린 것은?

① 보존 중에는 균사의 생장이 가능한 억제되도록 한다.
② 보존장소의 상대습도를 50% 내외로 유지한다.
③ 냉암소에 보관한다.
④ 온도는 일반적으로 4~6℃가 적당하다.

해설
② 보존장소의 상대습도는 70% 내외가 되게 유지한다.

16 표고에 주로 발생하는 병해 및 잡균이 아닌 것은?

① 푸른곰팡이병균　　② 구름송편버섯
③ 검은혹버섯　　　　④ 미라병균

해설
미라병
양송이 크림종에서 피해가 심하고, 병징은 감염 시 버섯 생장이 완전히 정지하면서 갈변·고사되고, 병든 버섯은 대와 갓이 휘어져 한쪽으로 기운다.

17 버섯의 포자 발이용 배지로 가장 적당한 것은?

① 증류수한천배지　　② 차펙스배지
③ 퇴비추출배지　　　④ YM배지

해설
영양원의 첨가가 없는 증류수한천배지(water agar)는 버섯의 포자 발이에 주로 사용된다.

18 표고의 포자 색깔은?

① 흑색　　　　　　　② 회색
③ 백색　　　　　　　④ 황색

해설
표고의 포자와 주름살 색깔은 백색이다.

19 느타리버섯의 학명은?

① *Flammulina velutipes*
② *Pleurotus ostreatus*
③ *Stropharia rugosoannulata*
④ *Lentinula edodes*

해설
① *Flammulina velutipes* : 팽이버섯
③ *Stropharia rugosoannulata* : 턱받이포도버섯
④ *Lentinula edodes* : 표고

20 곡립종균 배양 시 유리수분 생성원인과 관계가 적은 것은?

① 극심한 온도 변화
② 배지수분 과다
③ 정온상태 유지
④ 외부의 찬 공기 유입

해설
유리수분의 생성원인
• 곡립배지의 수분함량이 높을 때
• 배양기간 중 변온이 심할 때
• 에어컨 또는 외부의 찬 공기가 유입될 때
• 장기간의 고온저장
• 배양 후 저장실로 바로 옮길 때

21 버섯균사 배양용 맥아배지를 제조할 때 필요한 맥아추출물의 양은 얼마인가?

① 20g ② 40g
③ 60g ④ 80g

맥아배지(Malt Extract Agar)
• 맥아추출물 : 20g
• 펩톤 : 5g
• 배양액(Agar) : 20g
• 증류수 : 1,000mL

22 구멍장이버섯목(目)으로만 이루어진 것은?

① 느타리버섯, 팽이버섯
② 영지버섯, 복령버섯
③ 양송이, 목이버섯
④ 구름버섯, 표고

• 주름버섯목 : 느타리버섯, 표고, 팽이버섯, 양송이
• 목이목 : 목이버섯
• 구멍장이버섯목 : 구름송편버섯, 복령버섯, 영지버섯

23 버섯접종실의 소독약제로 사용하지 않는 것은?

① 0.1% 탄산칼슘
② 0.1% 승홍수
③ 4% 석탄산
④ 70% 알코올

접종실의 소독제로는 70% 알코올, 0.1% 승홍수(소독약), 4% 석탄산 등을 사용하는데, 이 중 70% 농도의 알코올을 가장 많이 사용한다.

24 종균접종용 톱밥배지의 상압살균 시 도달하여야 하는 온도로 적당한 것은?

① 80℃ ② 100℃
③ 120℃ ④ 140℃

살균 시 도달하여야 하는 온도 : 고압살균 121℃, 상압살균 98~100℃

25 표고 종균의 저장 중 표면이 갈색으로 변한 1차적 원인은?

① 원균의 발육 ② 장기간 저장
③ 저온장애 ④ 고온장애

표고 종균의 표면이 갈색으로 변하는 1차적인 원인은 장기간 저장이다.

26 버섯파리 중 성충은 6~7mm이며, 날개와 다리가 길어 모기와 비슷한 것은?

① 포리드　　　　② 세시드

③ 시아리드　　　④ 마이세토필

해설
마이세토필
- 성충의 체장은 6~7mm이며, 버섯파리 중 가장 크다.
- 날개와 다리가 길어 모기와 비슷하며, 몸의 색깔은 담갈색 또는 흑갈색이다.
- 유충의 체장은 15~20mm 정도이다.
- 균상표면이나 버섯 위에 거미줄과 같은 실을 분비하여 집을 짓고 그 속에서 버섯을 가해하며 생활한다.

27 활물기생하는 버섯이 아닌 것은?

① 광대버섯　　　② 팽이버섯

③ 그물버섯　　　④ 무당버섯

해설
발생장소에 따른 버섯의 분류
- 사물기생(死物寄生) : 부숙된 낙엽이나 초지에서 발생되는 버섯
  예 느타리버섯, 팽이버섯, 표고, 꾀꼬리버섯, 야생양송이, 갓버섯 등
- 활물기생(活物寄生) : 고등식물의 뿌리에 버섯의 균사가 공존하면서 발생되는 버섯
  예 송이, 젖버섯, 무당버섯, 광대버섯, 그물버섯 등

28 식용이 가능한 버섯은?

① 알광대버섯　　　② 말불버섯

③ 외대버섯　　　　④ 두엄먹물버섯

해설
독버섯의 종류
독우산광대버섯, 흰알광대버섯, 알광대버섯, 큰갓버섯, 흰갈대버섯, 광대버섯, 마귀광대버섯, 목장말똥버섯, 미치광이버섯, 갈황색미치광이버섯, 두엄먹물버섯, 배불뚝이깔때기버섯, 노란다발버섯, 독깔때기버섯, 땀버섯, 외대버섯, 파리버섯, 양파광대버섯, 화경솔밭버섯, 애기무당버섯, 무당버섯, 화경버섯 등

29 곡립종균 균덩이 형성 방지대책으로 옳지 않은 것은?

① 호밀은 표피를 도정하여 사용

② 불량한 접종원의 사용금지

③ 곡립배지의 적절한 수분조절

④ 석고의 사용량 조절

해설
균덩이 형성 방지대책
- 흔들기를 자주 하되 과도하게 하지 말 것
- 고온저장 및 장기저장을 피할 것
- 오래된 원균 또는 접종원의 사용금지(원균의 선별)
- 불량한 접종원의 사용금지
- 곡립배지의 적절한 수분함량 조절 및 석고의 사용량 조절
- 증식한 원균 중 균덩이 형성 성질이 있는 균총 부위의 제거
- 호밀은 박피할 것(도정하지 말 것)

30 대부분의 식용버섯은 분류학적으로 어디에 속하는가?

① 불완전균류

② 담자균류

③ 접합균류

④ 조균류

해설
버섯은 포자의 생식세포(담자기, 자낭)의 형성 위치에 따라 담자균류와 자낭균류로 나뉘며 대부분의 식용버섯(양송이, 느타리, 큰느타리(새송이버섯), 팽이버섯(팽나무버섯), 표고, 목이 등)은 담자균류에 속한다.

31 양송이 퇴비의 유기태급원으로 전질소 함량이 가장 많은 것은?

① 담배가루 ② 수태박
③ 장유박 ④ 강분

유기태급원의 성분 분석결과

재료별	전질소(%)	유기태질소(%)	pH
계분	2.51	2.23	7.5
미강	2.21	2.11	6.6
담배가루	1.50	1.47	6.0
조미료폐비	7.33	1.62	4.7
강분	2.59	1.46	-
장유박	5.53	2.09	-
수태박	1.50	1.18	-

32 양송이 재배 시 호흡에 의한 이산화탄소의 방출량이 가장 많은 생육단계는?

① 개열 직전의 큰 버섯
② 중간 크기의 버섯
③ 어린 버섯
④ 균사생장

양송이는 어린 버섯일 때 호흡량과 이산화탄소 배출량이 가장 많다.

33 팽이버섯 재배사 신축 시 재배면적 규모 결정에 가장 중요하게 고려해야 하는 사항은?

① 재배품종
② 1일 입병량
③ 재배인력
④ 냉난방 능력

팽이버섯 재배사 신축 시 재배면적 규모 결정에 가장 중요하게 고려해야 하는 사항은 1일 입병량이다.
• 병재배의 경우 규모를 측정할 때 1일 입병량으로 계산한다.
• 팽이버섯을 매일 800병(800mL 기준)씩 생산하려면 최소 $150m^2$의 재배시설 면적이 필요하다.

34 표고 톱밥배지 제조 시 알맞은 미강의 첨가량은?

① 10% ② 20%
③ 40% ④ 60%

표고의 톱밥배지 재료 배합 시 첨가되는 미강의 양은 20%가 적당하다.

35 표고 재배 시 관리를 위한 측면에서 원목의 직경은 몇 cm가 가장 적당한가?

① 10~15 ② 20~25
③ 30~35 ④ 40~45

표고 재배용 원목의 크기는 직경 10~15cm, 길이 1~1.2m 정도가 무난하다.

36 표고 원목재배 시 가눕히기를 할 장소로 가장 먼저 고려하여야 할 점은

① 차광   ② 통풍
③ 습도   ④ 산도(pH)

해설
임시 눕혀두기 장소는 보습이 잘되고 관수가 가능하며, 동향이나 남향의 중턱 이하에 바람이 없는 따뜻한 곳이 알맞다.

37 재배사의 바닥을 흙으로 할 때 가장 문제가 되는 점은?

① 온도관리   ② 병충해관리
③ 습도관리   ④ 후발효관리

해설
재배사의 바닥이 흙으로 되어 있으면 각종 병해충에 취약하다.

38 표고 재배 시 원목의 수분함량 부족으로 발생하는 병해는?

① 치마버섯   ② 구름버섯
③ 고무버섯   ④ 기계충버섯

해설
치마버섯
약간 고온에 생장하는 건성해균으로 직사광선에 노출되어 원목의 수분함량이 저하되면서 병해 발생하며, 이 균이 생장한 부위는 표고균이 생장하지 못하고, 피해부위는 전체가 엷은 흑갈색으로 착색되기도 한다.

39 양송이 종균 재식 시 재배용 퇴비의 암모니아 함량은 몇 % 이내가 가장 적당한가?

① 0.03   ② 0.3
③ 3   ④ 30

해설
양송이 종균 재식 시 재배용 퇴비의 암모니아 함량은 0.03% 이내가 가장 적당하다.

40 팽이버섯 생육실의 최적온도와 최적습도 조건으로 가장 적합한 것은?

① 온도 : 0℃, 습도 : 65~70%
② 온도 : 7℃, 습도 : 70~75%
③ 온도 : 14℃, 습도 : 80~85%
④ 온도 : 28℃, 습도 : 90~95%

해설
팽이버섯 생육실 최적온도와 습도
• 생육실 최적온도는 6~8℃로 버섯의 대 길이 12~14cm, 갓 직경 1cm 내외의 정상적인 품질을 생육시킨다.
• 팽이버섯의 균사 배양 시 실내습도

배양실	발이실	억제실	생육실
65~70%	90~95%	80~85%	70~75%

41 95%의 알코올을 이용하여 80%의 알코올 100mL를 만들려고 한다. 95%의 알코올의 첨가량은 약 얼마인가?

① 54.12
② 64.12
③ 74.21
④ 84.21

해설
(용액의 농도×필요 용액의 부피)/희석용액의 부피 = 필요 용액의 농도

$95\% \times x/100\text{mL} = 80\%$

$\therefore x = (80 \times 100)/95 \fallingdotseq 84.21\text{mL}$

42 느타리버섯 재배 시 발생하는 푸른곰팡이병의 방제약제는?

① 베노밀 수화제(벤레이트)
② 농용신 수화제(부라마이신)
③ 클로르피리포스 유제(더스반)
④ 빈크로졸린 입상수화제(놀란)

해설
느타리버섯의 푸른곰팡이병 방제를 위해서 벤레이트(베노밀 수화제), 판마시, 스포르곤 등을 사용한다.

43 버섯재배사 내의 이산화탄소 농도가 5,000ppm이면 % 농도로는 얼마인가?

① 0.005
② 0.05
③ 0.5
④ 5

해설
버섯재배사 내의 이산화탄소 농도가 5,000ppm이면 0.5% 농도이다.

5,000ppm = 0.5%(ppm은 1/1,000,000)

44 느타리버섯 재배 시 환기불량의 증상이 아닌 것은?

① 수확이 지연된다.
② 갓이 잉크색으로 변한다.
③ 대가 길어진다.
④ 갓이 발달되지 않는다.

해설
느타리 재배 시 환기가 불량하면 대가 길어지고, 갓이 발달하지 않으며, 수확이 지연된다.

45 표고 톱밥배지 제조 시 균사 생장에 알맞은 수분함량으로 가장 적절한 것은?

① 40~50%
② 50~60%
③ 60~70%
④ 70~80%

해설
표고 톱밥배지 제조 시 균사 생장에 가장 알맞은 수분함량은 60~70%이다.

46 표고 재배사 설치 입지조건에 적합하지 않은 것은?

① 큰 소비시장의 인근에 위치하는 장소

② 전기와 물의 사용에 제한을 받는 장소

③ 집과 가까워 재배사 관리에 편리한 장소

④ 햇빛이 잘 들고 보온과 채광에 유리한 장소

해설
전기와 물의 사용도 제한을 받지 않으면서 큰 소비시장의 인근에 위치하는 것이 좋다.

47 느타리 재배를 위한 야외발효 시 배지더미 내부의 상태로 가장 적합한 것은?

① 저온 또는 고온상태

② 혐기성 발효상태

③ 호기성 발효상태

④ 고온 혐기성 발효상태

해설
야외발효의 기본원칙은 고온성 호기성균의 활동을 최적조건으로 유지하는 것이다.

48 다음 중 표고 자목으로 사용되는 가장 적합한 수종과 수령은?

① 졸참나무, 30년생

② 졸참나무, 40년생

③ 상수리나무, 20년생

④ 상수리나무, 50년생

해설
표고 자목으로 사용하기에 적합한 것은 20년생 상수리나무이다.

49 목적하는 미생물을 생장하기에 가장 적당한 배지에 넣고 적당한 조건하에서 배양함으로써 다른 미생물보다 우선적으로 생육시켜 분리하는 배양법은?

① 소적배양 ② 혼합배양

③ 직접배양 ④ 평판배양

50 버섯 발생 시 광도(조도)의 영향이 가장 작은 버섯은?

① 표고 ② 양송이

③ 영지버섯 ④ 느타리버섯

해설
양송이는 버섯 발생 시 광도의 영향이 가장 적다.

51 양송이 복토 재료의 조건으로 부적당한 것은?

① 가비중이 무거울 것
② 공극량이 많을 것
③ 유기물이 많을 것
④ 보수력이 높을 것

해설
양송이 재배를 위한 복토의 조건
• 공기유통이 양호한 것(공극량이 많은 것)
• 보수력이 높은 것
• 흙의 입자 크기가 적당한 것(가비중이 0.5~0.7g/mL 정도로 낮은 것 = 가벼운 것)
• 유기물이 많은 것(함량이 4~9% 정도)

52 영지버섯 발생 및 생육 시 필요한 환경요인이 아닌 것은?

① 저온처리
② 가습
③ 광조사
④ 환기

해설
영지버섯 발생 및 생육 시 필요한 환경요인 : 광조사, 고온처리, 환기, 가습

53 다음 중 느타리버섯 재배 시 관수량을 가장 많이 해야 할 시기는?

① 갓 직경 5mm
② 갓 직경 10mm
③ 갓 직경 20mm
④ 갓 직경 40mm

해설
느타리버섯 재배 시 갓의 직경이 40mm일 때 관수량이 가장 많이 필요하다.

54 양송이 퇴비 퇴적 시 퇴비 재료의 최적탄질률(C/N 율)로 옳은 것은?(단, 종균접종 시의 경우는 제외한다)

① 15 내외
② 25 내외
③ 35 내외
④ 45 내외

해설
양송이 퇴비 퇴적 시 퇴비 재료의 최적탄질률(C/N율)은 25 내외이다.

55 양송이나 느타리버섯 재배 시 재배사 내에 탄산가스가 축적되는 주원인은?

① 퇴비
② 외부공기
③ 복토
④ 농약

해설
양송이나 느타리버섯 재배 시 재배사 내에 탄산가스가 축적되는 원인은 퇴비이다.

56 털두꺼비하늘소는 주로 어느 시기에 표고의 원목에 피해를 입히는가?

① 알
② 유충
③ 성충
④ 번데기

해설
부화된 털두꺼비하늘소 유충은 1마리당 12cm² 정도 면적의 수피 내부층과 목질부 표피층을 식해하는데, 이것에 의한 균사의 활력과 저지는 물론 잡균의 발생을 조장하여 피해를 가중시킨다.

57 다음 중 버섯의 모양이 다른 3종과 다른 것은?

① 표고
② 양송이
③ 송이버섯
④ 싸리버섯

해설
싸리버섯은 산호 모양을 하고 있으며, 나머지는 자실체에 주름살이 있는 형태를 갖고 있다.

58 표고 종균배양실의 환경조건으로 틀린 것은?

① 직사광선
② 습도
③ 항온
④ 청결

해설
종균은 직사광선에 노출되거나 건조되지 않도록 주의한다.

59 느타리 병재배시설에 필요 없는 것은?

① 억제실
② 생육실
③ 배양실
④ 배지냉각실

해설
억제실은 발이실에서 버섯 발생이 불규칙한 부분을 고르게 만들기 위해 광시설, 송풍시설이 부착된 억제기를 설치하여 버섯 발생을 전체적으로 고르게 만드는 곳으로, 팽이버섯의 재배에 필요하다.

60 버섯 품종의 퇴화에 대한 설명 중 옳지 않은 것은?

① 저온에 보관되는 원균이 경우에 따라 고온에 놓이게 되면 돌연변이 유발원으로 작용할 수 있다.
② 버섯균사에 세균의 혼입 여부를 감정하기 위해서는 세균이 생육하기에 알맞은 25℃ 전후에 배양해 본다.
③ 원균을 보존하고 배양하면서 극히 영양원이 빈약한 배지에서 배양되거나 극히 생장에 불리한 환경에 의해 배양된 접종원으로 재배되었을 때 생산력은 감소한다.
④ 버섯의 원균의 보존이나 접종되고 배양되는 과정에 동종의 버섯에서 나오는 포자나 균사가 혼입되어 다른 유전조성을 이룰 수 있다.

해설
박테리아가 생육하기에 알맞은 온도인 37℃ 부근에서 균주를 계대배양하면 버섯균은 고온으로 생육이 어렵고, 박테리아는 자라기에 알맞아 박테리아의 혼입을 육안으로 관찰할 수 있으며, 바이러스는 균주의 dsRNA를 분석하거나 PCR법, ELISA법 등으로 그 감염 여부를 판정할 수 있다.

01 감자추출배지의 살균방법으로 가장 적합한 것은?

① 고압증기살균

② 여과살균

③ 자외선살균

④ 건열살균

해설

① 고압증기살균 : 고체배지, 액체배지, 작업기구 등의 살균

② 여과살균 : 열에 약한 용액, 조직배양배지, 비타민·항생물질 등의 살균

③ 자외선살균 : 무균상, 무균실의 살균

④ 건열살균 : 유리로 만든 초자기구나 금속기구의 살균

02 활물기생 또는 반활물기생이 가능한 것은?

① 표고   ② 뽕나무버섯

③ 양송이   ④ 참부채버섯

해설

뽕나무버섯은 살아 있는 나무에 기생을 하면 그 나무의 병원균으로 작용을 하여 나무에 병이 발생된다.

03 양송이와 느타리버섯의 원균을 냉장고에 저온으로 보존하는 이상적인 기간은?

① 1개월 미만   ② 6개월

③ 10개월   ④ 1년 이상

해설

양송이와 느타리의 원균을 저온저장하는 가장 이상적인 기간은 1개월 미만이다.

04 원균을 이식할 때 백금구를 쓰는 이유는?

① 열전도가 느리기 때문에

② 취급하기가 좋기 때문에

③ 열전도가 빠르기 때문에

④ 순수하기 때문에

해설

백금구는 열전도가 빨라서 화염살균 후 빨리 식혀지기 때문에 사용한다.

05 액체종균 배양 시 거품의 방지를 위하여 배지에 첨가하는 것은?

① 하이포넥스   ② 감자

③ 안티폼   ④ 비타민

해설

액체종균

• 물에 녹는 포도당, 설탕, 맥아즙, 효모즙을 액체배지에서 배양한 종균

• 감자추출배지나 대두박배지를 주로 사용

• 배지에 공기를 넣지 않는 경우 산도를 조정하지 않음

• 느타리 및 새송이는 살균 전 배지를 pH 4.0~4.5로 조정

• 감자추출배지의 pH는 일반적으로 6.0~6.5 정도로 팽이, 버들송이, 만가닥버섯의 경우 산도 조정이 요구되지 않음

• 압축공기를 이용한 통기식 액체배양에서는 거품생성 방지를 위하여 안티폼 또는 식용유를 배지에 첨가

06 톱밥추출배지 1L에 들어가는 한천의 일반적인 양은?

① 약 5g   ② 약 10g

③ 약 15g   ④ 약 20g

해설

톱밥추출배지
물 1L에 톱밥 200g, 한천 20g, 포도당 20g(2%)을 넣는다.

07 곡립종균 배지 살균시간 결정에 관계가 없는 것은?

① 살균기의 크기
② 배지의 수분함량
③ 보일러 재질
④ 종균 병의 크기

해설

종균용 배지의 살균시간을 결정할 때 고려할 사항
• 초기 온도
• 종균 병(용기)의 크기 및 종류
• 배지의 수분함량 및 밀도
• 살균기의 크기나 형태
• 수증기의 온도와 압력

08 살균기의 페트 콕(pet cock)이 하는 역할은?

① 살균기 내에 들어오는 증기량 조절
② 살균기의 온도 조절
③ 살균기 내의 냉각공기 제거
④ 살균기 내의 물 제거

해설

페트 콕은 살균기 내의 냉각공기를 제거하는 역할을 한다.

09 느타리버섯의 균사가 고온장애로 생장이 중지되는 온도는?

① 26℃   ② 30℃

③ 36℃   ④ 45℃

해설

느타리버섯 균사 생장과 온도와의 관계

생육단계	온도(℃)
균사사멸	40
균사 생장중지	36
균사 생장한계	35
균사 생장최적	23~27
버섯 발생최적	15±5

10 종균의 저장 및 관리요령으로 가장 부적절한 것은?

① 배양이 완료된 종균은 즉시 접종하는 것이 유리하다.
② 종균은 빛이 들어오지 않는 냉암소에 보관한다.
③ 종균 저장 시 외기온도와 동일하도록 관리한다.
④ 곡립종균은 균덩이 방지와 노화 예방에 주의한다.

해설

종균 저장실은 외기온도의 영향을 적게 받도록 단열재를 쓰며, 5~10℃를 유지할 수 있도록 냉동기를 설치해야 한다.

11 느타리버섯과 표고버섯의 단포자의 핵은 일반적으로 어느 상태인가?

① n ② 2n
③ 3n ④ 4n

해설
느타리버섯과 표고버섯의 단포자의 핵은 일반적으로 1핵(n)을 가진 1차 균사가 되어 생장한다.

12 다음 중 균사생장의 최적산도(pH)가 가장 높은 것은?

① 맛버섯 ② 양송이
③ 표고 ④ 느타리

해설
② 양송이 : pH 6.8~7.0
①·③·④ 맛버섯, 표고, 느타리 : pH 5.0~6.0

13 양송이 균주를 수집하고자 포자 발이 시 촉진방법이 아닌 것은?

① 배지의 산도조절
② 저급지방산 처리
③ 자외선 장시간 조사
④ 영양물질 첨가

해설
양송이 균주를 수집하고자 포자 발이 시 촉진방법
• 발이용 포자 근처에 균사체 접종
• 유기산 처리
• 영양물질 첨가
• 저급지방산 처리
• 배지의 산도조절
• 균사 절편의 이식 접종

14 천마에 대한 설명으로 틀린 것은?

① 난과 식물이다.
② 씨앗으로 번식이 어렵다.
③ 버섯이다.
④ 뽕나무버섯 균사와 공생한다.

해설
천마의 특성
• 뽕나무버섯균과 서로 공생하여 생육이 가능하다.
• 땅속에서 성마가 되어 번식한다.
• 지하부의 구근은 고구마처럼 형성된다.
• 지상부 줄기 색깔에 따라 홍천마, 청천마, 녹천마 등으로 구별한다.
• 난과 식물이며, 씨앗으로는 번식이 어렵다.

15 버섯의 2핵 균사 판별방법은?

① 균사의 길이 ② 꺽쇠의 유무
③ 격막의 유무 ④ 균사의 개수

해설
2핵 균사를 판별하는 방법은 협구(꺽쇠)의 유무로 알 수 있다.

16 양송이 자실체에서 포자를 채취할 때 포자의 낙하량이 가장 많은 온도는?

① 10℃   ② 15℃

③ 20℃   ④ 25℃

해설
양송이 자실체에서 포자를 채취할 때 포자의 낙하량은 15℃일 때 가장 많다.

17 솜마개 사용요령으로 가장 옳지 않은 것은?

① 표면이 둥글게 한다.
② 길게 하여 깊이 틀어막는다.
③ 좋은 솜을 사용한다.
④ 빠지지 않게 단단히 한다.

해설
솜마개를 길게 하여 깊이 틀어막는 것은 올바른 방법이 아니다.

18 느타리버섯 및 표고의 포자가 발이하여 되는 것은?

① 1차 균사   ② 2차 균사
③ 3차 균사   ④ 2차와 3차 균사

해설
느타리버섯 및 표고의 포자가 발이하면 1차 균사가 된다.

19 버섯으로부터 조직을 분리할 때 절편의 크기는 몇 mm가 가장 적당한가?

① 1×1mm   ② 1×3mm
③ 1×6mm   ④ 1×9mm

해설
버섯의 조직을 분리할 때 절편은 1×3mm가 적당하다.

20 다음 중 무균실용으로 부적당한 것은?

① 무균필터(Filter)   ② 자외선램프
③ 스트렙토마이신   ④ 에틸알코올

해설
스트렙토마이신은 항생제로서 무균실에 필요한 도구가 아니다.

21 느타리버섯 자실체를 버섯완전배지에 조직배양하면 무엇으로 생장하게 되는가?

① 대   ② 갓
③ 포자   ④ 균사체

해설
자실체의 주름에 있는 각각의 담자기 끝에서 네 개의 담자포자가 성형된다. 각각의 포자는 하나의 핵을 갖으며, 포자는 발이하여 1차 균사체가 되고 세포질 융합에 의해 2차 균사체를 형성하게 된다.

22 버섯원균의 균총과 종균이 다소 황갈색을 띠는 버섯은?

① 표고
② 신령버섯
③ 목질진흙버섯
④ 느타리버섯

해설
목질진흙버섯의 생장 및 배양
• 균사 생장온도 15~35℃, 최적온도는 28~30℃ 전후이다.
• 자실체 생장최적온도 25~30℃로 고온성 버섯이다.
• 버섯원균의 균총과 종균이 다소 황갈색을 띤다.

23 버섯의 진정한 생식기관으로서 포자를 만드는 영양체이며, 종(種)이나 속(屬)에 따라 고유의 형태를 가지는 것은?

① 협구
② 턱받이
③ 균사
④ 자실체

해설
자실체는 생식기관으로 유성포자를 형성하고 땅속, 땅 위, 나무 등에서 생육하는 균류를 모두 포함하고 있다.

24 느타리의 자실체에서 생성되는 포자는?

① 분열자
② 담자포자
③ 자낭포자
④ 무성포자

해설
자실체의 주름에 있는 각각의 담자기 끝에서 네 개의 담자포자가 형성된다.

25 양송이 원균 배양 시 가장 적합한 배지는?

① 감자배지
② 액체배지
③ 톱밥배지
④ 퇴비배지

해설
양송이 원균 배양에는 주로 퇴비배지를 사용한다.

26 배지를 121℃로 고압살균할 때 1cm²당 압력은?

① 0.8~1.0kg
② 1.1~1.2kg
③ 1.3~1.5kg
④ 1.6~2.0kg

해설
배지의 고압살균은 온도 121℃, 압력 1.1~1.2kg/cm² 정도가 적당하다.

27 느타리의 분류학적 위치로 옳은 것은?

① 자낭균문 – 주름버섯목
② 자낭균문 – 민주름버섯목
③ 담자균문 – 주름버섯목
④ 담자균문 – 민주름버섯목

해설
느타리버섯의 분류학적 위치
균계 > 담자균문 > 주름버섯목 > 느타리과 > 느타리속

28 종균배지(톱밥배지) 제조 시 입병용기가 1,000mL일 경우 일반적인 배지 주입량으로 가장 적합한 것은?

① 550~650g   ② 660~750g

③ 760~800g   ④ 850~900g

해설

배지재료를 1L병에 550~650g 정도 넣는다.

29 느타리의 형태적 특징으로 알맞은 것은?

① 대에 턱받이가 없다.

② 대에 턱받이가 있으며, 황색이다.

③ 대에 턱받이가 있으며, 백색이다.

④ 대에 턱받이가 없는 대신 대주머니가 있다.

해설

느타리의 형태적 특징

• 주름살은 대개 내림주름살이고 대에 턱받이가 없다.

• 포자는 타원형, 흰색이다.

30 표고버섯 원균 증식용 배지 조제 시 불필요한 것은?

① 감자   ② 한천

③ 설탕   ④ 퇴비

해설

감자추출배지(PDA)

물 1L에 감자 200g, 한천 20g, 포도당 20g을 넣는다.

31 자실체에서 버섯균을 분리할 때 세균의 오염을 피하기 위해서 첨가하는 항생제가 아닌 것은?

① 페니실린   ② 스트렙토마이신

③ 베노밀   ④ 클로람페니콜

해설

③ 베노밀은 카바메이트계 침투성 살균제 농약으로, 첨가해서는 안 된다.

자실체에서 버섯균을 분리할 때 세균의 오염을 피하기 위해서 첨가하는 항생제 : 스트렙토마이신, 클로람페니콜, 페니실린 등

32 표고의 자실체 발육에 가장 적합한 공중 습도는?

① 50~60%   ② 70~80%

③ 80~90%   ④ 100% 이상

해설

표고의 자실체 발육에 가장 적합한 공중 습도는 80~90%이다.

33 톱밥배지의 상압살균온도로 가장 적합한 것은?

① 약 60℃   ② 약 100℃

③ 약 120℃   ④ 약 160℃

해설

톱밥배지의 상압살균

• 상압살균솥을 이용한다.

• 증기에 의한 살균방법이다.

• 100℃ 내외를 기준으로 한다.

• 온도 상승 후 약 5~6시간을 표준으로 한다.

34 느타리의 생체저장법이 아닌 것은?

① 저온저장법
② CA저장법(가스저장법)
③ 상온저장법
④ PVC필름저장법

해설
버섯의 생체저장법
• 저온저장법
• CA(Controlled Atmosphere)저장법
• PVC필름저장법

35 건표고의 저장법으로 바람직한 것은?

① 비닐봉지에 넣어 실온에 보관한다.
② 열풍건조 후 밀봉하여 저온저장한다.
③ 주기적으로 약제를 살포한다.
④ 종이박스에 넣어 실온에 보관한다.

해설
건조된 표고는 함수율이 낮아 외부환경에 노출되면 습기를 빠르게 흡수하여 저장 중 부패 될 수 있으므로 밀봉하여 저온저장한다.

36 표고의 균사 생장 최적온도로 가장 적절한 것은?

① 15℃ 내외
② 25℃ 내외
③ 35℃ 내외
④ 40℃ 이상

해설
표고의 균사 생장 온도범위는 5~35℃이고, 적정온도는 24~27℃이다.

37 밀배지 제조 시 탄산석회와 석고의 첨가 이유를 가장 바르게 나타낸 것은?

① 탄산석회 : 결착 방지, 석고 : 산도 조절
② 탄산석회 : 산도 조절, 석고 : 건조 방지
③ 탄산석회 : 산도 조절, 석고 : 결착 방지
④ 탄산석회 : 건조 방지, 석고 : 산도 조절

해설
• 탄산석회 : 산도(pH) 조절
• 석고 : 결착을 방지하고 물리적 성질을 개선

38 표고버섯의 불시재배 시 표고 발생을 위한 골목의 살수 또는 침수 시 골목의 수분함량으로 가장 적당한 것은?

① 15%   ② 30%
③ 50%   ④ 75%

해설
표고 발생을 위한 골목의 살수 또는 침수 시 골목의 수분함량은 50% 정도가 적당하다.

39 균사에 꺽쇠연결체가 없는 버섯은?

① 양송이   ② 팽이버섯
③ 느타리   ④ 목이

해설
양송이와 신령버섯은 담자균류의 일반적인 특성과는 달리 꺽쇠(클램프, 협구)연결체가 생기지 않는다.

40 양송이 재배를 위한 복토의 조건으로 부적당한 것은?

① 흙의 입자 크기가 적당한 것
② 보수력이 낮은 것
③ 공기유통이 양호한 것
④ 유기물 함량이 4~9% 정도인 것

양송이 재배를 위한 복토로써 갖추어야 할 조건
공기의 유통이 양호하고 유기물 함량이 4~9% 함유되어 있으며, 보수력이 양호해야 하고 복토 시 중압감을 주지 않을 정도로 가벼워야 한다.

41 경제적인 면과 수량을 고려할 때 느타리 원목재배에 가장 알맞은 원목의 굵기는?

① 15cm 내외
② 20cm 내외
③ 25cm 내외
④ 30cm 내외

느타리 원목재배에 가장 알맞은 원목 두께는 15cm 내외이다.

42 양송이의 상품적 가치를 저하시키는 해충과 거리가 먼 것은?

① 멸구
② 버섯파리
③ 응애
④ 톡토기

양송이의 상품가치를 하락시키는 해충은 버섯파리, 응애, 선충, 톡토기 등이 있다.

43 표고 원목재배 시 많이 발생하는 해균이 아닌 것은?

① 꽃구름버섯균
② 마이코곤병균
③ 검은혹버섯균
④ 트리코더마균류

마이코곤병
주로 양송이에 발병하며, 기온이 높은 봄재배 후기와 가을재배 초기, 백색종을 재배할 때, 복토를 소독하지 않은 경우 피해가 심하다.
① 꽃구름버섯균 : 표고 원목 등에 겹쳐 군생하고 나무를 썩히는 목재부후균으로 백색부후를 일으킨다.
③ 검은혹버섯균 : 표고버섯의 골목관리 시 직사광선에 의한 온도 상승으로 발생하기 쉬운 해균이다.
④ 트리코더마균 : 표고해균 중 발생빈도가 가장 높고 심한 피해를 준다.

44 자실체로부터 균을 분리하는 가장 일반적인 방법 중 하나는?

① 고체분리방법
② 조직분리방법
③ 대주머니방법
④ 액체분리방법

자실체로부터 균을 분리하는 가장 일반적인 방법은 조직분리방법이다.

45 표고 톱밥배양배지 조제에 가장 적당한 것은?

① 낙엽송의 심재부
② 소나무의 변재부
③ 라왕의 심재부
④ 참나무류의 변재부

표고 톱밥배양배지 조제에는 참나무류의 변재부가 가장 적당하다.

46 버섯병의 발생 및 전염경로에 대한 설명으로 적합하지 않은 것은?

① 병원성 진균의 포자는 공기 또는 매개체에 의해서 전파된다.

② 병의 발생은 버섯과 병원체가 접촉하지 않고 상호작용이 발생하지 않을 때에도 발병이 가능하다.

③ 병의 발병을 위해서는 적당한 환경조건이 필요하다.

④ 병원성 세균은 물에 의해서 쉽게 전파되고, 곤충 또는 작업도구에 의해서도 감염된다.

해설

버섯과 병원체가 접촉한 상태에서 상호작용을 해야만 한다. 그러나 접촉한 상태일지라도 접촉 전후 주변의 환경조건이 발병에 부적절할 경우 병원체는 버섯을 가해할 수 없거나 버섯이 침해에 저항할 수 있으므로, 병은 발생하지 않거나 최소화할 수 있다.

47 표고의 등급별 종류가 아닌 것은?

① 동고　　　　　　② 동신

③ 향신　　　　　　④ 향고

해설

표고의 등급은 갓의 형태에 따라 1등급 백화고, 2등급 흑화고, 3등급 동고, 4등급 향고, 5등급 향신으로 구분한다.

48 양송이 퇴비배지의 입상이 끝난 후 정열방법으로 가장 적절한 것은?

① 출입구와 환기통의 완전 개방

② 출입구와 환기통의 완전 밀폐

③ 출입구와 환기통의 단시간 개방

④ 출입구와 환기통의 단시간 밀폐

해설

퇴비의 입상이 끝나면 재배사의 문과 환기구를 밀폐하고 재배사를 인위적으로 가온한다. 실내가온과 함께 퇴비의 자체발열에 의하여 온도가 상승하면 퇴비온도를 60℃에서 6시간 동안 유지한다. 이 과정을 정열(頂熱)이라고 부르는데, 이것은 퇴비로부터 오염되는 각종 병해충과 재배사에 남아 있는 병해충을 제거하기 위한 것으로, 이때 퇴비온도만을 60℃로 올리는 것이 아니라 실내온도도 60℃로 올려야 한다.

49 느타리버섯 균상 재배사 전업농 규모로 가장 적합한 면적은?

① 10~15평　　　　② 50~100평

③ 100~200평　　　④ 200~400평

해설

느타리버섯 균상 재배사 전업농 규모면적은 200~400평이 가장 적합하다.

50 표고 종균 증식과정의 하나로 보기 어려운 것은?

① 접종원 제조　　　② 품질검사

③ 원균증식　　　　④ 원균분양

해설

종균 증식과정으로는 원균분양, 원균증식, 접종원 제조 등이 있다.

51 느타리버섯 재배사와 양송이 재배사 시설의 차이점은?

① 환기시설
② 균상시설
③ 재배사 천장
④ 채광시설

해설
양송이 재배사에는 채광시설이 필요 없다.

52 표고 원목재배 시 병원균 예방법으로 틀린 것은?

① 낙엽이나 하초를 제거한다.
② 실외재배 시 3월 말까지 종균접종을 마친다.
③ 원목의 수피에 상처를 내지 않는다.
④ 골목이 직사광선을 받도록 한다.

해설
표고버섯의 골목관리 시 직사광선에 의한 온도 상승으로 검은혹버섯이 발생하기 쉽다.

53 느타리버섯의 품종이 고온성으로만 조합을 이루고 있는 것은?

① 원형느타리 1호, 농기 2-1호
② 사철느타리 2호, 원형느타리 3호
③ 사철느타리 2호, 여름느타리버섯
④ 여름느타리버섯, 원형느타리 3호

해설
발생온도에 따른 분류
• 저온성 품종(8~18℃) : 농기 2-1호, 원형 1호, 원형느타리 2호, 원형느타리 3호
• 중온성 품종(10~20℃) : 농기 201호, 춘추 2호, 치악 5호
• 중고온성 품종(10~24℃) : 사철느타리, 농기 202호
• 고온성 품종(18~25℃) : 여름느타리버섯, 사철느타리 2호, 여름느타리 2호
• 광온성 : 김제 5호, 6호, 수한 1호, 장안 5호, 청풍 등

54 푸른곰팡이병의 발생원인으로 틀린 것은?

① 복토에 유기물이 많을 때
② 재배사의 온도가 높을 때
③ 후발효가 부적당할 때
④ 복토가 알칼리성일 때

해설
푸른곰팡이병의 발생원인
• 재배사의 온도가 높을 때
• 복토에 유기물이 많을 때
• 복토나 배지가 산성일 때
• 후발효가 부적당할 때

55 팽이버섯 자실체 발생 시 약한 광선의 영향은?

① 야생종과 재배종에서 자실체 발생을 촉진한다.
② 자실체 발생에서 야생종은 촉진하고 재배종은 지연시킨다.
③ 자실체 발생에서 재배종은 촉진하고 야생종은 지연시킨다.
④ 자실체 발생에는 아무런 영향이 없다.

해설
팽이버섯
• 팽이버섯 자실체 발생 시 약한 광선의 영향은 모든 종에서 자실체 발생을 촉진한다.
• 팽이버섯의 자실체 발생온도는 10~12℃, 습도는 90% 이상이다.

56 양송이 퇴비의 후발효 중 환기방법으로 가장 적절한 것은?

① 문을 적게 열고 장기간 환기
② 문을 많이 열고 장기간 환기
③ 문을 많이 열고 단기간 환기
④ 문을 계속 열어서 실시

해설
퇴비의 후발효 중 환기방법 : 문을 많이 열고 단기간 환기

57 표고 우량종균의 선별에 직접 관련이 없는 사항은?

① 종균 용기 안에 고인 액체의 유무
② 종균을 제조한 곳의 신용도
③ 종균의 무게
④ 종균의 유효기간

해설
종균의 무게는 우량종균의 선별에 직접적인 영향이 없다.

58 표고 톱밥재배 시 톱밥배지의 갈변화 최적조건은?

① 온도 10~15℃, 광 150lx
② 온도 20~25℃, 광 100lx
③ 온도 20~25℃, 광 250lx
④ 온도 30~35℃, 광 200lx

해설
표고 톱밥배지의 갈변조건
갈변화 온도는 20~25℃, 광도 200lx 이상이 적당하다.

59 표고 재배용 골목으로 오리나무를 사용하였다. 오리나무 골목의 특징이 아닌 것은?

① 자실체 발생이 잘 된다.
② 종균접종 당년에 버섯수확이 가능하다.
③ 건조표고용으로 부적당하다.
④ 골목 수명이 참나무보다 길다.

해설
껍질이 얇은 자작나무, 오리나무 등은 버섯의 발생이 빠르고 발생 수가 많으나, 품질이 떨어지고 골목 수명과 버섯의 수확기간이 짧다는 단점이 있다.

60 표고 원목재배 시 골목을 임시로 눕혀 두는 방법으로 옳지 않은 것은?

① 땅에 붙여두기
② 정자쌓기
③ 가위목쌓기
④ 세워쌓기

해설
표고 원목재배 시 임시로 눕혀 두는 방법에는 세워쌓기, 정자쌓기, 땅에 붙여두기, 장작쌓기(눕혀쌓기)가 있다.

01 곡립종균의 균덩이 형성 방지대책이 아닌 것은?

① 고온 저장
② 단기간 저장
③ 석고 사용량 조절
④ 종균 흔들기

해설
곡립종균의 균덩이 형성 방지대책
• 원균의 선별 사용
• 흔들기를 자주 하되 과도하게 하지 말 것
• 고온·장기저장을 피할 것
• 호밀은 박피할 것(도정하지 말 것)
• 탄산석회(석고)의 사용량 조절로 배지의 수분 조절

02 표고 원목재배의 종균접종 과정 중 적절하지 않은 것은?

① 접종용 원목은 참나무류를 선택한다.
② 접종용 종균은 직사광선을 받게 하여 갈색으로 만든다.
③ 종균은 10℃ 이하의 통풍이 양호한 냉암소에 보관한다.
④ 접종용 원목은 수분함량이 40% 내외가 적합하다.

해설
종균을 톱밥배지에 접종하여 크게 암배양(균사배양 ; 배양 초기)단계와 갈변(명배양 ; 배양 중기)단계로 배양하게 되는데, 명배양 시 배양실의 빛은 고르게 닿도록 한다.

03 곡립종균 제조과정에서 물리적 성질을 개선하기 위해 첨가하는 것은?

① 요소
② 탄산석회
③ 석고
④ 인산염

해설
석고($CaSO_4$; 황산칼슘)의 첨가는 퇴비표면의 교질화(콜로이드)를 방지하고, 끈기를 없애준다.

04 팽이 포자의 색깔로 옳은 것은?

① 흰색
② 흑색
③ 갈색
④ 적색

해설
팽이 포자는 타원형의 흰색으로, 크기는 $4.5 \sim 7.0 \times 3.0 \sim 4.5 \mu m$ 이다.

05 버섯의 일반적인 특징으로 옳지 않은 것은?

① 기생생활을 한다.
② 고등생물이다.
③ 광합성을 못한다.
④ 엽록소가 없다.

해설
생물은 동물계, 식물계, 균계로 크게 나눌 수 있으며, 버섯은 곰팡이·박테리아와 함께 균계에 속하고, 가장 하위에 위치한다.

06 생육실에서 냉난방을 위한 송풍역할을 하며, 실내 공기를 순환시키는 역할을 하는 콘덴싱 유닛 팬의 회전속도를 조절할 수 있는 장치는?

① 인버터　　　　② 응축기
③ 시로코 팬　　　④ 전기열선

해설
재배시설에서는 대개 팬 쿨러를 사용하는데, 건조를 방지하기 위하여 팬의 속도를 조절하는 인버터를 부착한다.

07 느타리 재배시설 중에서 공기여과장치가 필요 없는 곳은?

① 배양실　　　　② 생육실
③ 냉각실　　　　④ 종균접종실

해설
생육실
냉·난방기, 가습기, 내부공기순환장치, 환기장치(급·배기), 온·습도센서, 제어장치 등이 설치되어야 한다.

08 신령버섯 균사 배양 시 최적온도는?

① 15~20℃　　　② 20~25℃
③ 25~30℃　　　④ 30~35℃

해설
신령버섯 균사 생장온도는 15~40℃이고, 최적온도는 25~30℃이다.

09 품종보호권의 효력이 미치는 범위에 속하는 것은?

① 영리 외의 목적으로 자가소비(自家消費)를 하기 위한 보호품종의 실시
② 실험이나 연구를 하기 위한 보호품종의 실시
③ 다른 품종을 육성하기 위한 보호품종의 실시
④ 보호품종을 반복하여 사용하여야 종자생산이 가능한 품종을 육성하는 행위

해설
품종보호권의 효력(식물신품종보호법 제56조 제3항)
품종보호권의 효력은 다음의 어느 하나에 해당하는 품종에도 적용된다.
• 보호품종(기본적으로 다른 품종에서 유래된 품종이 아닌 보호품종만 해당한다)으로부터 기본적으로 유래된 품종
• 보호품종과 명확하게 구별되지 아니하는 품종
• 보호품종을 반복하여 사용하여야 종자생산이 가능한 품종
품종보호권의 효력이 미치지 아니하는 범위(식물신품종보호법 제57조 제1항)
다음의 어느 하나에 해당하는 경우에는 품종보호권의 효력이 미치지 아니한다.
• 영리 외의 목적으로 자가소비(自家消費)를 하기 위한 보호품종의 실시
• 실험이나 연구를 하기 위한 보호품종의 실시
• 다른 품종을 육성하기 위한 보호품종의 실시

10 품질표시를 하지 않은 버섯종균을 판매한 경우에 1회 위반 시 과태료 부과기준은?

① 500만원 이하의 과태료
② 300만원 이하의 과태료
③ 200만원 이하의 과태료
④ 100만원 이하의 과태료

해설
과태료의 부과기준 – 개별기준(종자산업법 시행령 [별표 6])

위반행위	과태료(단위 : 만원)				
	1회 위반	2회 위반	3회 위반	4회 위반	5회 이상 위반
유통 종자 및 묘의 품질표시를 하지 아니하거나 거짓으로 표시하여 종자 및 묘를 판매하거나 보급한 경우	100	300	500	700	1,000

11 대주머니가 있는 버섯은?

① 양송이　　　　② 광대버섯
③ 느타리버섯　　④ 팽이버섯

> **해설**
> 광대버섯은 갓, 자실층, 대, 턱받이, 대주머니가 모두 있다.

12 천마에 대한 설명으로 옳지 않은 것은?

① 난(蘭)과에 속하는 일년생 식물이다.
② 지하부의 구근은 고구마처럼 형성된다.
③ 뽕나무버섯균과 서로 공생하여 생육이 가능하다.
④ 지상부 줄기 색깔에 따라 홍천마, 청천마, 녹천마 등으로 구별한다.

> **해설**
> 천마는 난과에 속하는 다년생 고등식물이지만, 엽록소가 없어 탄소동화능력이 없다. 따라서 독립적으로 생장하지 못하고, 균류와 공생관계를 유지하면서 생존한다.

13 종균을 접종하고 배양과정 중에서 잡균이 발생하였다. 예상되는 잡균 발생 원인으로 가장 거리가 먼 것은?

① 살균이 잘못된 경우
② 오염된 접종원 사용
③ 배양 중 온도변화가 없는 경우
④ 흔들기 작업 중 마개의 밀착 이상

> **해설**
> 종균의 배양과정 중 잡균이 발생하는 원인
> • 살균이 잘못되었을 때
> • 오염된 접종원의 사용
> • 배양실의 온도변화가 심할 때
> • 배양 중 솜마개로부터 오염
> • 접종 중 무균실에서의 오염
> • 배양실 및 무균실의 습도가 높을 때

14 느타리버섯 병재배 시설에 필요 없는 것은?

① 배양실　　　　② 억제실
③ 생육실　　　　④ 배지냉각실

> **해설**
> 억제실은 광시설, 송풍시설이 부착된 억제기를 설치하여 버섯발생을 전체적으로 고르게 만드는 곳으로 팽이버섯재배에 필요하다.

15 다음 중 양송이 퇴비의 후발효 목적이 아닌 것은?

① 퇴비의 영양분 합성
② 암모니아태 질소 제거
③ 병해충 사멸
④ 퇴비의 탄력성 증가

> **해설**
> 양송이 퇴비를 후발효하는 목적
> • 퇴비의 영양분 합성 및 조절
> • 암모니아태 질소 제거
> • 퇴비의 유해물질(병해충 사멸) 제거
> • 퇴비의 물리성 개선 등

16 표고 톱밥재배 배지의 수분함량으로 적당한 것은?

① 40%　　　　② 50%
③ 55%　　　　④ 65%

> **해설**
> 톱밥배지의 수분함량은 63~65%가 되게 한다.

17 버섯원균의 분리 및 배양 시 반드시 필요한 기기인 것은?

① 항온기
② 냉동건조기
③ 아미노산 분석기
④ 초저온냉동기

해설
항온기는 일정한 온도를 유지시키면서 미생물을 배양하는 기구이다.
균주 배양에 이용되는 시험기구 : 시험관, 페트리 접시, 이식기구(백금선, 백금구, 백금이), 무균상, 건열멸균기, 고압습열멸균기, 항온기, 수조, 진탕기, 균질기, 피펫 등

18 접종실(무균실)의 습도는 몇 % 이하로 유지하여야 좋은가?

① 70%　　　　　② 80%
③ 90%　　　　　④ 100%

해설
접종실(무균실)은 온도 15℃, 습도 70% 이하로 유지해야 하며, 무균실의 필수조건이다.

19 톱밥배지의 살균이 끝난 후 배기를 자연적으로 서서히 하는 이유로 가장 타당한 것은?

① 배지 내의 영양분이 파괴되는 것을 방지함
② 배지의 수분이 변화되는 것을 방지함
③ 병마개가 빠지는 것을 방지함
④ 배지의 산도(pH)가 변화되는 것을 방지함

20 무균실의 벽, 천장, 바닥 등의 소독약제로 알코올의 적정 희석비율은?

① 100%　　　　　② 4%
③ 70%　　　　　④ 0.1%

해설
무균실의 벽, 천장, 바닥 등의 소독약제로 알코올의 적정 희석비율은 70~75%이다.

21 버섯원균의 액체질소보존법에 대한 설명으로 옳은 것은?

① −20℃에서 보존하는 방법이다.
② 보존방법 중에서 가장 저렴하다.
③ 보호제로 10% 젤라틴을 사용한다.
④ −196℃에서 장기간 보존할 수 있는 방법이다.

해설
버섯 원균의 장기저장 시 글리세롤(Glycerol)을 첨가하여 액체질소보존법(−196℃)으로 균주를 보존하는 것이 좋다.

22 양송이는 일반적으로 담자기에 몇 개의 포자가 착생하는가?

① 1개　　　　　② 2개
③ 4개　　　　　④ 8개

해설
담자기에는 보통 4개의 포자가 있는데, 양송이버섯은 2개의 포자를 갖는다.

23 균주보존에서 자실체 형성이나 균의 생리적 특성이 변화되는 현상을 방지하기 위한 일반적인 보존방법은?

① 계면활성보존법

② 계대배양보존법

③ 활면배양보존법

④ 고온처리보존법

해설
가장 일반적인 균주보존방법으로 계대배양보존법이 이용된다.

24 버섯의 포자는 대부분 어디에 부착되어 있는가?

① 균사

② 대(줄기)

③ 대주머니

④ 갓

해설
버섯의 포자는 대부분 갓의 뒷부분에 부착되어 있다.

25 느타리버섯 재배를 위한 솜(폐면)배지의 살균 조건으로 가장 알맞은 것은?

① 121℃, 10시간 내외

② 121℃, 2시간 내외

③ 60℃, 2시간 내외

④ 60℃, 10시간 내외

해설
느타리버섯의 솜(폐면)배지의 살균 조건은 60~65℃에서 6~14시간이다.

26 배지의 살균시간을 결정할 때 고려할 사항이 아닌 것은?

① 종균병의 크기

② 종균병의 모양

③ 살균기의 용량

④ 배지의 살균량

해설
종균용 배지의 살균시간을 결정할 때 고려할 사항
• 초기 온도
• 종균 병(용기)의 크기 및 종류
• 배지의 수분함량 및 밀도
• 살균기의 크기나 형태
• 수증기의 온도와 압력

27 톱밥종균 제조과정 중 입병과정에 대한 설명으로 옳은 것은?

① 입병작업은 자동화가 불가능하며 대부분 수동작업으로 인력에 의존한다.

② 종균병의 크기는 보통 이동이 간편한 450mL 크기를 선호한다.

③ 배지 중앙에 구멍을 뚫는 이유는 배지의 무게를 줄이기 위한 것이다.

④ 배지량은 병당 550~650g이 적당하다.

해설
② 종균병의 크기는 보통 850~1,400cc까지 있다.
③ 배지중앙에 구멍을 뚫는 이유는 접종원이 병 하부에까지 일부 내려가서 배양기간을 단축할 수 있고, 병 내부의 공기유통을 원활하게 하기 위함이다.

28 양송이버섯 재배에 가장 알맞은 복토의 산도는?

① pH 8.5 정도   ② pH 9.5 정도
③ pH 7.5 정도   ④ pH 6.5 정도

해설
양송이의 균사생장에 알맞은 복토의 산도는 pH 7.5 내외이다.

29 표고버섯 재배용 톱밥배지 제조 시 사용하는 부재료에 대한 설명으로 옳지 않은 것은?

① 면실피는 배지 내부의 공극률을 조절하는 용도로 사용한다.
② 밀기울은 배지의 함수율 조절에 사용한다.
③ 설탕은 접종 과정에서 손상받은 균사를 재생하고 생장 활력을 얻는데 사용한다.
④ 탄산칼슘에서 공급하는 칼슘은 버섯의 육질을 단단하게 해 준다.

해설
밀기울은 질소원으로서 영양원으로 사용된다. 배지의 함수율 조절에는 흔히 석고를 사용한다.

30 불량종균에 해당하지 않는 것은?

① 유리수분이 형성된 종균
② 줄무늬 또는 경계선이 나타나는 종균
③ 자실체가 형성된 종균
④ 저온에서 저장된 지 7일 경과된 종균

해설
유리수분이란 물방울을 말하며, 유리수분은 온도변화에 의하여 생기는 것으로, 오염을 일으키는 원인이 될 수 있다. 줄무늬나 경계선은 오염종균에 의해 나타나며, 자실체가 형성된 종균은 배양 기간이 오래되면 생기는 현상이다.

31 주로 곡립종균을 사용하여 재배하는 버섯은?

① 표고버섯
② 느타리버섯
③ 양송이버섯
④ 뽕나무버섯

해설
양송이 종균은 주로 밀을 배지로 하여 제조한 곡립종균을 사용한다.

32 양송이 재배과정 중 환기량이 가장 많이 요구되는 시기는?

① 균사 생장기
② 복토 직후
③ 1~3주기
④ 6~8주기

해설
재배 시 환기의 목적은 재배사의 탄산가스 농도를 적정하게 유지시켜 버섯의 발육촉진과 품질향상에 있으며, 환기가 부족하면 대가 가늘고 길어지며 갓이 작아 상품성이 떨어지고, 수확이 지연된다.

33 다음 버섯 중 포자발아가 잘 안 되는 것은?

① 양송이   ② 영지
③ 느타리   ④ 표고

해설
포자는 물을 흡수하여 팽창하는 것이 보통이지만, 발아가 잘 안 되는 버섯도 많이 있다. 영지버섯의 포자는 발아가 극히 어려운 것 중의 하나이다.

34 팽이버섯 재배시설 중 온도가 가장 낮게 유지되는 곳은?

① 냉각실 ② 발이실
③ 생육실 ④ 억제실

해설

팽이버섯 생육단계별 적정온도, 습도, 소요일수

구분	배양실	발이실	억제실	생육실
온도	16~24℃	12~15℃	3~4℃	6~8℃
습도	65~70%	90~95%	80~85%	70~75%
소요일수	20~25일	7~9일	12~15일	8~10일

35 버섯을 재배할 때 피해가 심한 버섯파리는 생활사 중 어느 시기에 가해하는가?

① 유충기 ② 난기
③ 용기 ④ 성충기

해설

버섯을 재배할 때 피해가 심한 버섯파리는 생활사 중 유충기에 가해를 한다.

36 표고 원목재배 시 가눕히기 후에 관리 시 가장 주의 해야 할 점은?

① 골목을 건조하게 한다.
② 통풍이 잘되게 한다.
③ 비를 안 맞게 한다.
④ 보온·보습이 잘되게 한다.

해설

표고 원목재배 시 가눕히기 후의 관리 시 가장 주의해야 할 점은 골목이 건조하지 않도록 보온·보습이 잘되게 해야 한다. 따라서, 가눕히기를 할 장소에서 가장 먼저 고려하여야 할 점은 온·습도이다.

37 살균기 내의 수증기 배분관의 양각은 몇 °가 알맞은가?

① 30° ② 45°
③ 60° ④ 90°

해설

수증기가 나오는 구멍(배분공)은 옆에서 본 양각이 90°가 되어야 한다.

38 비타민 등 버섯균의 영양원 시험용 배지의 알맞은 살균방법은?

① 건열살균 ② 여과
③ 습열살균 ④ 고압살균

해설

여과살균
열에 약한 용액, 조직배양배지, 비타민·항생물질 등의 살균에 이용한다.

39 건설비용과 관리시간을 고려한 느타리버섯 재배사의 균상은 몇 단이 가장 알맞은가?

① 6 ② 4
③ 2 ④ 1

해설

건설비용과 관리시간을 고려한 느타리버섯 재배사의 균상은 4단이 가장 알맞다.

40 양송이 마이코곤병의 전염원이 아닌 것은?

① 종균
② 복토
③ 작업 도구
④ 폐상 퇴비

해설
마이코곤병 종균은 포자가 발아하여 병원균사가 흡기를 형성하여 버섯자실체의 조직에 직접 침투하여 기생하며, 전염원은 아니다.

41 버섯균주의 장기보존 시 10℃ 이상의 상온에 보존 하는 것이 좋은 것은?

① 표고버섯
② 팽이버섯
③ 풀버섯
④ 양송이

해설
풀버섯과 같은 고온성 버섯균이 상온(15~20℃)에서 보존하기에 적당하다.

42 표고 발생기간 중에 버섯을 발생시킨 표고 골목은 다음 발생작업까지 어느 정도의 휴양기간이 필요 한가?

① 1개월
② 2개월
③ 3개월
④ 4개월

해설
수확이 끝난 골목은 30~40일간 휴양을 시킨 후 다시 버섯을 발생시킨다.

43 종균배양실의 환경조건으로 가장 알맞은 것은?

① 균주의 최적생육온도보다 다소 낮게 조절한다.
② 균주의 최적생육온도보다 다소 높게 조절한다.
③ 습도는 50% 이하로 한다.
④ 항상 전등을 밝혀 둔다.

해설
종균배양실의 환경조건
• 종균배양실의 환경조건 중 온도는 균사생장에 가장 큰 영향을 미친다.
• 종균은 직사광선에 노출되거나 건조되지 않도록 주의한다.
• 항상 일정한 온도를 유지하여 응결수 형성을 억제한다.
• 균주의 최적생육온도보다 다소 낮게 조절한다.
• 실내습도를 70% 이하로 낮게 하여 잡균 발생을 줄인다.
• 환기를 실시하여 신선한 공기를 유지한다.
• 종균배양실은 광을 최대한 억제하여 자실체 원기 형성을 방지해야 한다(단, 표고는 갈변을 위하여 명배양을 한다).

44 재배사의 그물망 크기에 가장 적당한 것은?

① 10메시
② 15메시
③ 20메시
④ 25메시

해설
재배사의 그물망 크기에 가장 적당한 것은 25메시이다.

45 표고 원목해충인 털두꺼비하늘소의 특징이 아닌 것은?

① 유충이 목질부를 가해한다.
② 톱밥 배설물을 원목 밖으로 배출한다.
③ 표고균사가 만연한 골목에서 산란한다.
④ 성충은 4~5월경에 발생한다.

해설
고사목 또는 벌채된 지 얼마 되지 않은 나무에 산란하여 유충이 수피 밑을 식해한다. 특히 표고곡물의 경우 벌채 당년에 종균을 접종한 직경 10cm 미만의 소경목에 주로 산란하며, 종균을 접종한 지 2년 이상된 골목에는 산란하지 않는다. 골목에서 톱밥같은 목질이 나오는 것으로 피해를 식별할 수 있다.

46 원균 배양에 사용하는 배양기구가 아닌 것은?

① 시험관, 이식기구
② 무균상, 건열살균기
③ 고압스팀살균기, 항온기
④ 원심분리기, 단포자분리기

해설
원균 배양에 사용하는 배양기구
시험관, 샬레, 이식기구, 무균상, 건열살균기, 고압증기살균기, 항온기, 수조, 진탕기, 워링블렌더(Waring Blendor), 피펫 등

47 양송이 퇴비배지의 입상이 끝난 후 정열 시의 환기 방법 중 가장 적당한 것은?

① 출입구와 환기통의 장시간 개방
② 출입구와 환기통의 단시간 개방
③ 출입구와 환기통의 완전 밀폐
④ 출입구와 환기통의 완전 개방

해설
퇴비의 입상이 끝나면 재배사의 문과 환기구를 밀폐하고 재배사를 인위적으로 가온한다. 실내 가온과 함께 퇴비의 자체 발열에 의하여 온도가 상승하면 퇴비 온도를 60℃에서 6시간 동안 유지한다. 이 과정을 정열(頂熱)이라고 한다. 이것은 퇴비로부터 오염되는 각종 병해충과 재배사에 남아 있는 병해충을 제거하기 위한 것으로, 이때 퇴비 온도를 60℃로 올리고, 실내 온도도 60℃로 함께 올려야 한다.

48 원균 계대배양을 위한 시험관의 고압증기살균 시 알맞은 살균 시간은?

① 10분   ② 20분
③ 1시간 30분   ④ 2시간 30분

해설
원균 계대배양을 위한 시험관의 고압증기살균 시 알맞은 살균시간은 20분이다.

49 느타리의 생활주기(생활사)가 올바른 것은?

① 포자발아 – 동형핵균사 – 핵융합 – 감수분열 – 이형핵균사 – 원형질융합 – 담자포자
② 포자발아 – 동형핵균사 – 원형질융합 – 이형핵균사 – 핵융합 – 감수분열 – 담자포자
③ 포자발아 – 이형핵균사 – 원형질융합 – 동형핵균사 – 핵융합 – 감수분열 – 담자포자
④ 포자발아 – 동형핵균사 – 핵융합 – 감수분열 – 이형핵균사 – 담자포자 – 원형질융합

해설
자웅이주성 느타리버섯의 생활사
담자포자발아 – 동형핵균사 – 원형질융합 – 이형핵균사 – 자실체 – 담자기 – 핵융합 – 감수분열 – 담자포자

50 생표고를 가해하는 것은?

① 털두꺼비하늘소   ② 나무좀
③ 민달팽이   ④ 표고버섯나방

해설
생표고를 주로 가해하는 해충의 종류 : 민달팽이, 톡토기, 큰무늬버섯벌레, 딱정벌레류, 버섯파리 등

51 표고 톱밥재배 배지로 적당하지 않은 수종은?

① 소나무   ② 졸참나무

③ 밤나무   ④ 자작나무

> **해설**
> • 표고 톱밥재배 적합 수종 : 참나무류, 자작나무, 오리나무, 가시나무류, 메밀잣밤나무류 등 활엽수종
> • 표고 톱밥재배 부적합 수종 : 소나무, 나왕 등 침엽수종

52 표고 원목재배 시 종균접종 6개월 후의 현상 중 문제가 발생한 것은?

① 골목의 절단면에 하얀 균사가 V자 형으로 보인다.
② 골목을 두드렸을 때 탁음이 난다.
③ 접종구멍을 열어 보았을 때 초록색이 보인다.
④ 접종구멍을 열어 보았을 때 갈색이 보인다.

> **해설**
> 접종구멍을 열어 보았을 때 초록색이 보이면 푸른곰팡이 등의 잡균에 오염된 것이다.

53 유리기구를 살균하는 방법으로 가장 효과적인 것은?

① 건열살균   ② 고압증기살균

③ 자외선살균   ④ 여과

> **해설**
> 건열살균은 초자(유리)기구, 금속기구 등 습열로 살균할 수 없는 재료를 살균한다.

54 건표고의 저장법으로 바람직한 것은?

① 주기적으로 약제를 살포한다.
② 종이박스에 넣어 실온에 보관한다.
③ 비닐봉지에 넣어 실온에 보관한다.
④ 열풍건조 후 밀봉하여 저온저장한다.

> **해설**
> 건조된 표고는 함수율이 낮아 외부환경에 노출되면 습기를 빠르게 흡수하여 저장 중 부패 될 수 있으므로 밀봉하여 저온저장한다.

55 느타리 재배사의 규모를 결정하는 요인으로 관계가 가장 적은 것은?

① 시장성   ② 노동력

③ 용수량   ④ 재배시기

> **해설**
> 버섯재배사 규모의 결정요인
> • 시장성
> • 노동력 동원능력 및 관리능력
> • 용수공급량
> • 생산재료(볏짚, 복토 등)의 공급 가능성

56 느타리 종균 접종 후 토막쌓기에 가장 적합한 장소는?

① 관수가 용이한 곳
② 북쪽의 건조한 곳
③ 직사광선이 닿는 곳
④ 주·야간 온도 편차가 큰 곳

해설
관수가 용이한 곳이 토막쌓기에 가장 적합하다.

57 다음 중 표고 원목재배 시 장마로 고온다습할 때 발생하는 병원으로 특히 원목건조가 잘되지 않은 상태일 때 주로 발생되는 병은?

① 고무버섯
② 주홍꼬리버섯
③ 치마버섯
④ 검은단추버섯

해설
고무버섯
• 표고 원목재배 시 장마로 고온다습할 때 많이 발생한다.
• 특히 원목건조가 잘되지 않은 상태일 때 주로 발생한다.
• 발생된 다음에는 통풍에 의하여 충분히 건조한다.

58 유태생으로 생식하는 버섯파리는?

① 시아리드
② 포리드
③ 세시드
④ 가스가미드

해설
세시드(Cecid)는 환경조건이 좋을 때에는 유충이 교미 없이 유충을 낳는 유태생을 하므로 증식속도가 빠르다.

59 버섯종균 배양 중 가장 많이 발생하는 잡균은?

① 세균
② 푸른곰팡이
③ 누룩곰팡이
④ 거미줄곰팡이

해설
버섯의 종균 배양 중에는 푸른곰팡이나 세균성 갈반병이 많이 발병되는데, 푸른곰팡이병이 가장 많이 발생한다.

60 톱밥종균 제조할 때의 설명 중 틀린 것은?

① 수분함량이 63~65%가 되도록 한다.
② PP병을 사용한다.
③ PE병을 사용한다.
④ 1L 병에 550~650g을 넣는다.

해설
고압살균 시 변형 방지를 위하여 PP 재질의 병을 사용한다.

01 표고에 대한 설명으로 옳지 않은 것은?

① 사물기생균이다.
② 균근성 버섯이다.
③ 느타리과에 속한다.
④ 항암성분인 렌티난을 함유하고 있다.

해설
표고는 사물기생균으로 참나무류에 기생하는 목재부후균이다.
※ 균근성 버섯 : 송이, 덩이버섯, 능이 등

02 느타리 볏짚재배 시 볏짚의 물 축이기 작업에 대한 설명으로 옳지 않은 것은?

① 단시간 내 축인다.
② 추울 때 작업한다.
③ 물을 충분히 축인다.
④ 배지의 수분은 70% 내외가 좋다.

해설
추울 때 물이 얼게 되면 수분흡수가 어려우므로 가급적 영하인 날은 피하여 침수작업을 하는 것이 좋다.

03 표고 균사의 생장최적온도는?

① 10~14℃
② 16~20℃
③ 22~26℃
④ 29~33℃

해설
표고균사의 생장가능온도는 5~32℃이고, 생장최적온도는 22~26℃이다.

04 노루궁뎅이버섯 발생 시 최적온도는?

① 12~14℃
② 18~20℃
③ 25~27℃
④ 29~31℃

해설
노루궁뎅이버섯의 발생 시 최적온도는 18~20℃이며 25℃ 이상에서는 자실체가 늦게 자라고, 14℃ 이하의 낮은 온도에서는 원기형성이 되지 않거나 자실체가 발생되어도 생육이 저조하다.

05 양송이 곡립종균 제조 시 균덩이 형성 방지책과 가장 거리가 먼 것은?

① 흔들기를 자주 하되 과도하게 하지 말 것
② 고온저장을 피할 것
③ 장기저장을 피할 것
④ 호밀은 박피하지 말 것

해설
양송이 종균 제조 시 균덩이 형성 방지책
• 흔들기를 자주 하되 과도하게 하지 말 것
• 고온저장을 피할 것
• 장기저장을 피할 것
• 호밀은 박피할 것(도정하지 말 것)
• 원균의 선별 사용
• 곡립배지의 적절한 수분 조절
• 탄산석회의 사용량 증가(석고 사용량 조절)

06 대주머니가 있는 버섯은?

① 양송이버섯 ② 광대버섯
③ 느타리버섯 ④ 팽이버섯

해설
광대버섯에는 갓, 자실층, 대, 턱받이, 대주머니가 있다.

07 버섯의 균사세포를 구성하는 세포소기관이 아닌 것은?

① 미토콘드리아 ② 엽록체
③ 리보솜 ④ 핵

해설
버섯의 균사세포에는 핵, 미토콘드리아, 액포, 소포체, 골지체, 리보솜 등 막으로 둘러싸인 소기관이 있다.

08 느타리버섯 종균 제조 시 사용되는 톱밥배지로 부적당한 것은?

① 포플러 톱밥 + 미강 20% 사용
② 야외에서 3~6개월간 야적하여 수지 및 유해물질 제거 후 건조하여 사용
③ 가마니 등에 생톱밥을 건조 후 담아두고 사용
④ 톱밥에 미강을 혼합하여 1~2일 야적한 후에 사용

해설
느타리버섯 종균 제조 시 사용되는 톱밥배지
• 포플러 톱밥 80% + 미강 20% 사용
• 야외에서 3~6개월간 야적하여 수지 및 유해물질 제거 후 건조하여 사용
• 가마니 등에 생톱밥을 건조 후 담아두고 사용

09 곡립종균 배지 살균시간 결정에 관계가 없는 것은?

① 보일러 재질
② 종균병의 크기
③ 배지의 수분함량
④ 살균기의 크기

해설
종균용 배지의 살균시간을 결정할 때 고려할 사항
• 초기 온도
• 종균병(용기)의 크기 및 종류
• 배지의 수분함량 및 밀도
• 살균기의 크기나 형태
• 수증기의 온도와 압력

10 느타리에 발생하는 병으로 초기에 발병 여부를 식별하기 어렵고, 발병하면 급속도로 전파되어 균사를 사멸시키는 것은?

① 푸른곰팡이병
② 세균성 갈반병
③ 붉은빵곰팡이병
④ 흑회색융단곰팡이병

해설
느타리 푸른곰팡이병
버섯균사생장 초기에 오염되었을 때는 푸른색깔을 나타내지 않고 종균재식 10~15일 후에 연녹색으로 나타나기 때문에 조기에 병징을 발견할 수 없어 그 피해도 심하고 기존의 방법으로 방제도 어렵다.

11 느타리버섯의 균사 생장에 알맞은 온도는?

① 5℃   ② 15℃

③ 25℃   ④ 35℃

해설
양송이 및 느타리버섯 균사의 배양적온은 25℃ 전후이다.

12 느타리와 표고의 균사배양이 가장 알맞은 배지의 pH범위는?

① 4~5   ② 5~6

③ 6~7   ④ 7~8

해설
느타리와 표고의 균사배양에 가장 알맞은 산도는 pH 5~6(약산성)이다.

13 버섯의 생활사 중 이배체핵(2n, Diploid)을 형성하는 시기는?

① 단핵균사체   ② 이핵균사체

③ 담자기   ④ 담자포자

해설
이배체핵(2n, Diploid)을 형성하는 시기는 담자기이다.

14 신령버섯 균사 배양 시 최적온도는?

① 15~20℃   ② 20~25℃

③ 25~30℃   ④ 30~35℃

해설
신령버섯 균사 생장온도는 15~40℃이고, 최적온도는 25~30℃이다.

15 느타리버섯의 원목재배에 적합한 수종으로 거리가 먼 것은?

① 낙엽송   ② 버드나무

③ 현사시나무   ④ 오리나무

해설
느타리버섯의 원목재배는 포플러나무 등의 활엽수가 적당하며, 낙엽송은 침엽수이다.

16 양송이 종균의 곡립배지 제조 시 산도 조절방법으로 알맞지 않은 것은?

① 석고는 곡립배지 무게의 0.6~1.0%를 첨가한다.
② 배지의 산도가 pH 6.5~6.8이 되게 탄산석회로 조절한다.
③ 석고와 탄산석회를 먼저 혼합한 후 곡립표면에 살포한다.
④ 배지의 수분함량에 따라서 탄산석회의 사용량을 증감시킨다.

해설
배지의 수분함량에 따라 석고(황산칼슘, $CaSO_4$)의 사용량을 증감시킨다.

17 양송이 재배를 위한 복토의 조건으로 부적당한 것은?

① 흙의 입자 크기가 적당한 것
② 보수력이 낮은 것
③ 공기유통이 양호한 것
④ 유기물 함량이 4~9% 정도인 것

해설
양송이 재배를 위한 복토로써 갖추어야 할 조건
공기의 유통이 양호하고 유기물 함량이 4~9% 함유되어 있으며, 보수력이 양호해야 하고 복토 시 중압감을 주지 않을 정도로 가벼워야 한다.

18 건표고의 저장법으로 바람직한 것은?

① 비닐봉지에 넣어 실온에 보관한다.
② 열풍건조 후 밀봉하여 저온저장한다.
③ 주기적으로 약제를 살포한다.
④ 종이박스에 넣어 실온에 보관한다.

해설
건조된 표고는 함수율이 낮아 외부환경에 노출되면 습기를 빠르게 흡수하여 저장 중 부패 될 수 있으므로 밀봉하여 저온저장한다.

19 버섯을 건조하여 저장하는 방법으로 가장 거리가 먼 것은?

① 일광건조
② 열풍건조
③ 동결건조
④ 가스건조

해설
건조저장법에는 열풍건조, 일광건조, 동결건조가 있고, 억제저장법에는 가스저장법, 저온저장법이 있다.

20 버섯의 포자는 대부분 어디에 부착되어 있는가?

① 균사 　　　　② 대(줄기)
③ 대주머니 　　④ 갓

21 양송이의 균사 생장에 가장 알맞은 산도(pH)는?

① 5.5 내외 　　② 6.5 내외
③ 7.5 내외 　　④ 8.5 내외

해설
균사 생장에 알맞은 복토의 산도는 7.5 내외이며, 복토 조제 시 소석회(0.4~0.8%) 혹은 탄산석회(0.5~1.0%)를 첨가하여 산도를 교정한다.

22 균주보존에서 자실체 형성이나 균의 생리적 특성이 변화되는 현상을 방지하기 위한 일반적인 보존방법은?

① 계면활성보존법
② 계대배양보존법
③ 활면배양보존법
④ 고온처리보존법

해설
가장 일반적인 균주보존방법으로 계대배양보존법이 이용된다.

23 느타리 재배시설 중에서 공기여과장치가 필요 없는 곳은?

① 배양실
② 생육실
③ 냉각실
④ 종균접종실

해설
생육실
냉·난방기, 가습기, 내부공기순환장치, 환기장치(급·배기), 온·습도센서, 제어장치 등이 설치되어야 한다.

24 톱밥종균 제조할 때의 설명 중 틀린 것은?

① 수분함량이 63~65%가 되도록 한다.
② PP병을 사용한다.
③ PE병을 사용한다.
④ 1L 병에 550~650g을 넣는다.

해설
고압살균 시 변형 방지를 위하여 PP 재질의 병을 사용한다.

25 양송이 재배면적 규모의 결정요인과 가장 거리가 먼 것은?

① 노동력 동원능력
② 용수량
③ 볏짚 절단기
④ 생산재료의 공급 유무

해설
버섯재배사 규모의 결정요인
• 시장성
• 노동력 동원능력 및 관리능력
• 용수공급량
• 생산재료(볏짚, 복토 등)의 공급 가능성

26 팽이버섯 생육실의 최적온도와 최적습도 조건으로 가장 적합한 것은?

① 온도 : 0℃, 습도 : 65~70%
② 온도 : 7℃, 습도 : 70~75%
③ 온도 : 14℃, 습도 : 80~85%
④ 온도 : 28℃, 습도 : 90~95%

해설
팽이버섯 생육실 최적온도와 습도
• 생육실 최적온도는 6~8℃로 버섯의 대길이 12~14cm, 갓 직경 1cm 내외의 정상적인 품질을 생육시킨다.
• 팽이버섯의 균사 배양 시 실내습도

배양실	발이실	억제실	생육실
65~70%	90~95%	80~85%	70~75%

27 종균의 육안검사와 관계가 없는 것은?

① 수분함량

② 면전상태

③ 균사의 발육상태

④ 잡균의 유무

해설

종균의 육안검사
- 면전상태
- 균사의 발육상태
- 잡균의 유무
- 유리수분의 형성여부
- 균덩이의 형성여부
- 종균의 변질여부

28 유리기구를 살균하는 방법으로 가장 효과적인 것은?

① 건열살균

② 고압증기살균

③ 자외선살균

④ 여과

해설

건열살균은 초재(유리)기구, 금속기구 등 습열로 살균할 수 없는 재료를 살균한다.

29 종균의 바이러스 감염 검정법으로 가장 정확한 것은?

① 15℃에서 배양 후 육안 검정

② 25℃에서 배양 후 육안 검정

③ 37℃에서 배양 후 육안 검정

④ 균사체 배양 후 더블스트랜드알엔에이(dsRNA) 검정

해설

박테리아의 혼입은 이 균이 생육하기에 알맞은 온도인 37℃ 부근에서 균주를 계대배양하면, 버섯균은 고온이므로 생육이 어렵고 박테리아는 자라기에 알맞으므로 육안으로 관찰할 수 있으며, 바이러스는 균주의 dsRNA를 분석하거나 PCR법, ELISA법 등으로 그 감염 여부를 판정할 수 있다.

30 종균접종실 및 시험기구에 사용하는 소독약제인 알코올의 농도로 가장 적절한 것은?

① 60%

② 70%

③ 80%

④ 90%

해설

소독약제는 70% 알코올을 사용한다.

31 종균의 저장온도가 가장 낮은 버섯은?

① 양송이

② 느타리

③ 표고

④ 팽이버섯

해설

주요 버섯종균의 저장온도

구분	저장온도
팽이버섯, 맛버섯	1~5℃
양송이, 느타리, 표고, 잎새버섯, 만가닥버섯	5~10℃
털목이버섯, 뽕나무버섯, 영지	10℃

32 신령버섯의 복토방법 중 가장 정확하게 기술한 것은?

① 복토는 고랑과 두둑이 있어 골이 만들어지도록 한다.

② 양송이처럼 편편하게 평면으로 한다.

③ 복토 표면의 형태는 특별하게 규정된 것이 없다.

④ 복토흙의 두께는 얇게만 하면 된다.

33 느타리버섯의 우량종균 선택요령 중 잘못된 것은?

① 우량계통일 것

② 배양일자가 오래되지 않고, 배양 후 1개월 이내일 것

③ 솜마개가 쉽게 빠질 것

④ 잡균의 오염이 없는 것

34 표고 골목해충의 예방법이 아닌 것은?

① 조기 종균접종으로 표고균사를 빨리 만연시킨다.

② 방충망을 씌운다.

③ 재배장의 폐골목 및 낙엽 등을 제거한다.

④ 해충이 발생하면 약제처리를 한다.

> **해설**
> 살충제를 접종목 위에 뿌리면 초기 균사 활착 부진의 원인이 되기도 하므로 반드시 접종목 주위에만 처리하여야 한다.

35 종자관리사를 보유하지 않고 종균을 생산하여 판매할 수 있는 버섯은?

① 표고

② 뽕나무버섯

③ 느타리

④ 노루궁뎅이버섯

> **해설**
> 종자관리사 보유의 예외 – 버섯류(종자산업법 시행령 제15조)
> 양송이, 느타리, 뽕나무버섯, 영지, 만가닥버섯, 잎새버섯, 목이, 팽이버섯, 복령, 버들송이 및 표고버섯은 제외한다.

36 곡립배지에 대한 설명으로 옳지 않은 것은?

① 찰기가 적은 것이 좋다.

② 밀, 수수, 벼를 주로 사용한다.

③ 주로 양송이 재배 시 사용한다.

④ 배지제조 시 너무 오래 물에 끓이면 좋지 않다.

> **해설**
> ③ 곡립배지 재료로 밀, 수수, 호밀 등을 사용한다.

37 버섯원균의 액체질소보존법에 대한 설명으로 옳은 것은?

① -20℃에서 보존하는 방법이다.

② -196℃에서 장기간 보존할 수 있는 방법이다.

③ 보호제로 10% 젤라틴을 사용한다.

④ 보존방법 중에서 가장 저렴하다.

해설
버섯원균의 장기저장 시 글리세롤(Glycerol)을 첨가하여 액체질소보존법(-196℃)으로 균주를 보존하는 것이 좋다.

38 천마에 대한 설명으로 옳지 않은 것은?

① 난(蘭)과에 속하는 일년생 식물이다.

② 지하부의 구근은 고구마처럼 형성된다.

③ 뽕나무버섯균과 서로 공생하여 생육이 가능하다.

④ 지상부 줄기 색깔에 따라 홍천마, 청천마, 녹천마 등으로 구별한다.

해설
천마는 난과에 속하는 다년생 고등식물이지만, 엽록소가 없어 탄소 동화능력이 없다. 따라서 독립적으로 생장하지 못하고, 균류와 공생관계를 유지하면서 생존한다.

39 균사에 꺽쇠연결체가 없는 버섯은?

① 팽이버섯　　　　② 목이

③ 양송이　　　　　④ 느타리

해설
양송이와 신령버섯은 담자균류의 일반적인 특성과는 달리 꺽쇠(클램프, 협구)연결체가 생기지 않는다.

40 표고 톱밥배지 제조 시 균사 생장에 알맞은 수분함량으로 가장 적절한 것은?

① 40~50%　　　　② 50~60%

③ 60~70%　　　　④ 70~80%

41 표고균 배양을 위한 버섯 톱밥배지 제조법에 적합하지 않은 것은?

① 버섯의 품질을 높이기 위해 설탕 등 첨가제를 넣기도 한다.

② 살균이 끝난 배지는 냉각실에서 온도를 20℃ 이하로 낮춘다.

③ 배지 내부의 공극률을 조절하는 용도로 면실피를 사용한다.

④ 자실체 형성 및 균사생장을 촉진시키기 위해 영양원은 전체 부피의 20% 이상으로 넣는다.

해설
톱밥과 영양제의 적정 혼합비율은 부피비율로 10 : 1~10 : 1.5이며 10 : 2를 초과하지 않도록 한다. 재료에 따라서 10 : 2에서도 양분이 과다하여 자실체 형성에 지장을 주거나 균사생장 지연, 해균발생 촉진 등의 악영향을 준다.

42 감자추출배지의 살균방법으로 적당한 것은?

① 고압스팀살균

② 자외선살균

③ 건열살균

④ 여과

해설
① 고압스팀살균 : 고체배지, 액체배지, 작업기구 등의 살균
② 자외선살균 : 무균상, 무균실의 살균
③ 건열살균 : 유리로 만든 초자기구나 금속기구의 살균
④ 여과 : 열에 약한 용액, 조직배양배지, 비타민·항생물질 등의 살균

43 병재배에 있어 탄산칼슘과 같이 미량원소를 배지 전체에 균일하게 혼합되도록 첨가하는 방법으로 가장 적합한 것은?

① 배지재료를 계량하여 한 번에 모두 넣고 잘 혼합한다.

② 배지재료를 계량하여 넣어가면서 물과 함께 혼합한다.

③ 톱밥에 미강을 넣고 수분조절 후 탄산칼슘을 첨가한다.

④ 미강에 탄산칼슘을 먼저 첨가하여 혼합한 후 톱밥에 미강을 넣는다.

해설
탄산칼슘을 첨가할 때는 배지 전체에 균일하게 혼합되도록 하기 위하여 미강에 탄산칼슘을 먼저 첨가하여 균일하게 혼합한 다음 톱밥에 미강을 첨가한다.

44 표고 원목재배 시 골목을 임시로 눕혀 두는 방법으로 옳지 않은 것은?

① 땅에 붙여두기　　② 정자쌓기

③ 가위목쌓기　　④ 세워쌓기

해설
표고 원목재배 시 임시로 눕혀 두는 방법에는 세워쌓기, 정자쌓기, 땅에 붙여두기, 장작쌓기(눕혀쌓기)가 있다.

45 솜마개 사용요령으로 가장 옳지 않은 것은?

① 표면이 둥글게 한다.

② 길게 하여 깊이 틀어막는다.

③ 좋은 솜을 사용한다.

④ 빠지지 않게 단단히 한다.

해설
솜마개를 길게 하여 깊이 틀어막는 것은 올바른 방법이 아니다.

46 찐 천마의 열풍건조 시 건조기 내의 최적온도와 유지시간에 대하여 다음 (　)에 올바르게 넣은 것은?

> 처음 (가)℃에서 서서히 (나)℃로 상승시킨 다음 3일간 유지 후 (다)℃에서 7시간 유지하여 내부까지 건조시켜야 한다.

① 가 : 40, 나 : 50~60, 다 : 50~60

② 가 : 30, 나 : 40~50, 다 : 50~60

③ 가 : 40, 나 : 50~60, 다 : 70~80

④ 가 : 30, 나 : 40~50, 다 : 70~80

해설
찐 천마의 열풍건조 시 처음 30℃에서 서서히 40~50℃로 상승시킨 다음, 3일간 유지 후 70~80℃에서 7시간 유지하여 내부까지 건조시켜야 한다.

47 영지버섯 발생 및 생육 시 필요한 환경요인이 아닌 것은?

① 광조사
② 저온처리
③ 환기
④ 가습

> **해설**
> 영지버섯 발생 및 생육 시 필요한 환경요인
> 광조사, 고온처리, 환기, 가습

48 종자산업법에 버섯의 종균에 대한 보증 유효기간은?

① 1개월
② 2개월
③ 6개월
④ 12개월

> **해설**
> 보증의 유효기간(종자산업법 시행규칙 제21조)
> 작물별 보증의 유효기간은 다음과 같고, 그 기산일(起算日)은 각 보증종자를 포장(包裝)한 날로 한다.
> • 채소 : 2년
> • 버섯 : 1개월
> • 감자, 고구마 : 2개월
> • 맥류, 콩 : 6개월
> • 그 밖의 작물 : 1년

49 버섯병의 발생 및 전염경로에 대한 설명으로 적합하지 않은 것은?

① 병원성 진균의 포자는 공기 또는 매개체에 의해서 전파된다.
② 병의 발생은 버섯과 병원체가 접촉하지 않고 상호작용이 발생하지 않을 때에도 발병이 가능하다.
③ 병의 발병을 위해서는 적당한 환경조건이 필요하다.
④ 병원성 세균은 물에 의해서 쉽게 전파되고, 곤충 또는 작업도구에 의해서도 감염된다.

> **해설**
> 버섯과 병원체가 접촉한 상태에서 상호작용을 해야만 한다. 그러나 접촉한 상태일지라도 접촉 전후 주변의 환경조건이 발병에 부적절할 경우 병원체는 버섯을 가해할 수 없거나 버섯이 침해에 저항할 수 있으므로, 병은 발생하지 않거나 최소화할 수 있다.

50 목이버섯의 균사 생장최적산도는?

① pH 3.5~4.5
② pH 4.6~5.5
③ pH 6.0~7.0
④ pH 8.0~9.5

> **해설**
> 목이버섯의 균사 생장최적산도는 약산성인 pH 6.0~7.0이다.

51 느타리버섯 병재배 시설에 필요 없는 것은?

① 배양실
② 배지냉각실
③ 생육실
④ 억제실

> **해설**
> 억제실은 발이실에서 버섯 발생이 불규칙한 부분을 고르게 만들기 위해 광시설, 송풍시설이 부착된 억제기를 설치하여 버섯 발생을 전체적으로 고르게 만드는 곳으로, 팽이버섯의 재배에 필요하다.

52 버섯과 균사를 가해하는 응애에 대한 설명으로 옳지 않은 것은?

① 분류학상 거미강의 응애목에 속한다.
② 번식력이 떨어져 국지적으로 분포한다.
③ 크기는 0.5mm 내외로 따뜻하고 습한 곳에서 서식한다.
④ 생활환경이 불량할 때는 먹지도 않고 6~8개월간 견딘다.

해설
응애는 번식력이 매우 빠르고, 지구상 어디에나 광범위하게 분포되어 있다.

53 균주의 수집에서 조직분리에 대한 설명이 아닌 것은?

① 버섯류는 대부분 자실체의 조직일부를 이식하면 자실체와 동일한 균사를 얻을 수 있다.
② 버섯은 가능한 한 어리고 신선한 것으로 갓의 하측면 외피막이 터지지 않은 것으로 준비한다.
③ 양송이 자실체로부터 포자를 채취할 때는 갓이 벌어진 후의 것을 채취한다.
④ 무균상태에서 버섯을 쪼개어 갓과 대가 연결되어 육질이 두꺼운 부분을 살균된 면도날로 내부조직을 절단한 다음 시험관 내 배지 중심부에 가볍게 눌러 놓는다.

해설
양송이 자실체로부터 포자를 채취할 때는 갓이 벌어지기 직전의 것을 채취한다.

54 느타리버섯의 원목재배 시 땅에 묻는 작업 중 묻는 장소의 선정으로 적합하지 않은 곳은?

① 수확이 편리한 곳
② 관수시설이 편리한 곳
③ 배수가 양호한 곳
④ 진흙이 많은 곳

해설
진흙이 많은 곳은 물빠짐이 불량하고, 관수시설 등의 편리성이 떨어진다.

55 버섯의 균사를 새로운 배지에 이식할 때 사용하는 백금구의 살균방법으로 적당한 것은?

① 알코올소독   ② 고압살균
③ 화염살균   ④ 자외선살균

해설
③ 화염살균 : 접종구나 백금선, 핀셋, 조직분리용 칼 등 시험기구의 살균
① 알코올소독 : 작업자의 손, 무균상 내부와 주변 등의 소독
② 고압살균 : 고체배지, 액체배지, 작업기구 등의 살균
④ 자외선살균 : 무균상, 무균실의 살균

56 병재배를 이용하여 종균을 접종하려 할 때 유의사항으로 옳지 않은 것은?

① 배지온도가 25℃까지 식었을 때 접종한다.
② 고압살균은 121℃, $1.1\text{kg}_f/\text{cm}^2$에서 90분간 실시한다.
③ 고압살균 후 상온이 될 때까지 냉각을 하고 병을 꺼낸다.
④ 접종실과 냉각실의 UV등을 항상 켜놓고, 작업을 하거나 배지 보관 시에는 소등한다.

해설
살균을 마친 배양병은 소독이 된 방에서 배지 내 온도를 25℃ 이하로 냉각시켜 접종실로 옮겨 무균상 및 클린부스 내에서 종균을 접종한다.

57 종묘생산업자의 등록이 취소되는 경우는?

① 정당한 사유 없이 등록을 한 날부터 1년 이내에 사업을 시작하지 아니하거나 1년 이상 계속하여 휴업한 경우

② 산림용 종자나 산림용 묘목을 출하(出荷)하려는 경우에 농림축산식품부령으로 정하는 바에 따라 해당 종자나 묘목의 생산지 및 규격 등의 품질표시를 하지 아니한 경우

③ 거짓이나 그 밖의 부정한 방법으로 등록한 경우

④ 특별자치시장·특별자치도지사·시장·군수·구청장에 의해 종묘생산업자가 생산한 산림용 종자와 산림용 묘목을 조사·검사한 결과 그 품질이 불량하다고 인정되어 산림용 종자와 산림용 묘목의 출하금지명령 또는 소독·폐기 등의 명령을 이행하지 아니한 경우

> **해설**
> 종묘생산업자의 등록(산림자원의 조성 및 관리에 관한 법률 제16조 제3항)
> 특별자치시장·특별자치도지사·시장·군수·구청장은 종묘생산업자가 다음의 어느 하나에 해당하면 그 등록을 취소하거나 2년 이내의 기간을 정하여 업무정지를 명할 수 있다. 다만, 제1호나 제2호에 해당하면 그 등록을 취소하여야 한다.
> 1. 거짓이나 그 밖의 부정한 방법으로 등록한 경우
> 2. 업무정지명령을 받은 기간 중에 종묘생산업을 한 경우
> 3. 정당한 사유 없이 등록을 한 날부터 1년 이내에 사업을 시작하지 아니하거나 1년 이상 계속하여 휴업한 경우
> 4. 제1항에 따른 등록기준을 갖추지 못한 경우
> 5. 제2항을 위반하여 품질표시를 하지 아니한 경우

58 활물기생하는 버섯이 아닌 것은?

① 광대버섯　　② 팽이버섯
③ 그물버섯　　④ 무당버섯

> **해설**
> 발생장소에 따른 버섯의 분류
> • 사물기생(死物寄生) : 부숙된 낙엽이나 초지에서 발생되는 버섯
> 　예 느타리버섯, 팽이버섯, 표고, 꾀꼬리버섯, 야생양송이, 갓버섯 등
> • 활물기생(活物寄生) : 고등식물의 뿌리에 버섯의 균사가 공존하면서 발생되는 버섯
> 　예 송이, 젖버섯, 무당버섯, 광대버섯, 그물버섯 등

59 양송이 병해균의 종류별 특징이 잘못 설명된 것은?

① 세균성 갈반병은 갓 표면에 황갈색의 점무늬를 띠면서 점액성으로 부패한다.

② 푸른곰팡이병은 배지나 종균에 발생하며, 포자는 푸른색을 띠고 버섯균사를 사멸시킨다.

③ 바이러스병에 감염된 균은 균사활착 및 자실체 생육이 매우 빠르다.

④ 마이코곤병은 버섯의 갓과 줄기에 발생하며, 갈색물이 배출되면서 악취가 난다.

> **해설**
> 양송이 바이러스병 특징
> • 버섯의 형성이 늦고 왜소하며, 대가 길고 갓이 얇다.
> • 조반(피기 전)이 형성되어 스펀지화 된다.
> • 버섯이 원추형으로 되고 쉽게 넘어진다.
> • 버섯대가 술통모양을 나타내며 갓이 작고 일찍 핀다.

60 비타민이나 항생물질의 살균방법으로 가장 적합한 것은?

① 여과살균　　② 건열살균
③ 자외선살균　　④ 고압증기살균

> **해설**
> 여과살균
> 열에 약한 용액, 조직배양배지, 비타민·항생물질 등의 살균에 이용한다.

01 최종산물인 종균을 제조할 때 사용하는 것으로 종균배지에 접종하는 버섯균을 무엇이라 하는가?

① 원균　　　　　　② 균사
③ 자실체　　　　　④ 접종원

해설
원균을 증식하여 바로 종균을 만들면 원균이 많이 필요하고 인력과 경비가 많이들기 때문에 원균과 종균의 중간 단계인 접종원을 사용하여 톱밥, 곡립, 액체 등의 배지에 접종하면 종균의 활력이 높고 종균을 대량 생산할 수 있다.

02 버섯종균업을 등록할 때 실험실에 갖추지 않아도 되는 기기는?

① 배합기　　　　　② 현미경
③ 냉장고　　　　　④ 고압살균기

해설
버섯종균생산업의 시설기준 – 실험실(산림자원의 조성 및 관리에 관한 법률 시행규칙 [별표 6])
1. 현미경 1대(1,000배 이상)
2. 냉장고 1대(200L 이상)
3. 항온기 2대
4. 건열기 1대
5. 오토크레이브
6. 그 밖에 산림청장이 실험에 필요하다고 인정하는 시설

03 표고균사의 생장가능온도와 적온으로 옳은 것은?

① 5~32℃, 22~27℃
② 5~32℃, 12~20℃
③ 12~17℃, 22~27℃
④ 12~17℃, 28~32℃

해설
표고균사의 생장가능온도는 5~32℃이고, 적온은 22~27℃이다.

04 양송이나 느타리버섯 등의 자실체를 조직 분리하여 균주를 수집할 때 지속적으로 감염되기 쉬운 질병은?

① 세균성 갈반병
② 푸른곰팡이병
③ 바이러스병
④ 흑회색융단곰팡이병

해설
바이러스병
• 버섯 포자로 전파되므로 버섯이 성숙하여 갓이 피기 전에 수확해야 하는 양송이 병해
• 양송이나 느타리버섯 등의 자실체를 조직 분리하여 균주를 수집할 때 지속적으로 감염되기 쉬운 질병
• 곡립종균 배양 중 가장 많은 잡균은 세균(박테리아)임
• 양송이 종균 배양 시 발생되는 잡균 중 세균(박테리아)의 발생률이 가장 높음

05 양송이균의 배양에 가장 적당한 온도는?

① 10~13℃
② 15~18℃
③ 23~25℃
④ 30~35℃

해설
양송이균의 배양에 가장 적당한 온도는 23~25℃이다.

06 느타리버섯 톱밥종균 제조 시 알맞은 배지혼합비율은?

① 톱밥 80% + 미강 20%

② 톱밥 60% + 미강 40%

③ 톱밥 50% + 밀기울 50%

④ 톱밥 60% + 밀기울 40%

07 아열대지방에서 생육하는 버섯을 제외한 일반적인 종균의 저장온도 범위는?

① 0~5℃　　　　② 5~10℃

③ 10~15℃　　　④ 15~20℃

해설

종균의 보관 장소는 외기의 온도의 양향을 적게 받아야 하며, 5~10℃가 적당하다.

08 버섯균주를 장기 보존할 때 사용하는 극저온 물질은?

① 탄산가스

② 액체산소

③ 액체질소

④ 암모니아가스

해설

액체질소보존법

−196℃ 액체질소(액화질소)를 이용하여 장기간 보존하는 방법으로, 동결보호제로 10% 글리세린이나 10% 포도당을 이용한다.

09 팽이버섯 재배사 신축 시 재배면적의 규모 결정에 가장 중요하게 고려해야 하는 사항은?

① 재배인력

② 재배품종

③ 1일 입병량

④ 냉난방 능력

해설

팽이버섯 재배사 신축 시 1일 입병량은 재배사의 규모와 설비 등을 결정하는 가장 중요한 요소이다.

10 느타리버섯 원균 배양 최적온도는?

① 10~15℃　　　　② 17~22℃

③ 25~30℃　　　　④ 32~37℃

11 감자추출배지(PDA) 1L를 제조할 때 사용하는 감자의 무게는 약 몇 g이 가장 적당한가?

① 10　　　　② 50

③ 100　　　④ 200

해설

감자추출배지(PDA)

물 1L에 감자 200g, 한천 20g, 포도당 20g(2%)를 넣는다.

12 느타리버섯 재배를 위한 솜(폐면)배지의 살균 조건으로 가장 알맞은 것은?

① 121℃, 10시간 내외
② 121℃, 2시간 내외
③ 60℃, 2시간 내외
④ 60℃, 10시간 내외

해설
느타리버섯의 솜(폐면)배지의 살균 조건은 60~65℃에서 6~14시간이다.

13 고압증기살균기의 기본구조와 관계 없는 것은?

① 압력계
② 중량계
③ 온도계
④ 수증기 주입구

해설
중량계는 고압증기살균기의 구조와 관련이 없다.

14 배지의 살균이 끝난 후 꺼낼 때 흔들지 말고 청결하게 소독된 냉각실로 옮겨 서서히 식혀야 하는 배지는?

① 액체배지　　② 톱밥배지
③ 곡립배지　　④ 한천배지

해설
톱밥배지는 배지가 흔들리지 않게 꺼내어 서서히 식히는 것이 좋다.

15 느타리버섯 종균 제조 시 사용되는 톱밥배지로 적당하지 않은 것은?

① 가마니 등에 생톱밥을 건조 후 담아두고 사용
② 야외에서 3~6개월간 야적하여 수지 및 유해물질 제거 후 건조하여 사용
③ 포플러 톱밥 + 미강 20% 사용
④ 톱밥에 미강을 혼합하여 1~2일 야적한 후에 사용

해설
느타리버섯 종균 제조 시 사용되는 톱밥배지
• 포플러 톱밥 80% + 미강 20% 사용
• 야외에서 3~6개월간 야적하여 수지 및 유해물질 제거 후 건조하여 사용
• 가마니 등에 생톱밥을 건조 후 담아두고 사용

16 곡립종균 제조 시 밀의 가장 적당한 수분함량은?

① 25% 내외
② 35% 내외
③ 45% 내외
④ 55% 내외

해설
곡립종균 제조 시 밀의 수분함량은 45% 내외가 적당하다.

17 느타리버섯, 표고버섯, 양송이, 팽이버섯은 분류학적으로 어디에 속하는가?

① 조균류

② 접합균류

③ 담자균류

④ 자낭균류

해설
담자균류 : 목이버섯, 송이버섯, 느타리버섯, 팽이버섯, 표고버섯 등

18 곡립배지 제조 시 배지의 pH를 조절하기 위하여 주로 사용하는 재료는?

① 쌀겨　　　　② 탄산칼슘

③ 키토산　　　④ 밀기울

19 액체종균 배양 시 거품의 방지를 위하여 배지에 첨가하는 것은?

① 하이포넥스　　② 감자

③ 비타민　　　　④ 안티폼

해설
액체종균
• 물에 녹는 포도당, 설탕, 맥아즙, 효모즙을 액체배지에서 배양한 종균
• 감자추출배지나 대두박배지를 주로 사용
• 배지에 공기를 넣지 않는 경우 산도를 조정하지 않음
• 느타리 및 새송이는 살균 전 배지를 pH 4.0~4.5로 조정
• 감자추출배지의 pH는 일반적으로 6.0~6.5 정도로 팽이, 버들송이, 만가닥버섯의 경우 산도 조정이 요구되지 않음
• 압축공기를 이용한 통기식 액체배양에서는 거품생성방지를 위하여 안티폼 또는 식용유를 배지에 첨가

20 양송이 복토 표면에 발생한 버섯이 0.5~2cm일 때 생장이 완전히 정지되면서 갈변, 고사하고 그 균상에서는 버섯발생이 되지 않는 병은?

① 미라병

② 바이러스병

③ 괴균병

④ 세균성 갈반병

해설
미라병
• 양송이의 복토 표면에 발생한 버섯이 0.5~2cm일 때 생장이 완전히 정지되면서 갈변·고사하고, 그 균상에서는 버섯발생이 되지 않는다.
• 미라병에 걸린 버섯은 대와 갓이 휘어져 한쪽으로 기운다. 발생 부위는 1일 30cm 이상 확대되나 대개 10~15cm에서 멈춘다.
• 미라병은 양송이 크림종에서 피해가 심하며, 감염 시 버섯이 0.5~2cm일 때 생장이 완전히 정지하면서 갈변·고사하고 그 균상에서는 버섯이 발생하지 않는다.

21 오염된 종균의 특징을 설명한 내용으로 알맞은 것은?

① 품종고유의 특징을 가진 단일색인 것

② 종균에 줄무늬 또는 경계선이 없는 것

③ 균사의 색택이 연하고 마개를 열면 술 냄새가 나는 것

④ 종균은 탄력이 있고 부수면 덩어리가 지는 것

해설
오염된 종균의 특징
• 종균 표면에 푸른색 또는 붉은색이 보인다.
• 균사의 색택이 연하다.
• 마개를 열면 쉰 듯한 술 냄새, 구린 냄새가 난다.
• 배지의 표면 균사가 황갈색으로 굳어 있다.
• 병 바닥에 노란색, 붉은색 등의 유리수분이 고여있다.
• 진한 균덩이가 있다.
• 균사의 발육이 부진하다.

22 팽이버섯 재배용 톱밥으로 가장 적합한 것은?

① 수지성분이 많은 것

② 타닌성분이 많은 것

③ 보수력이 높은 것

④ 혐기성 발효가 된 것

> **해설**
> 팽이버섯 재배용 톱밥은 보수력이 높아야 한다.

23 주름버섯목(目)으로만 이루어진 것은?

① 영지, 구름버섯, 표고

② 영지, 표고, 복령버섯

③ 양송이, 느타리, 목이버섯

④ 느타리, 표고, 팽이버섯

> **해설**
> • 주름버섯목 : 느타리, 표고, 팽이버섯, 양송이
> • 목이목 : 목이버섯
> • 구멍장이버섯목 : 구름송편버섯, 복령, 영지버섯

24 버섯원균의 분리 및 배양 시 반드시 필요한 기기인 것은?

① 항온기

② 냉동건조기

③ 아미노산 분석기

④ 초저온냉동기

> **해설**
> 항온기는 일정한 온도를 유지시키면서 미생물을 배양하는 기구이다.
> 균주 배양에 이용되는 시험기구 : 시험관, 페트리 접시, 이식기구 (백금선, 백금구, 백금이), 무균상, 건열멸균기, 고압습열멸균기, 항온기, 수조, 진탕기, 균질기, 피펫 등

25 신품종의 구비조건으로 맞지 않는 것은?

① 우수성   ② 균등성

③ 영속성   ④ 내병성

> **해설**
> 신품종의 구비조건
> • 우수성 : 재배적 특성이 다른 기존 품종들보다 우수해야 한다.
> • 균등성 : 품종 내의 모든 개체들의 특성이 균일해야만 재배와 이용상 편리하다.
> • 영속성 : 우수한 유전형질이 대대로 변하지 않고 안정되게 유지되어야 한다.

26 무균실에 필요한 도구로 적당하지 않은 것은?

① 자외선램프

② 에틸알코올

③ 무균필터(Filter)

④ 스트렙토마이신

> **해설**
> ④ 스트렙토마이신은 자실체에서 버섯균을 분리할 때 세균의 오염을 피하기 위한 항생제로 사용된다.
> 무균실에 필요한 도구 : 에틸알코올, 자외선램프, 무균필터 (Filter) 등

27 다음 중 느타리버섯에 주로 발생하는 버섯파리가 아닌 것은?

① 버섯등에파리

② 버섯혹파리

③ 버섯벼룩파리

④ 긴수염버섯파리

해설
버섯파리는 시아리드(긴수염버섯파리, *Lycoriella* sp.), 세시드(버섯혹파리, *Mycophila speyeri*), 포리드(버섯벼룩파리, *Megaselia halterata*) 등이며, 느타리나 양송이 재배에 심각한 피해를 주고 있다.

28 재배사의 바닥을 흙으로 할 때 가장 문제가 되는 점은?

① 온도관리

② 습도관리

③ 살균 및 후발효관리

④ 병해관리

해설
재배사의 바닥이 흙으로 되어 있으면 각종 병해충에 취약하다.

29 느타리버섯 자실체를 버섯완전배지에 조직배양하면 무엇으로 생장하게 되는가?

① 대   ② 갓

③ 포자   ④ 균사체

해설
자실체의 주름에 있는 각각의 담자기 끝에서 네 개의 담자포자가 성형된다. 각각의 포자는 하나의 핵을 갖고, 포자는 발이하여 1차 균사체가 되고 세포질 융합에 의해 2차 균사체를 형성하게 된다.

30 종균배지(톱밥배지) 제조 시 입병용기가 1,000mL일 경우 일반적인 배지 주입량으로 가장 적합한 것은?

① 550~650g

② 660~750g

③ 760~800g

④ 850~900g

해설
배지재료를 1L병에 550~650g 정도 넣는다.

31 야생 팽이버섯의 갓은 황갈색이나 재배·생산되고 있는 품종은 순백색이다. 순백색 품종의 육성경위는?

① 변이체 선발육종

② 단포자 순계교배육종

③ 형질전환에 의한 육종

④ 원형질체 융합에 의한 육종

해설
순백색 팽이버섯의 품종 육성경위는 변이체 선발육종이다.

32 무균실의 벽, 천장, 바닥 등의 소독약제로 에틸알 코올의 적정 희석비율은?

① 10%　　　　　② 30%

③ 70%　　　　　④ 90%

33 식용버섯의 조직을 분리할 때 시료채취에 가장 적당한 것은?

① 자실체가 노쇠한 것을 택한다.

② 자실체가 병약한 것도 무방하다.

③ 자실체가 비정상적인 것을 택한다.

④ 자실체가 해충의 피해를 받지 않은 것을 택한다.

해설
식용버섯의 조직을 분리할 때 시료는 자실체가 해충의 피해를 받지 않은 것을 채취한다.

34 표고 원목재배 시 가눕히기를 할 장소로 가장 먼저 고려하여야 할 점은?

① 습도　　　　　② 통풍

③ 차광　　　　　④ 산도(pH)

해설
임시 눕혀두기 장소는 보습이 잘되고 관수가 가능하며, 동향이나 남향의 중턱 이하에 바람이 없는 따뜻한 곳이 알맞다.

35 팽이버섯 자실체 발생 시 약한 광선의 영향은?

① 야생종과 재배종에서 자실체 발생을 촉진한다.

② 자실체 발생에는 아무런 영향이 없다.

③ 자실체 발생에서 야생종은 촉진하고 재배종은 지연시킨다.

④ 자실체 발생에서 재배종은 촉진하고 야생종은 지연시킨다.

해설
팽이버섯
• 팽이버섯 자실체 발생 시 약한 광선은 모든 종에서 자실체 발생을 촉진한다.
• 팽이버섯의 자실체 발생온도는 10~12℃, 습도는 90% 이상이다.

36 느타리버섯 비닐멀칭 균상재배의 종균 접종 및 배양관리에 대한 설명으로 옳지 않은 것은?

① 접종할 톱밥종균은 콩알 크기로 부수어 사용한다.

② 종균은 배지의 중앙에만 접종하여 오염을 방지한다.

③ 멀칭하는 비닐의 색깔은 흑색, 백색, 청색도 가능하다.

④ 균사배양 온도는 배지 속이 25~30℃가 되도록 유지 한다.

해설
배지 구석구석에 골고루 접종되어야 병원균으로부터 오염을 방지하고 빨리 생육할 수 있다.

37 다음 중 식용버섯이 아닌 것은?

① 참부채버섯
② 표고버섯
③ 양송이
④ 꽃구름버섯

38 버섯의 생태 중 영양섭취법에 따른 분류 중 공생식물이 되는 수목의 잔뿌리와 함께 생육하는 것은?

① 부생균
② 부후균
③ 균근류
④ 기생균

① 부생균 : 짚이나 풀 등이 발효한 퇴비에서 발생하는 종류이다.
② 부후균 : 스스로 가지고 있는 효소의 작용으로 목재를 부패시켜 필요한 영양분을 섭취하는 것이다.
④ 기생균 : 살아 있는 동·식물체에 일방적으로 영양분을 흡수하여 생활하는 종류이다.

39 톱밥배지의 입병작업이 완료되면 즉시 살균 처리하도록 하는 주된 이유는?

① 장시간 방치하면 배지가 변질되기 때문
② 장시간 방치하면 배지산도가 높아지기 때문
③ 장시간 방치하면 배지의 유기산이 높아지기 때문
④ 장시간 방치하면 탄수화물량이 높아지기 때문

톱밥배지의 입병이 완료되면 즉시 살균을 해야 한다. 장시간 입병된 배지를 방치하면 배지가 변질되기 때문이다.

40 버섯종균 및 자실체에 잘 발생하지 않는 잡균은?

① 흑곰팡이
② 푸른곰팡이
③ 잿빛곰팡이
④ 누룩곰팡이

잿빛곰팡이병은 기주범위가 넓고 비교적 저온에서 발생한다. 특히 억제재배의 후기 이후부터 다음 해의 봄까지 주로 저온기의 시설재배에서 많이 발생한다.

41 종균배양 중 균사생장이 부진한 원인이 아닌 것은?

① 온도가 낮은 배지에 접종원을 접종할 때
② 퇴화된 접종원을 사용할 때
③ 배지의 산도가 너무 낮을 때
④ 배양실의 온도가 너무 낮을 때

균사생장의 최적조건으로 적당한 온도와 습도, 산도가 유지되어야 하며, 유량한 접종원을 사용하여야 한다.

42 주로 원목을 이용하여 재배하는 버섯은?

① 상황버섯, 신령버섯

② 느타리버섯, 신령버섯

③ 흰목이버섯, 상황버섯

④ 느타리버섯, 흰목이버섯

> **해설**
> • 균상재배 : 느타리, 양송이, 신령버섯, 풀버섯
> • 병재배 : 팽이버섯, 느타리, 버들송이, 노루궁뎅이, 잎새버섯, 만가닥 등
> • 원목재배 : 표고, 영지버섯, 상황버섯, 목이, 천마, 복령

43 표고의 종균 접종 적기로 가장 옳은 것은?

① 3~4월　　　　② 5~6월

③ 7~8월　　　　④ 9~10월

> **해설**
> **표고의 종균 접종**
> • 일반 표고재배사 내에서 종균의 접종은 밤에도 영상이 유지되는 3월 초부터가 적당하다.
> • 노지인 경우는 외부 기온이 어느 정도 올라가는 3월 중순 이후가 적당하고 늦어도 4월 중순 이전에는 접종을 완료하여야 한다.

44 밀배지 제조 시 탄산석회와 석고의 첨가 이유를 가장 바르게 나타낸 것은?

① 탄산석회 : 산도 조절, 석고 : 결착 방지

② 탄산석회 : 산도 조절, 석고 : 건조 방지

③ 탄산석회 : 결착 방지, 석고 : 산도 조절

④ 탄산석회 : 건조 방지, 석고 : 산도 조절

> **해설**
> • 탄산석회 : 산도(pH) 조절
> • 석고 : 결착을 방지하고 물리적 성질을 개선

45 느타리버섯 재배용 볏짚배지에서 잡균을 제거할 수 있는 최저살균온도 및 시간은?

① 60℃, 8시간

② 80℃, 4시간

③ 80℃, 8시간

④ 100℃, 2시간

> **해설**
> 느타리버섯 볏짚배지 살균온도 80℃, 최저살균온도 및 시간은 60℃, 8시간이다.

46 표고의 학명으로 옳은 것은?

① *Lentinula edodes*

② *Agaricus bisporus*

③ *Pleurotus ostreatus*

④ *Flammulina velutipes*

> **해설**
> ② *Agaricus bisporus* : 양송이
> ③ *Pleurotus ostreatus* : 느타리
> ④ *Flammulina velutipes* : 팽이버섯

47 팽이버섯 재배시설 중 온도가 가장 낮게 유지되는 곳은?

① 냉각실   ② 발이실

③ 생육실   ④ 억제실

해설

팽이버섯 생육단계별 적정온도, 습도, 소요일수

구분	배양실	발이실	억제실	생육실
온도	16~24℃	12~15℃	3~4℃	6~8℃
습도	65~70%	90~95%	80~85%	70~75%
소요일수	20~25일	7~9일	12~15일	8~10일

48 양송이균의 특성이 아닌 것은?

① 균사는 격막이 있고, 꺽쇠연결은 없다.

② 염색체는 다소 차이가 있으나 n=9개이다.

③ 균사체를 구성하는 세포 내에 다핵상태로 균사 내에서 핵융합이 일어난다.

④ 대와 갓이 연결되는 부분에 생장점이 있다.

해설

양송이의 특징

• 양송이는 완전사물기생균이다.

• 양송이버섯의 주름살은 대에서 떨어진 주름살이다.

• 양송이 퇴비에 관여하는 미생물은 고온호기성이다.

• 균사는 격막이 있고, 협구(꺽쇠, 클램프-핵의 이동통로)가 없다.

• 염색체는 다소 차이가 있으나 n=9개이다.

• 줄기(대)와 갓이 연결되는 부분에 생장점이 있다.

49 유성생식과정에서 두 개의 반수체 핵이 핵융합을 하여 형성하는 것은?

① 반수체   ② 2배체

③ 4핵체   ④ 2핵체

해설

유성생식과정에서 두 개의 반수체(n) 핵이 핵융합(2n)을 하여 2배체를 형성한다.

50 표고버섯 원목재배 시 종균 접종 요령으로 옳지 않은 것은?

① 원목에 구멍을 돌려가면서 뚫는다.

② 접종 구멍의 크기는 직경 1.0cm, 깊이 2.5cm 정도로 한다.

③ 원목의 길이와 굵기에 따라서 종균 접종 구멍수가 다르다.

④ 원목 내 구멍을 사전에 많이 뚫고 쌓아 놓은 다음에 접종한다.

51 특히 외기가 낮았을 때, 살균을 끝내고 살균솥 문을 열었을 때 배지병의 밑부위가 금이 가 깨지는 경우가 있다. 그 이유로 가장 적합한 것은?

① 고압살균하기 때문

② 살균완료 후 너무 오래 방치하였기 때문

③ 살균솥에서 증기가 많이 새었기 때문

④ 배기 후 살균기 내부온도가 높은 상태에서 문을 열었기 때문

해설

배기 후 살균기 내부온도가 높은 상태에서 문을 열면 외부와의 온도와 압력차에 의해서 병의 밑부분이 깨지기도 한다.

52 버섯의 균사세포를 구성하는 세포소기관이 아닌 것은?

① 핵   ② 미토콘드리아

③ 리보솜   ④ 엽록체

해설

버섯의 균사세포에는 핵, 미토콘드리아, 액포, 소포체, 골지체, 리보솜 등 막으로 둘러싸인 소기관이 있다.

53 버섯 수확 후 저장과정에서 산소와 이산화탄소 영향에 대한 설명으로 옳지 않은 것은?

① 버섯 저장 시에는 산소 농도 1% 이하에서만 효과가 있다.

② 산소의 농도가 2~10%인 경우는 버섯 갓과 대의 성장을 촉진시킨다.

③ 이산화탄소 농도가 5% 이상인 경우는 버섯 갓의 성장을 촉진시킨다.

④ 이산화탄소의 농도가 10% 이상인 경우는 버섯대의 성장을 지연시킨다.

해설

③ 갓은 5% 이상의 이산화탄소 농도에서 펴지는 것이 지연되는 경향이 있다.

54 0℃ 이하에서 원균을 보존할 때 사용하는 동결보호제로 가장 적당한 것은?

① 살균수   ② 10% 글리세린

③ 유동파라핀   ④ 70% 에탄올

해설

버섯균주를 오랫동안 형질 변화없이 보존하고자 할 때 가장 좋은 방법이 액체질소를 이용한 보존방법이다. 이때 보존제로는 10% 글리세린을 사용한다.

55 표고와 느타리의 톱밥종균 제조 시 배지의 수분 함량으로 가장 옳은 것은?

① 45~50%   ② 55~60%

③ 65~70%   ④ 75~80%

해설

느타리나 표고의 톱밥종균 제조 시의 수분은 65~70%로 조절한다.

56 버섯 재배사 내의 이산화탄소 농도가 5,000ppm이면 % 농도로는 얼마인가?

① 0.005   ② 0.05

③ 0.5   ④ 5

해설

버섯 재배사 내의 이산화탄소 농도가 5,000ppm이면 0.5% 농도이다.

5,000ppm = 0.5%(ppm은 1/1,000,000)

57 종균을 접종하는 무균실의 관리방법으로 적절하지 않은 것은?

① 온도를 15℃ 이하로 낮게 유지한다.
② 습도를 70% 이하로 관리한다.
③ 소독약제 살포 후 바로 작업한다.
④ 여과된 무균상태의 공기 속에서 작업한다.

해설
실내가 멸균상태가 되도록 소독하고, 2~3시간 정도 지난 다음 작업에 들어간다.

58 표고 종균을 생산하여 판매하기 위해 신고하려고 한다. 신청 대상기관으로 옳은 것은?

① 국립종자원
② 농촌진흥청
③ 한국종균생산협회
④ 국립산림품종관리센터

해설
종자산업법에 의하면 표고 종균을 생산하여 판매하려면 먼저 법규에 따른 종균 제조 및 배양시설과 자격증을 가진 종균기능사를 보유하고 광역시·도에 신고를 하여 종자업등록을 받아야 한다. 허가를 받은 종균배양소는 산림청 국립산림품종관리센터에 판매하고자 하는 품종에 대하여 품종생산판매신고를 하거나 품종보호 출원을 하여야 한다.

59 버섯종균을 유통하려고 할 때 품질표시 항목으로 필수사항이 아닌 것은?

① 종균 접종일
② 생산자 성명
③ 품종의 명칭
④ 수입종자의 경우 수입 연월 및 수입자 성명

해설
유통 종자의 품질표시(종자산업법 시행규칙 제34조 제1항 제1호)
• 품종의 명칭
• 종자의 발아율[버섯종균의 경우에는 종균 접종일(接種日)]
• 종자의 포장당 무게 또는 낱알 개수
• 수입 연월 및 수입자명[수입종자의 경우로 한정하며, 국내에서 육성된 품종의 종자를 해외에서 채종(採種)하여 수입하는 경우는 제외한다]
• 재배 시 특히 주의할 사항
• 종자업 등록번호(종자업자의 경우로 한정한다)
• 품종보호 출원공개번호(식물신품종 보호법에 따라 출원공개된 품종의 경우로 한정) 또는 품종보호 등록번호(식물신품종 보호법에 따른 보호품종으로서 품종보호권의 존속기간이 남아 있는 경우로 한정)
• 품종 생산·수입 판매 신고번호(법에 따른 생산·수입 판매 신고 품종의 경우로 한정)
• 유전자변형종자 표시(유전자변형종자의 경우로 한정하며, 표시 방법은 유전자변형생물체의 국가간 이동 등에 관한 법률 시행령에 따른다)

60 찐 천마의 열풍건조 시 건조기 내의 최적온도와 유지시간에 대하여 다음 ( )에 올바르게 넣은 것은?

처음 (가)℃에서 서서히 (나)℃로 상승시킨 다음 3일간 유지 후 (다)℃에서 7시간 유지하여 내부까지 건조시켜야 한다.

① 가 : 40, 나 : 50~60, 다 : 50~60
② 가 : 30, 나 : 40~50, 다 : 50~60
③ 가 : 40, 나 : 50~60, 다 : 70~80
④ 가 : 30, 나 : 40~50, 다 : 70~80

해설
찐 천마의 열풍건조 시 처음 30℃에서 서서히 40~50℃로 상승시킨 다음, 3일간 유지 후 70~80℃에서 7시간 유지하여 내부까지 건조시켜야 한다.

01 양송이 퇴비 후발효 중 먹물버섯이 잘 발생하는 온도는?

① 20~30℃ ② 40~50℃

③ 60~70℃ ④ 80~90℃

해설
퇴비 후발효 시 퇴비의 온도가 50℃ 이상을 넘지 못하는 경우 주로 발생한다.

02 배지를 121℃로 고압살균할 때 1cm²당 압력은?

① 0.8~1.0kg

② 1.1~1.2kg

③ 1.3~1.5kg

④ 1.6~2.0kg

해설
배지의 고압살균은 온도 121℃, 압력 1.1~1.2kg/cm² 정도가 적당하다.

03 팽이버섯의 원균 보존에 가장 적합한 온도는?

① 약 4℃ ② 약 10℃

③ 약 15℃ ④ 약 20℃

해설
팽이버섯의 원균은 4℃ 범위의 냉장고에 보관해야 하며, 빛에 노출시키지 않는 것이 좋다.

04 표고버섯 재배용 원목으로 가장 부적당한 수종은?

① 밤나무 ② 오리나무

③ 오동나무 ④ 상수리나무

해설
표고 재배 시 주로 쓰이는 나무는 참나무류(상수리나무, 졸참나무, 신갈나무, 갈참나무)이며, 그 외에 밤나무, 자작나무, 오리나무 등이 사용되기도 한다.

05 식용버섯 종균배양 시 잡균발생 원인이 아닌 것은?

① 살균이 완전하지 못한 것

② 오염된 접종원 사용

③ 무균실 소독의 불충분

④ 퇴화된 접종원 사용

해설
종균의 배양과정 중 잡균이 발생하는 원인
• 살균이 완전히 실시되지 못했을 때
• 오염된 접종원을 사용하였을 때
• 무균실 소독이 불충분하였을 때
• 배양 중 솜마개로부터 오염되었을 때
• 배양실의 온도변화가 심할 때
• 배양실 및 무균실의 습도가 높을 때
• 흔들기 작업 중 마개의 밀착에 이상이 있을 때

06 느타리 톱밥종균의 가장 알맞은 수분함량은?

① 35%   ② 45%

③ 55%   ④ 65%

해설

톱밥종균 제조

- 흔들기 작업을 할 수 없으므로 적온이 유지되도록 한다.
- 수분함량이 63~65%가 되도록 한다.
- 실내습도는 70% 정도로 하여 잡균발생을 줄인다.
- 미송 톱밥보다 포플러 톱밥의 품질이 더 좋다.
- 배지재료를 1L병에 550~650g 정도 넣는다.

07 종균배양실의 환경조건에 대한 설명으로 부적합한 것은?

① 환기를 실시하여 신선한 공기를 유지한다.

② 실내습도를 70% 이하로 낮게 하여 잡균 발생을 줄인다.

③ 항상 일정한 온도를 유지하여 응결수 형성을 억제한다.

④ 100lux 정도의 밝기로 유지하여 자실체 원기 형성을 유도한다.

해설

종균배양실의 환경조건

- 종균배양실의 환경조건 중 온도는 균사생장에 가장 큰 영향을 미친다.
- 종균은 직사광선에 노출되거나 건조되지 않도록 주의한다.
- 항상 일정한 온도를 유지하여 응결수 형성을 억제한다.
- 균주의 최적생육온도보다 다소 낮게 조절한다.
- 실내습도를 70% 이하로 낮게 하여 잡균 발생을 줄인다.
- 환기를 실시하여 신선한 공기를 유지한다.
- 종균배양실은 광을 최대한 억제하여 자실체 원기 형성을 방지해야 한다(단, 표고는 갈변을 위하여 명배양을 한다).

08 느타리버섯의 원목재배에 적합한 수종으로 거리가 먼 것은?

① 낙엽송   ② 버드나무

③ 현사시나무   ④ 오리나무

해설

① 낙엽송은 침엽수이다.

느타리버섯의 원목재배는 포플러나무 등의 활엽수가 적당하다.

09 종균접종용 톱밥배지의 고압살균 시 압력으로 가장 적정한 것은?

① 약 0.1kgf/cm^2

② 약 0.6kgf/cm^2

③ 약 1.1kgf/cm^2

④ 약 1.6kgf/cm^2

해설

버섯배지의 고압살균은 온도 121℃, 압력 1.1kgf/cm²(15파운드)가 적당하다.

10 팽이버섯의 학명으로 옳은 것은?

① *Lentinula edodes*

② *Agaricus bisporus*

③ *Pleurotus ostreatus*

④ *Flammulina velutipes*

해설

① *Lentinula edodes* : 표고

② *Agaricus bisporus* : 양송이

③ *Pleurotus ostreatus* : 느타리

11 영지버섯 발생 및 생육 시 필요한 환경요인이 아닌 것은?

① 광조사   ② 저온처리
③ 환기   ④ 가습

해설
영지버섯 발생 및 생육 시 필요한 환경요인
광조사, 고온처리, 환기, 가습

12 뽕나무버섯균에 대하여 옳게 설명한 것은?

① 목재부후균으로서 균사속을 형성하여 천마와 접촉하여 공생관계를 유지한다.
② 목재에 공생하는 균으로서 천마에는 기생하면서 상호번식한다.
③ 목재부후균이지만 참나무에서는 생육이 잘 안된다.
④ 목재부후균으로서 소나무에서 잘 번식한다.

13 표고 재배 시 관리를 위한 측면에서 원목의 직경은 몇 cm가 가장 적당한가?

① 10~15   ② 20~25
③ 30~35   ④ 40~45

해설
표고 재배용 원목의 크기는 직경 10~15cm, 길이 1~1.2m 정도가 무난하다.

14 종균 배양 시 배지를 흔들어 주어야 좋은 종균을 생산하는 것은?

① 톱밥종균   ② 캡슐종균
③ 종목종균   ④ 곡립종균

해설
흔들기 작업은 균을 고르게 자라게 할 뿐만 아니라 종균의 균덩이를 방지하는 효과도 있다.

15 노지에서 표고 종균을 원목에 접종하려 할 때 최적시기는?

① 1~2월   ② 3~4월
③ 5~6월   ④ 7~8월

해설
노지인 경우는 외부 기온이 어느 정도 올라가는 3월 중순 이후가 적당하며, 늦어도 4월 중순 이전에는 접종을 완료하여야 한다.

16 표고 톱밥재배 시 균을 배양하기 위한 필수시설이 아닌 것은?

① 살균실
② 무균실
③ 배양실
④ 비가림시설

해설
비가림시설은 표고 원목재배 시 필요하다.

17 표고 재배 시 원목의 수분함량 부족으로 발생하는 병해는?

① 치마버섯
② 구름버섯
③ 고무버섯
④ 기계충버섯

해설
치마버섯
약간 고온에 생장하는 건성해균으로 직사광선에 노출되어 원목의 수분함량이 저하되면서 병해 발생하며, 이 균이 생장한 부위는 표고균이 생장하지 못하고, 피해부위는 전체가 엷은 흑갈색으로 착색되기도 한다.

18 원목에 표고 종균의 접종이 끝나면 먼저 해야 할 작업은?

① 임시 세워두기
② 본 세워두기
③ 임시 눕혀두기
④ 본 눕혀두기

해설
임시 눕히기 목적 및 장소
• 목적 : 표고 종균을 접종한 원목에 균사활착과 만연을 위해서 실시한다.
• 장소 : 보습이 잘되고 관수가 가능하며, 동향이나 남향의 중턱 이하에 바람이 없는 따뜻한 곳이 알맞다.

19 느타리버섯과 표고버섯의 균사 배양에 알맞은 배지의 pH는?

① 4
② 6
③ 8
④ 10

해설
느타리와 표고의 균사 배양에 가장 알맞은 산도는 pH 5~6(약산성)이다.

20 팽이버섯 자실체 생육 시 재배사 내의 밝기에 대한 설명 중 가장 적합한 것은?

① 광선이 필요하지 않으므로 어두운 상태도 된다.
② 광선이 반드시 필요하므로 짧은 시간에 500lux 의 직사광선을 비춘다.
③ 많은 양의 광선이 필요하므로 1,000lux 이상으로 밝아야 한다.
④ 낮에는 자연 복사광선만 있으면 된다.

해설
팽이버섯 자실체 생육 시 재배사 내의 밝기
광선이 필요하지 않으므로 어두운 상태도 된다. 단, 팽이버섯의 발이를 억제할 경우 광선이 필요하다.

21 주로 곡립종균을 사용하여 재배하는 버섯은?

① 표고　　　　　　② 느타리

③ 양송이　　　　　④ 뽕나무버섯

해설

양송이 종균은 주로 밀을 배지로 하여 제조한 곡립종균을 사용한다.

22 팽이버섯 발이실의 최적온도와 습도를 나타낸 것 중 옳은 것은?

① 온도는 10~13℃이고, 습도는 85% 정도

② 온도는 15~18℃이고, 습도는 75~80%

③ 온도는 20~25℃이고, 습도는 80~85%

④ 온도는 13~16℃이고, 습도는 90% 이상

해설

팽이버섯 생육단계별 적정온도, 습도, 소요일수

구분	배양실	발이실	억제실	생육실
온도	16~24℃	12~15℃	3~4℃	6~8℃
습도	65~70%	90~95%	80~85%	70~75%
소요일수	20~25일	7~9일	12~15일	8~10일

23 만가닥버섯 재배에 배지재료로 가장 적절한 것은?

① 소나무　　　　　② 떡갈나무

③ 느티나무　　　　④ 오동나무

해설

만가닥버섯 배지재료로는 느티나무, 버드나무, 오리나무가 적절하고 소나무, 나왕 등의 톱밥은 버섯이 발생되지 않는 경우가 있다.

24 다음 중 버섯의 모양이 다른 3종과 다른 것은?

① 송이버섯　　　　② 양송이

③ 싸리버섯　　　　④ 표고

해설

싸리버섯은 산호모양을 하고 있으며, 나머지는 자실체에 주름살이 있는 형태를 갖고 있다.

25 대부분의 식용버섯은 분류학적으로 어디에 속하는가?

① 불완전균류

② 담자균류

③ 접합균류

④ 조균류

해설

버섯은 포자의 생식세포(담자기, 자낭)의 형성 위치에 따라 담자균류와 자낭균류로 나뉘며 대부분의 식용버섯(양송이, 느타리, 큰느타리(새송이버섯), 팽이버섯(팽나무버섯), 표고, 목이 등)은 담자균류에 속한다.

26 다음 중 양송이 퇴비의 후발효 목적이 아닌 것은?

① 퇴비의 영양분 합성

② 암모니아태 질소 제거

③ 병해충 사멸

④ 퇴비의 탄력성 증가

해설

양송이 퇴비를 후발효하는 목적
• 퇴비의 영양분 합성 및 조절
• 암모니아태 질소 제거
• 퇴비의 유해물질(병해충 사멸) 제거
• 퇴비의 물리성 개선 등

27 버섯접종실의 소독약제로 사용하지 않는 것은?

① 0.1% 탄산칼슘

② 0.1% 승홍수

③ 4% 석탄산

④ 70% 알코올

해설

접종실의 소독제로는 70% 알코올, 0.1% 승홍수(소독약), 4% 석탄산 등을 사용하는데, 이 중 70% 농도의 알코올을 가장 많이 사용한다.

28 버섯균을 분리할 때 우량균주로서 갖추어야 할 조건이 아닌 것은?

① 다수성   ② 고품질성

③ 이병성   ④ 내재해성

해설

우량균주로서 갖추어야 할 조건
다수성, 고품질성, 내재해성

29 표고 톱밥배지 제조 시 알맞은 미강의 첨가량은?

① 10%   ② 20%

③ 40%   ④ 60%

해설

표고의 톱밥배지 재료 배합 시 첨가되는 미강의 양은 20%가 적당하다.

30 버섯 수확 후 생리에 대한 설명으로 옳지 않은 것은?

① 젖산, 초산을 생성한다.

② 휘발성 유기산을 생성한다.

③ 포자 방출이 일어날 수 있다.

④ 호흡에 관여하는 효소시스템이 정지된다.

해설

수확 후의 버섯은 원예작물처럼 계속 호흡에 관여하는 효소시스템을 가지고 있다.

31 느타리버섯 재배 시 환기불량의 증상이 아닌 것은?

① 대가 길어진다.
② 갓이 발달되지 않는다.
③ 수확이 지연된다.
④ 갓이 잉크색으로 변한다.

해설
느타리버섯 재배 시 환기가 불량하면 대가 길어지고 갓이 발달하지 않으며, 수확이 지연된다.

32 버섯 발생 시 광도(조도)의 영향이 가장 적은 버섯은?

① 표고   ② 느타리버섯
③ 양송이   ④ 영지버섯

해설
양송이는 버섯 발생 시 광도의 영향이 가장 적다.

33 노루궁뎅이버섯의 균을 배양하는 주재료로 가장 양호한 나무 종류는?

① 참나무   ② 오리나무
③ 아카시나무   ④ 소나무

해설
노루궁뎅이의 균은 참나무를 주재료로 사용하는 것이 가장 양호하다.

34 주로 건표고를 가해하는 해충으로 건표고의 주름살에 산란하며, 유충은 버섯육질 내부를 식해하고 각 주름살 표면에 소립의 배설물을 분비하는 해충은?

① 털두꺼비하늘소
② 곡식좀나방
③ 민달팽이
④ 가시범하늘소

해설
곡식좀나방
• 주로 건표고를 가해하는 해충으로 건표고의 주름살에 산란한다.
• 유충은 버섯육질내부를 식해하고 갓 주름살 표면에 소립의 배설물을 분비하는 해충이다.

35 곡립종균 균덩이 형성 방지대책으로 옳지 않은 것은?

① 원균의 선별 사용
② 곡립배지의 적절한 수분조절
③ 탄산석회의 사용량 증가
④ 호밀은 표피를 약간 도정하여 사용

해설
균덩이 형성 방지대책
• 흔들기를 자주 하되 과도하게 하지 말 것
• 고온저장 및 장기저장을 피할 것
• 오래된 원균 또는 접종원의 사용금지(원균의 선별)
• 불량한 접종원의 사용금지
• 곡립배지의 적절한 수분함량 조절 및 석고의 사용량 조절
• 증식한 원균 중 균덩이 형성 성질이 있는 균총 부위의 제거
• 호밀은 박피할 것(도정하지 말 것)

36 버섯종균을 생산하기 위하여 종자업 등록을 할 경우 1회 살균 기준 살균기의 최소용량은?

① 1,500병 이상

② 1,000병 이상

③ 600병 이상

④ 2,000병 이상

해설

종자업의 시설기준 – 버섯 장비(종자산업법 시행령 [별표 5])

1) 실험실 : 현미경(1,000배 이상) 1대, 냉장고(200L 이상) 1대, 소형고압살균기 1대, 항온기 2대, 건열살균기 1대 이상일 것
2) 준비실 : 입병기 1대, 배합기 1대, 자숙솥 1대(양송이 생산자만 해당)
3) 살균실 : 고압살균기(압력 : 15~20LPS, 규모 : 1회 600병 이상일 것), 보일러(0.4톤 이상일 것)

37 감자추출배지의 살균방법으로 가장 적합한 것은?

① 고압증기살균

② 여과살균

③ 자외선살균

④ 건열살균

해설

① 고압증기살균 : 고체배지, 액체배지, 작업기구 등의 살균
② 여과살균 : 열에 약한 용액, 조직배양배지, 비타민·항생물질 등의 살균
③ 자외선살균 : 무균상, 무균실의 살균
④ 건열살균 : 유리로 만든 초자기구나 금속기구의 살균

38 표고 원목재배 시 눕히기의 설명으로 틀린 것은?

① 바깥쪽은 가는 것, 가운데는 굵은 것으로 한다.

② 골목의 간격은 6~9cm로 한다.

③ 각 단은 5본 정도로 한다.

④ 전체 높이를 60~90cm로 한다.

39 푸른곰팡이병의 발생원인으로 틀린 것은?

① 재배사의 온도가 높을 때

② 복토에 유기물이 많을 때

③ 복토가 알칼리성일 때

④ 후발효가 부적당할 때

해설

푸른곰팡이병의 발생원인

• 재배사의 온도가 높을 때
• 복토에 유기물이 많을 때
• 복토나 배지가 산성일 때
• 후발효가 부적당할 때

40 느타리의 세균성 갈반병에 대한 설명으로 옳은 것은?

① *Patoea folasci*에 의해 발생한다.

② 여름철 고온 상태에서 주로 발생한다.

③ 재배사 내의 습도가 90~95%일 때 발생한다.

④ 결로현상이 많이 일어나는 재배사에서 잘 발생한다.

해설

① *Pseudomonas tolaasii*에 의해 발생한다.
② 병의 발생은 적기재배인 봄·가을재배보다는 겨울·여름재배에서 심하다.
③ 재배사가 구조적으로 보온력이 없거나 오래된 재배사여서 보온력을 상실한 경우 많이 발생한다.

41 톱밥배지의 입병작업이 완료되면 즉시 살균 처리하도록 하는 주된 이유는?

① 장시간 방치하면 배지가 변질되기 때문
② 장시간 방치하면 배지 산소가 높아지기 때문
③ 장시간 방치하면 배지의 유기산이 높아지기 때문
④ 장시간 방치하면 탄수화물량이 높아지기 때문

> **해설**
> 톱밥배지의 입병이 완료되면 즉시 살균을 해야 한다. 장시간 입병된 배지를 방치하면 배지가 변질되기 때문이다.

42 양송이 곡립종균 제조 시 균덩이 형성원인과 관계가 없는 것은?

① 배양실 온도가 높을 때
② 곡립배지의 산도가 높을 때
③ 흔들기를 자주하지 않을 때
④ 곡립배지의 수분함량이 낮을 때

> **해설**
> 곡립종균 제조 시 균덩이 형성원인
> • 배양실 온도가 높을 때
> • 곡립배지의 산도가 높을 때
> • 흔들기 작업의 지연
> • 곡립배지의 수분함량이 높을 때
> • 원균 또는 접종원의 퇴화
> • 균덩이가 형성된 접종원 사용

43 털두꺼비하늘소는 주로 어느 시기에 표고의 원목에 피해를 입히는가?

① 알   ② 유충
③ 성충   ④ 번데기

> **해설**
> 부화된 털두꺼비하늘소 유충은 1마리당 12cm^2 정도 면적의 수피 내부층과 목질부 표피층을 식해하는데, 이것에 의한 균사의 활력과 저지는 물론 잡균의 발생을 조장하여 피해를 가중시킨다.

44 유충이 2mm 정도로 작고 황색이나 오렌지색을 띠는 버섯파리의 종류는?

① 포리드   ② 세시드
③ 시아리드   ④ 마이세토필

> **해설**
> 세시드(Cecid)
> • 주로 균상 표면이 장기간 습할 때 피해를 주는 해충이다.
> • 유충이 2mm 정도로 작고 황색이나 오렌지색을 띠며, 유태생으로 생식한다.
> • 성충은 다른 버섯파리에 비해 매우 작고 증식속도가 매우 빠르며, 버섯의 대는 가해하지 못한다.

45 느타리버섯의 균사가 고온장애로 생장이 중지되는 온도는?

① 26℃   ② 30℃
③ 36℃   ④ 45℃

> **해설**
> 느타리의 균사는 36℃ 이상이 되면 고온장애로 인하여 생장이 중지된다.

41 ① 42 ④ 43 ② 44 ② 45 ③ **정답**

46 경제적인 면과 수량을 고려할 때 느타리버섯 원목 재배에 가장 알맞은 원목의 굵기는?

① 5cm 내외   ② 10cm 내외

③ 15cm 내외   ④ 25cm 내외

해설
느타리 원목재배에 가장 알맞은 원목 두께는 15cm 내외이다.

47 표고버섯의 자실체 발육에 가장 적합한 공중습도는?

① 15~30%   ② 40~60%

③ 80~90%   ④ 100% 이상

해설
병재배, 봉지재배에서 배양실의 습도는 균사생장 시 65~75%, 자실체 생장 시 80~90% 정도이다.

48 영지의 갓 뒷면의 색을 보아 수확적기인 것은?

① 적색   ② 황색

③ 회색   ④ 흑색

해설
영지의 수확시기
수확시기가 늦어질수록 버섯 뒷면의 색깔이 황색에서 흰색으로 변하고, 더 오래 두면 회색으로 변한다. 황색이 있을 때 수확하여야 약효도 높고 수량도 많아진다.

49 표고를 원목재배 시 발생하는 검은단추버섯에 대한 설명으로 옳지 않은 것은?

① 중앙부가 녹색이고 가장자리는 흰색이다.

② 직사광선에 노출되었을 때 발생하기 쉽다.

③ 주로 평균기온이 낮은 4월 이전에 발생한다.

④ 조기에 발견하여 원목을 그늘진 곳으로 옮겨 피해를 줄일 수 있다.

해설
5~10월경 고온건조기의 직사광선에서 발생한다.
※ 검은단추버섯
 • 증상
 초기에는 수피표면의 중심은 푸른색을 띠며, 가장자리는 흰색의 균사를 나타낸다. 검은단추버섯의 불완전세대인 푸른곰팡이가 발생된 다음 생장하다가 중심부의 푸른 부분이 차츰 없어지며, 지름 3~12mm 정도의 크기를 가진 원반형의 자실체를 형성하고, 서로 중복되면 부정형이 되기도 한다. 자실체의 표면은 다갈색에서 흑갈색으로 내부는 흰색이다.
 • 발병조건 및 방제법
 원목이 직사광선을 받아 골목 내의 표고균이 약화된 경우나 부적당한 관리에 의한 과습에 의해 발생하므로 원목을 직사광선에 노출되지 않게 하며, 장마기간 동안 골목장 관리를 철저히 하여 병원균의 초기 침입을 막아야 한다.

50 버섯의 질병 중 양송이에서만 발생하는 병은?

① 마이코곤병   ② 세균성 갈반병

③ 푸른곰팡이병   ④ 하이포크레아

해설
마이코곤병
 • 주로 양송이에 발병하며, 기온이 높은 봄재배 후기와 가을재배 초기, 백색종을 재배할 때 복토를 소독하지 않은 경우 피해가 심하다.
 • 마이코곤병은 버섯의 갓과 줄기에 발생하며, 갈색물이 배출되면서 악취가 난다.
 • 양송이 복토에서 발생하는 병으로 버섯의 대와 갓의 구별이 없는 기형버섯이 된다.
 • 버섯 자실체 조직에 직접 침투하여 기생하는 질병이다.

51 식용이 가능한 버섯은?

① 말불버섯
② 참부채버섯
③ 양파광대버섯
④ 애기무당버섯

해설
독버섯의 종류
독우산광대버섯, 알광대버섯, 큰갓버섯, 흰갈대버섯, 광대버섯, 목장말똥버섯, 미치광이버섯, 갈황색미치광이버섯, 두엄먹물버섯, 배불뚝이깔때기버섯, 노란다발버섯, 땀버섯, 외대버섯, 파리버섯, 양파광대버섯, 화경솔밭버섯, 애기무당버섯, 무당버섯, 화경버섯 등

52 양송이 및 느타리버섯의 원균 보존방법이 아닌 것은?

① 유동파라핀침적법
② −60℃에서 보존
③ 진공냉동보존법
④ 배양 적온에 보존

해설
버섯원균 보존방법
• 유동파라핀봉입법
• 동결건조법
• 진공냉동건조법

53 버섯균주를 액체질소에 의한 장기보존 시 사용하는 동결보호제로 알맞은 것은?

① 글리세롤
② 질소
③ 알코올
④ 암모니아

해설
액체질소보존법의 동결보호제로 10% 글리세린이나 10% 포도당을 이용한다.

54 영지버섯 열풍건조방법으로 옳은 것은?

① 열풍건조 시에는 습도를 높이면서 60℃ 정도에서 건조시켜야 한다.
② 열풍건조 시 40~45℃로 1~3시간 유지 후 1~2℃씩 상승시키면서 12시간 동안에 60℃에 이르면 2시간 후에 완료시킨다.
③ 열풍건조 시 초기에는 50~55℃로 하고 마지막에는 60~70℃로 장기간 건조시킨다.
④ 열풍건조 시 예비건조 없이 60~70℃로 장기간 건조시킨다.

55 종균의 육안검사와 관계가 없는 것은?

① 면전상태
② 균사의 발육상태
③ 수분함량
④ 잡균의 유무

해설
종균의 육안검사
• 면전상태
• 균사의 발육상태
• 잡균의 유무
• 유리수분의 형성여부
• 균덩이의 형성여부
• 종균의 변질여부

56 병재배 시 종균접종실에 대한 설명으로 옳지 않은 것은?

① 가습장치가 설치되어야 한다.
② 20℃ 내외로 유지하여야 한다.
③ 공기는 헤파필터를 통하여 들어와야 한다.
④ 무균상 또는 클린부스가 설치되어야 한다.

57 PDA 1L 제조에 필요한 dexrtrose 양과 PSA 1L 제조에 필요한 설탕의 양은?

① dexrtrose : 10g, 설탕 : 20g
② dexrtrose : 20g, 설탕 : 20g
③ dexrtrose : 10g, 설탕 : 200g
④ dexrtrose : 20g, 설탕 : 200g

해설
dextrose 대신에 설탕(sucrose)을 사용한 것을 PSA(Potato Sucrose Agar)라고 한다.

58 버섯종균 생산에서 배지조제(곡립배지, 톱밥배지) 시 산도 조절용으로 사용하는 첨가제는?

① 황산마그네슘　　② 탄산석회
③ 인산염　　　　　④ 아스파라긴

해설
pH를 조절하기 위한 첨가제로 염산, 탄산석회(CaCO₃, 탄산칼슘), 탄산나트륨, 수산화나트륨을 사용한다. 이 중 염산은 pH를 산성으로 조절할 때 쓰고, 나머지는 염기성으로 조절할 때 쓴다.

59 일반적으로 양송이의 밀 곡립종균의 최적 수분함량은?

① 35~40%　　　　② 45~50%
③ 55~60%　　　　④ 65~70%

해설
양송이의 밀 곡립종균 최적 수분함량은 45~50%가 적당하다.

60 느타리버섯 재배 시 볏짚단의 야외발효에 관한 설명으로 옳은 것은?

① 고온, 혐기성 발효가 되도록 한다.
② 볏짚이 충분히 부숙되도록 발효시킨다.
③ 발효가 진행될수록 볏짚더미를 크게 쌓는다.
④ 볏짚더미의 상부가 60℃일 때 뒤집기를 한다.

해설
느타리버섯 재배 시 볏짚단의 야외발효
• 볏짚단 퇴적 시 외기온도는 15℃ 이상에서 150cm 정도의 높이로 쌓아야 한다.
• 고온, 호기성 발효가 되도록 한다.
• 볏짚더미의 상부가 60℃일 때 뒤집기를 한다.

01 톱밥종균 제조과정 중 입병과정에 대한 설명으로 옳은 것은?

① 종균병의 크기는 보통 이동이 간편한 450mL 크기를 선호한다.

② 입병작업은 자동화가 불가능하며 대부분 수동작업으로 인력에 의존한다.

③ 배지 중앙에 구멍을 뚫는 이유는 배지의 무게를 줄이기 위한 것이다.

④ 배지량은 병당 550~650g이 적당하다.

해설
① 종균병의 크기는 보통 850~1,400cc까지 있다.
③ 배지중앙에 구멍을 뚫는 이유는 접종원이 병 하부에까지 일부 내려가서 배양기간을 단축할 수 있고, 병 내부의 공기유통을 원활하게 하기 위함이다.

02 감자추출배지의 살균방법으로 가장 적합한 것은?

① 고압증기살균

② 여과살균

③ 자외선살균

④ 건열살균

해설
① 고압증기살균 : 고체배지, 액체배지, 작업기구 등의 살균
② 여과살균 : 열에 약한 용액, 조직배양배지, 비타민·항생물질 등의 살균
③ 자외선살균 : 무균상, 무균실의 살균
④ 건열살균 : 유리로 만든 초자기구나 금속기구의 살균

03 다음 중 종균의 세균 감염 여부를 검정하는 방법으로 가장 알맞은 것은?

① 종균을 배양용 고체배지에 접종 후 10℃에서 배양하여 육안검정

② 종균을 배양용 고체배지에 접종 후 25℃에서 배양하여 육안검정

③ 종균을 배양용 고체배지에 접종 후 37℃에서 배양하여 육안검정

④ 종균을 버섯완전액체배지에 접종 후 25℃에서 배양하여 육안검정

해설
종균의 고온성 세균 감염 여부를 검정하는 방법 : 종균을 배양용 고체배지에 접종 후 37℃에서 배양하여 육안검정한다.

04 톱밥배지의 상압살균온도로 가장 적합한 것은?

① 약 60℃

② 약 100℃

③ 약 121℃

④ 약 150℃

해설
톱밥배지의 상압살균
• 상압살균솥을 이용한다.
• 증기에 의한 살균방법이다.
• 100℃ 내외를 기준으로 한다.
• 온도 상승 후 약 5~6시간을 표준으로 한다.

정답 1 ④ 2 ① 3 ③ 4 ②

05 곡립종균에서 유리수분이 생성되는 가장 중요한 원인은?

① 곡립배지의 수분함량이 낮을 때
② 배양실의 온도가 항온으로 유지될 때
③ 외부의 따뜻한 공기가 유입될 때
④ 장기간의 고온저장을 하였을 때

해설
유리수분의 생성 원인
• 곡립배지의 수분함량이 높을 때
• 배양기간 중 변온이 심할 때
• 에어컨 또는 외부의 찬 공기가 유입될 때
• 장기간의 고온저장
• 배양 후 저장실로 바로 옮길 때

06 표고 원목재배용 종균으로 참나무류 원목을 롤러 베어링 모양으로 깎아 만든 종균의 종류는?

① 톱밥종균
② 성형종균
③ 종목종균
④ 곡립종균

해설
종목종균은 접종 초기에 활착이 더딘 경향이 있으나 시간이 지나면서 원목에 균사 활착이 빠르다. 그러나 원목을 깎아 만드는 것이 어려울 뿐만 아니라 비용이 많이 들고 시간이 많이 걸리기 때문에 우리나라에서는 생산하지 않는다.

07 버섯균사 배양 시 사용되는 기기 중 화염살균을 하는 것은?

① 피펫
② 진탕기
③ 워링블렌더
④ 백금이

해설
화염살균(Flaming)
클린벤치 내에서 백금구, 백금선, 백금이, 핀셋, 메스, 접종스푼, 유리도말봉, 시험관, 삼각플라스크 등의 금속 또는 내열성 유리로 된 작은 실험기구들을 알코올램프나 가스램프를 이용하여 살균하는 방법이다.

08 주로 양송이를 재배할 때 사용되는 종균은?

① 종목종균
② 톱밥종균
③ 퇴비종균
④ 곡립종균

해설
종균의 구분
• 곡립종균 : 양송이
• 톱밥종균 : 팽이, 느타리, 표고, 영지, 뽕나무버섯 등
• 액체종균 : 느타리 재배와 각종 종균을 만드는 데 사용한다. 누에 동충하초균을 누에에 접종할 때는 포자액체종균이 주로 이용되며, 양송이는 액체종균을 사용하지 않는다.
• 퇴비종균 : 풀버섯

09 자실체 조직에서 분리된 조직 절편은 페트리디시 내 배지상 어느 부위에 이식하는 것이 균사생장을 관찰하기에 적당한가?

① 배지 상단부위
② 배지 중앙부위
③ 배지 하단부위
④ 배지부위에 관계없음

해설
자실체 조직 절편을 분리한 후 페트리디시 내 배지 중앙부위에 이식하는 것이 관찰하기에 가장 적당하다.

10 양송이가 분류학적으로 속하는 목(目)으로 옳은 것은?

① 민주름버섯
② 목이
③ 주름버섯
④ 양송이

해설
주름버섯목 : 양송이, 표고, 느타리버섯, 팽이버섯

11 한천배지 만들기에서 배양 용액을 시험관 길이 1/4 정도(10~20cc) 주입한 배지를 고압살균기에서 충분한 배기를 하면서 121℃(15lbs)에서 얼마 간 살균하는가?

① 20분
② 40분
③ 60분
④ 120분

해설
한천배지를 넣은 시험관은 고압살균기에 넣어 121℃에서 20분간 살균을 하고, 비스듬이 시험관을 눕혀 사면을 시킨다.

12 표고 톱밥배지 재료 배합 시 첨가되는 쌀겨의 양으로 가장 알맞은 것은?

① 5%
② 15%
③ 35%
④ 55%

해설
표고 톱밥배지 재료 비율
참나무 톱밥 80%, 미강(쌀겨) 15%, 면실피 5%, 탄산칼슘 0.5%

13 버섯을 건조하여 저장하는 방법이 아닌 것은?

① 가스건조
② 열풍건조
③ 일광건조
④ 동결건조

해설
건조저장법에는 열풍건조, 일광건조, 동결건조가 있고, 억제저장법에는 가스저장법, 저온저장법이 있다.

14 양송이 퇴비배지의 최적수분함량은?

① 40%
② 50%
③ 60%
④ 70%

해설
양송이 퇴비배지의 최적수분함량은 70~75%, 유기질소함량은 2% 이상이 좋다.

15 양송이 생육 시 갓이 작아지고 대가 길어지는 현상이 일어나는 재배사 내의 이산화탄소(CO_2) 농도의 범위로 가장 적합한 것은?

① 0.02% 이하
② 0.03~0.06%
③ 0.07~0.10%
④ 0.20~0.30%

해설
재배사 내의 이산화탄소 농도가 0.08% 이상 되면 수확이 지연되고, 0.2~0.3%가 되면 갓이 작고 버섯 대가 길어진다.

16 양송이 수확 후 적당한 예랭 온도는?

① −5℃
② 0℃
③ 5℃
④ 10℃

해설
양송이 예랭은 1, 2차로 나누어 실시하는데 1차 예랭을 1℃의 온도로 1시간 정도 진행한 다음 2차 예랭을 0℃의 저장고에서 2~4시간 동안 실시한다.

17 버섯생육실에 필요한 장치로 옳지 않은 것은?

① 냉·난방장치 ② 환기장치
③ 가습장치 ④ 수확장치

해설
생육실
냉·난방기, 가습기, 내부공기순환장치, 환기장치(급·배기), 온·습도센서, 제어장치 등이 설치되어야 한다.

18 담자균류의 균주 분리 시 가장 적절한 부위는?

① 대의 표면 조직
② 노출된 턱받이 조직
③ 갓의 가장자리 조직
④ 노출되지 않은 내부 조직

해설
자실체 조직에서 분리된 균은 유전적으로 순수한 균주를 얻을 수 있고, 노출되지 않은 내부는 잡균에 오염되어 있는 부분이 적기 때문에 가장 적절하다.

19 버섯종균을 접종하는 무균실의 항시 온도는 얼마로 유지하는 것이 작업 및 오염방지를 위하여 가장 이상적인가?

① 5℃ 이하
② 5~10℃ 정도
③ 15~20℃ 정도
④ 30~35℃ 정도

해설
무균실의 항시 온도는 15~20℃ 정도가 이상적이다.

20 종균배양실의 관리방법으로 틀린 것은?

① 종균을 넣기 전 청소 및 약제소독을 한다.
② 습도는 70% 이하로 유지한다.
③ 온도는 23~25℃ 정도를 유지한다.
④ 전등을 항상 켜서 균사 생장을 촉진한다.

해설
④ 종균배양실은 광을 최대한 억제하여 자실체 원기 형성을 방지해야 한다(단, 표고는 갈변을 위하여 명배양을 한다).

21 표고버섯 재배 시 원목의 굵기로 가장 적당한 것은?

① 4~6cm ② 6~8cm
③ 10~12cm ④ 15~16cm

해설
표고 재배용 원목의 크기는 직경 10~15cm, 길이 1~1.2m 정도가 적당하다.

22 열에 민감하여 한계온도 이상의 열처리 시 변성될 가능성이 있는 비타민, 항생제 등의 성분들에 사용하는 멸균법은?

① 가스멸균 ② 여과멸균
③ 자외선멸균 ④ 화염멸균

해설
여과멸균
열에 민감하여 한계온도 이상의 열처리 시 변성될 가능성이 있는 비타민, 항생제 등의 성분들에 사용하는 멸균법이다.

23 종자산업법상 유통 종자의 품질표시 항목에 대한 설명으로 옳지 않은 것은?

① 품종 생산·수입 판매 신고번호 : 생산·수입 판매 신고 품종의 경우

② 종자업 등록번호 : 종자업자의 경우

③ 종자의 발아율 : 버섯종균의 경우

④ 수입 연월 및 수입자명 : 수입종자의 경우

해설
유통 종자의 품질표시(종자산업법 시행규칙 제34조 제1항 제1호)
가. 품종의 명칭
나. 종자의 발아율[버섯종균의 경우에는 종균 접종일(接種日)]
다. 종자의 포장당 무게 또는 낱알 개수
라. 수입 연월 및 수입자명[수입종자의 경우로 한정하며, 국내에서 육성된 품종의 종자를 해외에서 채종(採種)하여 수입하는 경우는 제외]
마. 재배 시 특히 주의할 사항
바. 종자업 등록번호(종자업자의 경우로 한정)
사. 품종보호 출원공개번호(식물신품종 보호법에 따라 출원 공개된 품종의 경우로 한정) 또는 품종보호 등록번호(식물신품종 보호법에 따른 보호품종으로서 품종보호권의 존속기간이 남아 있는 경우로 한정)
아. 품종 생산·수입 판매 신고번호(법에 따른 생산·수입 판매 신고 품종의 경우로 한정)
자. 유전자변형종자 표시(유전자변형종자의 경우로 한정하며, 표시 방법은 유전자변형생물체의 국가간 이동 등에 관한 법률 시행령에 따름)

24 표고 종균 증식과정의 하나로 보기 어려운 것은?

① 원균분양

② 원균증식

③ 접종원 제조

④ 품질검사

해설
종균 증식과정으로는 원균 분양, 원균 증식, 접종원 제조 등이 있다.

25 버섯종균에 대한 보증의 유효기간은?

① 12개월

② 6개월

③ 2개월

④ 1개월

해설
보증의 유효기간(종자산업법 시행규칙 제21조)
작물별 보증의 유효기간은 다음과 같고, 그 기산일(起算日)은 각 보증종자를 포장(包裝)한 날로 한다.
• 채소 : 2년
• 버섯 : 1개월
• 감자, 고구마 : 2개월
• 맥류, 콩 : 6개월
• 그 밖의 작물 : 1년

26 품종보호요건 5가지로 옳은 것은?

① 신규성, 구별성, 균일성, 안정성, 품종명칭

② 신규성, 불변성, 균일성, 안정성, 품종명칭

③ 신규성, 불변성, 균일성, 안전성, 품종명칭

④ 신규성, 구별성, 균일성, 안전성, 영속성

해설
품종보호요건(식물신품종보호법 제16조)
다음의 요건을 갖춘 품종은 품종보호를 받을 수 있다.
1. 신규성
2. 구별성
3. 균일성
4. 안정성
5. 제106조 제1항에 따른 품종명칭
※ 품종보호요건
• 신규성(Novelty) : 국내 1년, 국외 4년(과수, 임목은 6년) 이상 상업적 이용이 없는 품종
• 구별성(Distinctness) : 알려진 품종과 하나 이상의 특성이 명확히 구별되어야 함
• 균일성(Uniformity) : 품종의 본질적인 특성이 그 품종의 번식 방법상 예상되는 변이를 고려한 상태에서 충분히 균일해야 함
• 안정성(Stability) : 품종의 본질적인 특성이 반복적으로 증식된 후에도 변하지 아니할 것
• 품종명칭(Denomination) : 고유한 품종명칭을 가져야 함

27 식용버섯의 원균 보존방법으로 적합하지 않은 것은?

① 유동파라핀봉입법
② 동결건조법
③ 진공냉동건조법
④ 상온장기저장법

해설
상온에서 장기간 저장하면 쉽게 부패한다.

28 표고 균사의 최적배양온도는?

① 15℃
② 25℃
③ 35℃
④ 45℃

해설
표고의 균사 생장 온도범위는 5~35℃이고, 적정온도는 24~27℃이다.

29 다음 중 양송이 퇴비의 후발효 목적이 아닌 것은?

① 퇴비의 영양분 합성
② 병해충 사멸
③ 퇴비의 탄력성 증가
④ 암모니아태 질소 제거

해설
양송이 퇴비를 후발효하는 목적
• 퇴비의 영양분 합성 및 조절
• 암모니아태 질소 제거
• 퇴비의 유해물질(병해충 사멸) 제거
• 퇴비의 물리성 개선 등

30 표고의 포자 색깔은?

① 회색
② 백색
③ 흑색
④ 갈색

해설
표고의 포자와 주름살 색깔은 백색이다.

31 양송이의 균사생장에 가장 알맞은 산도(pH)는?

① pH 7.5
② pH 9.5
③ pH 8.5
④ pH 6.5

해설
균사생장에 알맞은 복토의 산도는 pH 7.5 내외이며, 복토 조제 시 소석회(0.4~0.8%) 혹은 탄산석회(0.5~1.0%)를 첨가하여 산도를 교정한다.

32 솜마개 사용요령으로 가장 옳지 않은 것은?

① 좋은 솜을 사용한다.
② 표면이 둥글게 한다.
③ 빠지지 않게 단단히 한다.
④ 길게 하여 깊이 틀어막는다.

해설
솜마개를 길게 하여 깊이 틀어막는 것은 올바른 방법이 아니다.

33 곡립종균 배지 살균시간 결정에 관계가 없는 것은?

① 보일러 재질
② 종균 병의 크기
③ 배지의 수분함량
④ 살균기의 크기

해설
종균용 배지의 살균시간을 결정할 때 고려할 사항
• 초기 온도
• 종균 병(용기)의 크기 및 종류
• 배지의 수분함량 및 밀도
• 살균기의 크기나 형태
• 수증기의 온도와 압력

34 표고의 자실체 발육에 가장 적합한 공중습도는?

① 15~30%
② 40~60%
③ 70~90%
④ 100% 이상

해설
표고의 자실체 발육에 가장 적합한 공중습도는 80~90%이다.

35 양송이 곡립종균 제조 시 1차 흔들기 작업에 가장 적합한 시기는?

① 균 접종 직후 흔들어준다.
② 균 접종 후 1~2일 배양 후 흔들어준다.
③ 균 접종 후 5~7일 배양 후 흔들어준다.
④ 균 접종 후 10~12일 배양 후 흔들어준다.

해설
접종 후 6~7일 후 균사가 계란크기 정도로 덩어리가 형성되면 배지전체를 골고루 섞는 흔들기 작업을 한다.

36 느타리의 원기 형성을 위한 재배사의 환경조건으로 부적합한 것은?

① 충분한 자연광
② 70~80% 정도의 습도
③ 1,000~1,500ppm 정도의 이산화탄소 농도
④ 저온충격과 변온

해설
자실체 생장발육 단계에서 느타리가 수용하는 공기상대습도는 80~90%이다. 공기상대습도가 50%보다 낮으면 원기가 형성되기 어렵고, 공기상대습도가 95%를 초과하면 원기는 썩게 된다.

37 버섯 수확 후 품질의 변화와 관계가 없는 것은?

① 호흡에 의한 영향
② 수분의 영향에 의한 건조증상
③ 광의 영향으로 인한 색깔의 변화
④ 공기 중 산소와 결합되어 나타나는 색깔의 변화

해설
수확 후 신선도와 품질변화는 버섯의 내적 요인과 외적 요인인 미생물, 충해, 수송 및 저장조건 등이 관여한다.

38 양송이 퇴비의 구비조건으로 적합하지 않은 것은?

① 양송이균이 잘 자랄 수 있는 선택성 배지
② 70% 정도의 수분함량
③ 300ppm 이상의 암모니아함량
④ 2% 이상의 유기질소함량

해설
양송이 종균 재식 시 재배용 퇴비의 암모니아함량은 0.03%(150~300ppm) 이내가 가장 적당하다.

39 버섯 병의 발생 및 전염경로에 대한 설명으로 적합하지 않은 것은?

① 병 발생은 버섯과 병원체가 접촉하지 않고 상호작용을 하지 않을 때 발병이 가능하다.

② 병의 발병을 위해서는 적당한 환경조건이 필요하다.

③ 병원성 세균은 물에 의해서 쉽게 전파되고, 곤충 또는 도구에 의해서도 감염된다.

④ 병원성 진균의 포자는 공기 또는 매개체에 의해서 전파된다.

해설
병 발생은 버섯과 병원체의 상호작용이 있을 때 발병이 가능하다.

40 느타리버섯 병재배 시설에 필요 없는 것은?

① 배양실   ② 배지냉각실

③ 생육실   ④ 억제실

해설
④ 억제실은 팽이버섯 재배시설에 필요하다.
느타리버섯 병재배 시설에 필요한 시설 : 배양실, 배지냉각실, 생육실 등

41 표고균 배양을 위한 톱밥배지 제조과정 중 틀린 것은?

① 혼합된 배지재료의 수분함량은 60~65%가 적합하다.

② 톱밥배지의 첨가재료는 산패가 일어난 미강이 좋다.

③ 톱밥과 첨가제의 혼합비율은 대략 8 : 2의 비율이 적합하다.

④ 표고버섯 톱밥배지에 가장 적합한 수종은 참나무류 톱밥이다.

해설
산패가 일어난 미강을 사용하면 잡균오염의 원인이 되며, 균사의 생장이 원활하지 않다.

42 버섯 재배에서 복토과정을 필요로 하는 것은?

① 새송이버섯

② 영지버섯

③ 팽이버섯

④ 양송이

해설
복토작업은 퇴비발효 후 퇴비 안에 양송이 종균을 심고 그 위에 흙을 뿌려 덮어 두는 작업을 말한다.

43 팽이버섯 재배용 배지제조 시 균사생장에 가장 알맞은 톱밥배지의 수분함량은?

① 45% 내외

② 55% 내외

③ 65% 내외

④ 75% 내외

해설
팽이버섯 재배용 톱밥배지의 적정 수분함량은 65% 내외이다.

44 양송이 곡립종균을 5℃에서 저장 시 수량에 지장이 없는 허용한도 저장기간으로 가장 적합한 것은?

① 30일

② 60일

③ 80일

④ 90일

해설
양송이 곡립종균을 5℃에서 저장 시 수량에 지장이 없는 허용한도 저장기간은 30일이다.

45 다음 중 영구적으로 사용할 수 없는 재배사는?

① 비닐
② 벽돌
③ 패널
④ 블럭

> **해설**
> 버섯재배사
> 벽돌, 블럭, 단열용 패널 등의 시설을 갖춘 영구재배사와 비닐,
> 부직포 등 보온용 덮개 내부에 재배시설을 갖춘 간이재배사가
> 있다.

46 느타리 톱밥종균을 저장하는 데 가장 알맞은 온도는?

① −20℃
② −190℃
③ 5℃
④ 30℃

> **해설**
> 느타리 톱밥종균의 적정 저장온도는 4~5℃이다.

47 표고 종균배양실의 환경조건으로 틀린 것은?

① 항온
② 습도
③ 직사광선
④ 청결

> **해설**
> 종균은 직사광선에 노출되거나 건조되지 않도록 주의한다.

48 원균의 잡균오염 검정에 이용되는 꺽쇠연결체(클램프연결체)를 가진 버섯으로 이루어진 것은?

① 풀버섯, 느타리
② 양송이, 표고
③ 신령버섯, 영지
④ 팽이, 느타리

> **해설**
> 꺽쇠연결체(협구, Clamp Connection)
> • 꺽쇠연결체(협구)는 대부분의 담자균류에서 볼 수 있다.
> • 느타리, 표고, 팽이 등의 균사 중 2핵 균사에서 특징적으로 나타난다.
> • 단핵균사에는 꺽쇠연결이 없다.
> • 양송이와 신령버섯은 꺽쇠가 관찰되지 않는다.

49 송이버섯의 등급기준에 대한 설명으로 옳지 않은 것은?

① 등외품은 기형품, 파손품, 벌레 먹은 것, 물에 젖은 완전개산한 것 등이 있다.
② 1등품은 길이가 8cm 이상이고, 갓이 5분의 1 이내로 퍼진 것이다.
③ 2등품은 길이가 6~8cm이고, 갓이 3분의 1 이내로 퍼진 것이다.
④ 3등품은 길이 6cm 미만이고, 생장이 정지된 생장정지품과 갓이 3분의 1이상 퍼진 개산품을 포함한다.

> **해설**
> 송이버섯의 등급기준
> • 1등품 : 길이 8cm 이상, 갓이 전혀 펴지지 않은 것
> • 2등품 : 길이 6~8cm, 갓이 3분의 1 이내로 퍼진 것
> • 3등품 : 길이 6cm 미만에 생장이 정지된 생장정지품, 갓이 3분의 1이상 펴진 개산품
> • 등외품 : 기형품, 파손품, 벌레 먹은 것, 물에 젖은 완전개산(갓이 모두 펴진)품 등

50 팽이버섯 재배사 신축 시 재배면적의 규모 결정에 가장 중요하게 고려해야 하는 사항은?

① 재배인력
② 재배품종
③ 1일 입병량
④ 냉난방 능력

해설
재배사 신축 시 1일 입병량은 재배사의 규모와 설비 등을 결정하는 가장 중요한 요소이다.

51 버섯 수확 후 저장과정에서 산소와 이산화탄소 영향에 대한 설명으로 옳지 않은 것은?

① 버섯 저장 시에는 산소 농도 1% 이하에서만 효과가 있다.
② 산소의 농도가 2~10%인 경우는 버섯 갓과 대의 성장을 촉진시킨다.
③ 이산화탄소 농도가 5% 이상인 경우는 버섯 갓의 성장을 촉진시킨다.
④ 이산화탄소의 농도가 10% 이상인 경우는 버섯대의 성장을 지연시킨다.

해설
③ 갓은 5% 이상의 이산화탄소 농도에서 펴지는 것이 지연되는 경향이 있다.

52 느타리버섯의 균사생장에 알맞은 온도는?

① 5℃
② 15℃
③ 25℃
④ 35℃

해설
양송이 및 느타리버섯 균사의 배양 적온은 25℃ 전후이다.

53 버섯균을 분리할 때 우량균주로서 갖추어야 할 조건이 아닌 것은?

① 이병성
② 고품질성
③ 다수성
④ 내재해성

해설
우량균주로서 갖추어야 할 조건 : 다수성, 고품질성, 내재해성

54 느타리버섯 재배사와 양송이 재배사 시설의 차이점은?

① 재배사의 벽과 천장 유무
② 균상시설 유무
③ 채광시설 유무
④ 환기시설 유무

해설
양송이 재배사에는 채광시설이 필요 없다.

55 느타리버섯의 학명은?

① *Flammulina velutipes*

② *Pleurotus ostreatus*

③ *Stropharia rugosoannulata*

④ *Lentinula edodes*

> **해설**
> ① *Flammulina velutipes* : 팽이버섯
> ③ *Stropharia rugosoannulata* : 턱받이포도버섯
> ④ *Lentinula edodes* : 표고

56 버섯파리를 집중적으로 방제하기 위한 시기로 가장 적절한 것은?

① 매주기 말

② 균사생장 기간

③ 퇴비배지의 후발효 기간

④ 퇴비배지의 야외퇴적 기간

> **해설**
> 버섯파리의 방제는 크게 나누어 성충의 재배사 침입방지와 버섯파리유충의 발생을 방지하는 두 가지로 나눌 수 있다. 버섯파리는 방제적기가 가장 중요하다. 즉, 배지살균 및 후발효가 끝난 후부터 균사생장이 완료되어 하온시기(온도 낮추기)에 이르기까지의 기간이다. 특히 종균재식 후 균사생장기가 가장 중요한 방제적기이다.

57 표고 원목재배 시 많이 발생하는 해균이 아닌 것은?

① 트리코더마균류

② 꽃구름버섯균

③ 검은혹버섯균

④ 마이코곤병균

> **해설**
> **마이코곤병**
> 주로 양송이에 발병하며, 기온이 높은 봄재배 후기와 가을재배 초기, 백색종을 재배할 때, 복토를 소독하지 않은 경우 피해가 심하다.
> ① 트리코더마균 : 표고해균 중 발생빈도가 가장 높고 심한 피해를 준다.
> ② 꽃구름버섯균 : 표고 원목 등에 겹쳐 군생하고 나무를 썩히는 목재부 후균으로 백색부후를 일으킨다.
> ③ 검은혹버섯균 : 표고버섯의 골목관리 시 직사광선에 의한 온도 상승으로 발생하기 쉬운 해균이다.

58 종균 배양 시 배지를 흔들어 주어야 좋은 종균을 생산하는 것은?

① 곡립종균

② 톱밥종균

③ 종목종균

④ 캡슐종균

> **해설**
> 흔들기 작업은 균을 고르게 자라게 할 뿐만 아니라 종균의 균덩이를 방지하는 효과도 있다.

59 다음 중 가장 낮은 온도에서도 균사 생장을 하는 버섯은?

① 느타리

② 표고

③ 영지

④ 팽이

> **해설**
> 주요 버섯종균의 저장온도
>
> | 구분 | 저장온도 |
> |---|---|
> | 팽이버섯, 맛버섯 | 1~5℃ |
> | 양송이버섯, 느타리버섯, 표고, 잎새버섯, 만가닥버섯 | 5~10℃ |
> | 털목이버섯, 뽕나무버섯, 영지버섯 | 10℃ |

60 표고의 불량 종균에 대한 설명으로 틀린 것은?

① 종균 표면에 푸른색이 보이는 것

② 종균병 속에 갈색 물이 고인 것

③ 종균병 속의 표면이 흰색으로 만연된 것

④ 종균 표면에 붉은색을 보이는 것

> **해설**
> **오염된 종균의 특징**
> • 종균 표면에 푸른색 또는 붉은색이 보인다.
> • 균사의 색택이 연하다.
> • 마개를 열면 쉰 듯한 술 냄새, 구린 냄새가 난다.
> • 배지의 표면 균사가 황갈색으로 굳어 있다.
> • 병 바닥에 노란색, 붉은색 등의 유리수분이 고여있다.
> • 진한 균덩이가 있다.
> • 균사의 발육이 부진하다.

01 느타리 볏짚재배 시 볏짚의 물 축이기 작업에 대한 설명으로 옳지 않은 것은?

① 물을 충분히 축인다.
② 추울 때 작업한다.
③ 배지의 수분은 70% 내외가 좋다.
④ 단시간 내 축인다.

해설
추울 때 물이 얼게 되면 수분흡수가 어려우므로 가급적 영하인 날은 피하여 침수작업을 하는 것이 좋다.

02 병재배를 이용하여 종균을 접종하려 할 때 유의사항으로 옳지 않은 것은?

① 배지온도가 25℃까지 식었을 때 접종한다.
② 고압살균은 121℃, 1.1kgf/cm^{2}에서 90분간 실시한다.
③ 고압살균 후 상온이 될 때까지 냉각을 하고 병을 꺼낸다.
④ 접종실과 냉각실의 UV등을 항상 켜놓고, 작업을 하거나 배지 보관 시에는 소등한다.

해설
살균을 마친 배양병은 소독이 된 방에서 배지 내 온도를 25℃ 이하로 냉각시켜 접종실로 옮겨 무균상 및 클린부스 내에서 종균을 접종한다.

03 느타리버섯 재배시설에서 광(빛)의 사용이 제한되는 시설은?

① 접종실
② 배양실
③ 생육실
④ 냉각실

해설
느타리버섯은 호광성이나 균사 배양단계에서 빛이 조사되면 배양이 완료되지 않은 병에서도 자실체가 발생할 수 있으므로 배양단계에서는 될 수 있는 대로 전등을 켜지 않는 것이 좋다.

04 버섯 균주의 계대배양에 의한 보존방법으로 틀린 것은?

① 온도는 일반적으로 4~6℃가 적당하다.
② 보존 장소의 상대습도를 50% 내외로 유지한다.
③ 냉암소에 보관한다.
④ 보존 중에는 균사의 생장이 가능한 억제되도록 한다.

해설
② 보존 장소의 상대습도는 70% 내외가 되게 유지한다.

05 주로 곡립종균을 사용하여 재배하는 버섯은?

① 표고
② 느타리
③ 양송이
④ 팽이버섯

해설
양송이 종균은 주로 밀을 배지로 하여 제조한 곡립종균을 사용한다.

06 먹물버섯의 생장에 가장 알맞은 산도(pH)는?

① pH 3
② pH 5
③ pH 7
④ pH 8

07 양송이버섯의 균류 분류학상 위치는?

① 담자균문

② 불완전균아문

③ 편모균아문

④ 자낭균문

> **해설**
> 양송이의 분류학적 위치
> 균계 > 담자균문 > 주름버섯목

08 건조한 고체종균에서 균사의 유전적 변이가 심하거나 배양기간이 길게 소요되는 접종원에 사용한다면 더욱 효과적인 종균은?

① 퇴비종균

② 액체종균

③ 곡립종균

④ 종목종균

> **해설**
> 균사체에 균일한 양분접촉이 가능하며, 부족하기 쉬운 산소농도를 높여줄 수 있어 유전적 변이가 심한 팽이버섯, 배양기간이 길게 소요되는 느타리버섯 등에 효과적이다.

09 양송이 곡립종균 제조 시 균덩이 형성 원인과 관계가 없는 것은?

① 배양실 온도가 높은 때

② 곡립배지의 산도가 높을 때

③ 흔들기를 자주하지 않을 때

④ 곡립배지의 수분함량이 낮을 때

> **해설**
> 곡립종균 제조 시 균덩이 형성 원인
> • 배양실 온도가 높은 때
> • 곡립배지의 산도가 높을 때
> • 흔들기 작업의 지연
> • 곡립배지의 수분함량이 높을 때
> • 원균 또는 접종원의 퇴화
> • 균덩이가 형성된 접종원 사용

10 표고의 균사 생장 최적온도로 가장 적절한 것은?

① 15℃ 내외

② 25℃ 내외

③ 35℃ 내외

④ 40℃ 이상

> **해설**
> 표고의 균사 생장 온도범위는 5~35℃이고, 적정온도는 24~27℃이다.

11 팽이버섯의 수확 후 관리 방법에 대한 설명으로 가장 적절하지 않은 것은?

① 골판지 상자를 이용하면 버섯의 습도를 유지하는 데 도움이 된다.

② 포장 전 버섯의 품온을 2~4℃로 낮추는 예랭 과정을 거친 후 포장하고 저장하는 과정이 필요하다.

③ 수확 즉시 포장 후 예랭을 할 경우에는 예랭 온도를 −1~−1.5℃로 설정하여 2일 정도 냉각한다.

④ 버섯건조 및 동해 방지를 위해 바람이 직접 닿지 않도록 피복처리 및 빙점 이하로 내려가지 않도록 온도를 관리한다.

> **해설**
> 팽이버섯의 예랭방법
> • 팽이버섯은 플라스틱 필름이나 용기 포장을 하게 되므로 포장 전 버섯의 품온을 2~4℃로 낮추는 예랭 과정을 거친 후 포장하고 저장하는 과정이 필요하다.
> • 수확 즉시 포장 후 예랭을 할 경우에는 포장내부 버섯의 품온을 1℃로 유지하기 위해 예랭 온도를 −1~−1.5℃로 설정하여 2일 정도 냉각한다. 이때 포장내부 버섯이 얼지 않도록 주의해야 한다.

12 느타리 원목재배 시 땅에 묻는 작업 중 묻는 장소의 선정으로 적합하지 않은 곳은?

① 수확이 편리한 곳

② 관수시설이 편리한 곳

③ 배수가 양호한 곳

④ 진흙이 많은 곳

[해설]

느타리 원목재배 시 매몰(땅에 묻는 작업)
- 배수(진흙이 적은 곳)·보수력이 양호하고 관수시설·수확이 편리한 곳에 한다.
- 길이의 80~90% 정도 매몰시키고, 땅 위에 2~3cm 가량 올라오게 한다.

13 톱밥종균 제조 순서로 옳은 것은?

① 재료준비 – 재료배합 – 접종 – 살균 – 배양

② 재료준비 – 재료배합 – 살균 – 접종 – 배양

③ 재료준비 – 재료배합 – 배양 – 접종 – 살균

④ 재료준비 – 재료배합 – 접종 – 배양 – 살균

[해설]

톱밥종균 제조 순서

재료준비 – 재료배합 – 입병 – 살균 – 냉각 – 접종 – 배양

14 팽이버섯 억제실의 최적온도와 최적습도 조건으로 가장 적합한 것은?

① 온도 : 20℃, 습도 : 65~70%

② 온도 : 10~12℃, 습도 : 70~75%

③ 온도 : 6~8℃, 습도 : 90~95%

④ 온도 : 3~4℃, 습도 : 80~85%

[해설]

팽이버섯 생육단계별 적정온도, 습도, 소요일수

구분	배양실	발이실	억제실	생육실
온도	16~24℃	12~15℃	3~4℃	6~8℃
습도	65~70%	90~95%	80~85%	70~75%
소요일수	20~25일	7~9일	12~15일	8~10일

15 우량 버섯종균 접종원의 선택조건으로 옳지 않은 것은?

① 버섯 특유의 냄새가 나는 것

② 종균에 줄무늬 또는 경계선이 없는 것

③ 종균의 상부에 버섯 자실체가 형성된 것

④ 품종 고유의 특징을 가진 단일색인 것

[해설]

③ 종균의 상부에 버섯 원기 또는 자실체가 형성된 것은 노화된 종균이다.

16 수입종자의 국내유통을 제한하는 경우가 아닌 것은?

① 수입된 종자의 증식이나 교잡에 의한 유전자 변형 등으로 인하여 농작물 생태계 등 기존의 국내 생태계를 심각하게 파괴할 우려가 있는 경우

② 수입된 종자의 재배로 인하여 특정 병해충이 확산될 우려가 있는 경우

③ 수입된 종자로부터 생산된 농산물의 특수성분으로 인하여 국민건강에 나쁜 영향을 미칠 우려가 있는 경우

④ 재래종 종자 또는 국내의 희소한 기본종자의 무분별한 수출 등으로 인하여 해외 유전자원보존에 심각한 지장을 초래할 우려가 있는 경우

[해설]

수출입 종자의 국내유통 제한(종자산업법 시행령 제16조 제1항)
종자의 수출·수입을 제한하거나 수입된 종자의 국내 유통을 제한할 수 있는 경우는 다음과 같다.
1. 수입된 종자에 유해한 잡초종자가 농림축산식품부장관이 정하여 고시하는 기준 이상으로 포함되어 있는 경우
2. 수입된 종자의 증식이나 교잡에 의한 유전자 변형 등으로 인하여 농작물 생태계 등 기존의 국내 생태계를 심각하게 파괴할 우려가 있는 경우
3. 수입된 종자의 재배로 인하여 특정 병해충이 확산될 우려가 있는 경우
4. 수입된 종자로부터 생산된 농산물의 특수성분으로 인하여 국민건강에 나쁜 영향을 미칠 우려가 있는 경우
5. 재래종 종자 또는 국내의 희소한 기본종자의 무분별한 수출 등으로 인하여 국내 유전자원(遺傳資源) 보존에 심각한 지장을 초래할 우려가 있는 경우

17 표고 균상재배 시 필요한 기자재가 아닌 것은?

① 톱밥제조기   ② 혼합기

③ 천공기   ④ 살균기

18 느타리버섯을 재배사에서 2열4단으로 작업할 때 균상의 단과 단사이 간격(cm)으로 적절한 것은?

① 80~90   ② 10~20

③ 50~60   ④ 30~40

> **해설**
> 느타리버섯을 재배사에서 2열 4단으로 작업할 때 균상의 단과 단 사이는 60cm가 적당하다.

19 재배하우스를 이용하여 표고를 원목재배하려 한다. 예정 재배사는 상대적으로 온도가 높은 지역이다. 어떤 형태의 재배사를 설치하는 것이 가장 효율적인가?

① 원목3형(단동형, 지붕2중구조, 외부고깔형)

② 원목2형(단동형, 전체2중구조)

③ 원목1형(단동형, 지붕2중구조)

④ 원목4형(단동형, 지붕2중구조)

> **해설**
> 상대적으로 온도가 높은 지역에서는 하우스 내부의 온도조절이 중요하다. 지붕이 2중구조인 경우 온도와 습도를 조절하기에 유리하고, 외부고깔형 구조는 통풍이 잘 되어 환기하기에 적합하다.

20 영지버섯 발생 및 생육 시 필요한 환경요인이 아닌 것은?

① 가습장치

② 환기장치

③ 광조사장치

④ 저온처리

> **해설**
> 영지버섯 발생 및 생육 시 필요한 환경요인 : 광조사, 고온처리, 환기, 가습

21 병재배 시 냉각실의 공기압 상태로 가장 적당한 것은?

① 양압   ② 음압

③ 감압   ④ 평압

> **해설**
> 냉각실은 오염 방지를 위해 양압상태를 유지해야 한다.

22 버섯의 생체저장법이 아닌 것은?

① 상온저장법

② 저온저장법

③ 가스저장법

④ PVC필름저장법

> **해설**
> 버섯의 생체저장법
> • 저온저장법
> • CA(Controlled Atmosphere)저장법
> • PVC필름저장법

23 양송이 복토에서 발생하는 병으로 버섯의 대와 갓의 구별이 없는 기형버섯이 되는 병은?

① 마이코곤병　　② 세균성 갈반병
③ 괴균병　　　　④ 푸른곰팡이병

해설

마이코곤병

• 주로 양송이에 발병하며, 기온이 높은 봄재배 후기와 가을재배 초기, 백색종을 재배할 때, 복토를 소독하지 않은 경우 피해가 심하다.
• 마이코곤병은 버섯의 갓과 줄기에 발생하며, 갈색물이 배출되면서 악취가 난다.
• 양송이 복토에서 발생하는 병으로 버섯의 대와 갓의 구별이 없는 기형버섯이 된다.

24 신령버섯 균사생장 시 간접광선의 영향으로 맞는 것은?

① 균사생장 시에는 어두운 상태에서 생장이 촉진된다.
② 균사생장 시 간접광선은 생장을 촉진하는 특성이 있다.
③ 균사생장 시에는 간접광선이 아무런 영향을 미치지 못한다.
④ 균사생장 시 어두운 상태와 밝은 상태가 교차되어야만 생장이 촉진된다.

해설

신령버섯은 광에 의해 균사생장이 촉진되는 특징을 갖고 있다.

25 생버섯의 저장에 알맞은 온도와 습도는?

① 온도 2~4℃, 상대습도 85~90%
② 온도 6~9℃, 상대습도 80~85%
③ 온도 12~15℃, 상대습도 90~95%
④ 온도 15~18℃, 상대습도 70~75%

해설

일반적으로 생버섯의 저장에 알맞은 온도는 2~4℃이며, 습도는 85~90%가 적절하다.

26 목이버섯 재배용 원목으로 가장 부적당한 수종은?

① 밤나무　　　　② 상수리나무
③ 오동나무　　　④ 오리나무

해설

재배용 원목으로 적당한 수종 : 참나무류(상수리, 굴참, 졸참, 물참, 떡갈, 신갈나무 등), 밤나무, 단풍나무 등

27 자연 생태계에서 버섯의 가치가 아닌 것은?

① 분해자, 재활용자, 협력자의 기능을 한다.
② 기생 생물로서 생태계 파괴자의 역할을 한다.
③ 모양, 생활 양식 등이 종류마다 차이가 나는 다양성의 가치를 가진다.
④ 식물, 동물, 세균 등과 같이 자연생태계의 구성원으로서 가치를 가진다.

28 노지에서 표고 종균을 원목에 접종하려 할 때 최적시기는?

① 1~2월　　　　② 3~4월
③ 5~6월　　　　④ 7~8월

해설

노지인 경우는 외부 기온이 어느 정도 올라가는 3월 중순 이후가 적당하며, 늦어도 4월 중순 이전에는 접종을 완료하여야 한다.

29 느타리 재배시설 중에서 공기여과장치가 필요 없는 곳은?

① 배양실
② 생육실
③ 냉각실
④ 종균접종실

> **해설**
> 생육실
> 냉·난방기, 가습기, 내부공기순환장치, 환기장치(급·배기), 온·습도센서, 제어장치 등이 설치되어야 한다.

30 양송이버섯 재배에 가장 알맞은 복토의 산도는?

① pH 8.5 정도
② pH 9.5 정도
③ pH 7.5 정도
④ pH 6.5 정도

> **해설**
> 양송이의 균사생장에 알맞은 복토의 산도는 pH 7.5 내외이다.

31 곡립종균 배양 시 유리수분 생성원인과 관계가 적은 것은?

① 배지수분 과다
② 배양기간 중 극심한 온도변화
③ 에어컨 또는 외부의 찬 공기 주입
④ 정온상태 유지

> **해설**
> 유리수분의 생성 원인
> • 곡립배지의 수분함량이 높을 때
> • 배양기간 중 변온이 심할 때
> • 에어컨 또는 외부의 찬 공기가 유입될 때
> • 장기간의 고온저장
> • 배양 후 저장실로 바로 옮길 때

32 외국에서 종균을 처음 수입하여 농가에 공급하고자 할 때 어떻게 해야 하는가?

① 국립종자원에 신고 후 공급한다
② 수입적응성시험을 통과 후 공급한다.
③ 외국에서 수입할 때 제약이 없다.
④ 조달청에 신고 후 공급한다.

> **해설**
> 수입적응성시험(종자산업법 제41조 제1항)
> 농림축산식품부장관이 정하여 고시하는 작물의 종자로서 국내에 처음으로 수입되는 품종의 종자를 판매하거나 보급하기 위하여 수입하려는 자는 그 품종의 종자에 대하여 농림축산식품부장관이 실시하는 수입적응성시험을 받아야 한다.
> ※ 수입적응성시험의 대상작물 및 실시기관 – 버섯(종자관리요강 [별표 11])
> • 한국종균생산협회 : 양송이, 느타리, 영지, 팽이, 잎새, 버들송이, 만가닥버섯, 상황버섯
> • 국립산림품종관리센터 : 표고, 목이, 복령

33 양송이 종균의 배양과정 중 오염이 되는 주요 원인이 아닌 것은?

① 살균이 잘못된 경우
② 오염된 접종원 사용
③ 배양 중 온도변화가 없는 경우
④ 흔들기 작업 중 마개의 밀착 이상

> **해설**
> 종균의 배양과정 중 잡균이 발생하는 원인
> • 살균이 잘못되었을 때
> • 오염된 접종원의 사용
> • 배양실의 온도변화가 심할 때
> • 배양 중 솜마개로부터 오염
> • 접종 중 무균실에서의 오염
> • 배양실 및 무균실의 습도가 높을 때

34 유리기구를 살균하는 방법으로 가장 효과적인 것은?

① 건열살균 ② 고압증기살균

③ 자외선살균 ④ 여과

해설
건열살균은 초자(유리)기구, 금속기구 등 습열로 살균할 수 없는 재료를 살균한다.

35 느타리버섯 재배 시 발생하는 푸른곰팡이병의 방제 약제는?

① 클로르피리포스 유제(더스반)

② 빈크로졸린 입상수화제(놀란)

③ 농용신 수화제(부라마이신)

④ 베노밀 수화제(벤레이트)

해설
느타리버섯의 푸른곰팡이병 방제를 위해서 벤레이트(베노밀 수화제)판마시, 스포르곤 등을 사용한다.

36 종자산업법에서 버섯의 종균에 대한 보증 유효기간은?

① 1개월 ② 2개월

③ 6개월 ④ 12개월

해설
보증의 유효기간(종자산업법 시행규칙 제21조)
작물별 보증의 유효기간은 다음과 같고, 그 기산일(起算日)은 각 보증종자를 포장(包裝)한 날로 한다.
• 채소 : 2년
• 버섯 : 1개월
• 감자, 고구마 : 2개월
• 맥류, 콩 : 6개월
• 그 밖의 작물 : 1년

37 버섯균주의 보존방법으로 2년 이상 장기간 보존이 가능하며, 난균류 보존에 많이 활용하는 현탁보존법에 해당하는 것은?

① 물보존법

② 계대배양보존법

③ 동결건조보존법

④ 액체질소보존법

해설
물보존법(Water Storage)
먼저 증류수병에 증류수를 담고 멸균한 후에 한천 생육배지에 충분히 배양된 균사체와 한천배지를 적당한 크기로 절단하여 증류수병에 담근다. 물보존법은 광유보존에 비하여 물의 증발 가능성이 높고 보존기간이 짧기 때문에 Phytophthora속과 Pythium속과 같은 난균문(Oomycota)의 일부 곰팡이에 많이 활용하여 사용되며, 많은 균류가 이 방법으로 5~7년간 생존한다.

38 팽나무버섯의 균주보존에 가장 적합한 온도는?

① 약 4℃ ② 약 10℃

③ 약 15℃ ④ 약 20℃

해설
팽나무버섯의 균주는 4℃ 범위의 냉장고에 보관되어야 하며, 빛에 노출되지 않는 것이 좋다.

39 버섯 재배과정에서 피해를 주는 해충으로 거미강에 속하며 환경조건에 적응하는 힘이 매우 강한 것은?

① 버섯파리 ② 응애

③ 민달팽이 ④ 선충

해설
응애는 분류학상 거미강의 응애목에 속하며, 번식력이 매우 빠르고 지구상 어디에나 광범위하게 분포되어 있다.

40 느타리의 재배사 내의 이산화탄소 농도의 범위로 가장 적합한 것은?

① 500ppm 이하

② 500~1,000ppm

③ 1,000~1,500ppm

④ 2,000ppm 이상

41 균근성 버섯이 아닌 것은?

① 송이

② 싸리버섯

③ 풀버섯

④ 능이

해설
균근성 버섯 : 송이, 능이, 덩이버섯, 싸리버섯 등

42 식용버섯 신품종육성방법 중 돌연변이 유발방법으로 거리가 먼 것은?

① α, β, γ선의 방사선 조사

② 우라늄, 라듐 등의 방사성 동위원소 이용

③ 초음파, 온도 처리 등의 물리적 자극

④ 자실체로부터 조직 분리 또는 포자 발아

해설
④ 조직 분리 또는 포자 발아는 균사를 배양 및 이식하는 방법이다.
※ 버섯 돌연변이육종법은 방사선, 방사능물질, 화학약품 등으로 인위적인 유전자의 변화를 유발하여 목적에 부합되는 균주를 육성하는 것이다.

43 버섯 원균의 액체질소보존법에 대한 설명으로 옳은 것은?

① −20℃에서 보존하는 방법이다.

② −196℃에서 장기간 보존할 수 있는 방법이다.

③ 보호제로 10% 젤라틴을 사용한다.

④ 보존방법 중에서 가장 저렴하다.

해설
버섯 원균의 장기저장 시 글리세롤(Glycerol)을 첨가하여 액체질소보존법(−196℃)으로 균주를 보존하는 것이 좋다.

44 우리나라에서 주로 재배되는 양송이 품종의 색상별 분류로 거리가 먼 것은?

① 백색종

② 회색종

③ 갈색종

④ 크림종

해설
양송이 품종의 색상별 분류 : 백색종, 갈색종, 크림종

45 팽이버섯 배양기간을 단축할 수 있어서 많이 사용하는 종균의 종류는?

① 액체종균　　　　② 톱밥종균

③ 곡립종균　　　　④ 성형종균

해설
액체종균의 가장 큰 장점은 배양기간이 단축된다는 것이다.

46 표고 종균의 접종요령으로 부적당한 것은?

① 종균은 입수하는 즉시 접종한다.

② 접종할 때는 나무그늘이나 실내에서 한다.

③ 접종구멍 속에 종균을 덩어리로 떼어 넣는다.

④ 종균이 부족하면 약간씩만 접종한다.

47 팽이버섯의 재배과정 중 온도를 가장 낮게 유지하는 시기는?

① 균배양 시

② 발이 유기 시

③ 억제작업 시

④ 자실체 생육 시

해설

팽이버섯 생육단계별 적정온도, 습도, 소요일수

구분	배양실	발이실	억제실	생육실
온도	16~24℃	12~15℃	3~4℃	6~8℃
습도	65~70%	90~95%	80~85%	70~75%
소요일수	20~25일	7~9일	12~15일	8~10일

48 퇴비추출한천배지(CDA)의 알맞은 살균방법은?

① 건열살균 ② 고압살균

③ 자외선살균 ④ 상압살균

해설

② 고압살균 : 고체배지, 액체배지, 작업기구 등의 살균

① 건열살균 : 유리로 만든 초자기구나 금속기구의 살균

③ 자외선살균 : 무균상, 무균실의 살균

④ 상압살균 : 버섯 톱밥배지, 볏짚배지, 솜(폐면) 등의 살균

49 병재배에 있어 탄산칼슘과 같이 미량원소를 배지 전체에 균일하게 혼합되도록 첨가하는 방법으로 가장 적합한 것은?

① 배지재료를 계량하여 한 번에 모두 넣고 잘 혼합한다.

② 배지재료를 계량하여 넣어가면서 물과 함께 혼합한다.

③ 톱밥에 미강을 넣고 수분조절 후 탄산칼슘을 첨가한다.

④ 미강에 탄산칼슘을 먼저 첨가하여 혼합한 후 톱밥에 미강을 넣는다.

해설

탄산칼슘을 첨가할 때는 배지 전체에 균일하게 혼합되도록 하기 위하여 미강에 탄산칼슘을 먼저 첨가하여 균일하게 혼합한 다음 톱밥에 미강을 첨가한다.

50 액체종균 제조에 대한 설명으로 옳지 않은 것은?

① 감자추출배지나 대두박배지를 주로 사용한다.

② 배지에 공기를 넣지 않는 경우 산도를 조정하지 않는다.

③ 느타리 및 새송이는 살균 전 배지를 pH 5.5~6.0으로 조정한다.

④ 압축공기를 이용한 통기식 액체배양에서는 거품 생성 방지를 위하여 안티폼을 첨가한다.

해설

감자추출배지의 pH는 일반적으로 6.0~6.5 정도로 팽이버섯, 버들송이, 만가닥버섯의 경우 산도조정이 요구되지 않는다. 하지만 느타리, 큰느타리(새송이)는 감자추출배지의 pH를 4.0~4.5로 조정하여야 통기식 액체배양에서 균사생장량이 많아진다.

51 표고 자목으로 가장 적합한 것은?

① 변재부가 많은 것
② 심재부가 많은 것
③ 다른 균사가 자란 자목
④ 나무껍질(木質皮)이 벗겨진 것

표고
- 표고 자목은 변재부가 많은 것이 좋다(표고균은 변재부의 영양을 흡수·이용).
- 표고 자목으로 사용하기에 적합한 것은 20년생 상수리나무이다.
- 표고재배 원목으로 적당한 수종 : 굴참나무, 졸참나무, 상수리나무 등
- 표고재배용 참나무 원목의 벌채시기 : 10월 말~2월 초
- 표고는 골목의 껍질(수피)이 없으면 버섯이 발생되지 않으므로 껍질이 벗겨지지 않는 시기, 즉 수액의 이동이 정지된 시기에 벌채를 한다.

52 느타리버섯 자실체의 조직분리 시 가장 좋은 부위는?

① 대와 갓의 접합 부위
② 대와 턱받이의 접합 부위
③ 갓 하면의 주름살 부위
④ 대와 균사의 접합 부위

53 종균 생산업자가 법령 위반 시 종자업 등록취소 등의 행정처분을 하는 대상은?

① 국립종자원장
② 산림청장
③ 농림축산식품부장관
④ 시장·군수·구청장

종자업 등록의 취소 등(종자산업법 제39조 제1항)
시장·군수·구청장은 종자업자가 다음의 어느 하나에 해당하는 경우에는 종자업 등록을 취소하거나 6개월 이내의 기간을 정하여 영업의 전부 또는 일부의 정지를 명할 수 있다. 다만, 제1호에 해당하는 경우에는 그 등록을 취소하여야 한다.

54 버섯 수확 후 저장과정에서 산소와 이산화탄소 영향에 대한 설명으로 옳지 않은 것은?

① 버섯 저장 시에는 산소 농도 1% 이하에서만 효과가 있다.
② 산소의 농도가 2~10%인 경우는 버섯 갓과 대의 성장을 촉진시킨다.
③ 이산화탄소 농도가 5% 이상인 경우는 버섯 갓의 성장을 촉진시킨다.
④ 이산화탄소의 농도가 10% 이상인 경우는 버섯 대의 성장을 지연시킨다.

③ 갓은 5% 이상의 이산화탄소 농도에서 펴지는 것이 지연되는 경향이 있다.

55 양송이 퇴비배지 제조 시 가퇴적의 목적과 거리가 먼 것은?

① 퇴적노임 절감
② 볏짚재료의 균일화
③ 볏짚의 수분흡수 촉진
④ 퇴비의 발효촉진

56 2~3주기 양송이 수확 시 적당한 재배사의 온도는?

① 30℃
② 25℃
③ 20℃
④ 15℃

해설
1주기에는 재배사의 온도를 16~17℃로 약간 높게 유지하여주는 것이 좋고 2~3주기는 버섯의 생장속도가 빠르고 품질이 저하되기 쉬우므로 1주기보다 재배사 온도를 낮추어 15~16℃ 정도로 유지하면 품질의 향상에 유리하다.

57 양송이 수확 후 상온저장 시 나타나는 변화로 옳지 않은 것은?

① 호흡속도 증가
② 저장양분 축적
③ 갈색으로 변화
④ 경도 감소

해설
수확 후 상온에 노출되면 시간이 지날수록 양송이의 저장양분이 소실되어 신선도와 맛이 떨어진다.

58 배지의 살균시간을 결정하는 요인이 아닌 것은?

① 용기의 크기 및 종류
② 수증기의 온도
③ 배지의 수분함량
④ 산도 수치

해설
종균용 배지의 살균시간을 결정할 때 고려할 사항
• 초기 온도
• 종균 병(용기)의 크기 및 종류
• 배지의 수분함량 및 밀도
• 살균기의 크기나 형태
• 수증기의 온도와 압력

59 곡립배지에 대한 설명으로 옳지 않은 것은?

① 찰기가 적은 것이 좋다.
② 밀, 수수, 벼를 주로 사용한다.
③ 주로 양송이 재배 시 사용한다.
④ 배지제조 시 너무 오래 물에 끓이면 좋지 않다.

해설
② 곡립배지 재료로 밀, 수수, 호밀 등을 사용한다.

60 느타리버섯 톱밥종균 제조 시 알맞은 배지혼합비율은?

① 톱밥 80% + 미강 20%
② 톱밥 60% + 미강 40%
③ 톱밥 50% + 밀기울 50%
④ 톱밥 60% + 밀기울 40%

정답 55 ① 56 ④ 57 ② 58 ④ 59 ② 60 ①

01 버섯의 생활사 중 이배체핵(2n, Diploid)을 형성하는 시기는?

① 단핵균사체
② 이핵균사체
③ 담자기
④ 담자포자

해설
이배체핵(2n, Diploid)을 형성하는 시기는 담자기이다.

02 톱밥배지의 상압살균온도로 가장 적합한 것은?

① 약 60℃
② 약 100℃
③ 약 121℃
④ 약 150℃

해설
톱밥배지의 상압살균
• 상압 살균솥을 이용한다.
• 증기에 의한 살균방법이다.
• 100℃ 내외를 기준으로 한다.
• 온도 상승 후 약 5~6시간을 표준으로 한다.

03 솜마개 사용요령으로 가장 옳지 않은 것은?

① 길게 하여 깊이 틀어막는다.
② 표면이 둥글게 한다.
③ 빠지지 않게 단단히 한다.
④ 좋은 솜을 사용한다.

해설
솜마개를 길게 하여 깊이 틀어막는 것은 올바른 방법이 아니다.

04 버섯균사 배양 시 사용되는 기기 중 화염살균을 하는 것은?

① 피펫
② 진탕기
③ 워링블렌더
④ 백금이

해설
화염살균(Flaming)
클린벤치 내에서 백금구, 백금선, 백금이, 핀셋, 메스, 접종스푼, 유리도말봉, 시험관, 삼각플라스크 등의 금속 또는 내열성 유리로 된 작은 실험기구들을 알코올램프나 가스램프를 이용하여 살균하는 방법이다.

05 버섯 발생 시 광도(조도)의 영향이 가장 적은 버섯은?

① 표고
② 느타리버섯
③ 양송이
④ 영지버섯

해설
양송이는 버섯 발생 시 광도의 영향이 가장 적다.

06 종균 배양시설 중 접종실에 꼭 있어야 될 것은?

① 현미경
② 배지 주입기
③ 살균기
④ 무균실

07 느타리 원균은 일반적으로 무슨 배지에서 배양하는가?

① 맥아배지
② 버섯최소배지
③ 감자배지
④ 하마다배지

해설
느타리의 원균 증식배지로는 감자배지가 가장 적당하다.

08 포자 분리방법에서 낙하시킨 포자의 단기간 냉장고 보관온도는?

① 1~5℃ 정도
② 10~15℃ 정도
③ 15~20℃ 정도
④ 25℃ 이상

해설
포자 분리방법에서 낙하시킨 포자는 약 4℃ 냉장고에 보관한다.

09 느타리버섯의 균사가 고온장애로 생장이 중지되는 온도는?

① 26℃   ② 30℃
③ 36℃   ④ 45℃

해설
느타리의 균사는 36℃ 이상이 되면 고온장애로 인하여 생장이 중지된다.

10 양송이균의 생활사로 옳은 것은?

① 포자 – 1차 균사 – 2차 균사 – 담자기 – 자실체
② 포자 – 자실체 – 1차 균사 – 2차 균사 – 담자기
③ 포자 – 1차 균사 – 2차 균사 – 자실체 – 담자기
④ 포자 – 1차 균사 – 자실체 – 2차 균사 – 담자기

해설
자웅동주성인 양송이, 풀버섯의 생활사
포자 – 1차 균사 – 2차 균사 – 자실체 – 담자기

11 종균접종실 및 시험기구에 사용하는 소독약제인 알코올의 농도로 가장 적절한 것은?

① 60%   ② 70%
③ 80%   ④ 90%

해설
소독약제는 70% 알코올을 사용한다.

12 느타리버섯 병재배 시설에 필요 없는 것은?

① 배양실
② 배지냉각실
③ 생육실
④ 억제실

해설
④ 억제실은 팽이버섯 재배시설에 필요하다.
느타리버섯 병재배 시설에 필요한 시설 : 배양실, 배지냉각실, 생육실 등

13 양송이나 느타리버섯 재배 시 재배사 내에 탄산가스가 축적되는 주원인은?

① 복토에서 발생
② 퇴비에서 발생
③ 외부공기로부터 혼입
④ 농약 살포로 발생

14 표고 원목재배 시 눕히기의 설명으로 틀린 것은?

① 골목의 간격은 6~9cm로 한다.
② 각 단은 5본 정도로 한다.
③ 바깥쪽은 가는 것, 가운데는 굵은 것으로 한다.
④ 전체 높이를 60~90cm로 한다.

15 버섯균주를 장기보존하기 위해서 사용하는 보조제는?

① 탄산가스
② 산소
③ 알콜
④ 글리세린

16 종균 배양 중 균사 생장이 부진한 원인이 아닌 것은?

① 온도가 낮은 배지에 접종원을 접종할 때
② 퇴화된 접종원을 사용할 때
③ 배지의 산도가 너무 낮을 때
④ 배양실의 온도가 너무 낮을 때

17 다음 중 노루궁뎅이버섯 종균을 배양하기 위한 배지 재료로 가장 부적합한 수종은?

① 졸참나무
② 밤나무
③ 오리나무
④ 버드나무

18 주로 양송이를 재배할 때 사용되는 종균은?

① 곡립종균
② 톱밥종균
③ 퇴비종균
④ 종목종균

19 인공재배가 가능한 약용버섯인 불로초, 목질진흙버섯은 분류학상 어떤 분류군으로 분류되는가?

① 민주름버섯목

② 주름버섯목

③ 덩이버섯목

④ 목이목

해설
불로초(영지), 목질진흙버섯(상황), 구름버섯은 민주름버섯목으로 분류된다.

20 감자추출배지 1L에 들어가는 감자의 일반적인 양은?

① 약 100g ② 약 200g

③ 약 300g ④ 약 400g

해설
감자추출배지(PDA)
물 1L에 감자 200g, 한천 20g, 포도당 20g을 넣는다.

21 다음 중 종균 제조용 곡립으로 부적당한 것은?

① 벌레가 먹지 않은 것

② 찰기가 많은 것

③ 잘 영근 것

④ 변질되지 않은 것

해설
② 찰기가 적은 것이 좋다.

22 유성생식과정에서 두 개의 반수체 핵이 핵융합을 하여 형성하는 것은?

① 반수체 ② 2핵체

③ 4핵체 ④ 2배체

해설
유성생식과정에서 두 개의 반수체(n) 핵이 핵융합(2n)을 하여 2배체를 형성한다.

23 버섯의 담자포자가 생기는 부분은?

① 갓 ② 균사

③ 대 ④ 대주머니

해설
버섯의 유성생식으로 형성되는 포자는 담자포자이며, 담자포자가 생기는 부분은 갓이다.

24 버섯균주를 4℃에 보존하려면 배지에 균사가 몇 % 정도 생장한 것이 좋은가?

① 10% ② 40%

③ 70% ④ 100%

해설
버섯균주를 4℃에 보존하려면 배지에 균사가 70% 정도 생장한 것이 좋다.

25 곡립종균 배양 시 균덩이의 형성원인이 아닌 것은?

① 흔들기 작업의 지연
② 원균 또는 접종원의 퇴화
③ 곡립배지의 산도가 높을 때
④ 곡립배지의 수분함량이 적을 때

해설
곡립종균 제조 시 균덩이 형성원인
• 배양실 온도가 높을 때
• 곡립배지의 산도가 높을 때
• 흔들기 작업의 지연
• 곡립배지의 수분함량이 높을 때
• 원균 또는 접종원의 퇴화
• 균덩이가 형성된 접종원 사용

26 버섯의 2핵 균사에 꺽쇠(clamp connection)가 관찰되지 않는 것은?

① 느타리버섯   ② 표고버섯
③ 양송이   ④ 팽이버섯

해설
양송이와 신령버섯은 담자균류의 일반적인 특성과는 달리 꺽쇠(클램프, 협구)연결체가 생기지 않는다.

27 곡립종균 배지 살균시간 결정에 관계가 없는 것은?

① 보일러 재질
② 종균 병의 크기
③ 배지의 수분함량
④ 살균기의 크기

해설
종균용 배지의 살균시간을 결정할 때 고려할 사항
• 초기 온도
• 종균 병(용기)의 크기 및 종류
• 배지의 수분함량 및 밀도
• 살균기의 크기나 형태
• 수증기의 온도와 압력

28 표고 원목재배 시 많이 발생하는 해균이 아닌 것은?

① 트리코더마균류
② 꽃구름버섯균
③ 검은혹버섯균
④ 마이코곤병균

해설
마이코곤병
주로 양송이에 발병하며, 기온이 높은 봄재배 후기와 가을재배 초기, 백색종을 재배할 때, 복토를 소독하지 않은 경우 피해가 심하다.
① 트리코더마균 : 표고해균 중 발생빈도가 가장 높고 심한 피해를 준다.
② 꽃구름버섯균 : 표고 원목 등에 겹쳐 군생하고 나무를 썩히는 목재부후균으로 백색부후를 일으킨다.
③ 검은혹버섯균 : 표고버섯의 골목관리 시 직사광선에 의한 온도 상승으로 발생하기 쉬운 해균이다.

29 우리나라에서 주로 재배되는 양송이 품종의 색상별 분류로 거리가 먼 것은?

① 백색종   ② 회색종
③ 갈색종   ④ 크림종

해설
양송이 품종의 색상별 분류 : 백색종, 갈색종, 크림종

30 양송이 종균 제조 시 배지 재료의 배합이 알맞은 것은?

① 밀, 탄산칼슘, 설탕
② 밀, 미강, 석고
③ 밀, 미강, 탄산칼슘
④ 밀, 탄산칼슘, 석고

해설
양송이 종균의 배지 재료 조합은 밀, 탄산칼슘, 석고이다.

31 표고버섯 재배용 배지 제조 시 균사 생장에 가장 알맞은 톱밥배지의 수분함량은?

① 20~25%

② 40~45%

③ 60~65%

④ 80~85%

해설

표고버섯 재배용 톱밥배지의 적정수분함량은 60~65%가 적합하다.

32 버섯의 품종 육종에 이용하는 방법 아닌 것은?

① 분리육종

② 교잡육종

③ 배수체육종

④ 돌연변이육종

해설

버섯의 육종 방법 : 도입육종법, 분리육종법(순계분리법, 포자분리법, 조직분리법), 교잡육종법, 유전공학(원형질체융합, 형질전환), 돌연변이육종법(방사선, 자외선 등), 잡종강세육종법 등

33 식용버섯의 원균 보존방법으로 적합하지 않은 것은?

① 유동파라핀봉입법

② 동결건조법

③ 진공냉동건조법

④ 상온장기저장법

해설

상온에서 장기간 저장하면 쉽게 부패한다.

34 표고의 자실체 발육에 가장 적합한 공중습도는?

① 15~30%

② 40~60%

③ 70~90%

④ 100% 이상

해설

표고의 자실체 발육에 가장 적합한 공중습도는 80~90%이다.

35 양송이 종균의 배양과정 중 오염이 되는 주요 원인이 아닌 것은?

① 살균이 잘못된 경우

② 오염된 접종원 사용

③ 배양 중 온도 변화가 없는 경우

④ 흔들기 작업 중 마개의 밀착 이상

36 다음 중 버섯의 모양이 다른 3종과 다른 것은?

① 송이버섯

② 양송이

③ 싸리버섯

④ 표고

해설

싸리버섯은 산호모양을 하고 있으며, 나머지는 자실체에 주름살이 있는 형태를 하고 있다.

정답 31 ③ 32 ③ 33 ④ 34 ③ 35 ③ 36 ③

37 양송이버섯 재배에 가장 알맞은 복토의 산도는?

① pH 8.5 정도   ② pH 9.5 정도
③ pH 7.5 정도   ④ pH 6.5 정도

해설
양송이의 균사생장에 알맞은 복토의 산도는 pH 7.5 내외이다.

38 골목 균사로부터 균사의 분리배양이 되지 않는 버섯은?

① 표고   ② 느타리
③ 팽이   ④ 송이

해설
송이의 생장 및 배양
• 꺽쇠연결체가 없다.
• 골목 균사로부터 균사의 분리배양이 되지 않는다(하마다배지를 이용한다).
• 송이버섯과 같은 균근성 버섯은 살아 있는 나무와 활물공생을 하여 인공재배기술 경비가 송이버섯 가격보다 더 많아 경제성이 낮다.

39 털목이버섯 톱밥배지 제조 시 알맞은 미강의 첨가량은?

① 0%   ② 15%
③ 30%   ④ 60%

해설
톱밥 배지재료 배합 시 첨가되는 미강의 양은 표고 20%, 털목이버섯 15~20%가 적당하다.

40 느타리버섯 재배 시 환기불량의 증상이 아닌 것은?

① 대가 길어진다.
② 갓이 발달되지 않는다.
③ 수확이 지연된다.
④ 갓이 잉크색으로 변한다.

해설
느타리 재배 시 환기가 불량하면 대가 길어지고 갓이 발달하지 않으며, 수확이 지연된다.

41 버섯의 돌연변이 균주를 찾기 위하여 사용하는 배지 종류로 가장 적합한 것은?

① 버섯최소배지   ② 퇴비추출배지
③ 하마다배지   ④ 맥아배지

해설
배지의 종류
• 버섯원균(느타리, 표고 등)의 증식용 : PDA배지[감자추출배지 – 감자(Potato), 포도당(Dextrose), 한천(Agar)]
• 양송이버섯의 원균 증식용 : 퇴비추출배지 목질열대구멍버섯, 뽕나무버섯의 증식용 : 효모맥아추출배지
• 포자발아용 : 증류수한천배지
• 돌연변이균주용 : 버섯최소배지

42 우량 접종원의 특징으로 옳은 것은?

① 종균병 안쪽에 다양한 색을 띠는 것
② 종균의 상부에 버섯 자실체가 형성되는 것
③ 종균의 줄무늬 또는 경계선 형성이 없는 것
④ 균사 색택이 엷고 마개를 열면 술 냄새가 나는 것

해설
우량 접종원의 특징
• 버섯 특유의 냄새가 나는 것
• 품종 고유의 특징을 가진 단일색인 것
• 종균에 줄무늬 또는 경계선이 없는 것
• 종균의 상부에 버섯 자실체가 형성되지 않은 것

37 ③   38 ④   39 ②   40 ④   41 ①   42 ③   **정답**

43 천마에 대한 설명으로 옳지 않은 것은?

① 난(蘭)과에 속하는 일년생 식물이다.

② 지하부의 구근은 고구마처럼 형성된다.

③ 뽕나무버섯균과 서로 공생하여 생육이 가능하다.

④ 지상부 줄기 색깔에 따라 홍천마, 청천마, 녹천마 등으로 구별한다.

해설
천마는 난과에 속하는 다년생 고등식물이지만, 엽록소가 없어 탄소 동화능력이 없다. 따라서 독립적으로 생장하지 못하고, 균류와 공생관계를 유지하면서 생존한다.

44 느타리버섯 종균을 접종하고자 한다. 탈병시기로 가장 알맞은 것은?

① 종균재식 1일 전

② 종균재식 당일

③ 종균재식 7일 전에 하여 저장

④ 관계없음

해설
느타리 종균을 접종할 때는 종균재식 당일에 종균을 탈병해야 한다.

45 버섯 병의 발생 및 전염경로에 대한 설명으로 적합하지 않은 것은?

① 병 발생은 버섯과 병원체가 접촉하지 않고 상호작용을 하지 않을 때 발병이 가능하다.

② 병의 발병을 위해서는 적당한 환경조건이 필요하다.

③ 병원성 세균은 물에 의해서 쉽게 전파되고, 곤충 또는 도구에 의해서도 감염된다.

④ 병원성 진균의 포자는 공기 또는 매개체에 의해서 전파된다.

해설
병 발생은 버섯과 병원체의 상호작용이 있을 때 발병이 가능하다.

46 표고 원목재배 시 본 눕혀두기 작업에 대한 틀린 것은?

① 뒤집기 작업이 필요 없다.

② 보온・보습이 잘되게 관리한다.

③ 본 눕혀두기 방법은 임시 눕혀두기와 같이 하거나 베갯목 쌓기를 한다.

④ 직사광선을 막아주고 광도가 2,000~3,000lux 인 곳이 눕히는 장소로 적합하다.

해설
표고버섯 골목의 본 눕혀두기 장소로 적당한 곳
• 배수와 통풍(미풍이 부는 곳)이 잘되는 곳
• 동향 또는 남향의 양지바른 곳
• 10~15°의 완경사지(산중턱 이하의 낮은 경사지)
• 공기 중의 습도는 70~80%를 유지할 수 있는 곳
• 90~95% 정도의 차광망 사용이 가능한 곳(광도가 2,000~3,000lux인 곳)
• 직사광선을 막아주고 산란광이 가능한 곳
• 자연림, 혼효림이 좋음(음습한 곳이나 북서향은 좋지 않음)

47 팽이버섯 자실체 생육 시 재배사 내의 밝기에 대한 설명 중 가장 적합한 것은?

① 광선이 필요하지 않으므로 어두운 상태도 된다.
② 광선이 반드시 필요하므로 짧은 시간에 500lx의 직사광선을 비춘다.
③ 많은 양의 광선이 필요하므로 1,000lx 이상으로 밝아야 한다.
④ 낮에는 자연 복사광선만 있으면 된다.

해설
팽이버섯 자실체 생육 시 재배사 내의 밝기
광선이 필요하지 않으므로 어두운 상태도 된다. 단, 팽이버섯의 발이를 억제할 경우 광선이 필요하다.

48 다음 중 느타리버섯 재배 시 관수량을 가장 많이 해야 할 시기는?

① 갓 직경 2mm
② 갓 직경 10mm
③ 갓 직경 20mm
④ 갓 직경 40mm

해설
느타리버섯 재배 시 갓의 직경이 40mm일 때 관수량이 가장 많이 필요하다.

49 느타리버섯 재배사와 양송이 재배사 시설의 차이점은?

① 재배사의 벽과 천장
② 균상시설
③ 채광시설
④ 환기시설

해설
양송이 재배사에는 채광시설이 필요 없다.

50 종균의 저장온도가 가장 높은 버섯은?

① 팽이버섯
② 영지
③ 표고
④ 양송이

해설
주요 버섯종균의 저장온도

구분	저장온도
팽이버섯, 맛버섯	1~5℃
양송이버섯, 느타리버섯, 표고, 잎새버섯, 만가닥버섯	5~10℃
털목이버섯, 뽕나무버섯, 영지버섯	10℃

51 팽이버섯의 재배과정 중 온도를 가장 낮게 유지하는 시기는?

① 균배양 시
② 발이 유기 시
③ 억제작업 시
④ 자실체 생육 시

해설
팽이버섯 생육단계별 적정온도, 습도, 소요일수

구분	배양실	발이실	억제실	생육실
온도	16~24℃	12~15℃	3~4℃	6~8℃
습도	65~70%	90~95%	80~85%	70~75%
소요일수	20~25일	7~9일	12~15일	8~10일

52 표고의 불량 종균에 대한 설명으로 틀린 것은?

① 종균 표면에 푸른색이 보이는 것

② 종균병 속에 갈색 물이 고인 것

③ 종균병 속의 표면이 흰색으로 만연된 것

④ 종균 표면에 붉은색을 보이는 것

해설

오염된 종균의 특징
· 종균 표면에 푸른색 또는 붉은색이 보인다.
· 균사의 색택이 연하다.
· 마개를 열면 쉰 듯한 술 냄새, 구린 냄새가 난다.
· 배지의 표면 균사가 황갈색으로 굳어 있다.
· 병 바닥에 노란색, 붉은색 등의 유리수분이 고여있다.
· 진한 균덩이가 있다.
· 균사의 발육이 부진하다.

53 느타리버섯의 균사 생장에 알맞은 온도는?

① 5℃   ② 15℃

③ 25℃   ④ 35℃

해설

양송이 및 느타리버섯 균사의 배양 적온은 25℃ 전후이다.

54 표고의 균사 생장 최적온도로 가장 적절한 것은?

① 15℃ 내외

② 25℃ 내외

③ 35℃ 내외

④ 40℃ 이상

해설

표고의 균사 생장 온도범위는 5~35℃이고, 적정온도는 24~27℃이다.

55 재배중인 버섯종균에 분쟁이 발생한 경우 피해자는 어느 기관에 시험분석을 신청해야 하는가?

① 시장·군수·구청장

② 농림축산식품부장관

③ 한국종균생산협회장

④ 국립종자원장

해설

분쟁대상 종자 및 묘의 시험·분석 등(종자산업법 제47조 제1항)
종자 또는 묘에 관하여 분쟁이 발생한 경우에는 그 분쟁 당사자는 농림축산식품부장관에게 해당 분쟁대상 종자 또는 묘에 대하여 필요한 시험·분석을 신청할 수 있다.

56 느타리버섯 재배 시 볏짚단의 야외발효에 관한 설명으로 옳은 것은?

① 고온, 혐기성 발효가 되도록 한다.

② 볏짚이 충분히 부숙되도록 발효시킨다.

③ 발효가 진행될수록 볏짚더미를 크게 쌓는다.

④ 볏짚더미의 상부가 60℃일 때 뒤집기를 한다.

해설

느타리버섯 재배 시 볏짚단의 야외발효
· 볏짚단 퇴적 시 외기온도는 15℃ 이상에서 150cm 정도의 높이로 쌓아야 한다.
· 고온, 호기성 발효가 되도록 한다.
· 볏짚더미의 상부가 60℃일 때 뒤집기를 한다.

57 표고 종균을 접종하는 당년에 골목에 산란을 하며, 유충이 골목을 가해하는 해충은?

① 나무좀 ② 딱정벌레
③ 털두꺼비하늘소 ④ 표고나방

> 해설
>
> 털두꺼비하늘소
> • 표고 종균을 접종하는 당년의 골목에 산란을 하며, 유충이 골목을 가해하는 해충이다.
> • 흑색이며, 앞날개의 위쪽에 흑갈색의 장모가 밀생한 돌기가 있다.
> • 유충이 목질부를 가해한다.
> • 톱밥 배설물을 원목 밖으로 배출한다.
> • 성충은 4~5월경에 발생한다.

59 수화제 농약을 1,000배로 희석하여 살포할 때 물 20L에 들어가는 농약의 양은?

① 20g ② 10g
③ 2g ④ 1g

> 해설
>
> 1,000배액의 살균제를 조제할 때 물 1L에 살균제 1g을 희석해야 한다. 따라서 20L에는 20g이 필요하다.

58 느타리버섯파리 중 유충의 크기가 가장 크며, 유충이 균상 표면과 어린 버섯에 거미줄과 같은 실을 분비하여 집을 짓고 가해하는 것은?

① 세시드 ② 포리드
③ 시아리드 ④ 마이세토필

> 해설
>
> 마이세토필
> • 느타리버섯파리 중 유충의 크기가 가장 크다.
> • 유충이 균상 표면과 어린 버섯에 거미줄과 같은 실을 분비하여 집을 짓고 가해한다.
> • 버섯파리 중 성충은 6~7mm이며, 날개와 다리가 길어 모기와 비슷하다.

60 우수농산물관리제도(GAP)로 버섯의 병해충 방제를 할 때 가장 유의해야 하는 방제방법은?

① 생물학적 방제법
② 재배적 방제법
③ 물리적 방제법
④ 화학적 방제법

> 해설
>
> 그동안 관행화학농업이 농약과 화학비료 남용으로 농업환경과 식품안전을 크게 훼손한 상황에서 이를 적정하게 관리해 환경과 자원을 보존하고 농업인과 소비자의 건강을 지키겠다는 것이 GAP 제도의 본래 도입 취지이다.

01 팽이버섯이나 느타리의 재배용 배지에 접종원으로 사용되는 종균의 종류는?

① 퇴비배양종균
② 곡립배양종균
③ 톱밥배양종균
④ 목편배양종균

해설
톱밥을 이용하여 종균생산이 가능한 버섯은 느타리버섯, 표고버섯, 팽이버섯, 맛버섯, 잎새버섯, 뽕나무버섯, 목이버섯, 털목이버섯, 영지버섯 등이 있으며, 곡물을 이용하여 종균생산이 가능한 버섯은 양송이버섯이 있다.

02 다음 중 느타리버섯에 주로 발생하는 버섯파리가 아닌 것은?

① 긴수염버섯파리
② 버섯혹파리
③ 버섯벼룩파리
④ 버섯등에파리

해설
버섯파리는 시아리드(긴수염버섯파리, *Lycoriella* sp.), 세시드(버섯혹파리, *Mycophila speyeri*), 포리드(버섯벼룩파리, *Megaselia halterata*) 등이며, 느타리나 양송이 재배에 심각한 피해를 주고 있다.

03 표고와 느타리버섯의 톱밥 종균 제조 시 배지의 수분 함량으로 가장 옳은 것은?

① 65~70%
② 55~60%
③ 45~50%
④ 35~40%

해설
느타리나 표고의 톱밥종균 제조 시의 수분은 65~70%로 조절한다.

04 버섯균주의 온도가 저온(5℃ 이하)보다 상온(20℃ 정도)에서 보존하기에 적당한 버섯은?

① 양송이
② 표고버섯
③ 풀버섯
④ 느타리버섯

해설
풀버섯과 같은 고온성 버섯균이 상온(15~20℃)에서 보존하기에 적당하다.

05 버섯종균용 톱밥배지(600g)의 고압살균 시 가장 적합한 살균시간은?

① 100~130분
② 140~170분
③ 20~50분
④ 60~90분

해설
• 살균시간은 용기 내의 배지량에 따라 다르다.
• 600g 정도는 60~90분, 삼각플라스크에 소량의 톱밥이 들어있을 경우 40~60분 정도 살균한다.

06 표고골목해균인 검은단추버섯에 대한 설명 중 틀린 것은?

① 수피표면의 중심은 푸른색이다.
② 가장자리는 흰색이다.
③ 자실체의 표면은 다갈색에서 흑갈색으로 변한다.
④ 흑색의 혹이 생긴다.

해설
검은단추버섯
• 고온건조기의 직사광선에 노출되었을 때 발생하기 쉽다.
• 부적당한 관리에 의한 과습에 의해 발생한다.
• 주로 평균기온이 높은 5~10월경에 발생한다.
• 수피 표면의 중심은 푸른색이고, 가장자리는 흰색이다.
• 자실체의 표면은 다갈색에서 흑갈색으로 변한다.
• 조기에 발견하여 원목을 그늘진 곳으로 옮겨 피해를 줄일 수 있다.

07 표고의 포자 색깔은?

① 희색   ② 백색
③ 흑색   ④ 갈색

해설
표고의 포자와 주름살 색깔은 백색이다.

08 목이버섯의 균사 생장최적산도는?

① pH 3.5~4.5
② pH 4.6~5.5
③ pH 6.0~7.0
④ pH 8.0~9.5

해설
목이버섯의 균사 생장최적산도는 약산성인 pH 6.0~7.0이다.

09 버섯균주의 보존방법으로 2년 이상 장기간 보존이 가능하며, 난균류 보존에 많이 활용하는 현탁보존법에 해당하는 것은?

① 물보존법
② 액체질소보존법
③ 냉동고보존법
④ 동결건조보존법

해설
물보존법(Water Storage)
먼저 증류수병에 증류수를 담고 멸균한 후에 한천 생육배지에 충분히 배양된 균사체와 한천배지를 적당한 크기로 절단하여 증류수병에 담근다. 물보존법은 광유보존에 비하여 물의 증발 가능성이 높고 보존기간이 짧기 때문에 Phytophthora속과 Pythium속과 같은 난균문(Oomycota)의 일부 곰팡이에 많이 활용하여 사용된다. 많은 균류가 이 방법으로 5~7년 생존한다.

10 배양된 톱밥종균을 부수어 총알처럼 생긴 플라스틱 배양 틀에 넣고 그 위에 스티로폼 마개를 하여 일정기간 재배양한 종균의 종류는?

① 톱밥종균   ② 종목종균
③ 곡립종균   ④ 성형종균

해설
성형종균은 우리나라에서 표고 원목재배에 가장 많이 사용하는 종균으로 접종하기가 매우 편리하다. 종균은 한꺼번에 많이 만들지 말고 농가의 접종 시기에 맞추어 생산하는 것이 좋으나, 부득이 저장하는 경우는 저온에서 단기간 저장하는 것이 좋으며 가능한 빨리 사용해야 한다.

11 250~300mL 액체배지의 살균방법으로 가장 알맞은 온도와 시간은?

① 121℃, 10분
② 121℃, 20분
③ 121℃, 60분
④ 121℃, 90분

12 버섯균주를 액체질소에 의한 장기보존 시 사용하는 동결보호제로 알맞은 것은?

① 질소
② 알코올
③ 암모니아
④ 글리세롤

해설
액체질소보존법의 동결보호제로는 10% 글리세린이나 10% 포도당을 이용한다.

13 버섯종균업을 등록할 때 실험실에 갖추지 않아도 되는 기기는?

① 냉장고
② 현미경
③ 배합기
④ 고압살균기

해설
버섯종균생산업의 시설기준 – 실험실(산림자원의 조성 및 관리에 관한 법률 시행규칙 [별표 6])
1. 현미경 1대(1,000배 이상)
2. 냉장고 1대(200L 이상)
3. 항온기 2대
4. 건열기 1대
5. 오토크레이브
6. 그 밖에 산림청장이 실험에 필요하다고 인정하는 시설

14 양송이버섯을 곡립종균에 배양할 때 균덩이가 생성되는 원인으로 옳지 않은 것은?

① 곡립배지의 산도가 낮을 때
② 곡립배지의 수분 함량이 높을 때
③ 원균 또는 접종원이 퇴화되었을 때
④ 곡립배지의 흔들기 작업이 지연되었을 때

해설
곡립종균 제조 시 균덩이 형성원인
• 배양실 온도가 높을 때
• 곡립배지의 산도가 높을 때
• 흔들기 작업의 지연
• 곡립배지의 수분함량이 높을 때
• 원균 또는 접종원의 퇴화
• 균덩이가 형성된 접종원 사용

15 양송이버섯 자실체가 기형화되고 누런 물이 누출되면서 부패하여 악취를 유발하는 병은?

① 괴균병
② 미이라병
③ 마이코곤병
④ 세균성 갈반병

해설
마이코곤병은 버섯의 갓과 줄기에 발생하며, 갈색물이 배출되면서 악취가 난다.

16 곡립종균에서 유리수분이 생성되는 가장 중요한 원인은?

① 곡립배지의 수분함량이 낮을 때
② 배양실의 온도가 항온으로 유지될 때
③ 외부의 따뜻한 공기가 유입될 때
④ 장기간의 고온저장을 하였을 때

해설
유리수분의 생성 원인
• 곡립배지의 수분함량이 높을 때
• 배양기간 중 변온이 심할 때
• 에어컨 또는 외부의 찬 공기가 유입될 때
• 장기간의 고온저장
• 배양 후 저장실로 바로 옮길 때

17 배지로부터 영양분을 섭취하여 자실체를 지탱해주는 것은?

① 갓
② 턱받이
③ 대
④ 균사

18 양송이 곡립종균에 첨가하는 석고는 배지무게에 얼마를 넣는 것이 가장 적당한가?

① 0.1% ② 1.0%

③ 5.0% ④ 10.0%

해설
석고는 곡립배지 무게의 0.6~1.0%를 첨가한다.

19 버섯의 2핵 균사 판별방법은?

① 격막의 유무

② 꺽쇠의 유무

③ 균사의 길이

④ 균사의 갯수

해설
2핵 균사를 판별하는 방법은 협구(꺽쇠)의 유무로 알 수 있다.

20 버섯균사에 심하게 피해를 주는 버섯파리 생육단계는?

① 성충 ② 번데기

③ 유충 ④ 알

해설
버섯을 재배할 때 피해가 심한 버섯파리는 생활사 중 유충기에 가해를 한다.

21 종균 배양시설 중 접종실에 꼭 있어야 될 것은?

① 현미경 ② 배지 주입기

③ 살균기 ④ 무균실

해설
접종실은 온도 15℃, 습도 70% 이하로 유지해야 하며, 무균실은 필수이다.

22 표고버섯에서 사용하지 않는 종균은?

① 종목종균

② 톱밥종균

③ 톱밥성형종균(캡슐종균)

④ 곡립종균

해설
표고 종균의 형태는 종목종균, 톱밥종균, 캡슐종균 및 성형종균 등이 있다.

23 액체상태의 균주를 접종하는 기구는?

① 백금구

② 피펫

③ 균질기

④ 진탕기

해설
① 백금구(Hook) : 곰팡이, 버섯 등의 포자나 균사를 채취할 때 사용(끝이 ㄱ자 모양)하는 이식기구
③ 균질기 : 조직의 세포를 파괴하여 균등액으로 만드는 기구
④ 진탕기 : 물질의 추출이나 균일한 혼합을 위하여 사용하는 기기

24 다음 중 팽이버섯의 원균 보존에 가장 적합한 온도는?

① 약 4℃
② 약 10℃
③ 약 15℃
④ 약 20℃

해설
팽이버섯의 원균은 4℃ 범위의 냉장고에 보관해야 하며, 빛에 노출시키지 않는 것이 좋다.

25 균주 보존에서 자실체 형성이나 균의 생리적 특성이 변화되는 현상을 방지하기 위한 일반적인 보존방법은?

① 계면활성보존법
② 계대배양보존법
③ 활면배양보존법
④ 고온처리보존법

해설
가장 일반적인 균주보존방법으로 계대배양보존법이 이용된다.

26 표고 우량종균의 선별에 직접 관련이 없는 사항은?

① 종균을 제조한 곳의 신용도
② 종균의 유효 기간
③ 종균 용기 안에 고인 액체의 유무
④ 종균의 무게

해설
종균의 무게는 우량종균의 선별에 직접적인 영향이 없다.

27 종자관리사의 자격기준으로 옳지 않은 것은?

① 종자기술사 자격을 취득한 사람
② 종자기사 자격을 취득한 사람으로서 자격 취득 전후의 기간을 포함하여 종자업무에 1년 이상 종사한 사람
③ 종자산업기사 자격을 취득한 사람으로서 자격 취득 전후의 기간을 포함하여 종자업무에 2년 이상 종사한 사람
④ 버섯종균기능사 자격을 취득한 사람으로서 자격 취득 전후의 기간을 포함하여 버섯종균업무 또는 이와 유사한 업무에 1년 이상 종사한 사람

해설
종자관리사의 자격기준(종자산업법 시행령 제12조 제5호)
국가기술자격법에 따른 버섯종균기능사 자격을 취득한 사람으로서 자격 취득 전후의 기간을 포함하여 버섯종균업무 또는 이와 유사한 업무에 3년 이상 종사한 사람(버섯종균을 보증하는 경우만 해당)

28 영지의 톱밥종균 제조 시 어떤 수종의 톱밥이 가장 적당한가?

① 포플러
② 소나무
③ 참나무
④ 낙엽송

해설
영지버섯 재배에 쓰는 톱밥으로는 참나무 톱밥이 가장 알맞으며, 다음으로 오리나무, 포플러, 수양버들 등이다.

29 종균 접종 후의 표고버섯 골목관리 방법 중 틀린 것은?

① 임시 눕혀두기
② 침수해두기
③ 본 눕혀두기
④ 세워두기

해설
골목을 침수하는 방법은 가장 균일하고 확실하게 버섯을 발생시킬 수 있는 방법으로, 침수시설이 필요하고 일시에 많은 양을 할 수 없으므로 계획적인 불시재배 시 많이 이용한다.

30 양송이 종균 접종 후 실내온도를 낮게 유지하기 시작할 시기는?

① 종균재식 2일 후
② 종균재식 7일 후
③ 복토 직전
④ 종균재식 직후

해설
양송이 종균재식 7일 후 실내온도를 낮게 유지하기 시작한다.

31 표고버섯 원목재배 시 종균을 원목에 접종하려 할 때 유의사항으로 옳지 않은 것은?

① 접종 전 작업장을 소독한다.
② 조기 접종 시 원목이 얼지 않도록 미리 보온을 한다.
③ 천공한 후 바로 접종하지 않는다.
④ 접종 직후 약제를 살포하지 않는다.

해설
접종구를 천공한 후에는 접종구가 마르기 전에 곧바로 접종한다.

32 양송이 곡립종균의 접종방법 중 혼합재식법에 대한 설명으로 옳은 것은?

① 퇴비배지와 섞는다.
② 퇴비배지에 층별로 심는다.
③ 10cm 간격으로 접종한다.
④ 종균을 표면에 뿌린다.

해설
혼합재식법 : 서양에서 주로 이용하는 방법으로 퇴비배지와 종균을 섞으며, 퇴비의 질이 좋아야만 가능하다.

33 종균을 접종하고 배양과정 중에서 잡균이 발생했을 때 예상되는 잡균 발생 원인으로 가장 거리가 먼 것은?

① 접종기구 사용 시 바닥에 내려놓았을 때
② 종균병 입구를 솜마개로 느슨하게 막고 보관했을 때
③ 더운 여름날 알코올 램프를 끄고 작업했을 때
④ 종균병으로 들어갈 솜마개를 조금 태웠을 때

해설
종균의 배양과정 중 잡균이 발생하는 원인
• 살균이 완전히 실시되지 못했을 때
• 오염된 접종원을 사용하였을 때
• 무균실 소독이 불충분하였을 때
• 배양 중 솜마개로부터 오염되었을 때
• 배양실의 온도변화가 심할 때
• 배양실 및 무균실의 습도가 높을 때
• 흔들기 작업 중 마개의 밀착 이상이 있을 때

34 느타리버섯 자실체 생육에 가장 알맞은 온도는?

① 10℃ 내외

② 15℃ 내외

③ 20℃ 내외

④ 25℃ 내외

> **해설**
> 느타리버섯 자실체의 생육 적온은 15~18℃이다.

35 주로 곡립종균을 사용하여 재배하는 버섯은?

① 팽이버섯

② 영지버섯

③ 양송이버섯

④ 표고버섯

> **해설**
> 양송이 종균은 주로 밀을 배지로 하여 제조한 곡립종균을 사용한다.

36 느타리 재배시설 중에서 공기여과장치가 필요 없는 것은?

① 배양실   ② 생육실

③ 냉각실   ④ 종균접종실

> **해설**
> 냉·난방기, 가습기, 내부공기순환장치, 환기장치(급·배기), 온·습도센서, 제어장치 등이 설치되어야 한다.

37 다음 중 가장 낮은 온도에서도 균사 생장을 하는 버섯은?

① 느타리버섯

② 표고버섯

③ 영지버섯

④ 팽이버섯

> **해설**
> 주요 버섯종균의 저장온도
>
> | 구분 | 저장온도 |
> | --- | --- |
> | 팽이버섯, 맛버섯 | 1~5℃ |
> | 양송이버섯, 느타리버섯, 표고, 잎새버섯, 만가닥버섯 | 5~10℃ |
> | 털목이버섯, 뽕나무버섯, 영지버섯 | 10℃ |

38 버섯의 병재배 시 톱밥배지는 주로 어떤 살균기를 사용하는가?

① 고압순간살균기

② 고압증기살균기

③ 건열증기살균기

④ 건열순간살균기

> **해설**
> 살균기의 종류에는 상압살균기와 고압살균기가 있으나, 병재배용 살균기는 완전살균이 되는 고압증기살균기를 많이 사용하고 있다.

39 양송이버섯의 수확 후 1차 예랭 온도로 가장 적합한 것은?

① 5℃   ② 10℃

③ 1℃   ④ 15℃

> **해설**
> 양송이 예랭은 1, 2차로 나누어 실시하는데 1차 예랭을 1℃의 온도로 1시간 정도 진행한 다음 2차 예랭을 0℃의 저장고에서 2~4시간 동안 실시한다.

40 다음 중 영구적으로 사용할 수 없는 재배사는?

① 비닐 ② 벽돌
③ 패널 ④ 블럭

해설
버섯재배사
벽돌, 블럭, 단열용 패널 등의 시설을 갖춘 영구재배사와 비닐, 부직포 등 보온용 덮개 내부에 재배시설을 갖춘 간이재배사가 있다.

41 버섯을 건조하여 저장하는 방법으로 가장 거리가 먼 것은?

① 일광건조 ② 열풍건조
③ 동결건조 ④ 가스건조

해설
건조저장법에는 열풍건조, 일광건조, 동결건조가 있고, 억제저장법에는 가스저장법, 저온저장법이 있다.

42 느타리버섯과 표고버섯의 균사 배양에 알맞은 배지의 pH는?

① 4 ② 6
③ 8 ④ 10

해설
느타리와 표고의 균사 배양에 가장 알맞은 산도는 pH 5~6(약산성)이다.

43 양송이 및 느타리버섯의 원균 분리방법이 아닌 것은?

① 다포자 발아 ② 균사절편 이식
③ 세포융합 ④ 조직 분리

해설
균주의 분리 방법 : 포자 발아, 균사체 분리, 자실체 분리

44 다음 중 독버섯이 아닌 것은?

① 말불버섯 ② 광대버섯
③ 달화경버섯 ④ 무당버섯

해설
독버섯의 종류
독우산광대버섯, 흰알광대버섯, 알광대버섯, 큰갓버섯, 흰갈대버섯, 광대버섯, 마귀광대버섯, 목장말똥버섯, 미치광이버섯, 갈황색미치광이버섯, 두엄먹물버섯, 배불뚝이깔때기버섯, 노란다발버섯, 독갈때기버섯, 땀버섯, 외대버섯, 파리버섯, 양파광대버섯, 화경솔밭버섯, 애기무당버섯, 무당버섯, 화경버섯 등

45 다음 수종(樹種) 중 팽이버섯 재배에 부적당한 톱밥은?

① 버드나무 ② 오동나무
③ 오리나무 ④ 느티나무

46 버섯 발생 시 광도(조도)의 영향이 가장 적은 버섯은?

① 표고
② 느타리버섯
③ 양송이
④ 영지버섯

해설
양송이는 버섯 발생 시 광도의 영향이 가장 적다.

47 버섯균을 분리할 때 우량균주로서 갖추어야 할 조건이 아닌 것은?

① 다수성
② 고품질성
③ 이병성
④ 내재해성

해설
우량균주로서 갖추어야 할 조건
다수성, 고품질성, 내재해성

48 영지버섯 열풍건조방법으로 옳은 것은?

① 열풍건조 시에는 습도를 높이면서 60℃ 정도에서 건조시켜야 한다.
② 열풍건조 시 40~45℃로 1~3시간 유지 후 1~2℃씩 상승시키면서 12시간 동안에 60℃에 이르면 2시간 후에 완료시킨다.
③ 열풍건조 시 초기에는 50~55℃로 하고 마지막에는 60~70℃로 장기간 건조시킨다.
④ 열풍건조 시 예비건조 없이 60~70℃로 장기간 건조시킨다.

49 다음 중 버섯의 갓 모양이 볼록반구형인 것은?

① 송이버섯
② 말굽버섯
③ 뽕나무버섯
④ 팽이버섯

해설
② 말굽버섯 : 종형
③ 뽕나무버섯 : 편평형
④ 팽이버섯 : 평반구형

50 대부분의 식용버섯은 분류학적으로 어디에 속하는가?

① 불완전균류
② 담자균류
③ 접합균류
④ 조균류

해설
버섯은 포자의 생식세포(담자기, 자낭)의 형성 위치에 따라 담자균류와 자낭균류로 나뉘며 대부분의 식용버섯(양송이, 느타리, 큰느타리(새송이버섯), 팽이버섯(팽나무버섯), 표고, 목이 등)은 담자균류에 속한다.

51 표고 원목재배 시 가눕히기를 할 장소로 가장 먼저 고려하여야 할 점은?

① 습도
② 차광
③ 통풍
④ 산도(pH)

해설
임시 눕혀두기 장소는 보습이 잘되고 관수가 가능하며, 동향이나 남향의 중턱 이하에 바람이 없는 따뜻한 곳이 알맞다.

52 버섯종균 및 자실체에 잘 발생하지 않는 잡균은?

① 잿빛곰팡이
② 푸른곰팡이
③ 흑곰팡이
④ 누룩곰팡이

해설
잿빛곰팡이병은 기주범위가 넓고 비교적 저온에서 발생한다. 특히 억제재배의 후기 이후부터 다음 해의 봄까지 주로 저온기의 시설재배에서 많이 발생한다.

53 원균의 잡균오염 검정에 이용되는 꺾쇠연결체(클 램프연결체)를 가진 버섯으로 이루어진 것은?

① 풀버섯, 느타리
② 양송이, 표고
③ 신령버섯, 영지
④ 팽이, 느타리

해설
꺾쇠연결체(협구, Clamp Connection)
• 꺾쇠연결체(협구)는 대부분의 담자균류에서 볼 수 있다.
• 느타리, 표고, 팽이 등의 균사 중 2핵 균사에서 특징적으로 나타난다.
• 단핵균사에는 꺾쇠연결이 없다.
• 양송이와 신령버섯은 꺾쇠가 관찰되지 않는다.

54 양송이 복토(식양토)의 함수량으로 가장 적합한 것은?

① 50%
② 65%
③ 75%
④ 90%

해설
복토재료에 따른 적정 수분함량
토양별 2~3cm 두께로 고르게 덮어 주면 된다.

광질토양	토탄이 함유된 토양	토탄
65%	70%	80%

55 표고버섯 재배용 톱밥배지 제조 시 사용하는 부재료에 대한 설명으로 옳지 않은 것은?

① 면실피는 배지 내부의 공극률을 조절하는 용도로 사용한다.
② 밀기울은 배지의 함수율 조절에 사용한다.
③ 설탕은 접종 과정에서 손상받은 균사를 재생하고 생장활력을 얻는데 사용한다.
④ 탄산칼슘에서 공급하는 칼슘은 버섯의 육질을 단단하게 해 준다.

해설
밀기울은 질소원으로서 영양원으로 사용된다. 배지의 함수율 조절에는 흔히 석고를 사용한다.

56 양송이 종균을 심을 때 퇴비량에 비하여 종균재식량이 가장 적은 부분은?

① 표층
② 상층
③ 중층
④ 하층

해설
층별재식
작업이 다소 복잡하나 균사생장이 빠르고 인력 위주인 우리나라에서 많이 사용되는 방법으로 3~4층으로 나누어 심으며, 여러 층으로 나누어 심을수록 균사생장이 빠르고 잡균오염도 극소화 할 수 있다. 층별 재배 시 퇴비량에 따른 종균량을 보면 표층은 퇴비량에 비해 종균량이 가장 많고, 그 다음은 '상층 > 하층 > 중층'의 순으로 많다.

57 찐 천마의 열풍건조 시 건조기 내의 최적온도와 유지시간에 대하여 다음 ( )에 올바르게 넣은 것은?

> 처음 (가)℃에서 서서히 (나)℃로 상승시킨 다음 3일간 유지 후 (다)℃에서 7시간 유지하여 내부까지 건조시켜야 한다.

① 가 : 40, 나 : 50~60, 다 : 50~60
② 가 : 30, 나 : 40~50, 다 : 50~60
③ 가 : 40, 나 : 50~60, 다 : 70~80
④ 가 : 30, 나 : 40~50, 다 : 70~80

해설
찐 천마의 열풍건조 시 처음 30℃에서 서서히 40~50℃로 상승시킨 다음, 3일간 유지 후 70~80℃에서 7시간 유지하여 내부까지 건조시켜야 한다.

58 식용버섯의 자실체로부터 포자를 채취하고자 한다. 이때 샬레의 가장 알맞은 온도와 포자의 낙하시간은?

① 온도 25~30℃, 6~15분
② 온도 25~30℃, 6~15시간
③ 온도 15~20℃, 6~15분
④ 온도 15~20℃, 6~15시간

해설
식용버섯의 자실체로부터의 포자채취 시 샬레의 온도는 15~20℃, 포자의 낙하시간은 6~15시간이 적당하다.

59 뽕나무버섯균에 대하여 옳게 설명한 것은?

① 목재부후균으로서 균사속을 형성하여 천마와 접촉하면서 공생관계를 유지한다.
② 목재에 공생하는 균으로서 천마에서 기생하면서 상호 번식한다.
③ 목재부후균이지만, 참나무에서는 생육이 잘 안 된다.
④ 목재부후균으로서 소나무에서 잘 번식한다.

60 느타리 톱밥종균의 가장 알맞은 수분함량은?

① 35%   ② 45%
③ 55%   ④ 65%

해설
톱밥종균 제조
• 흔들기 작업을 할 수 없으므로 적온이 유지되도록 한다.
• 수분함량이 63~65%가 되도록 한다.
• 실내습도는 70% 정도로 하여 잡균발생을 줄인다.
• 미송 톱밥보다 포플러 톱밥의 품질이 더 좋다.
• 배지재료를 1L병에 550~650g 정도 넣는다.

01 버섯종균을 생산하기 위하여 종자업 등록을 할 경우 1회 살균 기준 살균기의 최소용량은?

① 1,500병 이상

② 1,000병 이상

③ 600병 이상

④ 2,000병 이상

해설
종자업의 시설기준 – 버섯 장비(종자산업법 시행령 [별표 5])
1) 실험실 : 현미경(1,000배 이상) 1대, 냉장고(200L 이상) 1대, 소형고압살균기 1대, 항온기 2대, 건열살균기 1대 이상일 것
2) 준비실 : 입병기 1대, 배합기 1대, 자숙솥 1대(양송이 생산자만 해당)
3) 살균실 : 고압살균기(압력 : 15~20LPS, 규모 : 1회 600병 이상일 것), 보일러(0.4톤 이상일 것)

02 큰느타리버섯의 대가 충분히 성장한 후 수확시기를 결정하는 기준으로 가장 중요한 것은?

① 갓의 형태와 갓의 크기

② 갓의 형태와 갓의 색깔

③ 갓의 크기와 갓의 색깔

④ 대의 크기와 대의 색깔

03 느타리 원균은 무슨 배지에서 일반적으로 배양하는가?

① YM 배지

② 감자배지

③ 맥아배지

④ 하마다배지

해설
느타리의 원균 증식배지로는 감자배지가 가장 적당하다.

04 팽이버섯 재배사 신축 시 재배면적 규모 결정에 가장 중요하게 고려해야 하는 사항은?

① 1일 입병량

② 재배품종

③ 재배인력

④ 냉난방 능력

해설
팽이버섯 재배사 신축 시 재배면적 규모 결정에 가장 중요하게 고려해야하는 사항은 1일 입병량이다.
• 병재배의 경우 규모를 측정할 때 1일 입병량으로 계산한다.
• 팽이버섯을 매일 800병(800mL 기준)씩 생산하려면 최소 150m^2의 재배시설 면적이 필요하다.

05 감자한천배지 1L 제조에 필요한 한천의 적절한 무게는?

① 5g

② 10g

③ 20g

④ 30g

해설
감자한천배지(PDA)
물 1L에 감자 200g, 포도당 20g, 한천 20g을 넣는다.

06 표고버섯의 자실체 발육에 가장 적합한 공중습도는?

① 15~30%

② 40~60%

③ 70~90%

④ 100% 이상

해설
표고의 병재배와 봉지재배에서 배양실의 습도는 균사생장 시 65~75%, 자실체 생장 시 80~90% 정도이다.

07 곡립종균에서 유리수분이 생성되는 가장 중요한 원인은?

① 곡립배지의 수분함량이 낮을 때

② 배양실의 온도가 항온으로 유지될 때

③ 외부의 따뜻한 공기가 유입될 때

④ 장기간 고온저장을 하였을 때

해설
유리수분의 생성 원인
• 곡립배지의 수분함량이 높을 때
• 배양기간 중 변온이 심할 때
• 에어컨 또는 외부의 찬 공기가 유입될 때
• 장기간의 고온저장
• 배양 후 저장실로 바로 옮길 때

08 표고균사의 생장가능온도와 적온으로 옳은 것은?

① 5~32℃, 22~27℃

② 5~32℃, 12~20℃

③ 12~17℃, 22~27℃

④ 12~17℃, 28~32℃

해설
표고균사의 생장가능온도는 5~32℃이고, 적온은 22~27℃이다.

09 곡립배지에 대한 설명으로 옳지 않은 것은?

① 찰기가 적은 것이 좋다.

② 밀, 수수, 벼를 주로 사용한다.

③ 주로 양송이 재배 시 사용한다.

④ 배지제조 시 너무 오래 물에 끓이면 좋지 않다.

해설
② 곡립배지 재료로 밀, 수수, 호밀 등을 사용한다.

10 버섯의 생식기관으로서 포자를 만드는 영양체이며, 종(種)이나 속(屬)에 따라 고유의 형태를 가지는 것은?

① 자실체   ② 균사

③ 턱받이   ④ 협구

해설
자실체는 생식기관으로 유성포자를 형성하고 땅속, 땅 위, 나무 등에서 생육하는 균류를 모두 포함하고 있다.

11 다음에서 설명하는 병해는 무엇인가?

> 기온이 높은 봄재배 후기와 가을재배 초기, 백색종을 재배할 때, 복토를 소독하지 않은 경우 피해가 심하다.

① 미라병   ② 바이러스병

③ 마이코곤병   ④ 세균성 갈반병

해설
마이코곤병은 주로 양송이에 발병하며, 기온이 높은 봄재배 후기와 가을재배 초기, 백색종을 재배할 때, 복토를 소독하지 않은 경우 피해가 심하다.

12 양송이 종균의 가장 알맞은 저장온도는?

① 25~30℃   ② 35~40℃

③ 5~10℃   ④ 15~20℃

해설
주요 버섯종균의 저장온도

구분	저장온도
팽이버섯, 맛버섯	1~5℃
양송이버섯, 느타리버섯, 표고버섯, 잎새버섯, 만가닥버섯	5~10℃
털목이버섯, 뽕나무버섯, 영지버섯	10℃

13 양송이 종균의 배양과정 중 오염이 되는 주요 원인이 아닌 것은?

① 흔들기 작업 중 마개의 밀착 이상
② 오염된 접종원 사용
③ 배양 중 온도변화가 없는 경우
④ 살균이 잘못된 경우

해설
종균의 배양과정 중 잡균이 발생하는 원인
• 살균이 잘못되었을 때
• 오염된 접종원의 사용
• 배양실의 온도변화가 심할 때
• 배양 중 솜마개로부터 오염
• 접종 중 무균실에서의 오염
• 배양실 및 무균실의 습도가 높을 때

14 종자산업법에 버섯의 종균에 대한 보증 유효기간은?

① 1개월 ② 2개월
③ 6개월 ④ 12개월

해설
보증의 유효기간(종자산업법 시행규칙 제21조)
작물별 보증의 유효기간은 다음과 같고, 그 기산일(起算日)은 각 보증종자를 포장(包裝)한 날로 한다.
• 채소 : 2년
• 버섯 : 1개월
• 감자, 고구마 : 2개월
• 맥류, 콩 : 6개월
• 그 밖의 작물 : 1년

15 느타리버섯 재배를 위한 솜(폐면)배지의 살균 조건으로 가장 알맞은 것은?

① 121℃, 10시간 내외
② 121℃, 2시간 내외
③ 60℃, 2시간 내외
④ 60℃, 10시간 내외

해설
느타리버섯의 솜(폐면)배지의 살균 조건은 60~65℃에서 6~14시간이다.

16 버섯의 가공저장 방법 중 성격이 나머지와 다른 하나는?

① 통조림
② 동결건조
③ 레토르트 파우치
④ 스낵

해설
② 동결건조는 건조저장법에 해당된다.
※ 가공저장법에는 통조림, 병조림, 레토르트 파우치, 스낵 등이 있다.

17 다음 중 양송이 퇴비의 후발효 목적이 아닌 것은?

① 퇴비의 영양분 합성
② 병해충 사멸
③ 퇴비의 탄력성 증가
④ 암모니아태 질소 제거

해설
양송이 퇴비를 후발효하는 목적
• 퇴비의 영양분 합성 및 조절
• 암모니아태 질소 제거
• 퇴비의 유해물질(병해충 사멸) 제거
• 퇴비의 물리성 개선 등

18 양송이 및 느타리버섯의 원균 분리방법이 아닌 것은?

① 다포자 발아
② 균사절편 이식
③ 세포융합
④ 조직분리

해설
균주의 분리방법 : 포자 발아, 균사체 분리, 자실체 분리

19 느타리에 발생하는 병으로 초기에 발병 여부를 식별하기 어렵고, 발병하면 급속도로 전파되어 균사를 사멸시키는 것은?

① 푸른곰팡이병

② 세균성 갈반병

③ 붉은빵곰팡이병

④ 흑회색융단곰팡이병

해설
느타리 푸른곰팡이병
버섯균사생장 초기에 오염되었을 때는 푸른색깔을 나타내지 않고 종균재식 10~15일 후에 연녹색으로 나타나기 때문에 조기에 병징을 발견할 수 없어 그 피해도 심하고 기존의 방법으로 방제도 어렵다.

20 양송이버섯 종균을 제조하기 위한 배지 재료로 가장 적당한 것은?

① 조   ② 밀

③ 콩   ④ 벼

해설
양송이버섯 종균을 제조하기 위한 배지 재료 : 밀, 탄산칼슘, 석고

21 표고 원목재배 시 임내눕히기를 하는 장소로 부적당한 곳은?

① 산란광이 드는 곳

② 통풍이 잘 되는 곳

③ 방위가 북서향인 곳

④ 직사광선이 드는 곳

해설
본 눕히기 방법
• 임내(林內)눕히기 : 북서향 산란광이 드는 곳으로 통풍이 잘 되는 곳
• 나지(裸地)눕히기 : 남향 또는 동남향 물빠짐이 좋고 통풍이 잘 되는 곳

22 느타리버섯 병재배 시설에 필요 없는 것은?

① 배양실

② 배지냉각실

③ 생육실

④ 억제실

해설
④ 억제실은 팽이버섯 재배시설에 필요하다.
느타리버섯 병재배 시설에 필요한 시설 : 배양실, 배지냉각실, 생육실 등

23 곡립종균 제조용 배지 재료로 적당하지 못한 것은?

① 밀   ② 호밀

③ 수수   ④ 벼

해설
곡립종균 제조방법이 Sinden에 의하여 개발된 이후 밀, 호밀, 수수 등이 종균 배지 재료로 이용되어 왔다.

24 수확 후 다듬기 작업 시 선도유지를 위해 배지 일부를 남겨 유통하는 버섯은?

① 팽이버섯

② 양송이버섯

③ 표고버섯

④ 영지버섯

해설
수확 후 유통을 위해 버섯 하단에 붙은 균사덩이를 적당한 길이로 잘라냄으로써 불순물이 혼입되지 않도록 다듬기 작업을 하는데 큰느타리버섯과 팽이버섯은 선도유지를 위해 일부 배지를 남겨두기도 한다.

25 표고 톱밥배지 재료 배합 시 첨가되는 미강의 양으로 가장 알맞은 것은?

① 5% ② 15%
③ 35% ④ 55%

표고 톱밥배지 재료 비율
참나무 톱밥(80%), 미강(15%), 면실피(5%), 탄산칼슘(0.5%)

26 병재배를 이용하여 종균을 접종하려 할 때 유의사항으로 옳지 않은 것은?

① 배지온도가 25℃까지 식었을 때 접종한다.
② 고압살균은 121℃, 1.1kgf/cm² 에서 90분간 실시한다.
③ 고압살균 후 상온이 될 때까지 냉각을 하고 병을 꺼낸다.
④ 접종실과 냉각실의 UV등을 항상 켜놓고, 작업을 하거나 배지 보관 시에는 소등한다.

살균을 마친 배양병은 소독이 된 방에서 배지 내 온도를 25℃ 이하로 냉각시켜 접종실로 옮겨 무균상 및 클린부스 내에서 종균을 접종한다.

27 *Hypoxylon*이라는 공생균과 같이 생육하는 버섯은?

① 팽나무버섯 ② 흰목이버섯
③ 양송이버섯 ④ 뽕나무버섯

흰목이버섯은 *Hypoxylon* sp.(하이폭실론)이라는 공생균이 있어야 버섯을 발생시킬 수 있는 특징이 있다.

28 버섯의 생활사에서 담자균에 속하는 일반적인 버섯의 생활사는 자실체 → 담자포자 → 균사체가 된 다음 무엇으로 성장되는가?

① 균핵 ② 균사
③ 균총 ④ 자실체

담자균에 속하는 일반적인 버섯의 생활사는 자실체 → 포자 → 균사체 순으로 순환하는 생활사를 갖고 있다.

29 버섯균주를 장기보존하기 위해서 사용하는 보조제는?

① 글리세린 ② 탄산가스
③ 산소 ④ 알코올

버섯균주를 오랫동안 형질 변화 없이 보존하고자 할 때 가장 좋은 방법은 액체질소를 이용한 보존 방법이며, 이때 보존제로는 10% 글리세린이나 10% 포도당을 사용한다.

30 느타리버섯의 균사 생장에 알맞은 온도는?

① 5℃ ② 15℃
③ 25℃ ④ 35℃

양송이 및 느타리버섯 균사의 배양 적온은 25℃ 전후이다.

31 표고 톱밥재배 시 균을 배양하기 위한 필수시설이 아닌 것은?

① 살균실　　　　② 무균실
③ 배양실　　　　④ 비가림시설

해설
비가림시설은 표고 원목재배 시 필요하다.

32 버섯을 출하하는 자가 표준규격품임을 표시할 경우 의무 표시사항이 아닌 것은?

① 품목
② 재배 방법
③ 산지
④ 생산자의 명칭

해설
표준규격품의 표시방법-의무 표시사항(농산물 표준규격 [별표 4])
'표준규격품' 문구, 품목, 산지, 품종, 등급, 내용량 또는 개수, 생산자 또는 생산자단체의 명칭 및 전화번호, 식품안전 사고 예방을 위한 안전사항 문구

33 버섯의 생체저장법이 아닌 것은?

① PVC필름저장법
② 저온저장법
③ 상온저장법
④ 가스저장법

해설
버섯의 생체저장법
• 저온저장법
• CA(Controlled Atmosphere)저장법
• PVC필름저장법

34 식용버섯 신품종육성방법 중 돌연변이 유발방법으로 거리가 먼 것은?

① 우라늄, 라듐 등의 방사성 동위원소 이용
② α, β, γ선의 방사선 조사
③ 초음파, 온도 처리 등의 물리적 자극
④ 자실체로부터 조직 분리 또는 포자 발아

해설
④ 조직 분리 또는 포자 발아는 균사를 배양 및 이식하는 방법이다.
※ 버섯 돌연변이육종법은 방사선, 방사능물질, 화학약품 등으로 인위적인 유전자의 변화를 유발하여 목적에 부합되는 균주를 육성하는 것이다.

35 다음 중 담자기 및 포자기에 대한 버섯의 특성으로 옳은 것은?

① 느타리버섯 담자기의 포자수 : 2~4개
② 느타리버섯 포자의 핵수 : 2개
③ 양송이버섯 포자의 핵수 : 1개
④ 양송이버섯 담자기의 포자수 : 2~4개

해설
① 느타리버섯은 1개의 담자기에서 4개의 포자를 형성한다.
② 느타리버섯 포자는 각각 하나의 핵을 갖고 발아하여 1차 균사체가 된다.
④ 양송이버섯은 1개의 담자기에서 2개의 포자를 형성한다.

36 버섯의 일반적인 특징으로 옳지 않은 것은?

① 고등생물이다.
② 기생생활을 한다.
③ 광합성을 못한다.
④ 엽록소가 없다.

해설
생물은 동물계, 식물계, 균계로 크게 나눌 수 있으며, 버섯은 곰팡이 · 박테리아와 함께 균계에 속하고, 가장 하위에 위치한다.

37 버섯종균 제조 시 톱밥배지 살균은 주로 어느 살균기를 사용하는가?

① 건열살균기
② 고압증기살균기
③ 건열순간살균기
④ 습열순간살균기

해설
톱밥배지의 살균은 고압증기살균을 주로 사용한다.

38 만가닥버섯 재배에 배지 재료로 가장 적절한 것은?

① 소나무
② 떡갈나무
③ 느티나무
④ 오동나무

해설
만가닥버섯 배지 재료로는 느티나무, 버드나무, 오리나무가 적절하고 소나무, 나왕 등의 톱밥은 버섯이 발생되지 않는 경우가 있다.

39 다음 종자업의 등록에 대한 내용에서 (   ) 안에 해당되지 않는 것은?

> 종자업을 하려는 자는 대통령령으로 정하는 시설을 갖추어 (   )에게 등록하여야 한다.

① 시장
② 국립종자원장
③ 군수
④ 구청장

해설
종자업의 등록 등(종자산업법 제37조 제1항)
종자업을 하려는 자는 대통령령으로 정하는 시설을 갖추어 시장·군수·구청장에게 등록하여야 한다.

40 버섯균주의 장기보존 시 10℃ 이상의 상온에 보존하는 것이 좋은 것은?

① 표고버섯
② 팽이버섯
③ 풀버섯
④ 양송이

해설
풀버섯과 같은 고온성 버섯균이 상온(15~20℃)에서 보존하기에 적당하다.

41 팽이 포자의 색깔로 옳은 것은?

① 흰색
② 흑색
③ 갈색
④ 적색

해설
팽이 포자는 타원형의 흰색으로, 크기는 $4.5 \sim 7.0 \times 3.0 \sim 4.5m$이다.

42 담자균류의 균주 분리 시 가장 적절한 부위는?

① 대의 표면 조직
② 노출된 턱받이 조직
③ 갓의 가장자리 조직
④ 노출되지 않은 내부 조직

해설
자실체 조직에서 분리된 균은 유전적으로 순수한 균주를 얻을 수 있고, 노출되지 않은 내부는 잡균에 오염되어 있는 부분이 적기 때문에 가장 적절하다.

43 종균접종실 및 시험기구에 사용하는 소독약제인 알코올의 농도로 가장 적절한 것은?

① 60%   ② 70%

③ 80%   ④ 90%

해설

소독약제는 70% 알코올을 사용한다.

44 버섯 재배 시 탄산가스의 농도가 가장 낮은 곳은?

① 배양실   ② 억제실

③ 생육실   ④ 수확실

해설

팽이버섯 재배 시 재배사의 단계별 탄산가스 농도
• 배양실 : 3,000~4,000ppm
• 발이실 및 억제실 : 1,000~1,500ppm
• 생육실 : 2,500~3,000ppm
※ 대기 중 : 3,000ppm

45 곡립종균의 균덩이 형성 방지대책이 아닌 것은?

① 고온저장

② 종균 흔들기

③ 단기간 저장

④ 석고 사용량 조절

해설

곡립종균의 균덩이 형성 방지대책
• 원균의 선별 사용
• 흔들기를 자주 하되 과도하게 하지 말 것
• 고온·장기저장을 피할 것
• 호밀은 박피할 것(도정하지 말 것)
• 탄산석회(석고)의 사용량 조절로 배지의 수분 조절

46 양송이버섯 재배에 가장 알맞은 복토의 산도는?

① pH 8.5 정도

② pH 9.5 정도

③ pH 7.5 정도

④ pH 6.5 정도

해설

양송이의 균사생장에 알맞은 복토의 산도는 pH 7.5 내외이다.

47 느타리버섯 재배 시 발생하는 푸른곰팡이병의 방제 약제는?

① 베노밀 수화제

② 빈크로졸린 입상수화제

③ 농용신 수화제

④ 클로르피리포스 유제

해설

느타리버섯의 푸른곰팡이병 방제를 위해서 벤레이트(베노밀 수화제)판마시, 스포르곤 등을 사용한다.

48 느타리버섯 재배시설 중에서 헤파필터 등의 공기여과장치가 필요 없는 곳은?

① 배양실   ② 생육실

③ 냉각실   ④ 종균접종실

해설

배양실, 냉각실, 종균접종실 등은 헤파필터 등의 공기여과장치가 필요하나 생육실은 필요 없다.

49 양송이 원균 증식배지로서 알맞은 것은?

① 국즙배지 ② 육즙배지
③ 퇴비배지 ④ 감자배지

> **해설**
> • 양송이 재배는 나무를 배지재료로 하는 버섯과 달리 풀을 배지재료로 한다.
> • 배지용 퇴비는 볏짚, 밀짚, 보릿짚, 닭똥, 깻묵, 쌀겨(유기태급원)와 요소(무기태질소)를 배합하여 발효시킨다.

50 건표고를 주로 가해하는 해충으로 유충으로 월동하고 건표고의 주름살에 산란하며, 유충이 버섯육질 내부를 식해하는 해충은?

① 털두꺼비하늘소
② 민달팽이
③ 표고나방
④ 버섯파리류

> **해설**
> 표고나방 생태
> • 유충으로 월동을 하고, 성충은 연 2~3회 발생한다.
> • 건표고의 주름살에 산란을 하며, 유충은 버섯육질 내부를 식해하고 갓과 주름살 표면에 소립의 배설물을 내보낸다.
> • 번데기는 버섯표면에 돌출되어 나타나고 성충으로 탈바꿈한다.

51 양송이 복토의 최적 수분함량은?

① 45% ② 55%
③ 65% ④ 75%

> **해설**
> 양송이 복토의 최적 수분함량은 65%로, 가장 알맞은 토성은 식양토이다.

52 종균의 육안검사와 관계가 없는 것은?

① 수분함량 ② 면전상태
③ 균사의 발육상태 ④ 잡균의 유무

> **해설**
> 종균의 육안검사
> • 면전상태
> • 균사의 발육상태
> • 잡균의 유무
> • 유리수분의 형성여부
> • 균덩이의 형성여부
> • 종균의 변질여부

53 영지버섯 열풍건조방법으로 옳은 것은?

① 열풍건조 시에는 습도를 높이면서 60℃ 정도에서 건조시켜야 한다.
② 열풍건조 시 40~45℃로 1~3시간 유지 후 1~2℃씩 상승시키면서 12시간 동안에 60℃에 이르면 2시간 후에 완료시킨다.
③ 열풍건조 시 초기에는 50~55℃로 하고 마지막에는 60~70℃로 장기간 건조시킨다.
④ 열풍건조 시 예비건조 없이 60~70℃로 장기간 건조시킨다.

54 특히 외기가 낮았을 때, 살균을 끝내고 살균솥 문을 열었을 때 배지 병의 밑부위가 금이 가 깨지는 경우가 있다. 그 이유로 가장 적합한 것은?

① 고압살균하기 때문
② 살균완료 후 너무 오래 방치하였기 때문
③ 살균솥에서 증기가 많이 새었기 때문
④ 배기 후 살균기 내부온도가 높은 상태에서 문을 열었기 때문

> **해설**
> 배기 후 살균기 내부온도가 높은 상태에서 문을 열면 외부의 온도와 압력차에 의해서 병의 밑부분이 깨지기도 한다.

55 표고 발생기간 중에 버섯을 발생시킨 골목은 다음 표고 자실체 발생 작업까지 어느 정도의 휴양기간이 필요한가?

① 약 30~40일
② 약 60~70일
③ 약 80~100일
④ 약 120~140일

해설
수확이 끝난 골목은 30~40일간 휴양시킨 후 다시 버섯을 발생시킨다.

56 노지에서 표고 종균을 원목에 접종하려 할 때 최적 시기는?

① 1~2월
② 3~4월
③ 5~6월
④ 7~8월

해설
노지인 경우는 외부 기온이 어느 정도 올라가는 3월 중순 이후가 적당하다. 늦어도 4월 중순 이전에는 접종을 완료하여야 한다.

57 느타리버섯 재배 시 환기불량의 증상이 아닌 것은?

① 대가 길어진다.
② 갓이 발달되지 않는다.
③ 수확이 지연된다.
④ 갓이 잉크색으로 변한다.

해설
느타리 재배 시 환기가 불량하면 대가 길어지고 갓이 발달하지 않으며, 수확이 지연된다.

58 느타리 톱밥종균의 가장 알맞은 수분함량은?

① 35%
② 45%
③ 55%
④ 65%

해설
톱밥종균 제조
• 흔들기 작업을 할 수 없으므로 적온이 유지되도록 한다.
• 수분함량이 63~65%가 되도록 한다.
• 실내습도는 70% 정도로 하여 잡균발생을 줄인다.
• 미송 톱밥보다 포플러 톱밥의 품질이 더 좋다.
• 배지재료를 1L병에 550~650g 정도 넣는다.

59 양송이의 상품적 가치를 저하시키는 해충과 거리가 먼 것은?

① 버섯파리
② 멸구
③ 톡토기
④ 응애

해설
양송이의 상품가치를 하락시키는 해충은 버섯파리, 응애, 선충, 톡토기 등이 있다.

60 버섯의 수확 후 관리요령 중 다음에서 설명하는 방법으로 예랭해야 하는 것은?

• 1차 예랭은 차압예랭 방식을 이용하여 1℃에서 1시간 정도 실시한다.
• 2차 예랭은 0℃에서 2~4시간 정도 실시한다.

① 구름버섯
② 양송이버섯
③ 영지버섯
④ 상황버섯

해설
양송이 예랭은 1, 2차로 나누어 실시하는데 1차 예랭을 1℃의 온도로 1시간 정도 진행한 다음 2차 예랭을 0℃의 저장고에서 2~4시간 동안 실시한다.

01 배지 살균작업에 대한 설명으로 옳지 않은 것은?

① 사용하는 배지병 종류에 따라 살균시간을 다르게 한다.

② 배지를 입병한 후 가능한 한 신속히 살균을 시작한다.

③ 살균 중에 배기밸브를 조금씩 열어 수증기와 함께 혼입되는 공기를 제거한다.

④ 살균이 끝나면 배기밸브를 열어 속히 내압을 내려 준다.

해설
④ 살균이 끝난 후에는 병의 파손이나 면전이 빠지는 것을 방지하기 위해 자연적으로 배기가 되도록 하는 것이 가장 좋다.

02 양송이버섯 재배를 위한 퇴비배지의 주재료로 가장 적합하지 않은 것은?

① 말똥　　　　② 밀짚
③ 볏짚　　　　④ 톱밥

해설
양송이 퇴비배지는 볏짚, 밀짚, 말똥(마분), 산야초 등을 주재료로 사용할 수 있다.

03 인공재배가 가능한 약용버섯인 불로초, 목질진흙버섯은 분류학상 어떤 분류군으로 분류되는가?

① 덩이버섯목　　② 주름버섯목
③ 민주름버섯목　④ 목이목

해설
불로초(영지), 목질진흙버섯(상황), 구름버섯은 민주름버섯목으로 분류된다.

04 곡립배지 제조 시 배지의 pH를 조절하기 위하여 주로 사용하는 재료는?

① 쌀겨　　　　② 탄산칼슘
③ 키토산　　　④ 밀기울

05 신령버섯 균사생장 시 간접광선의 영향으로 옳은 것은?

① 생장을 방해하는 특성이 있다.

② 생장을 촉진하는 특성이 있다.

③ 아무런 영향을 미치지 못한다.

④ 어두운 상태와 밝은 상태가 교차되어야만 생장이 촉진된다.

해설
신령버섯은 광에 의해 균사생장이 촉진되는 특징을 갖고 있다.

06 주름버섯목이 아닌 것은?

① 양송이　　　② 느타리
③ 영지　　　　④ 팽이버섯

해설
③ 영지 : 민주름버섯목

07 표고버섯 자실체에 대한 설명으로 옳지 않은 것은?

① 자실체는 갓, 주름살, 대로 구성되어 있다.

② 갓은 원형 또는 타원형이다.

③ 주름살과 대는 갈색이다.

④ 갓의 색깔은 담갈색이나 다갈색이다.

해설
③ 주름살과 대는 흰색이다.

08 종균 생산업자가 법령 위반 시 종자업 등록취소 등의 행정처분을 하는 대상은?

① 국립종자원장

② 농림축산식품부장관

③ 산림청장

④ 시장·군수·구청장

해설
종자업 등록의 취소 등(종자산업법 제39조 제1항)
시장·군수·구청장은 종자업자가 다음의 어느 하나에 해당하는 경우에는 종자업 등록을 취소하거나 6개월 이내의 기간을 정하여 영업의 전부 또는 일부의 정지를 명할 수 있다. 다만, 제1호에 해당하는 경우에는 그 등록을 취소하여야 한다.

09 2~3주기 양송이 수확 시 적당한 재배사의 온도는?

① 30℃

② 25℃

③ 20℃

④ 15℃

해설
1주기에는 재배사의 온도를 16~17℃로 약간 높게 유지하여주는 것이 좋고 2~3주기는 버섯의 생장속도가 빠르고 품질이 저하되기 쉬우므로 1주기보다 재배사 온도를 낮추어 15~16℃ 정도로 유지하면 품질의 향상에 유리하다.

10 표고버섯 재배용 톱밥배지 제조 시 알맞은 수분함량은?

① 55~60%

② 75~80%

③ 45~50%

④ 65~70%

해설
표고버섯 재배용 톱밥배지의 적정 수분함량은 약 65%가 적합하고, 보편적의 톱밥배지를 기반으로 하는 버섯 재배에서는 재배 농가에 따라 다르나 65~68% 유지하는 것이 보편적이다.

11 건조한 고체종균에서 균사의 유전적 변이가 심하거나 배양기간이 길게 소요되는 접종원에 사용한다면 더욱 효과적인 종균은?

① 퇴비종균

② 액체종균

③ 곡립종균

④ 종목종균

해설
균사체에 균일한 양분접촉이 가능하며, 부족하기 쉬운 산소농도를 높여줄 수 있어 유전적 변이가 심한 팽이버섯, 배양기간이 길게 소요되는 느타리버섯 등에 효과적이다.

12 톱밥종균 제조과정 중 입병과정에 대한 설명으로 옳은 것은?

① 종균병의 크기는 보통 이동이 간편한 450mL 크기를 선호한다.

② 입병작업은 자동화가 불가능하며 대부분 수동작업으로 인력에 의존한다.

③ 배지 중앙에 구멍을 뚫는 이유는 배지의 무게를 줄이기 위한 것이다.

④ 배지량은 병당 550~650g이 적당하다.

해설
① 종균병의 크기는 보통 850~1,400cc까지 있다.
③ 배지중앙에 구멍을 뚫는 이유는 접종원이 병 하부에까지 일부 내려가서 배양기간을 단축할 수 있고, 병 내부의 공기유통을 원활하게 하기 위함이다.

13 버섯 수확 후 생리에 대한 설명으로 옳지 않은 것은?

① 젖산, 초산을 생성한다.

② 휘발성 유기산을 생성한다.

③ 포자 방출이 일어날 수 있다.

④ 호흡에 관여하는 효소시스템이 정지된다.

> **해설**
> 수확 후의 버섯은 원예작물처럼 계속 호흡에 관여하는 효소시스템을 가지고 있다.

14 종자관리사의 자격기준으로 옳은 것은?

① 버섯종균기능사 자격을 취득한 사람으로서 자격 취득 전후의 기간을 포함하여 버섯종균업무에 2년 이상 종사한 사람

② 종자기사 자격을 취득한 사람으로서 자격 취득 전후의 기간을 포함하여 종자업무에 2년 이상 종사한 사람

③ 종자산업기사 자격을 취득한 사람으로서 자격 취득 전후의 기간을 포함하여 종자업무에 2년 이상 종사한 사람

④ 종자기술사 자격을 취득한 사람으로서 자격 취득 전후의 기간을 포함하여 버섯 종균업무에 1년 이상 종사한 사람

> **해설**
> ① 버섯종균기능사 자격을 취득한 사람으로서 자격 취득 전후의 기간을 포함하여 버섯종균업무 또는 이와 유사한 업무에 3년 이상 종사한 사람(버섯종균을 보증하는 경우만 해당)(종자산업법 시행령 제12조 제5호)
> ② 종자기사 자격을 취득한 사람으로서 자격 취득 전후의 기간을 포함하여 종자업무 또는 이와 유사한 업무에 1년 이상 종사한 사람(종자산업법 시행령 제12조 제2호)
> ④ 종자기술사 자격을 취득한 사람(종자산업법 시행령 제12조 제1호)

15 식용버섯 종균배양 시 잡균발생 원인이 아닌 것은?

① 오염된 접종원을 사용하였을 때

② 퇴화된 접종원을 사용하였을 때

③ 살균이 완전히 실시되지 못했을 때

④ 무균실 소독이 불충분하였을 때

> **해설**
> 종균의 배양과정 중 잡균이 발생하는 원인
> • 살균이 완전히 실시되지 못했을 때
> • 오염된 접종원을 사용하였을 때
> • 무균실 소독이 불충분하였을 때
> • 배양 중 솜마개로부터 오염되었을 때
> • 배양실의 온도변화가 심할 때
> • 배양실 및 무균실의 습도가 높을 때
> • 흔들기 작업 중 마개의 밀착에 이상이 있을 때

16 팽이버섯 억제에 필요한 온도와 습도의 최적조건은?

① 최적온도 4℃, 최적습도 65~70%

② 최적온도 4℃, 최적습도 80~85%

③ 최적온도 8℃, 최적습도 80~85%

④ 최적온도 8℃, 최적습도 65~70%

> **해설**
> 팽이버섯 생육단계별 적정온도, 습도, 소요일수
>
> | 구분 | 배양실 | 발이실 | 억제실 | 생육실 |
> |---|---|---|---|---|
> | 온도 | 16~24℃ | 12~15℃ | 3~4℃ | 6~8℃ |
> | 습도 | 65~70% | 90~95% | 80~85% | 70~75% |
> | 소요일수 | 20~25일 | 7~9일 | 12~15일 | 8~10일 |

17 양송이 재배용 복토 소독에 사용하는 것은?

① 스피네토람 입상수화제

② 디플루벤주론 액상수화제

③ 베노밀 수화제

④ 프로클로라즈망가니즈 수화제

> **해설**
> ① 스피네토람 입상수화제 : 총채벌레, 담배가루이 등
> ② 디플루벤주론 액상수화제 : 담배나방, 작은뿌리파리 등
> ③ 베노밀 수화제 : 잿빛곰팡이병, 푸른곰팡이병 등

18 개인 육종가가 버섯 품종을 육성하여 품종보호권이 설정되었을 때 존속기간은?

① 20년　　　　② 15년
③ 30년　　　　④ 25년

해설
품종보호권의 존속기간(식물신품종보호법 제55조)
품종보호권의 존속기간은 품종보호권이 설정등록된 날부터 20년으로 한다. 다만, 과수와 임목의 경우에는 25년으로 한다.

19 느타리버섯 병재배 시 톱밥배지의 가장 알맞은 수분함량은?

① 55~60%　　　② 65~70%
③ 35~40%　　　④ 45~50%

해설
느타리 병재배 시 톱밥배지의 수분은 65~70%로 조절한다.

20 양송이 퇴비배지 제조 시 가퇴적의 목적과 거리가 먼 것은?

① 볏짚의 수분흡수 촉진
② 볏짚재료의 균일화
③ 퇴비의 발효촉진
④ 퇴적노임 절감

21 감자한천배지 1,000mL 제조 시 한천의 첨가량은?

① 10g　　　　　② 20g
③ 100g　　　　④ 200g

해설
감자추출배지(PDA)
물 1L에 감자 200g, 한천 20g, 포도당 20g을 넣는다.

22 팽이버섯의 수확 후 관리 방법에 대한 설명으로 가장 적절하지 않은 것은?

① 품질 유지를 위해 판매대는 온도는 15℃ 이하로 유지하여 진열한다.
② 포장 내부 팽이버섯의 품온은 1℃로 유지한다.
③ 수확 즉시 예랭 할 경우 예랭 온도를 −1~−1.5℃로 설정하여 2일 정도 냉각한다.
④ 예랭 후에는 10℃ 이하로 저온 유통한다.

해설
① 버섯 판매대의 온도관리는 버섯의 품질 및 선도유지를 위하여 10℃ 이하로 유지하는 것이 유리하다.

23 곡립종균 제조 시 덩어리 형성 방지를 위해 첨가하는 것은?

① 석고　　　　　② 미강
③ 마분　　　　　④ 요소

해설
석고의 첨가는 퇴비표면의 교질화(콜로이드)를 방지하고, 끈기를 없애준다.

24 대주머니가 있는 것은?

① 양송이버섯　　② 팽이버섯
③ 뽕나무버섯　　④ 달걀버섯

해설
대주머니가 있는 버섯 : 광대버섯, 달걀버섯 등

25 표고버섯 재배용 원목으로 가장 부적당한 수종은?

① 상수리나무 ② 벗나무
③ 졸참나무 ④ 신갈나무

> **해설**
> 표고 재배 시 주로 쓰이는 나무는 참나무류(상수리나무, 졸참나무, 신갈나무, 갈참나무)이며, 그 외에 밤나무, 자작나무, 오리나무 등이 사용되기도 한다.

26 버섯 재배과정에서 피해를 주는 해충으로 거미강에 속하며 환경조건에 적응하는 힘이 매우 강한 것은?

① 응애 ② 버섯파리
③ 선충 ④ 민달팽이

> **해설**
> 응애는 분류학상 거미강의 응애목에 속하며, 번식력이 매우 빠르고 지구상 어디에나 광범위하게 분포되어 있다.

27 감자배지를 제조 후 고압살균할 때 가장 알맞은 조건은?

① 121℃, 10분
② 121℃, 20분
③ 121℃, 60분
④ 121℃, 90분

> **해설**
> 121℃에서 약 20분간 살균한다.

28 버섯 병재배 시설 중 냉각실에 대한 설명으로 옳지 않은 것은?

① 냉각실 필터박스에 팬을 부착하여 양압을 유지하도록 한다.
② 냉방기의 용량은 내부 면적보다 다소 작은 용량을 설치하는 것이 좋다.
③ 외부에서 내부로 유입되는 공기는 헤파필터를 통하게 한다.
④ 헤파필터 앞쪽에는 프리필터를 설치하여 헤파필터의 내구성을 높여 주는 것이 좋다.

> **해설**
> ② 냉방기의 용량은 내부 면적보다 다소 큰 용량을 설치하는 것이 좋다.

29 양송이 종균 배양 시 흔들기 작업의 목적으로 옳지 않은 것은?

① 균일한 생장 유도
② 균덩이 형성 방지
③ 배양기간 단축
④ 잡균 발생 억제

> **해설**
> 흔들기 작업의 목적 : 밀알을 분리시켜 균일한 균사생장과 균덩이 형성을 방지하고, 균사의 배양기간을 단축하기 위함이다.

30 양송이버섯 수확 후 상온에서 저장하는 경우 발생하는 현상으로 옳지 않은 것은?

① 무게가 줄어든다.
② 저장양분이 축적된다.
③ 호흡량이 증가한다.
④ 갈색으로 변한다.

> **해설**
> 수확 후 상온에 노출되면 시간이 지날수록 저장양분이 소실되어 신선도와 맛이 떨어진다.

25 ② 26 ① 27 ② 28 ② 29 ④ 30 ② **정답**

31 생버섯의 저장에 알맞은 온도와 습도는?

① 온도 2~4℃, 상대습도 85~90%

② 온도 6~9℃, 상대습도 80~85%

③ 온도 12~15℃, 상대습도 90~95%

④ 온도 15~18℃, 상대습도 70~75%

해설

일반적으로 생버섯 저장에 알맞은 온도는 2~4℃이며, 습도는 85~90%가 적절하다.

32 양송이 병해충 중 주로 배지에 발생하며, 산성에서 생장이 왕성하여 산도조절을 함으로써 방제가 가능한 것은?

① 괴균병　　　　② 마이코곤병

③ 푸른곰팡이병　④ 세균성 갈반병

해설

양송이의 균사생장에 알맞은 복토의 산도는 pH 7.5 내외이다. pH가 낮은 산성 토양에서는 수소이온이 많아 양송이 균사의 생장이 불량하고 토양 중 미생물의 활동도 미약하며, 푸른곰팡이병의 발생이 심하다.

33 렌티난을 함유하고 있으며 항암작용, 항바이러스 작용, 혈압강하작용이 있다고 알려진 버섯은?

① 표고　　　　② 팽이버섯

③ 양송이　　　④ 느타리

해설

표고에는 항암, 항종양 다당체 물질인 렌티난이 함유되어 있어 암 치료에 도움을 주며, 면역력 증강 및 암세포의 증식을 억제하는 의약품으로 개발되어 있다.

34 양송이 종균 제조 시 균덩이 형성 방지대책으로 옳지 않은 것은?

① 고온 저장을 피할 것

② 호밀은 박피하지 말 것

③ 장기 저장을 피할 것

④ 흔들기를 자주하되 과도하게 하지 말 것

해설

양송이 종균 제조 시 균덩이 형성 방지책
• 흔들기를 자주 하되 과도하게 하지 말 것
• 고온저장을 피할 것
• 장기저장을 피할 것
• 호밀은 박피할 것(도정하지 말 것)
• 원균의 선별 사용
• 곡립배지의 적절한 수분 조절
• 탄산석회의 사용량 증가(석고 사용량 조절)

35 팽이버섯 균사 생장 시 배양실의 적정습도로 옳은 것은?

① 55~60%　　　② 65~70%

③ 75~80%　　　④ 85~90%

해설

팽이버섯 생육단계별 적정온도, 습도, 소요일수

구분	배양실	발이실	억제실	생육실
온도	16~24℃	12~15℃	3~4℃	6~8℃
습도	65~70%	90~95%	80~85%	70~75%
소요일수	20~25일	7~9일	12~15일	8~10일

36 영지버섯 톱밥재배 시 생육 과정 중 필요 사항이 아닌 것은?

① 산광처리　　　② 습도조절

③ 저온처리　　　④ 환기량 조절

해설

영지버섯 발생 및 생육 시 필요한 환경요인
광조사, 고온처리, 환기, 가습

37 균상 느타리 재배사의 관리에 적합한 구조는?

① 4열 4단의 구조

② 3열 2단의 구조

③ 1열 5단의 구조

④ 2열 4단의 구조

> **해설**
> 느타리버섯 재배사의 균상은 건설비용과 관리시간을 고려하였을 때 2열 4단의 구조로 하고, 균상의 단과 단 사이 간격은 60cm가 가장 적합하다.

38 열대지방에서 생육하는 버섯종균의 저장온도 범위는?

① 15~20℃ ② 5~10℃

③ -5~0℃ ④ 0~5℃

> **해설**
> 일반적인 버섯종균의 저장온도 범위는 5~10℃가 적당하지만 열대지방에서 생육하는 버섯의 종균은 15~20℃ 적합하다.

39 느타리버섯 자실체의 조직분리 시 가장 좋은 부위는?

① 대와 턱받이의 접합 부위

② 대와 갓의 접합 부위

③ 갓 하면의 주름살 부위

④ 대와 균사의 접합 부위

40 느타리버섯 재배용 볏짚배지에서 잡균을 제거할 수 있는 최저살균온도 및 시간은?

① 60℃, 8시간

② 80℃, 4시간

③ 80℃, 8시간

④ 100℃, 2시간

> **해설**
> 느타리버섯 볏짚배지 살균온도 80℃, 최저살균온도 및 시간은 60℃, 8시간이다.

41 우량 버섯종균 접종원의 선택조건으로 옳지 않은 것은?

① 버섯 특유의 냄새가 나는 것

② 종균에 줄무늬 또는 경계선이 없는 것

③ 종균의 상부에 버섯 자실체가 형성된 것

④ 품종 고유의 특징을 가진 단일색인 것

> **해설**
> ③ 종균의 상부에 버섯 원기 또는 자실체가 형성된 것은 노화된 종균이다.

42 느타리 재배사 내의 이산화탄소 농도의 범위로 가장 적합한 것은?

① 500ppm 이하

② 500~1,000ppm

③ 1,000~1,500ppm

④ 2,000ppm 이상

37 ④ 38 ① 39 ② 40 ① 41 ③ 42 ③ **정답**

43 종균의 저장 및 관리요령으로 가장 부적절한 것은?

① 종균 저장 시 외기온도와 동일하도록 관리한다.

② 종균은 빛이 들어오지 않는 냉암소에 보관한다.

③ 곡립종균은 균덩이 방지와 노화 예방에 주의한다.

④ 배양이 완료된 종균은 즉시 접종하는 것이 유리하다.

해설
종균저장실은 외기온도의 영향을 적게 받도록 단열재를 쓰며, 5~10℃를 유지할 수 있도록 냉동기를 설치해야 한다.

44 버섯배지를 축산농가와 연계하여 사료의 원료로 활용하고자 한다. 이 사료의 이름은 무엇인가?

① TMQ사료　　② TMR사료
③ TAA사료　　④ TAC사료

해설
섬유질배합(TMR ; Total Mixed Ration)사료
소가 필요로 하는 영양소(사양관리표준)를 충족하도록 농후사료, 조사료, 비타민, 기타 첨가제 등을 혼합한 사료를 말한다.

45 원균 보존방법 중 활성상태로 보존하는 것은?

① 실리카겔보존법
② 광유보존법
③ 냉동고보존법
④ 토양보존법

해설
광유보존법(유동파라핀봉입법)
시험관 내에 균사를 배양한 다음 그 위에 유동파라핀을 넣어 배지가 건조되는 것을 방지하고 산소공급을 차단하여 호흡을 최대한 억제시켜 장기보존하는 방법이다.

46 느타리버섯 톱밥종균 제조 시 알맞은 배지혼합비율은?

① 톱밥 80%＋미강 20%
② 톱밥 60%＋미강 40%
③ 톱밥 50%＋밀기울 50%
④ 톱밥 60%＋밀기울 40%

47 느타리 원목재배 시 땅에 묻는 작업 중 묻는 장소의 선정으로 적합하지 않은 곳은?

① 수확이 편리한 곳
② 관수시설이 편리한 곳
③ 배수가 양호한 곳
④ 진흙이 많은 곳

해설
느타리 원목재배 시 매몰(땅에 묻는 작업)
• 배수(진흙이 적은 곳)·보수력이 양호하고 관수시설·수확이 편리한 곳에 한다.
• 길이의 80~90% 정도 매몰시키고, 땅 위에 2~3cm 가량 올라오게 한다.

48 느타리 볏짚재배 시 볏짚의 물 축이기 작업에 대한 설명으로 옳지 않은 것은?

① 물을 충분히 축인다.
② 추울 때 작업한다.
③ 배지의 수분은 70% 내외가 좋다.
④ 단시간 내 축인다.

해설
추울 때 물이 얼게 되면 수분흡수가 어려우므로 가급적 영하인 날은 피하여 침수작업을 하는 것이 좋다.

49 살균효과가 가장 높은 에틸알코올의 농도는?

① 80%   ② 70%

③ 60%   ④ 100%

해설

소독약제는 70% 알코올을 사용한다.

50 액체종균을 접종 및 배양할 때 사용되는 기구나 기기가 아닌 것은?

① 피펫   ② 입병기

③ 무균상   ④ 진탕기

해설

② 입병기 : 혼합된 배지를 자동으로 병에 담는 장비
① 피펫 : 액체상태의 균주를 접종하는 기구
③ 무균상 : 접종 및 배양 시 균주의 오염을 방지하기 위한 작업대
④ 진탕기 : 물질의 추출이나 균일한 혼합을 위하여 사용하는 기기

51 병재배 시 냉각실의 공기압 상태로 가장 적당한 것은?

① 양압   ② 음압

③ 감압   ④ 평압

해설

냉각실은 오염 방지를 위해 양압상태를 유지해야 한다.

52 버섯의 생태 중 영양섭취법에 따른 분류 중 공생식물이 되는 수목의 잔뿌리와 함께 생육하는 것은?

① 부생균   ② 부후균

③ 균근류   ④ 기생균

해설

① 부생균 : 짚이나 풀 등이 발효한 퇴비에서 발생하는 종류이다.
② 부후균 : 스스로 가지고 있는 효소의 작용으로 목재를 부패시켜 필요한 영양분을 섭취하는 것이다.
④ 기생균 : 살아 있는 동·식물체에 일방적으로 영양분을 흡수하여 생활하는 종류이다.

53 느타리버섯을 볏짚 퇴비배지에 재배할 때 퇴적장이 갖추어야 할 조건이 아닌 것은?

① 절단기를 설치한다.

② 밀폐시설이 필요하다.

③ 관수장비를 설치한다.

④ 바닥면은 시멘트포장이 좋다.

해설

느타리버섯 재배용 볏짚 퇴비배지 제조
· 균일한 발효를 위해 볏짚을 작두나 절단기로 20~30cm 정도로 절단한다.
· 볏짚단 퇴적 시 외기온도는 15℃ 이상에서 150cm 정도의 높이로 쌓아야 한다.
· 관수장비를 설치하여 수분함량이 70% 정도 되도록 조절한다.
· 볏짚더미의 상부가 60℃일 때 뒤집기를 한다.
· 고온, 호기성 발효가 되도록 한다.

54 버섯 균사체를 활력있게 배양 증식하기 위한 배지에 대한 설명으로 옳지 않은 것은?

① 영지버섯은 감자배지를 주로 이용한다.

② 양송이버섯은 퇴비추출배지를 주로 이용한다.

③ 원균의 증식, 보존에는 합성배지를 이용한다.

④ 천연배지와 합성배지가 있다.

해설

③ 원균의 증식, 보존에는 천연배지를 이용한다.

55 버섯재배 시설의 기계 관리가 적절하지 않은 것은?

① 정밀 전자기기가 있는 곳은 유황훈증한다.
② 각종 센서는 적절한 측정치가 되도록 조절한다.
③ 전기 및 누수, 누유 등 안전시설을 주기적으로 검사한다.
④ 냉난방 및 습도, 환기 시설 등을 정기적으로 검사한다.

56 톱밥종균 제조 순서로 옳은 것은?

① 재료준비 – 재료배합 – 접종 – 살균 – 배양
② 재료준비 – 재료배합 – 살균 – 접종 – 배양
③ 재료준비 – 재료배합 – 배양 – 접종 – 살균
④ 재료준비 – 재료배합 – 접종 – 배양 – 살균

> **해설**
> **톱밥종균 제조 순서**
> 재료준비 – 재료배합 – 입병 – 살균 – 냉각 – 접종 – 배양

57 오염된 종균의 특징을 설명한 내용으로 알맞은 것은?

① 품종 고유의 특징을 가진 단일색인 것
② 종균에 줄무늬 또는 경계선이 없는 것
③ 균사의 색택이 연하고 마개를 열면 술 냄새가 나는 것
④ 종균은 탄력이 있고 부수면 덩어리가 지는 것

> **해설**
> **오염된 종균의 특징**
> • 종균 표면에 푸른색 또는 붉은색이 보인다.
> • 균사의 색택이 연하다.
> • 마개를 열면 쉰 듯한 술 냄새, 구린 냄새가 난다.
> • 배지의 표면 균사가 황갈색으로 굳어 있다.
> • 병 바닥에 노란색, 붉은색 등의 유리수분이 고여있다.
> • 진한 균덩이가 있다.
> • 균사의 발육이 부진하다.

58 재배규모 결정에서 재배환경에 대한 설명으로 틀린 것은?

① 입병 · 살균기의 확보
② 재료 수급 · 생산품 유통 등을 위한 진출입로 확보
③ 재배시설 설치가능 부지 확보
④ 재배에 필요한 용수 확보

> **해설**
> 버섯재배사 규모의 결정요인
> • 시장성
> • 노동력 동원능력 및 관리능력
> • 용수공급량
> • 생산재료(볏짚, 복토 등)의 공급 가능성

59 버섯원균의 분리 및 배양 시 반드시 필요한 기기인 것은?

① 항온기
② 냉동건조기
③ 아미노산 분석기
④ 초저온냉동기

> **해설**
> 항온기는 일정한 온도를 유지시키면서 미생물을 배양하는 기구이다.

60 팽이버섯 재배용 배지에 사용되는 톱밥의 구비조건으로 가장 적합한 것은?

① 수지 성분이 많은 것
② 보수력이 높은 것
③ 페놀성 화합물 함유율이 높은 것
④ 타닌 성분이 많은 것

> **해설**
> 팽이버섯 재배용 톱밥은 보수력이 높아야 한다.

참 / 고 / 문 / 헌

- 고한규 외. 표고버섯재배기술. 산림조합중앙회 산림버섯연구센터. 2014
- 교육부. NCS 학습모듈(버섯재배). 한국직업능력개발원. 2018
- 농촌진흥청. 농업기술길잡이 112 원예산물 수확 후 관리. 농촌진흥청. 2020
- 농촌진흥청. 농업기술길잡이 61 약용버섯. 농촌진흥청. 2018
- 농촌진흥청. 농업기술길잡이 9 식용버섯. 농촌진흥청. 2018
- 유영복 외. 버섯학 각론-재배기술과 기능성. 교학사. 2015
- 유영복 외. 버섯학. 자연과 사람. 2010

참 / 고 / 사 / 이 / 트

- 경기농정 버섯연구소. https://farm.gg.go.kr
- 경기도농업기술원. https://nongup.gg.go.kr
- 농촌진흥청 국립원예특작과학원 버섯정보포털. https://www.nihhs.go.kr/mushroom/
- 산림조합중앙회 산림버섯연구센터. https://www.fmrc.or.kr
- 장현유 교수의 버섯이야기. https://blog.naver.com/hychang5010

Win-Q 버섯종균기능사 필기

개정8판1쇄 발행	2025년 01월 10일 (인쇄 2024년 07월 26일)
초 판 발 행	2017년 12월 05일 (인쇄 2017년 06월 09일)
발 행 인	박영일
책 임 편 집	이해욱
편 저	최재용
편 집 진 행	윤진영, 장윤경
표지디자인	권은경, 길전홍선
편집디자인	정경일, 박동진
발 행 처	(주)시대고시기획
출 판 등 록	제10-1521호
주 소	서울시 마포구 큰우물로 75 [도화동 538 성지 B/D] 9F
전 화	1600-3600
팩 스	02-701-8823
홈 페 이 지	www.sdedu.co.kr

I S B N	979-11-383-7480-4(13520)
정 가	21,000원